Schulte

Personal-Controlling mit Kennzahlen

Personal-Controlling mit Kennzahlen

Instrumente für eine aktive Steuerung im Personalwesen

von

Dr. Christof Schulte

4., vollständig überarbeitete und erweiterte Auflage

Verlag Franz Vahlen GmbH

Dr. Christof Schulte ist Mitglied des Vorstandes (Chief Financial Officer) einer Management-Holding und nimmt zahlreiche Aufsichtsratsmandate wahr.

ISBN Print: 978 3 8006 6047 6
ISBN E-Book: 978 3 8006 6048 3

Satz: Fotosatz Buck
Zweikirchener Str. 7, 84036 Kumhausen
Druck und Bindung: Beltz Grafische Betriebe GmbH
Am Fliegerhorst 8, 99947 Bad Langensalza
Umschlaggestaltung: Ralph Zimmermann – Bureau Parapluie
Bildnachweis: © Kastanka – depositphotos.com

Gedruckt auf säurefreiem, alterungsbeständigem Papier
(hergestellt aus chlorfrei gebleichtem Zellstoff)

Vorwort zur 4. Auflage

Die gute Resonanz, die die dritte Auflage erfahren hat, ermöglichte die vorliegende vierte Auflage. Hierfür möchte ich mich bei allen Lesern bedanken. **Es ist eines der zentralen Anliegen dieses Buches, Unternehmens- und Personalstrategie einerseits sowie Personalarbeit und Kennzahlen andererseits zu verknüpfen.** Dieser Ansatz wird in dieser Auflage weiter vertieft.

Gegenüber der vorangegangenen Auflage wurde die vorliegende vierte Auflage wesentlich überarbeitet und ergänzt:

- Der Umfang der dargestellten Kennzahlen wurde erweitert.
- Das Kapitel zur Personalstrategie wurde ergänzt, und es wurde noch stärker herausgearbeitet, dass Kennzahlen unternehmensspezifisch aus der Personalstrategie abgeleitet werden sollten.
- Der Abschnitt zur Personalbeschaffung wurde um zahlreiche aktuelle Entwicklungen, wie Employer Branding, Active Sourcing und die Candidate Experience Journey erweitert.
- Erstmals aufgenommen wurde das Konzept des integrierten Performance Measurement mit den Elementen Fokussierung auf Leistungsziele, Steuerung der Leistung und Konsequenzen ziehen. Auch der Ansatz des kontinuierlichen Performance Management mit OKR wird dargestellt.
- Ebenfalls neu enthalten sind Ausführungen zu den Inhalten, Erscheinungsformen und Ansätzen des Personalrisikomanagements.
- Dem strategischen Führungsinstrument der Mitarbeiterbefragung wurde ein eigener Abschnitt gewidmet.
- Neben dem internen Reporting wird nunmehr auch das externe Human Capital Reporting (HCR10) ausführlich dargestellt.
- Die Praxisbeispiele wurden um einen weiteren Anwendungsfall ergänzt, der das Demografiemanagement und -controlling in der Metall- und Elektroindustrie beschreibt.
- Um den Weiterentwicklungen der verfügbaren IT-Lösungen Rechnung zu tragen, wird zum einen das Konzept der People Analytics dargestellt und zum anderen im völlig neu gestalteten Abschnitt zu Business Intelligence auf aktuelle Entwicklungen Bezug genommen.
- Die Inhalte der bisher im Anhang befindlichen Kennzahlenblätter wurden in den Text integriert, um so eine noch geschlossenere und leichter lesbare Aufbereitung zu erreichen.
- Zahlreiche neue Abbildungen und die erstmalige zweifarbige Aufbereitung verbessern die Visualisierung der Inhalte nochmals.

Das Buch wendet sich gleichermaßen an Führungskräfte in Unternehmen sowie an Wissenschaftler und Studierende, die sich für die Gestaltung eines entscheidungsorientierten Personal-Controlling interessieren.

Insgesamt will das vorliegende Werk umfangreiche Lösungsvorschläge und Umsetzungshilfen für ein praxisorientiertes Personal-Controlling liefern. Die konkrete Auswahl von Kennzahlen im jeweiligen Anwendungsfall kann hierdurch vom Verfasser zwar unterstützt, aber nicht vollständig abgenommen werden. Die Erfahrung zeigt, dass weniger oft mehr ist: Der Nutzen ist meist größer, mit wenigen Schlüsselkennzahlen das Richtige zu steuern als mit zu vielen Kennzahlen vermeintlich eine hohe Transparenz zu erzeugen.

In diesem Sinne wünsche ich den Lesern viel Erfolg bei der Umsetzung eines effektiven und effizienten Personal-Kennzahlen-Controlling.

Aus Gründen der leichteren Lesbarkeit wird auf eine geschlechterspezifische Differenzierung, wie z. B. Mitarbeiter/innen verzichtet. Entsprechende Begriffe gelten im Sinne der Gleichbehandlung für beide Geschlechter.

Verlagsseitig stand mir Herr Dennis Brunotte zur Seite, der mir gute inhaltliche Anregungen gegeben hat. Die optische Neugestaltung des Buches ist sein Verdienst. Ihm gilt mein herzlicher Dank für die gute Zusammenarbeit.

München, im Sommer 2020 *Christof Schulte*

Inhaltsverzeichnis

Abkürzungsverzeichnis

AFG .... Arbeitsförderungsgesetz
AGG .... Allgemeines Gleichbehandlungsgesetz
AKtG............ Aktiengesetz
AN.............. Arbeitnehmer
AT .... außertariflich
ATZ............. Altersteilzeit
AU .... Arbeitsunfähigkeit
bayme .... Bayerischer Unternehmerverband Metall und Elektro e. V.
BCG............. The Boston Consulting Group
BEM............. Betriebliches Eingliederungsmanagement
BetrVG .... Betriebsverfassungsgesetz
BFuP .... Betriebswirtschaftliche Forschung und Praxis
BGM .... Betriebliches Gesundheitsmanagement
BI .... Business Intelligence
BWM............ BetriebsWirtschaftsMagazin
CVA............. Cash Flow Value Added
DBW .... Die Betriebswirtschaft
DSS .... Decision Support System
EBIT .... Earnings Before Interests and Taxes
EBITDA .... Earnings Before Interests, Taxes, Depreciation and Amortization
EIS.............. Executive Information System
EPS .... Entwurf eines aktualisierten Prüfstandards
ETL .... Extraktion Transformation Laden
EVA® .... Economic Value Added[1]
EWC .... External Workforce Costs
FB/IE............ Fortschrittliche Betriebsführung/Industrial Engineering
FTE .... Full Time Equivalents
HC.............. Human Capital
HCR............. Human Capital Reporting
HGB............. Handelsgesetzbuch
HR.............. Human Resources
Hrsg............. Herausgeber
HWB............ Handwörterbuch der Betriebswirtschaft
HWO............ Handwörterbuch der Organisation

[1] EVA® ist eine eingetragene Marke von *Stern Stewart & Co.*

HWP	Handwörterbuch des Personalwesens
HWProd	Handwörterbuch der Produktion
HWRev	Handwörterbuch der Revision
IAS	International Accounting Standards
IdW	Institut der Wirtschaftsprüfer
IFRS	International Financial Reporting Standards
IT	Informationstechnik
i.V.m.	in Verbindung mit
MA	Mitarbeiter
MbO	Management by Objectives
MIS	Management Information System
OKR	Objectives and Key Results
OLAP	Online Analytical Processing
PS	Prüfstandard
RAM	Random Access Memory
S.	Seite
Sp.	Spalte
TQM	Total Quality Management
vbm	Verband der Bayerischen Metall- und Elektro-Industrie e. V.
vgl.	vergleiche
VV	Verbesserungsvorschlag
WiSt	Wirtschaftswissenschaftliches Studium
WISU	Das Wirtschaftsstudium
ZfB	Zeitschrift für Betriebswirtschaft
ZfbF	Zeitschrift für betriebswirtschafliche Forschung
ZfO	Zeitschrift für Organisation
ZfP	Zeitschrift für Personalforschung

Kapitel 1
Grundlagen

1.1 Problemstellung

Betrachtet man Personalarbeit, Messgrößen und Strategie als die Eckpunkte eines Dreiecks, so stellt man in den meisten Unternehmen fest, dass die Verbindungen zwischen Personalarbeit und Strategie einerseits sowie zwischen Personalarbeit und Messgrößen andererseits unterbrochen bzw. nicht vorhanden sind (vgl. *Abb. 1*). Unternehmensleitungen müssen sicherstellen, dass Mitarbeitermanagement und Personalstrategie Kernelemente der Unternehmensstrategie sind. Neben der Erarbeitung einer strategischen Personalplanung sollten die Verbindungen zwischen Strategie und Personalarbeit in der Personalbeschaffungsstrategie, der Performance-Strategie, der Mitarbeiter- und Führungskräfteentwicklungsstrategie sowie der Mitarbeiterbindungsstrategie hergestellt und umgesetzt werden (vgl. *BCG/EAPM* 2009, S. 6). Alle diese vier Strategieelemente müssen messbar sein, damit Führungskräfte die quantitativen Dimensionen der Personalfragen genauso gut beurteilen können wie die finanziellen Konsequenzen ihrer strategischen Entscheidungen.

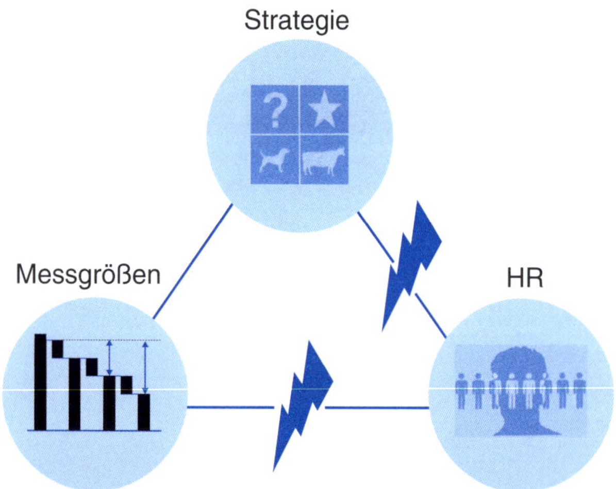

Abb. 1: Personalarbeit muss mit Strategie und Messgrößen verbunden werden (BCG-Analyse, Boston Consulting Group WFPMA 2008, S. 3)

Die Wahrnehmung von Planungs-, Entscheidungs- und Kontrollaufgaben im Personalwesen setzt die ständige Verfügbarkeit der relevanten Informationen voraus. Diese Notwendigkeit ergibt sich insbesondere dann, wenn eine zunehmende Zahl von Einflussgrößen und eine Vermehrung der Entscheidungsalternativen die Handlungskonsequenzen immer schwerer vorhersehbar machen (vgl. *Abb. 2*).

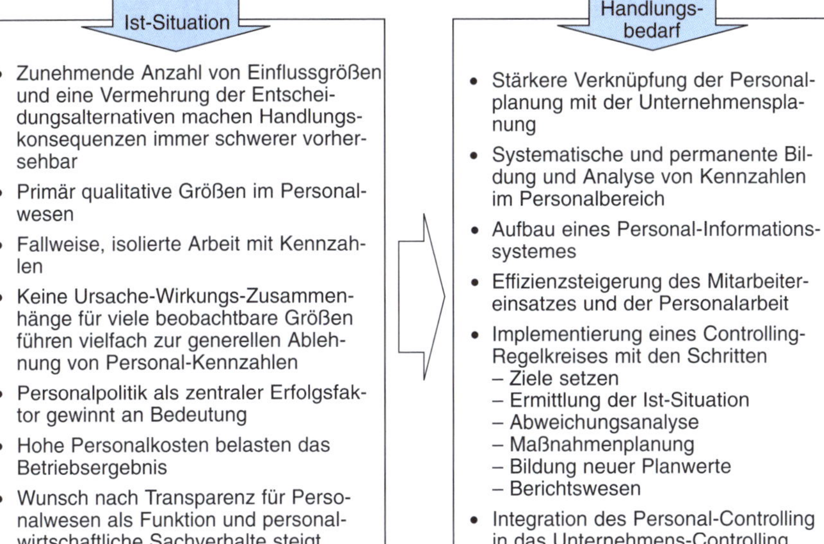

Abb. 2: Personal-Controlling: Status und Handlungsbedarf

Die ökonomische Steuerung der Personalarbeit bereitet insofern seit jeher Probleme, als ihr Erfolg primär in qualitativen Größen zum Ausdruck kommt. Es ist deshalb zu beobachten, dass in den Unternehmen im Personalwesen der Einsatz von Kennzahlen als Planungs- und Steuerungsinstrument noch deutlich weniger verbreitet ist als in anderen Funktionsbereichen.

Das Personalwesen benötigt ein Instrumentarium, das Informationen quantifizierbar und systematisierbar macht sowie ihren Zusammenhang erkennen lässt. Eine wichtige Möglichkeit zur Systematisierung bietet hier die Anwendung von Kennzahlen,

- die aus der Komplexität des betrieblichen Geschehens Wesentliches vom Unwesentlichen trennen und somit eine qualifizierte Datenselektion ermöglichen,
- die anstelle absoluter, häufig nicht einzuordnender Systemausprägungen Relationen erkennen lassen,
- die Zusammenhänge zwischen Ursache und Wirkung sowie deren gegenseitige Beeinflussbarkeit abbilden,
- die auf konkrete Systemzustände mit allen Stärken und Schwächen des betrachteten Teilbereiches hinweisen und die
- als Führungsinstrument für eine zielorientierte Aufgabenabwicklung herangezogen werden können.

1.2 Aufgaben und Entwicklung des Personal-Controlling

Personalcontrolling als eine relativ junge Disziplin ist durch eine definitorische Vielfalt und Komplexität geprägt. Im nachfolgenden wird unter Personal-Controlling die zielgerichtete Planung, Steuerung und Kontrolle der Personalressourcen im Unternehmen sowie der Prozesse des Personalressorts verstanden.

Die Aufgaben des Controllers im Rahmen des Führungsprozesses (Planen, Entscheiden, Realisieren, Kontrollieren) umfassen folgende vier eng miteinander verknüpfte und sich gegenseitig beeinflussende Hauptfunktionen (vgl. *Scheffler* 1981, S. 383):

- Informations- und Ermittlungsfunktion
- Planungsfunktion
- Steuerungsfunktion
- Kontrollfunktion.

Im Rahmen der Informations- und Ermittlungsfunktion ist der Controller dafür verantwortlich, alle planungs- und entscheidungsrelevanten Informationen zu erfassen und zu liefern. Dies erfordert den Aufbau eines Informationssystems, das die systematische Erfassung aller relevanten Daten sicherstellt und diese rechtzeitig den interessierten und berechtigten Instanzen zur Verfügung stellt. Das Informationssystem sollte so gestaltet sein, dass die entscheidenden Schwachstellen und Abweichungen frühzeitig erkannt werden können. Hierbei ist gleichzeitig die Wirtschaftlichkeit des Informationssystems laufend zu verbessern. Berichte oder Informationen, die vom Empfänger nicht genutzt werden, sind überflüssig. Die Planungsfunktion des Controllers beinhaltet die Lieferung von Prognose-, Vorgabe- und Zielinformationen. Im Rahmen der eng miteinander verflochtenen Steuerungs- und Kontrollfunktion geht es um die Messung der Zielerreichungsgrade, das Erkennen der Ursachen von Soll-Ist-Abweichungen sowie das Einleiten bzw. Veranlassen der gegebenenfalls erforderlichen Aktivitäten. Die genannten Aufgaben des Controlling unterscheiden sich von den Aufgaben des Managements (vgl. *Abb. 3*).

Wesentliche Dimensionen des Personal-Controlling sind

- das strategische Personal-Controlling,
- das operative Personal-Controlling,
- das prozessuale Personal-Controlling.

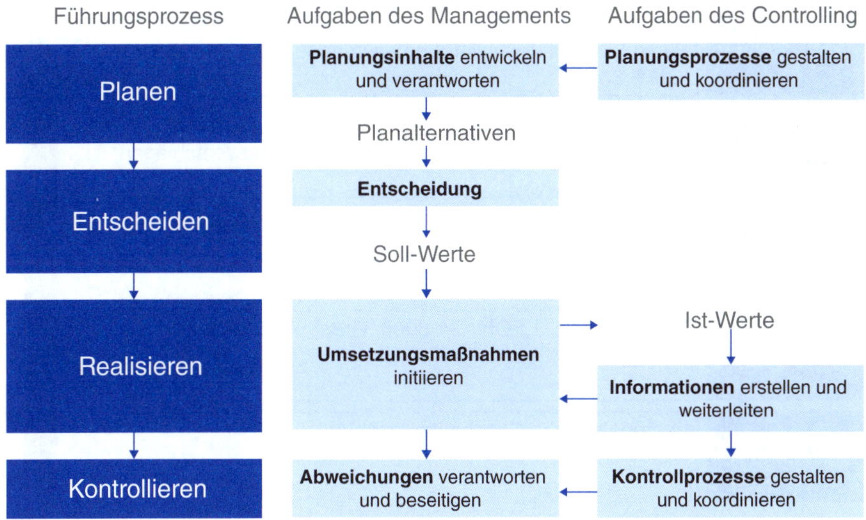

Abb. 3: Management und Controlling im Führungsprozess (Friedl 2009, S. 165)

Verknüpft man die genannten Dimensionen des Personal-Controlling mit den Kernfunktionen Planung, Kontrolle und Steuerung so lässt sich die Ziel- und Maßnahmenorientierung des Personal-Controlling verdeutlichen, wie sie in *Abb. 4* an drei konkreten Beispielen dargestellt ist.

Dimension		Aufgaben: Planung	Aufgaben: Kontrolle	Aufgaben: Steuerung	
Dimension	Strategisch	Vorgabe von bestimmten Erfolgsmaßstäben (z.B. eine bestimmte Wertschöpfung pro Mitarbeiter)	Wertschöpfung pro Mitarbeiter	Verbesserung der Qualität der Mitarbeiter (z.B. Kompetenzentwicklung durch Training)	**Beispiele strategisches HR-Controlling bzw. Wertbeitragscontrolling**
Dimension	Prozessual	Vorgabe von bestimmten Prozesszielen (z.B. Beschleunigung des Rekrutierungsprozesses in Tagen)	Dauer des Rekrutierungsprozesses in Tagen	Prozessanalyse bezüglich des Bewerbungsprozesses und Realisierung von Verbesserungen (z.B. Automatisierung)	**Beispiel prozessuales HR-Controlling**
Dimension	Operativ	Vorgabe von bestimmten Leistungszielwerten von Mitarbeitern (z.B. Produktionsmengenziel)	Arbeitsproduktivität (z.B. Produktionsmenge/Mitarbeiter)	Realisierung durch Reduzierung von Absenzen	**Beispiel operatives HR-Controlling**

Abb. 4: Aufgaben und Dimensionen des Personal-Controlling

Die wesentlichen Einsatzfelder des Personal-Controlling umfassen Dokumentationsaufgaben, Erfüllung von Prüfungs-/Ratinganforderungen, das Risikomanagement, Steuerungsaufgaben und Steigerung der Wertschaffung (vgl. *Abb. 5*).

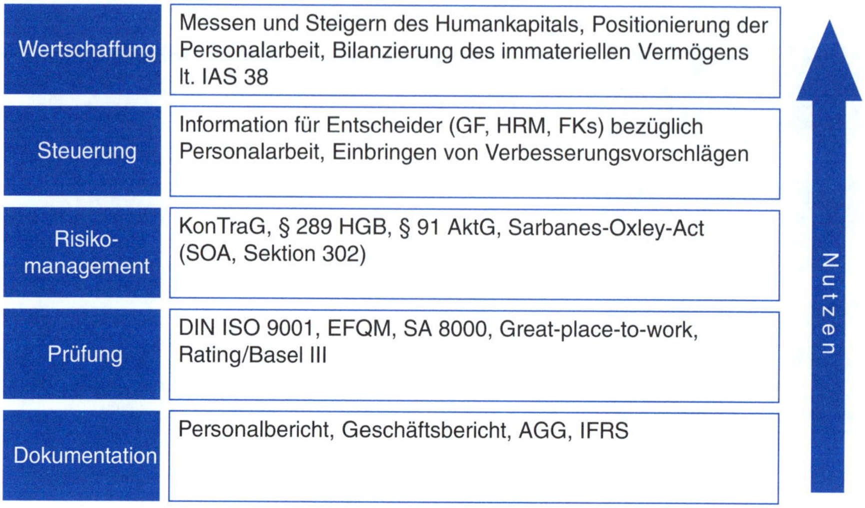

Wertschaffung	Messen und Steigern des Humankapitals, Positionierung der Personalarbeit, Bilanzierung des immateriellen Vermögens lt. IAS 38
Steuerung	Information für Entscheider (GF, HRM, FKs) bezüglich Personalarbeit, Einbringen von Verbesserungsvorschlägen
Risiko-management	KonTraG, § 289 HGB, § 91 AktG, Sarbanes-Oxley-Act (SOA, Sektion 302)
Prüfung	DIN ISO 9001, EFQM, SA 8000, Great-place-to-work, Rating/Basel III
Dokumentation	Personalbericht, Geschäftsbericht, AGG, IFRS

Nutzen

Abb. 5: Einsatzfelder des Personal-Controlling (Wucknitz 2012, S. 15)

1.3 Begriff, Merkmale und Funktionen von Kennzahlen

Um die schwer überschaubare Menge der im Unternehmen anfallenden Informationen zu wenigen aussagekräftigen Größen zusammenzufassen, empfiehlt sich die Anwendung spezifischer Kennzahlen. Kennzahlen sind quantitative Daten, die als bewußte Verdichtung der komplexen Realität über zahlenmäßig erfaßbare Sachverhalte informieren sollen.

Wesentliche Merkmale einer Kennzahl sind (vgl. *Reichmann* 1985, S. 15):

- der Informationscharakter,
- die Quantifizierbarkeit,
- die spezifische Form der Information.

Der Informationscharakter besagt, dass Kennzahlen es ermöglichen sollen, über wichtige Sachverhalte und Zusammenhänge Aussagen zu treffen. In der Quantifizierbarkeit kommt zum Ausdruck, dass die Messung der genannten Sachverhalte und Zusammenhänge mithilfe metrischer Skalen erfolgt, sodass relativ präzise Urteile abgegeben werden können. Die spezifische Form soll dazu beitragen, komplizierte Strukturen und Prozesse einfach abzubilden, sodass der Kennzahlennutzer einen möglichst schnellen und umfassenden Überblick gewinnen kann.

Kennzahlen stellen eine wichtige Informationsgrundlage dar und unterstützen die Unternehmenssteuerung. Kennzahlen werden fünf wesentliche Funktionen zugeordnet, die in *Abb. 6* dargestellt sind.

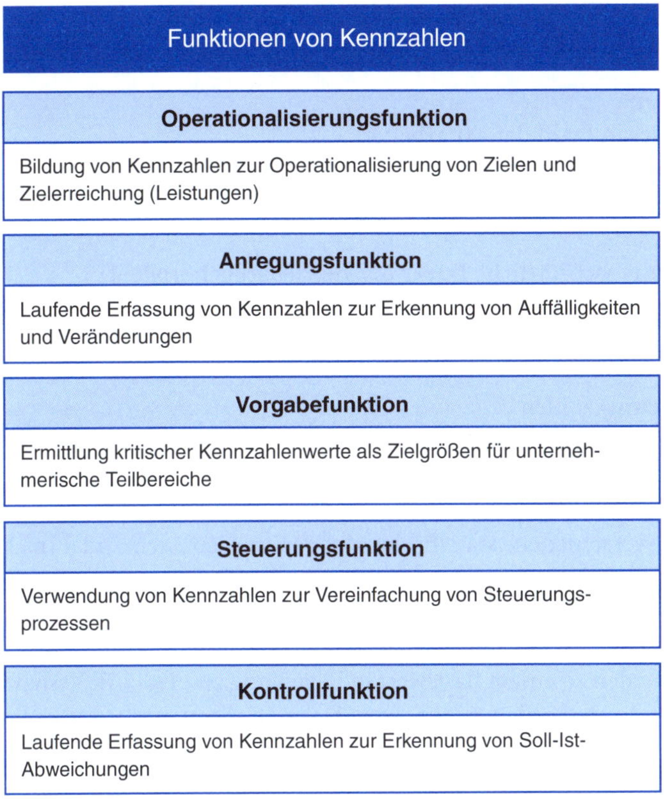

Funktionen von Kennzahlen
Operationalisierungsfunktion
Bildung von Kennzahlen zur Operationalisierung von Zielen und Zielerreichung (Leistungen)
Anregungsfunktion
Laufende Erfassung von Kennzahlen zur Erkennung von Auffälligkeiten und Veränderungen
Vorgabefunktion
Ermittlung kritischer Kennzahlenwerte als Zielgrößen für unternehmerische Teilbereiche
Steuerungsfunktion
Verwendung von Kennzahlen zur Vereinfachung von Steuerungsprozessen
Kontrollfunktion
Laufende Erfassung von Kennzahlen zur Erkennung von Soll-Ist-Abweichungen

Abb. 6: Funktionen von Kennzahlen (Weber 1995, S. 188)

Die Kennzahlenarten lassen sich folgendermaßen kategorisieren (vgl. *Abb. 7*):

Kennzahlen
Absolute Zahlen
Verhältniszahlen
Summen
Differenzen
Mittelwerte
Gliederungszahlen
Beziehungszahlen
Indexzahlen

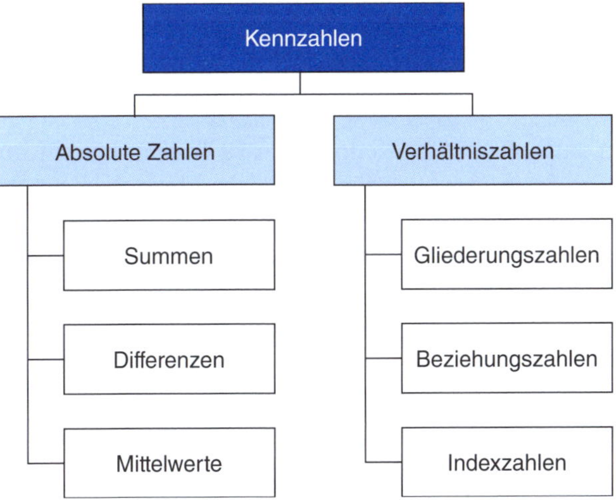

Abb. 7: Arten von Kennzahlen

Unter absoluten Zahlen, die jeweils auf Mengen- oder Wertgrößen basieren können, werden im Personal-Controlling folgende Zahlen verstanden:

- Summen
  (z. B. Gesamtzahl der Mitarbeiter)
- Differenzen
  (z. B. Fehlzeiten als Differenz zwischen Soll- und Ist-Arbeitszeit)
- Mittelwerte
  (z. B. durchschnittliche Dauer der Betriebszugehörigkeit).

Bei Verhältniszahlen werden untersuchungsrelevante Größen zueinander in Beziehung gesetzt. Verhältniszahlen können auftreten als

- Gliederungszahlen
  Eine Teilmenge wird zu einer Gesamtmenge in Beziehung gesetzt (z. B. Anteil der Frauen an der Gesamtbelegschaft).
- Beziehungszahlen
  Wesensverschiedene statistische Mengen werden zueinander ins Verhältnis gesetzt (z. B. Verhältnis von Leistung zu Arbeitseinsatz).
- Indexzahlen
  Gleichartige Werte, die aber zu unterschiedlichen Zeitpunkten angefallen sind, werden zu einem Basiswert in Beziehung gesetzt (z. B. Verhältnis Krankenstand verschiedener Jahre zum Stand in einem bestimmten Basisjahr).

Betriebliche Kennzahlenvergleiche können sowohl auf innerbetrieblichen Werten basieren als auch als zwischenbetriebliche Vergleiche (Betriebsvergleiche) durchgeführt werden. Letztere können nur dann sinnvoll durchgeführt werden, wenn völlige Vergleichbarkeit bezüglich der Betriebe, Begriffe und Zahlen gegeben ist. Ferner ist danach zu unterscheiden, ob Zeitvergleiche oder Soll-Ist-Vergleiche vorgenommen werden. Bei Zeitvergleichen werden identische Kennzahlen von unterschiedlichen Zeitpunkten oder aus unterschiedlichen Zeiträumen gegenübergestellt. Werden Soll- und Ist-Zahlen aus einem Zeitraum gegenübergestellt, spricht man von Soll-Ist-Vergleichen.

Das Problem, aussagekräftige Kennzahlen zu finden, besteht im Bereich des Personalwesens darin, dass sich für eine Vielzahl von beobachtbaren Größen keine kausalen Zusammenhänge finden lassen. Überdies sind viele Phänomene einer exakten Operationalisierung und Quantifizierung nicht oder nur schwer zugänglich. Gleichzeitig erfordert jedoch das zunehmende interne und externe Informationsbedürfnis ein adäquates Informationssystem. Jedes Unternehmen bildet auch im Personalbereich regelmäßig oder bei Bedarf bereits die eine oder andere Kennzahl. Der Grundgedanke des kennzahlenorientierten Ansatzes ist hingegen, durch die systematische und permanente Bildung und Analyse von Kennzahlen im Personalbereich ein aussagefähiges Controlling-Instrumentarium zu erhalten. Die Methode, einen umfassenden Kennzahlenkatalog zu erstellen, führt zwangsläufig zu einer höheren Anzahl von Kennzahlen als bei einer spontanen Bedarfsdeckung. Dies ist aber nur bei vordergründiger Betrachtung mit einem Mehraufwand verbunden. Es entsteht zwar zunächst durch die Festlegung der Berechnungsmethoden sowie die Gestaltung von Standards ein einmaliger Aufwand für die Systementwicklung. Dieser wird jedoch bei wiederholter Anwendung der Kennzahlen überkompensiert durch die Einsparung, die sich gegenüber ad hoc-Berechnungen ergibt. Hinzu kommt, dass bei permanentem Einsatz von Kennzahlen der Einsatz der IT lohnend wird (vgl. *Grünefeld* 1981, S. 32).

Als Fazit läßt sich festhalten, dass Kennzahlen dazu dienen, schnell und prägnant über ein ökonomisches Aufgabenfeld zu informieren, das meist auf einer Vielzahl relevanter Einzelinformationen basiert, deren Auswertung jedoch für bestimmte Informationsbedürfnisse zu zeitintensiv und aufwendig ist. Kennzahlen sollen Informationen verdichten, Schwachstellen aufzeigen und Abweichungen durch Soll-Ist-Vergleiche signalisieren. Durch die Verwendung von Kennzahlen als Ziele bzw. Zielvorgaben und als Basis für die Kontrolle der Zielerreichung stellen sie ein zentrales Steuerungsinstrument dar.

1.4 Funktionen und Rollen des Personalwesens

Für eine Systematisierung personalwirtschaftlicher Maßnahmen lässt sich keine allgemeingültige Vorgehensweise angeben. Die funktional differenzierten Teilaktivitäten sind in Abhängigkeit vom Untersuchungszweck in horizontaler und vertikaler Hinsicht zu gliedern (vgl. *Wächter* 1979, S. 104). Im Folgenden werden als Funktionen zugrunde gelegt: Personalbedarfs- und -strukturplanung, Personalbeschaffung, Personaleinsatz, Personalerhaltung und Leistungsstimulation, Personalentwicklung, Performance Management, Ideenmanagement, Personalfreistellung sowie Personalkostenplanung und -kontrolle (vgl. *Abb. 8*).

Bei der Wahrnehmung seiner Aufgaben nimmt das Personalmanagement unterschiedliche Rollen wahr, je nachdem, ob

- es sich um Aufgaben mit primär strategischem Fokus oder primär operativem Fokus handelt bzw.
- die Orientierung an Prozessen oder an Menschen im Vordergrund steht (vgl. *Abb. 9*).

HR - Managementprozesse		Personalstrategie	Mitbestimmung und Gremienarbeit	Personal-Controlling	Personal-Risikomanagement
HR - Kernprozesse	1 Personalbedarfs- und -strukturplanung	Personalbedarfsplanung		Personalstrukturplanung	
	2 Personalbeschaffung	Employer Branding	Personalwerbung	Personalauswahl	Personaleinstellung und -integration
	3 Personaleinsatz	Personalzuordnung und -dimensionierung	Arbeitsorganisation	Arbeitszeit und -ort	Auslandseinsatz
	4 Personalerhaltung und Leistungsstimulation	Personalerhaltung/ Gesundheitsmanagement	Vergütung	Betriebliche Sozialleistungen	
	5 Personalentwicklung	Ausbildung	Weiterbildung	Nachwuchsförderung	Führungskräfte-entwicklung
	6 Performance Management	Fokussierung auf Leistungsziele	Steuerung der Leistung	Konsequenzen ziehen	
	7 Ideenmanagement	Ideenmanagement			
	8 Personalfreistellung	Änderung bestehender Arbeitsverhältnisse		Beendigung bestehender Arbeitsverhältnisse	
HR - Unterstützungsprozesse		Lohn- und Gehaltsabrechnung	Reisekostenabrechnung	Pensionsabrechnung	Sonstige HR-Leistungen

Abb. 8: Schwerpunkte der Personalarbeit

	Orientierung an Prozessen	Orientierung an Menschen
Strategischer Fokus	**Business Partner** Management der strategischen Personalressourcen	**Change Agent** Management des organisationalen Wandels
Operativer Fokus	**Administrativer Experte** Management der Infrastruktur	**Betreuer** Management der Mitarbeiterbeteiligung

Abb. 9: Rollen des Personalmanagement (Ulrich 1996)

Kapitel 2

Unternehmens- und Personalstrategie als Ausgangspunkt für das Personal-Controlling

2.1 Ebenen der Strategieentwicklung

Die Strategieentwicklung tangiert ein Unternehmen auf mehreren Ebenen: auf der Unternehmens-, der Geschäftsfeld- und der Funktionsebene (vgl. *Abb. 10*).

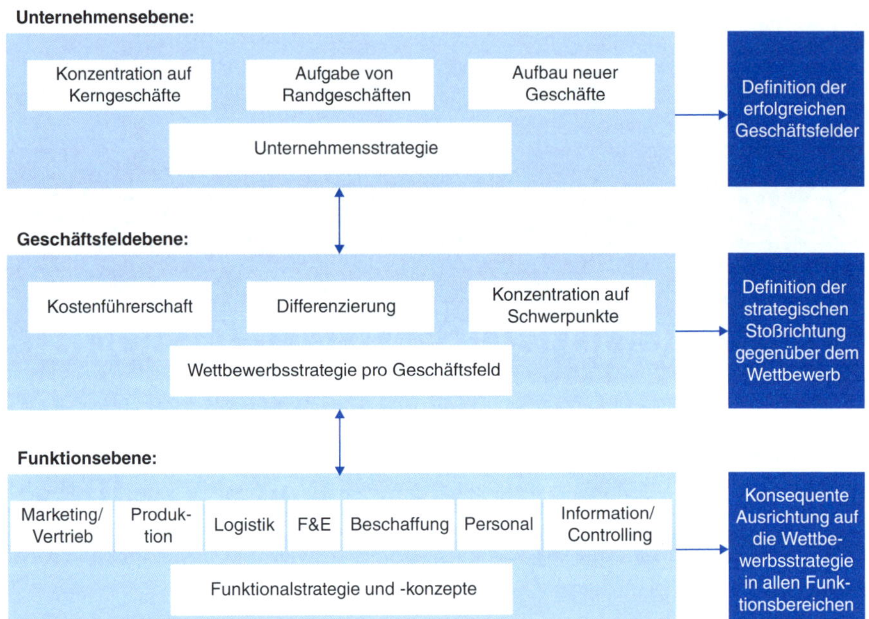

Abb. 10: Ebenen der Strategieentwicklung

Auf Unternehmens- bzw. Konzernebene steht die Frage nach dem optimalen Geschäftsportfolio im Vordergrund. Die wertorientierte Weiterentwicklung von Unternehmen setzt voraus, dass wenig zukunftsträchtige Randgeschäfte aufgegeben und zum Kerngeschäft verwandte Neugeschäfte aufgebaut werden.

Auf der Ebene der Geschäftsfelder (bzw. zusätzlich der Geschäftsbereiche für den Fall, dass mehrere Geschäftsfelder zu einem Geschäftsbereich zusammengefasst sind) ist die Wettbewerbsstrategie der einzelnen Geschäfte zu gestalten. Ein Geschäftsfeld ist die kleinste sinnvolle Einheit, für die eine einheitliche Geschäftspolitik formuliert werden kann und mit der sich Wettbewerbsvorteile erzielen und absichern lassen. Ein strategisches Geschäftsfeld ist definiert als Produkt-/Marktkombination, die hinsichtlich der relevanten Erfolgsfaktoren homogen und gegenüber anderen Geschäftsfeldern unabhängig ist, sodass sie aus strategischer Sicht isoliert betrachtet und gesteuert werden kann.

Die Definition von Geschäftsfeldern ist zum einen wesentliche Voraussetzung für die Strukturpolitik der Unternehmens- bzw. Konzernleitung. Zum anderen müssen strategische Konzepte und damit auch die Personalstrategie auf spezifische Markterfordernisse zugeschnitten sein. Ansatzpunkt für die Entwicklung einer Personalstrategie ist in der Regel die Geschäftsfeldstrategie. Die Funktionalstrategien müssen sicherstellen, dass die definierte Wettbewerbsstrategie umgesetzt werden kann. Hierzu ist festzulegen, in welcher Weise die einzelnen Funktionen im Unternehmen zur Erreichung und Absicherung des Wettbewerbsvorteils beitragen sollen.

2.2 Strategie und Wettbewerbsvorteil

Strategien zielen darauf ab, Wettbewerbsvorteile zu erreichen bzw. zu erhalten und damit die Überlebensfähigkeit eines Unternehmens im Markt dauerhaft zu sichern. Objekte der strategischen Planung auf Geschäftsfeldebene stellen das eigene Unternehmen, die Kunden und die Wettbewerber dar, wie sie im strategischen Dreieck ihren Niederschlag gefunden haben. Nur wenn ein Unternehmen alle drei Eckpunkte sowie die zwischen ihnen bestehenden Beziehungen gleich gut kennt und beherrscht, wird es am Markt erfolgreich bestehen können.

Ein strategischer Wettbewerbsvorteil stellt eine im Vergleich zu den Konkurrenten überlegene Leistung dar, die folgende Kriterien erfüllen muss (vgl. *Simon* 1988):

1. Sie muss einen für den Kunden bedeutsamen Leistungsparameter betreffen,
2. der Kunde muss den Vorteil tatsächlich wahrnehmen,
3. der Vorteil muss eine dauerhafte Überlegenheit ermöglichen, d. h. der Vorteil darf von der Konkurrenz nicht schnell eingeholt werden können.

Nur wenn gleichzeitig die drei Kriterien „bedeutsam“, „wahrgenommen“ und „dauerhaft“ erfüllt werden, liegt ein strategischer Wettbewerbsvorteil vor. So ist beispielsweise eine kürzere Lieferzeit kein strategischer Vorteil, wenn dieses Leistungsmerkmal für den Kunden keine oder nur eine nachrangige Bedeutung aufweist. Wenn das Unternehmen selbst seine Leistung bei einem Parameter als besser einstuft, der Kunde dies aber nicht wahrnimmt, so liegt ebenfalls kein Wettbewerbsvorteil vor. Eine Preissenkung, der keine günstigere Kostenposition zugrunde liegt, ermöglicht lediglich eine temporäre und keine dauerhafte Überlegenheit, da die Mitbewerber schnell reagieren können. Wettbewerbsvorteile aus Personalstrategien sind in der Regel nachhaltig verteidigbar, da sie nicht über partielle Anpassungen des Geschäftssystems nachahmbar sind.

Die Dauerhaftigkeit von wettbewerbsrelevanten unternehmerischen Positionen ist umso ausgeprägter, je schwerer das zugrunde liegende Know-how vom Wettbewerb imitiert werden kann. Anfang der neunzehnhundertsiebziger Jahre betrug beispielsweise die Entwicklungszeit für ein neues Automobil vom ersten Entwurf bis zum Serienanlauf bei den meisten Herstellern sechs bis acht Jahre. Damit ging ein relativ guter Imitationsschutz einher. Durch neue Planungs- und Produktionsmethoden (simultaneous engineering, computergestützte Konstruktion, flexible Automatisierung in der Fertigung etc.) ist die Entwicklungszeit zwischenzeitlich auf ungefähr drei Jahre (und weniger) gesunken. Diese – auch in vielen anderen Branchen – zu beobachtende Verkürzung der Entwicklungszeiten hat zur Folge, dass die Wettbewerber technische Produkteigenschaften relativ schnell imitieren können. Dies gilt leicht abgeschwächt auch für Fertigungsverfahren, insbesondere dann, wenn die zugrunde liegenden Maschinen von Werkzeugmaschinenherstellern am Markt angeboten werden. Einen wesentlichen besseren zeitlichen Schutz vor Imitation liefern realisierte Personalkonzepte und „gelebte" Werthaltungen. Der Aufbau eines maßgeschneiderten und effektiven Personalsystems für ein Geschäftsfeld erfordert bis zur breit abgestützten Verankerung mindestens drei bis fünf Jahre. Noch länger kann es dauern, bis eine Führungsphilosophie, wie beispielsweise die Flussorientierung, richtig Fuß gefasst hat. Nur durch kontinuierliche und systematische Anstrengungen über viele Jahre können in der Regel Werthaltungen im gesamten Unternehmen, die mit der Strategie übereinstimmen, realisiert werden. Durch den systematischen Aufbau von schwer imitierbarem Know-how lässt sich in der Regel die Marktposition erheblich absichern.

2.3 Teilbereiche des strategischen Personalmanagement

Unter strategischem Personalmanagement, das die Schnittstelle zwischen der Unternehmensstrategie und dem Personalmanagement bildet, werden vielfach unterschiedliche Inhalte verstanden. Um die richtigen Messgrößen für das Personal-Controlling festzulegen und zu verfolgen, ist es entscheidend, die Teilaspekte des strategischen Personalmanagement begrifflich sauber zu trennen und zweitens einheitlich im Unternehmen einzusetzen. Nachfolgend wird zwischen vier zentralen Fragen des strategischen Personalmanagement unterschieden (vgl. *Abb. 11*):

1. Personalstrategie: Welches Humankapital wird zur Umsetzung der Unternehmensstrategie benötigt?
2. Humankapitalstrategie: Wie muss das Personalmanagement ausgerichtet werden, um das benötigte Humankapital möglichst effizient bereitstellen zu können?
3. HR-Funktionsstrategie: Wie organisiert sich die HR-Funktion, damit sie die Antworten aus Frage 2 umsetzen kann?
4. Wie aktiv ist das Humankapital in die Strategieentwicklung eingebunden?

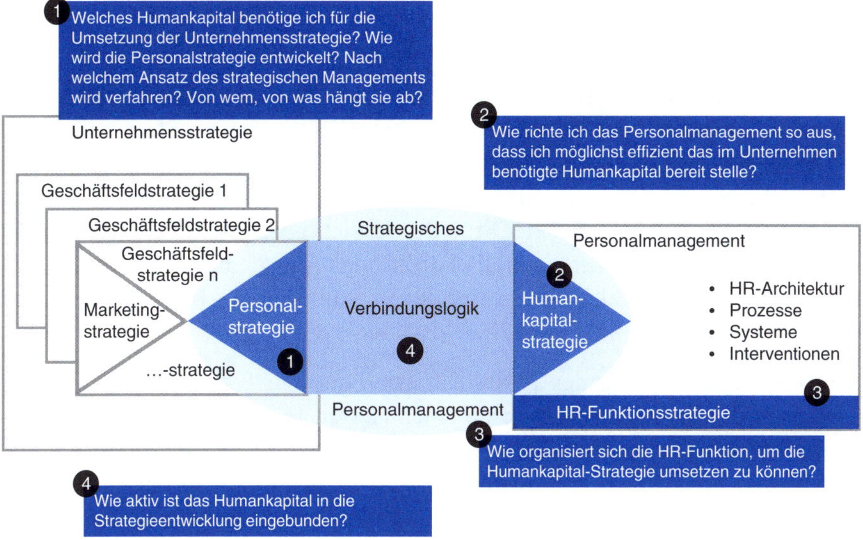

Abb. 11: Die Teilbereiche des strategischen Personalmanagement (Lebrenz 2017, S. 36)

Ausgangspunkt für das strategische Personalmanagement ist die Unternehmensstrategie (vgl. Abschnitt 2.1). Verfügt ein Unternehmen über mehrere Geschäftsfelder, so sollte zusätzlich zur Unternehmensstrategie für jedes Geschäftsfeld eine eigene Strategie vorhanden sein. Liegt im Unternehmen nur ein Geschäftsfeld vor, so sind Unternehmens- und Geschäftsfeldstrategie identisch. Da die Anforderungen in den jeweiligen Geschäftsfeldern an das Humankapital sehr unterschiedlich sein können, sollte die Ebene der Geschäftsfeldstrategie Ausgangspunkt der weiteren Überlegungen sein. Die Geschäftsfeldstrategie impliziert eine Funktionalstrategie für die jeweiligen Managementfunktionen wie Entwicklung, Marketing und Personal. Für die Personalfunktion ist dies die Personalstrategie, mit der festzulegen ist, welches Humankapital für die Umsetzung der Geschäftsfeldstrategie benötigt wird (vgl. *Lebrenz* 2017, S. 36). Unter Humankapital wird hierbei zusammengefasst (vgl. *Snell* u. a., 1996):

- das Wissen und die Kompetenzen der einzelnen Mitarbeiter,
- die Beziehungen der Mitarbeiter untereinander und zu externen Personen (Sozialkapital) sowie
- Prozesse, Strukturen, Technologien und Datenbanken des Unternehmens (Organisationskapital).

Im zweiten Schritt gilt es, mit der Humankapitalstrategie die Maßnahmen zu entwickeln und umzusetzen, damit das für die Personalstrategie benötigt Humankapital zur Verfügung steht. Seitens des Personalmanagement sind die hierfür erforderlichen Prozesse und Systeme zu schaffen, die erforderlichen

Interventionen umzusetzen und die Architektur zu gestalten, mit deren Hilfe die einzelnen Instrumente eingesetzt werden (vgl. *Lebrenz* 2017, S. 37).

Die dritte Frage bezieht sich auf die Personalabteilung bzw. Personalfunktion. Es muss geplant und entschieden werden, wie die Personalfunktion aufgestellt wird und welche Maßnahmen sie ergreift, um die benötigten Kompetenzen zu entwickeln oder auszubauen. Dabei werden Organisationsformen, IT-Architektur und Prozesse festgelegt. Ohne Berücksichtigung der Personalstrategie und eine enge Verknüpfung der HR-Funktionalstrategie mit der Humankapitalstrategie sind oft Reibungsverluste der Verzahnung der Personalarbeit mit der Unternehmens- bzw. Geschäftsfeldstrategie die Folge.

Zur Vervollständigung des Bildes des strategischen Personalmanagements müssen deshalb noch Antworten auf einen vierten Teilbereich gegeben werden: „Wie aktiv ist das Humankapital in die Strategieentwicklung eingebunden? Was bestimmt, in welchem Maße die Personalstrategie von der Humankapitalstrategie abhängt bzw. die Humankapitalstrategie von der Personalstrategie?" (*Lebrenz* 2017, S. 37). In der Praxis existieren starke Wechselbeziehungen zwischen der Personalstrategie und der Humankapitalstrategie. Einerseits werden durch die Personalstrategie Anforderungen an die Menge und Qualität des Humankapitals definiert. Da eine Strategieentwicklung aber nicht im Vakuum erfolgt, muss sie andererseits immer auch die aktuelle Situation des Unternehmens und damit auch sein aktuelles Humankapital berücksichtigen. Ist die Lücke zwischen dem von der Strategie geforderten Humankapital und dem im Unternehmen vorhandenen Humankapital zu groß, wird eine unrealistische Strategie entwickelt. Eine noch so brillante Strategie ist zum Scheitern verurteilt, wenn sie die personellen Möglichkeiten des Unternehmens übersteigt. Aufgabe des Personalmanagements ist es, die Lücke zwischen vorhandenem und benötigtem Humankapital zu schließen. Je größer diese Lücke ist, desto schwieriger und langwieriger wird dies. Im Extremfall bis zu dem Punkt, wo es für die vorgesehene Strategie unrealistisch wird, die Lücke zu schließen. Das Humankapital beeinflusst die Unternehmensstrategie umso stärker, je stärker das Humankapital einen Engpassfaktor für die Unternehmensstrategie darstellt. Die Personalmanager können am besten abschätzen, über welches Humankapital das Unternehmen verfügt und wie es verändert werden kann. Deswegen ist es unabdingbar, die Expertise der HR-Verantwortlichen in die Diskussion und Bewertung der verschiedenen strategischen Optionen mit einzubinden. Je stärker die Wettbewerbsfähigkeit auf dem Wissen und Verhalten der Mitarbeiter basiert, desto bedeutsamer ist die Rolle des Personalverantwortlichen in der Strategieentwicklung (vgl. *Lebrenz* 2017, S. 38).

2.4 Entwicklung einer Personalstrategie

In der Praxis hat sich zur Entwicklung einer Personalstrategie auf Geschäftsfeldebene nachfolgend beschriebener Prozess bewährt (vgl. *Abb. 12*).

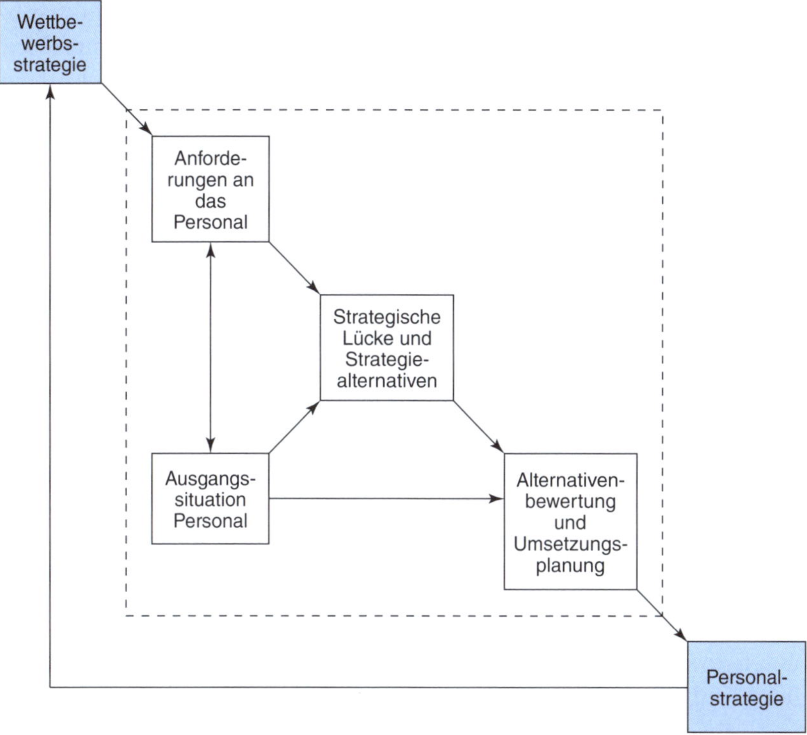

Abb. 12: Prozess der Strategieentwicklung

Entscheidend für den Erfolg einer Personalstrategie ist ein ganzheitlicher und geschäftsorientierter Planansatz. Erst auf der Basis eines umfassenden Geschäftsverständnisses können das Personalleitbild aufgestellt und die geschäftsfeldspezifischen Personalziele abgeleitet werden (vgl. *Abb. 13*).

Der Strategieentwicklungsprozess auf Geschäftsfeldebene beginnt mit der Bestimmung der strategischen Ausgangsposition. Hierzu gehört eine Analyse von

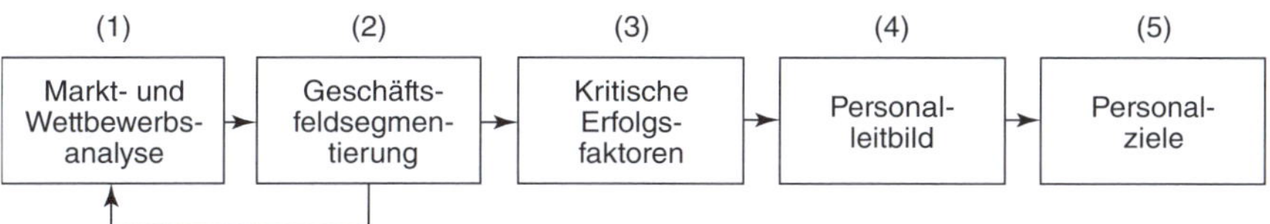

Abb. 13: Wettbewerbsstrategische Anforderungen an die Personalstrategie

Marktdaten (Marktvolumen und -wachstum nach Marktsegmenten, Eintritts- und Austrittsbarrieren), eine Bestandsaufnahme der Wettbewerbssituation (Umsatz, Marktanteil, Ergebnissituation, Strategie) sowie Angaben zu den eigenen Aktivitäten. Über die künftige Attraktivität eines Geschäftsfeldes muss eine Untersuchung der vermutlichen Entwicklung des Unternehmensumfeldes Aufschluss geben. Es gilt unter anderem, folgende Fragen zu beantworten: Wie wird sich in Zukunft die Nachfrage nach den angebotenen Produkten bzw. Dienstleistungen entwickeln? Welches sind die relevanten Kundenprobleme? Ist mit einer Bedrohung durch neue Konkurrenten zu rechnen? Sind aufgrund der technologischen Trends Substitutionsprodukte zu erwarten? Mit welchen Änderungen ist bei den bislang eingesetzten Produktionsverfahren sowie den übrigen Stufen der Wertschöpfungskette zu rechnen? Welche Verhandlungsstärke weisen die Abnehmer und Lieferanten auf?

Durch eine detaillierte Analyse der Unternehmenssituation sind die eigenen Stärken und Schwächen in Relation zu den wichtigsten Wettbewerbern zu erarbeiten. Hierbei sind auch die kritischen Erfolgsfaktoren zu identifizieren, also die Leistungsmerkmale, durch die ein nachhaltiger Wettbewerbsvorteil erzielt werden kann. Die Erfahrung zeigt, dass sich der Erfolg einzelner Geschäftsfelder trotz zahlreicher Einflussgrößen durch eine begrenzte (4 bis 7) Anzahl geschäftsfeldspezifischer Faktoren hinreichend genau erklären lässt. Auf der Grundlage der durchgeführten Analysen sind für jedes strategische Geschäftsfeld Ziele und Strategien zu erarbeiten. Diese müssen folgende drei Kernfragen beantworten:

1. Mit welchem Wettbewerbsvorteil soll konkurriert werden? (Schaffung einer überlegenen Kostenposition versus Aufbau eines Zusatznutzens gegenüber den Wettbewerbern)
2. Wo soll konkurriert werden? (Gesamtmarkt versus Marktnische)
3. Wie soll ein nachhaltiger Wettbewerbsvorteil erreicht werden? (Schaffung eines überlegenen Geschäftssystems durch konsequente Gestaltung und Ausrichtung aller Unternehmensfunktionen im Hinblick auf die verfolgte Strategie)

Im Rahmen der Strategieentwicklung sollte die Zielfindung und -definition mit größter Sorgfalt erfolgen. Eine zu starke Pauschalierung und Vereinfachung in dieser Phase verhindern später eine profunde Bewertung der entwickelten Strategiealternativen. Bei der Quantifizierung der Ziele muss gleichzeitig eine Priorisierung erfolgen, die die in der Wettbewerbsstrategie definierten kritischen Erfolgsfaktoren widerspiegelt.

Im nächsten Schritt geht es darum, die sich aus der Wettbewerbsstrategie ergebenden Anforderungen an das Personal abzuleiten. Dies mündet die Frage, welche Ressourcen personalseitig notwendig sind, um die angestrebte strategische Position zu sichern und auszubauen (vgl. *Gmür* 2016, S. 193):

- Fähigkeiten: Wissen, Erfahrung, Einblick und Überblick, formale Qualifikation, analytische Fähigkeiten, Sozial- und Methodenkompetenz.
- Motivationen: Werthaltungen, Einstellungen, Interessen, Bedürfnisse, Commitment und Identifikation (gegenüber der Organisation, dem Team, der Aufgabe).
- Vernetzung: Beziehungen innerhalb der Organisation und zu externen Interessengruppen (z. B. Kunden, Lieferanten, Medien, Konkurrenten, Fachverbänden).

Die Bestandsaufnahme der personellen Ausgangssituation in einem Unternehmen setzt sich aus vier Teilschritten zusammen:

1. Definition der Ziele und erforderlichen Aussagen der Bestandsaufnahme, sodass durch eine fokussierte Diagnose strategierelevante Informationen gewonnen werden.
2. Analyse der strukturellen Rahmenbedingungen und Schnittstellen: Soweit die Konkretisierung der wettbewerbsstrategischen Anforderungen noch zu wenig detailliert für die Entwicklung der Personalstrategie ist, sind die strukturellen Rahmenbedingungen zu konkretisieren. Besonderes Gewicht ist hierbei stets auf die Schnittstellen zu anderen Funktionsbereichen des Unternehmens zu legen.
3. Ressourcen- und Fähigkeitsanalyse: Hier geht es darum, alle im Unternehmen eingesetzten Personalressourcen quantitativ und qualitativ zu erfassen und zu bewerten. Die aktuell vorhandenen Ressourcen und Fähigkeiten sind die grundlegende Basis, auf der aufgesetzt werden kann, um eine Personalstrategie umzusetzen.
4. Analyse der Erfolgsentwicklung der Personalwirtschaft: Für die vergangenen 3–5 Jahre gilt es, die zentralen Personalkennzahlen in ihrer absoluten Höhe, in ihrem zeitlichen Verlauf und ihrer Struktur darzustellen.

Wesentliche, in der strategischen Personalplanung des Unternehmens zu berücksichtigende Arbeitsmarktkennzahlen, stellen insbesondere

- das Erwerbspersonenpotenzial,
- die Anzahl der Schulabgänger,
- die Anzahl der Studienanfänger und Hochschulabsolventen,
- die Arbeitslosenquote sowie
- die Anzahl offener Stellen

dar.

Aus der vergleichenden Gegenüberstellung der wettbewerbsstrategischen Anforderungen an das Personal und den sich hieraus ergebenden Personalzielen einerseits und der personellen Ausgangssituation andererseits, ergibt sich in der Regel eine strategische Lücke. Im nächsten Schritt sind verschiedene Lösungsansätze zu entwickeln mit denen die Lücke geschlossen werden kann und zu Strategiealternativen zu verdichten.

Nachdem der Handlungsspielraum und die Alternativen definiert sind, gilt es, die entwickelten strategischen Alternativen zu bewerten. Zentrale Beurteilungskriterien sind hierbei:

- Stimmigkeit der Personal- zur Wettbewerbsstrategie: Wie hoch ist der Zielbeitrag jeder Strategiealternative zur Geschäftsfeldstrategie?
- Auswirkungen auf andere Unternehmensbereiche;
- Realisierbarkeit: Ist die Umsetzung der einzelnen Strategiealternativen vor dem Hintergrund der derzeit verfügbaren Ressourcen und deren Entwicklungspotenzial realistisch?
- Finanzielle Wirkungen: Wie hoch ist der Investitionsbedarf der jeweiligen Strategiealternative und wie stellen sich die Kosten- und Erlöswirkungen dar?

Diejenige Strategiealternative, die auf Basis dieser Kriterien als die geeignetste erscheint, wird verabschiedet. Jede Strategie ist nur so gut und erfolgreich wie die systematische und konsequente Umsetzung. Wirklich erfolgreiche Unternehmen pflegen neben ihren strategischen und planerischen Kapazitäten auch die Fähigkeiten zur zügigen Implementierung von Ideen und Projekten. In vielen Unternehmen besteht ein Überhang der „Planer“ gegenüber den „Realisierern“. Die Realisierung vieler Strategien dauert zu lange und verliert dabei ihre ursprüngliche Kernidee.

Zur Sicherstellung einer zügigen und zielorientierten Realisierung der verabschiedeten Personalstrategie sind daher im Rahmen einer konkreten Umsetzungsplanung folgende Elemente zu berücksichtigen:

- Maßnahmenplan mit personifizierter Verantwortung: Es bedarf namentlich benannter Verantwortlicher, die auf der Basis eines gemeinsam verabschiedeten Aktivitäten- und Terminplans (Wer, was, bis wann, mit welchem Ergebnis?) die Umsetzung sicherstellen. Die für die Umsetzung einer Strategie verantwortlichen Führungskräfte müssen neben ihrem fachlichen Know-how auch über die soziale Kompetenz verfügen, um andere überzeugen zu können.
- Training: Strategieprojekte münden in Veränderungen. Diese müssen von den Mitarbeitern verstanden und getragen werden. Training soll Fähigkeiten vermitteln, Fertigkeiten ausbauen und Einstellungen verändern. Um die Umsetzung zu unterstützen und Mitarbeiterpotenziale zu aktivieren, ist ein Kommunikationskonzept zu entwickeln. Als besonders effektiv haben sich Trainings durch Vormachen am konkreten Fall erwiesen.
- Controlling: Sporadische Aktionen und Einzelmaßnahmen können für die Sicherung nachhaltiger Erfolge keine Anwort sein, weil ihre Wirkungen oft nur eine Verbesserung von kurzer Dauer darstellen. Ein aktives Controlling muss deshalb sicherstellen, dass die geplanten Maßnahmen zielorientiert und permanent wahrgenommen werden.

2.5 Strategisches und operatives Personal-Controlling

Im strategischen Personal-Controlling dominiert die längerfristige Orientierung, um durch die Beobachtung wichtiger Planungsprämissen, die Erreichung von definierten Meilensteinen sowie durch die Analyse relevanter interner und externer Trends Zielerreichungsrisiken frühzeitig zu identifizieren und Gegensteuerung zu ermöglichen (vgl. *Schulte* 1992, S. 42). Hierbei sind die Controllingschwerpunkte und die Controllinginhalte (Schlüsselgrößen, zentrale Erfolgsfaktoren) zu definieren (vgl. *Abb. 14*).

Um auch die Umsetzung kurzfristiger Ziele sicherzustellen, wird das strategische um das operative Personal-Controlling ergänzt.

Den Gestaltungsrahmen für das operative Controlling bildet das strategische Controlling. Durch die Ausrichtung auf identische Controllingobjekte sind beide Ebenen eng miteinander verknüpft. Unterschiede bestehen jedoch hinsichtlich der betrachteten Zeithorizonte, der Inhalte und des Detaillierungsgrades.

In der qualitativen operativen Planung werden die im Planungszeitraum umzusetzenden Einzelschritte der strategischen Planung konkretisiert. In der quantitativen operativen Planung wird die Basis für einen regelmäßigen Plan-Ist-Vergleich gelegt.

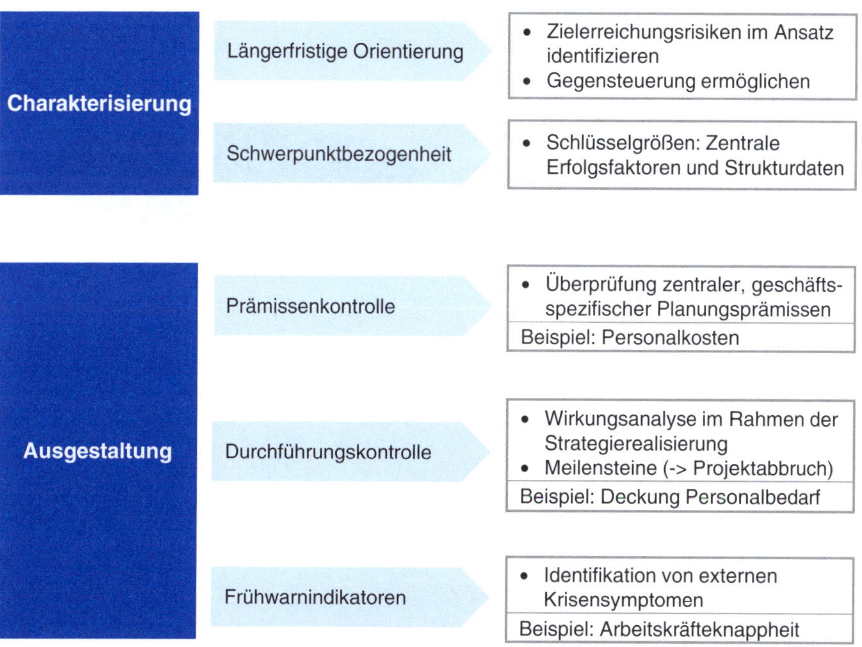

Abb. 14: Strategisches Personal-Controlling

Das Gestaltungsproblem für das operative Controlling liegt meist weniger in der Bereitstellung von genügend Informationen. Die Kunst liegt vielmehr in der Auswahl der „richtigen“ Kennzahlen. Eine allgemein gültige Lösung ist hier nicht möglich, da vielfältige Einflussfaktoren und Rahmenbedingungen der konkreten Unternehmenssituation zu berücksichtigen sind. *Abb. 15* enthält zusammenfassend die Ableitung von strategischen und operativen Personalkennzahlen aus der Personalstrategie.

Abb. 15: Ableitung von strategischen und operativen Kennzahlen aus der Personalstrategie

2.6 Resümee: Leitplanken der Kennzahlenentwicklung

Bevor in den folgenden Kapiteln zahlreiche mögliche Kennzahlen und Instrumente des Personal-Controlling vorgestellt werden, sollen an dieser Stelle – auf Basis der Ausführungen in diesem Kapitel – vier wesentliche Leitplanken für die Auswahl von unternehmensspezifischen Kennzahlen hervorgehoben werden (vgl. *Abb. 16*):

- Strategieorientierung
- Positionierung des Personalmanagement
- Konzentration auf kritische Erfolgsfaktoren
- Antizipation künftiger Entwicklungen

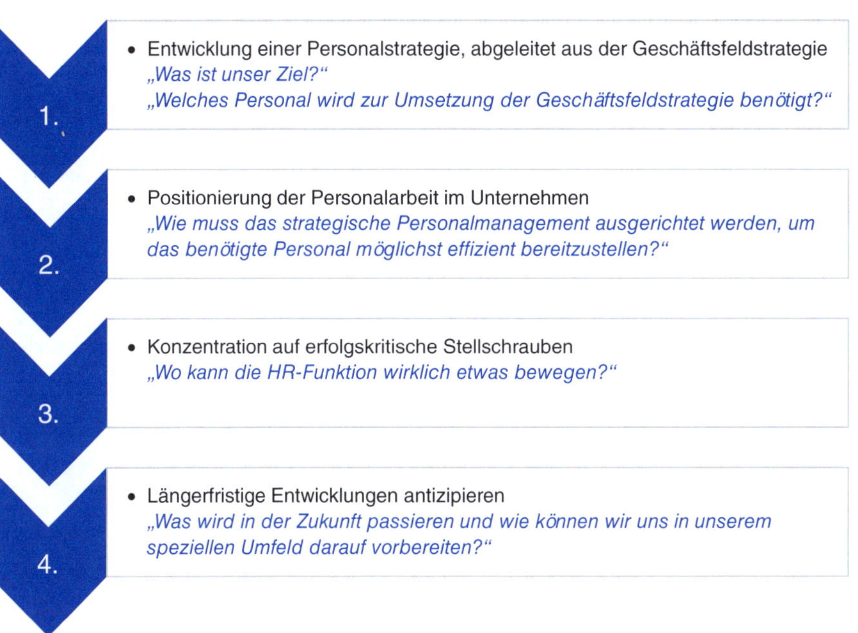

Abb. 16: Leitplanken der Kennzahlenfestlegung (vgl. Best 2015, S. 37)

Kapitel 3

Personal-Controlling mit Kennzahlen

3.1 Personalbedarfs- und -strukturplanung

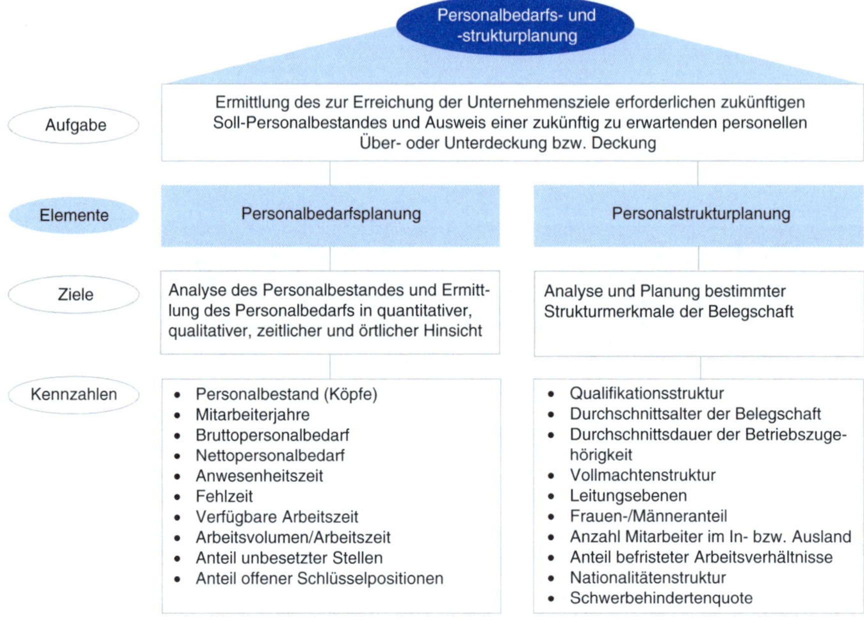

Abb. 17: Aufgaben, Elemente, Ziele und Kennzahlen der Personalbedarfs- und -strukturplanung

3.1.1 Planung des Personalbedarfs

Die Höhe des Personalbedarfs eines Unternehmens ergibt sich aus dem Umfang der benötigten einzelnen Leistungsbeiträge zur Erfüllung der betrieblichen Gesamtaufgabe. „Inhalt der Personalbedarfsplanung ist die Ermittlung des zur Erreichung der Unternehmensziele erforderlichen zukünftigen Soll-Personalbestandes und der Ausweis einer zukünftig zu erwartenden personellen Über- oder Unterdeckung bzw. Deckung jeweils in quantitativer, qualitativer, zeitlicher Hinsicht für das Unternehmen als Ganzes und/oder seiner Teilbereiche“ (*Hackstein* u. a. 1975, Sp. 1489) (vgl. *Abb. 17*). Es sind also folgende Aspekte zu betrachten

- quantitativ: Wie viele Mitarbeiter?
- qualitativ: Welche Qualifikation?
- zeitlich: Wann? In welcher Zeitperiode?
- örtlich: Wo? Welcher Einsatzort?

Die Personalbedarfsplanung steht an der Schnittstelle zwischen den anderen Teilplänen des Unternehmens und den Teilplänen des Personalbereichs. So stellen u. a. der Absatz-, Produktions-, Investitions- und Kostenplan Basisdaten für die Personalbedarfsplanung zur Verfügung. Der quantitative Personalbedarf wird aus betrieblichen Teilplänen abgeleitet. Im Vordergrund steht der Absatzplan. Der Produktionsplan leitet sich aus dem Absatzplan ab. Der Personalbedarf leitet sich wiederum von der produzierten Menge bzw. erbrachten Dienstleistung ab. Gleichzeitig stellt die Personalbedarfsplanung die Grundlage für eine Reihe von Teilplänen des Personalbereichs dar, wie beispielsweise die Personalbeschaffungs-, freisetzungs-, -kosten- und -einsatzplanung.

Es lassen sich mehrere Arten des Personalbedarfs unterscheiden (vgl. *Potthoff/Trescher* 1986, S. 108). Der effektiv und unmittelbar zur Aufgabenerfüllung erforderliche Bedarf bildet den Einsatzbedarf. Reservebedarf entsteht aufgrund unvermeidlicher Personalausfälle infolge Krankheit, Unfall, Urlaub oder anderer persönlich bedingter Fehlzeiten. Neubedarf ist der durch Neu- bzw. Erweiterungsinvestitionen oder aufgrund von organisatorischen Erweiterungen entstehende Bedarf. Ursache des Ersatzbedarfes sind vorhersehbare Abgänge (Pensionierung), statistisch erfassbare Vorgänge (Tod, Kündigung) oder vertragliche Abgänge (Versetzung, Beförderung).

Es empfiehlt sich, die laufenden Zu- und Abgänge in einer monatlich zu erstellenden Zu- und Abgangsrechnung zu dokumentieren. Neben Angaben über die typischen Zugangs- und Abgangsursachen sollte die Statistik auch eine Unterteilung nach den im Unternehmen vorhandenen Mitarbeiter- und Funktionsgruppen enthalten (vgl. *Abb. 18*). Der Prozess der Personalbedarfsermittlung umfasst im Einzelnen folgende Schritte (vgl. *Abb. 19*):

1. Schritt: **Bruttobedarfsermittlung (Soll-Ermittlung)**
Ermittlung des künftigen Bruttopersonalbedarfs nach Quantität, Qualität und Ort

2. Schritt: **Bestandsprognose**
Ermittlung des gegenwärtigen und zum Planungszeitpunkt voraussichtlich vorhandenen Personalbestandes nach Quantität, Qualität und Ort

3. Schritt: **Nettobedarfsermittlung (Soll-Ist-Vergleich)**
Differenz zwischen künftigem Personalbedarf und erwartetem Personalbestand. Der Nettopersonalbedarf ist ein Maß für eine Personalüber- oder -unterdeckung und ist wie folgt definiert:

Brutto-Personalbedarf
– Personalbestand im Zeitpunkt t_0
+ Abgänge (sichere, statistisch erfassbare und dispositionsbedingte)
– feststehende Zugänge
= Netto-Personalbedarf (Mitarbeiter)

4. Schritt: Ermittlung der Deckungsart

Planung von geeigneten Maßnahmen zur Beseitigung einer Personalüber- bzw. -unterdeckung (Übergang zur Beschaffungs-, Entwicklungs- und Freistellungsplanung). Im Falle einer Personalunterdeckung ist der Ersatzbedarf durch interne (zum Beispiel Versetzung, Personalentwicklung) oder externe (Einstellung) Personalbeschaffungsmaßnahmen zu decken. Bei einer langfristig zu erwartenden Personalüberdeckung sind Freisetzungsmaßnahmen in Erwägung zu ziehen.

Bereich	Zu- und Abgänge zu Ressort:				Zeitraum:	
	Leitende Angestellte (LA)	Außertarifliche Angestellte (AT)	Tarifliche Angestellte	Angestellte gesamt	Gewerbliche Arbeitnehmer	Arbeitnehmer gesamt
1 Bestand 31.12. Vorjahr						
2 Bestand lfd. Monat (1 + 5 – 13)						
3 Saldo (Zugänge/Abgänge) (5 – 13)						
4 Veränderungen in Prozent						
5 Zugang gesamt						
6 Eintritt						
7 Übernahme aus Ausbildungsverhältnis						
8 Übernahme aus gewerbl. Verhältnis						
9 Übernahme in AT/LA						
10 Übernahme v. Beteiligungsgesellschaft						
11 Sonstige Zugänge						
12 Organisatorische Umsetzung						
13 Abgang gesamt						
14 Austritte						
15 Pension/Invalidität/Tod						
16 Abgang zu LA/AT Ang.						
17 Abgang zu Beteiligungsgesellschaft						
18 Abgang zu Ausbildungsverhältnis						
19 Organisatorische Umsetzung						

Abb. 18: Zu- und Abgangsstatistik

Entscheidend für eine vollständige und aussagekräftige Personalbestandsprognose ist eine einheitliche Definition. Hierbei sind insbesondere folgende Aspekte relevant:

- Unterscheidung zwischen Anzahl der Mitarbeiter und Vollzeitäquivalenten
- Ermittlung der verfügbaren Arbeitszeit
- Zeitlicher Aspekt: Zeitraum- versus stichtagsbezogene Betrachtung
- Arten der einbezogenen Vertragsverhältnisse.

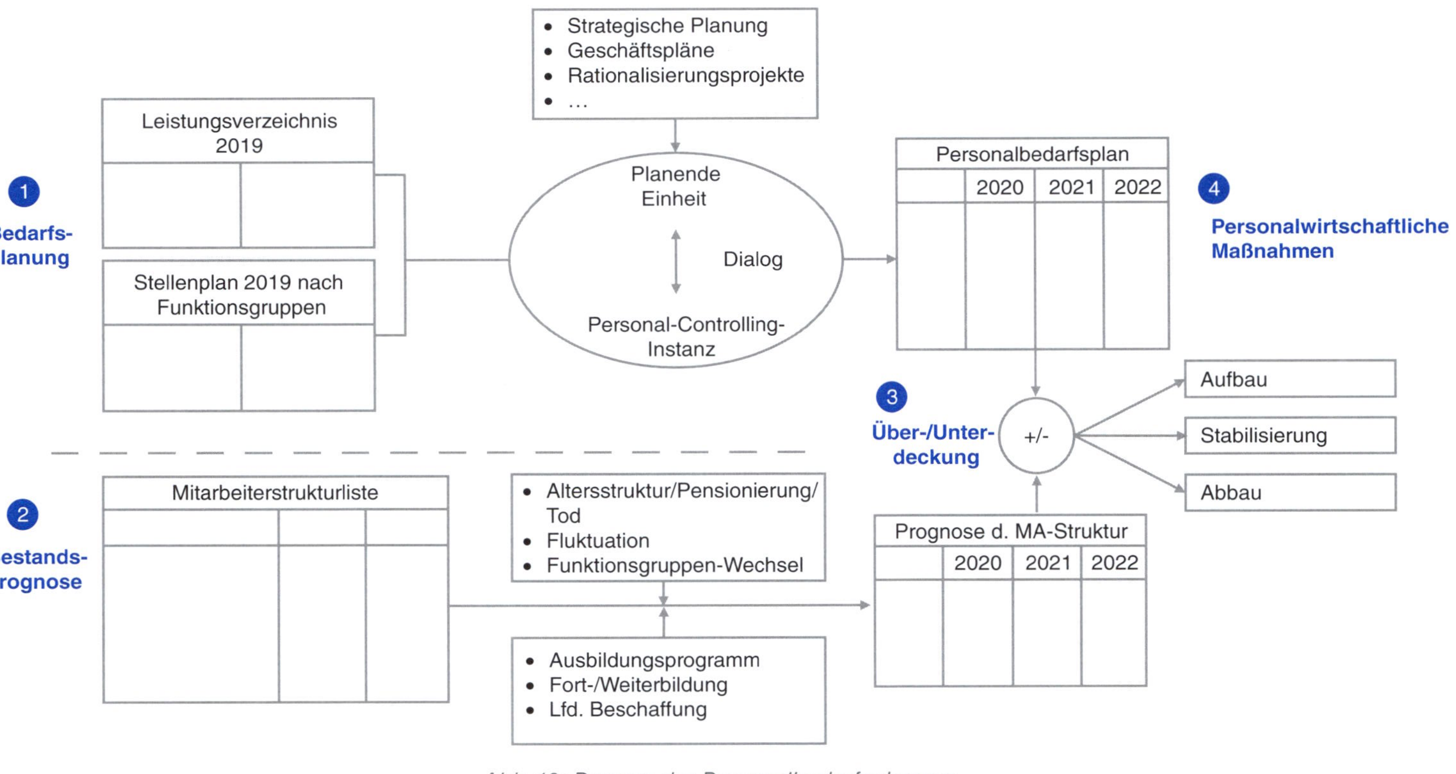

Abb. 19: Prozess der Personalbedarfsplanung

Bei den Bestandszahlen ist zwischen der realen Anzahl der Mitarbeiter, also den Köpfen (engl. Headcounts) und den Vollzeitäquivalenten (engl. Full-Time-Equivalents (FTEs)) zu unterscheiden (vgl. *Abb. 20*). Während bei einer Kopfzahlbetrachtung alle Mitarbeiter voll erfasst werden, gehen in eine Betrachtung nach Vollzeitäquivalenten die arbeitsvertraglich vereinbarten Mitarbeiterkapazitäten ein. Da es auf die verfügbare Personalkapazität ankommt, bietet sich eine Umrechnung aller vorhandenen bzw. im Planungszeitraum relevanten Arbeitsverträge in Mitarbeiterjahre an. Jedes Unternehmen muss hierbei die für die eigene Situation bestgeeignete Definition aufstellen. Die nachfolgenden Überlegungen sollen deshalb nur eine Hilfestellung für den unternehmensspezifischen Definitionsprozess darstellen.

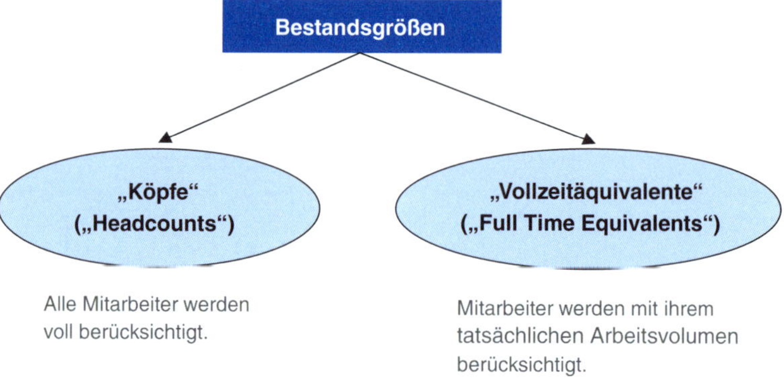

Abb. 20: Ausprägungen des Personalbestandes

Als ein Mitarbeiterjahr gilt ein Mitarbeiter mit voller tariflicher Arbeitszeit (z. B. 37,5 Wochenstunden) ohne längere bezahlte Fehlzeiten. Ein- und Austritte während des Betrachtungszeitraums werden auf Kalendertagesbasis berücksichtigt. Teilzeitmitarbeiter werden anhand der individuell vereinbarten Wochenstunden-Richtzahl in Mitarbeiterjahre umgerechnet. Nicht einsetzbare Mitarbeiter bleiben unberücksichtigt, werden also nicht mitgezählt. Als nicht einsetzbar gelten in der Regel folgende Abwesenheitsgründe:

- Mutterschutzfrist (unmittelbar vor und nach der Niederkunft)
- Mutterschaftsurlaub und Erziehungsurlaub (z. B. 36 Monate)
- Unbezahlte Krankheit
- Unbezahlte Heilverfahren/Kuren.

Für die Planung der geleisteten Arbeitstage bzw. -stunden kann folgende Formel zugrunde gelegt werden (vgl. *Abb. 21*):

Beispiel:

Kalendertage	365	
– Samstage/Sonntage	104	
– Feiertage	9	
= volles Arbeitspotenzial	252	
– Urlaub	30	
– Krankheitstage	12	
– Fortbildung	6	
= geleistete Arbeitstage	204	x 7,5 h/Tag = 1.530 h p. a.
– persönliche Verteilzeit	25	
= verfügbare Arbeitstage	179	x 7,5 h/Tag = 1.342 h p. a.

Von der zeitraumbezogenen Betrachtung der Mitarbeiterjahre zu unterscheiden ist die stichtagsbezogene Personalstandsbetrachtung. Bei der Ermittlung des Personalstands zählt in der Regel jedes bestehende Beschäftigungsverhältnis ohne Rücksicht auf Nichteinsatzfähigkeit oder Teilzeit als eine Person (ein Kopf). Wie unmittelbar aus der Definition ersichtlich, ist eine reine Personalstandsplanung für die Planung der erforderlichen Personalkapazität unzureichend.

Der vierte Aspekt, der bei der Definition des Personalbestandes unternehmensindividuell festzulegen ist, bezieht sich darauf, welche Arten von Vertragsverhältnissen in die Berechnung mit einbezogen werden: Freie Mitarbeiter, Zeitarbeitnehmer und Angehörige von Personaldienstleistern (zum Beispiel Berater, Trainer).

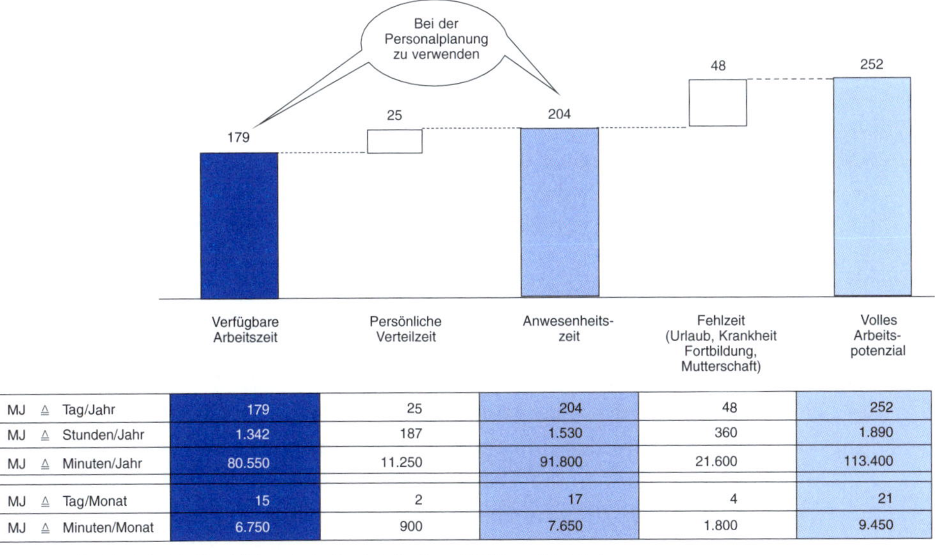

	Verfügbare Arbeitszeit	Persönliche Verteilzeit	Anwesenheitszeit	Fehlzeit	Volles Arbeitspotenzial
1 MJ ≙ Tag/Jahr	179	25	204	48	252
1 MJ ≙ Stunden/Jahr	1.342	187	1.530	360	1.890
1 MJ ≙ Minuten/Jahr	80.550	11.250	91.800	21.600	113.400
1 MJ ≙ Tag/Monat	15	2	17	4	21
1 MJ ≙ Minuten/Monat	6.750	900	7.650	1.800	9.450

Erläuterung: MJ – Mitarbeiterjahr (Beschäftigung in der Regelarbeitszeit von 7,5 Std. pro Arbeitstag)

Abb. 21: Plandaten für verfügbare Arbeitszeit (Mitarbeiterjahre)

Als quantitative Methoden zur Personalbedarfsplanung werden die Trendextrapolation, die Kennzahlenmethode und Planungsmodelle auf der Basis von Entscheidungsmodellen herangezogen. Bei der Trendextrapolation erfolgt auf der Basis der bisherigen und künftigen Entwicklungstrends der zugrunde liegenden Einflussgrößen eine Fortschreibung des Personalbedarfs. Von praktischer Bedeutung sind folgende Verhältniszahlen:

- Gesamtbelegschaft/Gesamtgeschäftsvolumen,
- Leitungspersonal/ausführendes Personal,
- Zahl der Verkaufskräfte/Zahl der Auftragseingänge.

Bei der Trendextrapolation wird unterstellt, dass die Einflussfaktoren, die in der Vergangenheit wirksam waren, auch zukünftig den Personalbedarf determinieren. Dies setzt jedoch voraus, dass keine starken strukturellen Veränderungen auftreten.

Die Kennzahlenmethode wird zur Prognose des Personalbedarfs dann herangezogen, wenn dieser von der anfallenden Arbeitsmenge abhängt. Die exakte Planung des Personalbedarfs erfordert die genaue Kenntnis des Arbeitsvolumens, das sich allerdings nur bei eingeführten Produkten mit vorhandenen Fertigungsplänen ermitteln lässt. Hierbei sind auch Rationalisierungsvorgaben und Leistungsgradabschläge zu berücksichtigen. Die benötigten Fertigungsstunden sind durch die verfügbaren Stunden pro Mitarbeiter zu dividieren, um die Zahl der durchschnittlich benötigten Mitarbeiter zu erhalten. Es gilt folgende Grundformel:

$$PB = \frac{\sum AM_i \times ZB_i}{TAZ},$$

wobei

PB	=	Personalbedarf
AM_i	=	Arbeitsmenge für die Arbeitseinheit i
ZB_i	=	Zeitbedarf für die Arbeitseinheit i
TAZ	=	Tarifliche Arbeitszeit (vgl. *Thomas/Hemmers* 1981, S. 435).

Als Planungsmodell auf der Basis eines Entscheidungsmodells sei hier lediglich auf die Planung des Bedarfs an Führungskräften hingewiesen. Die Ableitung des Bedarfs an Führungskräften hängt dabei insbesondere von organisatorischen Gesichtspunkten und von Führungsgrundsätzen ab. Die Kennzahl der Leitungsspanne (span of control) gibt an, wie viele Mitarbeiter einer Führungskraft unterstellt werden. Ein angestrebtes Leitungsspannenverhältnis von 1 : 6 impliziert also, dass einem Vorgesetzten unter Effizienzgesichtspunkten möglichst 6 Mitarbeiter zu unterstellen sind.

Der qualitative Personalbedarf resultiert aus dem Vergleich der Anforderungen der zu besetzenden Stellen und der Qualifikationen der Mitarbeiter.

3.1.2 Planung der Personalstruktur

Strukturmerkmale der Belegschaft

Über die rein quantitative Deckung des Personalbedarfs hinaus werden in der Regel bestimmte Strukturmerkmale der Belegschaft angestrebt. Diese können sich beispielsweise beziehen auf:

- die Qualifikationsstruktur, bei der die Anzahl der Mitarbeiter bestimmter Qualifikationen zur Gesamtzahl der Mitarbeiter ins Verhältnis gesetzt wird (z. B. Anteil Facharbeiter an der Gesamtbelegschaft). Zweck der Kennzahl ist die Planung und Kontrolle der Qualifikationsstruktur der Belegschaft. Im Rahmen des Personal-Controlling, ist zu untersuchen, ob die vorhandene Qualifikationsstruktur mittel- bis langfristig den Anforderungen, die sich aufgrund der Einführung neuer Produkte und/oder neuer Technologien ergeben, entspricht. Ansatzpunkte zur Veränderung der Qualifikationsstruktur liefern beispielsweise die verstärkte Ausbildung von Facharbeitern oder der Nicht-Ersatz von Austritten ungelernter Mitarbeiter. Der Vergleich mit Qualifikationskennzahlen anderer Unternehmen kann problematisch sein, da insbesondere im Fertigungsbereich der Automationsgrad und die Fertigungstiefe sehr unterschiedlich sein können.
- Den Führungskräfteanteil, der ermittelt wird, indem die Anzahl der Führungskräfte durch die Gesamtzahl der Mitarbeiter dividiert und das Ergebnis anschließend mit 100 multipliziert wird. Weitere Detailanalysen nach Unternehmensbereichen oder unterschiedlichen Führungsebenen können Hinweise auf zu hohe oder zu niedrige Führungskräfteanteile liefern.
- Die Arbeitsvertragsstruktur, mit deren Hilfe die unterschiedlichen vertraglichen Arbeitsverhältnisse erfasst und dargestellt werden. Hierbei werden jeweils
  - die Anzahl der Tarifmitarbeiter,
  - die Anzahl der Außertariflichen (AT)-Mitarbeiter und
  - die Anzahl der leitenden Mitarbeiter

  durch die Gesamtzahl der Mitarbeiter dividiert und das jeweilige Ergebnis mit 100 multipliziert. Generelle Richtwerte für die einzelnen Teilwerte lassen sich nicht angeben, da diese sehr stark von der Branche, der Wertschöpfungstiefe und damit von der Qualifikationsstruktur abhängen. Die Festlegung von Zielwerten bzw. Bandbreiten und deren Verfolgung ist jedoch hilfreich, um einem „Ausufern" von AT- oder Leitenden-Verträgen rechtzeitig entgegenzusteuern, was sich u. a. auch nachteilig in der (Personal-)Kostenhöhe widerspiegeln kann.
- Die Teilzeitquote als Indikator für die Flexibilität von Arbeitsverhältnissen in einem Unternehmen. Hierbei wird die Anzahl der Mitarbeiter mit einer vertraglichen Arbeitszeit unter 100 % der Regelarbeitszeit durch die Gesamtzahl der Mitarbeiter dividiert und das Ergebnis mit 100 multipliziert.

- Die Frauenquote, definiert als Anzahl der im Unternehmen beschäftigten Frauen zur Gesamtzahl der Beschäftigten. Diese Kennzahl ist ein Indikator für die Chancengleichheit von Frauen im Unternehmen und stellt oft eine Zielgröße dar, wenn es darum geht den Frauenanteil zu erhöhen. Zur Beurteilung des Frauenanteils ist im Einzelnen abzustellen auf die Art des Unternehmens und der Tätigkeiten (zum Beispiel Hüttenwerk versus Dienstleistungsunternehmen), die Lage der Arbeitszeit (z.B. Nachtarbeit, Mehrschichtbetrieb) sowie die Arbeitsplatzstruktur (Angebot von Teilzeitarbeitsplätzen).
- Das Durchschnittsalter der Belegschaft, das berechnet wird, indem das Alter aller Mitarbeiter summiert und anschließend durch die Anzahl der Mitarbeiter dividiert wird. Das Durchschnittsalter der Belegschaft ist ein Maß für den Altersaufbau der Belegschaft und dient der Planung und Steuerung der Altersstruktur. Ein mögliches Ziel liegt in der Sicherstellung eines ausgewogenen Verhältnisses zwischen älteren und jüngeren Mitarbeitern. In der Diskussion über das „optimale" Durchschnittsalter werden zugunsten eines niedrigen Durchschnittsalters der Mitarbeiter die Bereitschaft junger Mitarbeiter zu Neuerungen genannt, während für ältere Mitarbeiter insbesondere deren Erfahrung angeführt wird. Ein hohes Durchschnittsalter sagt per se noch nicht viel aus, außer dass die Anzahl der in den Folgejahren aus dem Unternehmen ausscheidenden Mitarbeiter eher relativ hoch ist, weshalb ein erhöhter Rekrutierungsbedarf bestehen kann sowie ein entsprechender Know-how-Transfer sichergestellt werden muss.
- Die Durchschnittsdauer der Betriebszugehörigkeit, die ermittelt wird, indem die Summe der Zeitdauern der Betriebszugehörigkeit aller Mitarbeiter durch die Gesamtzahl der Mitarbeiter dividiert wird. Eine hohe durchschnittliche Betriebszugehörigkeit wird häufig mit einer hohen Arbeitszufriedenheit der Mitarbeiter in Verbindung gebracht. Bei dieser Interpretation ist allerdings die Lage auf dem Arbeitsmarkt und das Durchschnittsalter der Belegschaft zu berücksichtigen. So sinken mit zunehmendem Lebensalter die Bereitschaft und die Möglichkeit zu einem Wechsel des Unternehmens. Ferner ist zu beachten, dass sich ein Wachstum der Belegschaft in der Regel vermindernd auf den Wert der Kennzahl auswirkt.
- Die Anzahl Mitarbeiter im In- bzw. Ausland sowie
- den Anteil Behinderter an der Belegschaft, definiert als die Anzahl Schwerbehinderter im Verhältnis zur Gesamtzahl der Mitarbeiter. Diese Kennzahl ist ein Maß für die Berücksichtigung der Behindertenintegration im Unternehmen und ist zur Steuerung der Einhaltung der Pflichtplatzquote erforderlich. Unternehmen mit jahresdurchschnittlich monatlich mindestens 20 Arbeitsplätzen sind verpflichtet, auf mindestens 5% der Arbeitsplätze schwerbehinderte Mitarbeiter zu beschäftigen (§ 154 Neuntes Buch Sozialgesetzbuch). Solange der Arbeitgeber die vorgeschriebene Zahl schwerbehinderter Menschen nicht beschäftigt, muss er für jeden unbesetzten Pflichtarbeitsplatz monatlich eine Ausgleichsabgabe leisten (§ 160 Neuntes

Buch Sozialgesetzbuch). Falls die gesetzliche Quote nicht erreicht wird, ist zu prüfen, inwieweit in der jeweiligen Region geeignete Bewerber verfügbar sind (vgl. Arbeitslosenquote bei Schwerbehinderten). Schließlich ist bei der Beurteilung der Kennzahl zu untersuchen, inwieweit Aufträge an Behindertenwerkstätten vergeben werden, die auf die Ausgleichsabgabe für nicht besetzte Pflichtplätze angerechnet werden. Wird das Ziel verfolgt, den Anteil Behinderter an der Belegschaft zu erhöhen, sind im Vorfeld geeignete Arbeitsplätze zu schaffen.

Diversity Management

Diversity umfasst die „Verschiedenheit, Ungleichheit, Andersartigkeit und Individualität, die durch zahlreiche Unterschiede zwischen Menschen entsteht. Diversity betrachtet gleichzeitig aber auch die Gemeinsamkeiten, welche die Menschen in der Organisation insgesamt oder in Gruppen zusammenhalten" (*Hansen* 2009a, S. 251). „Diversity Management beschäftigt sich mit der Vielfalt, der Heterogenität und den Unterschieden innerhalb der Organsation und umfasst die Gesamtheit der Maßnahmen, die zu einem Wandel der Unternehmenskultur führen, in der Diversity anerkannt, wertgeschätzt und als positiver Beitrag zum Erfolg eines Unternehmens genutzt wird" (*Hansen* 2009b, S. 254).

Die Erscheinungsformen von Diversity lassen sich in wahrnehmbare und kaum wahrnehmbare unterscheiden (vgl. *Sepehri* 2001). Wahrnehmbare Erscheinungsformen sind Rasse, Geschlecht, Alter und Nationalität. Die kaum wahrnehmbaren Erscheinungsformen lassen sich in Werte (z. B. Persönlichkeit, kulturelle Werte, Religion, sexuelle Orientierung, Humor) und Wissen sowie Fähigkeiten (z. B. Bildung, Sprachen, Fachkompetenz, sozio-ökonomischer Status) differenzieren.

Je nach Analysezweck und Zielsetzung lässt sich mit Kennzahlen die Größe der jeweils im Fokus stehenden Mitarbeitergruppe ins Verhältnis zur Gesamtbelegschaft setzen.

Vor dem Hintergrund der zunehmenden Dynamik im Unternehmensumfeld mit ihrem beschleunigten Veränderungs- und Innovationsdruck sowie der Notwendigkeit einer effektiveren und effizienteren Nutzung der Mitarbeiterresourcen erscheinen monokulturelle Organisationen als zu starr, zu wenig lern- und anpassungsfähig sowie zu wenig kreativ und innovativ. Den Gegenentwurf stellt die diversitätsorientierte, multikulturelle Organisation dar. Diese strebt die formelle und informelle Intgration von Minderheitskulturen, geringe Konflikte zwischen einzelnen Gruppen und den Abbau von Vorurteilen und Diskriminierungen an. Die sich ergebende und gelebte Vielfalt von individuellen Fähigkeiten, Erfahrungen, Kompetenzen und Qualifikationen der Mitarbeiter soll die Flexibilität des Unternehmens und kontinuierliches Lernen nachhaltig forcieren und fördern (vgl. *Hansen* 2009a, S. 252).

Auf einem Kontinuum lassen sich folgende Ansätze im Umgang mit Diversity Management beobachten (vgl. *Dass/Parker* 1999):

- Resistenzperspektive: Bei diesem Verständnisansatz wird Diversity nicht thematisiert, sondern stellt höchstens eine Gefahr dar. Es gibt ein dominantes Ideal und Ziel ist, den Status quo zu verteidigen.
- Fairness- und Diskriminierungsperspektive: Bei diesem Ansatz werden Problemfelder für mögliche Ungleichbehandlungen identifiziert. Ziel ist die Gleichbehandlung von bislang benachteiligten Gruppen. Treiber für die Personalpolitik sind bei diesem Ansatz oft gesetzliche Rahmenbedingungen und gesellschaftliche Forderungen.
- Marktzutrittsperspektive: Grundgedanke dieses Leitbildes ist, dass die Kundengruppen ihre Spiegelung im Mitarbeiterkreis finden. Es wird erwartet, dass hierdurch geeignete Ideen entwickelt werden, um den Markt zu öffnen und erfolgreich zu bearbeiten bzw. sich die soziale Nähe im Kundenkontakt auszahlt.
- Lern- und Effektivitätsperspektive: In diesem Konzept wird Diversity Management als ganzheitliches, organisationales Lernen betrachtet. Jeder Mitarbeiter soll den notwendigen Freiraum haben, um seine individuelle Persönlichkeit mit ihren sozialen und kulturellen Bezügen in das Unternehmen einzubringen.

Für den Übergang von einer monokulturellen Organisation zu einer vielfältigen, multikulturellen Organisation schlägt *Voigt* die in *Abb. 22* dargestellten Transformations-Instrumente vor.

Multikulturelle Organisation	Transformations-Instrumente
Pluralismus	• Diversity-Trainingsmaßnahmen • Einführungsprogramme für neue Mitarbeiter • Sprachkurse • Angemessene Heterogenität in Entscheidungsfindungsgruppen • Wertschätzung der Vielfältigkeit als Element von Führungsgrundsätzen • Beratungsgruppen für Top-Management u.a.
Vollständige strukturelle Integration aller Beschäftigtengruppen	• Maßnahmen der Weiterbildung und Karriereplanung • Affirmative Action Programme • Diversity orientierte Beurteilung von Führungskräften • Flexible Arbeitszeitgestaltung und Anreizsysteme etc.
Integration aller Beschäftigtengruppen in informelle Netzwerke	• Mentorenprogramme • Organisation sozialer Ereignisse
Kaum Vorurteile und Diskriminierung gegenüber allen Beschäftigtengruppen	• Fokusgruppen • Trainings zur Reduzierung von Vorurteilen (Awareness Training) • Organisationsinterne Informationsbeschaffung • Multikulturelle Projektgruppe
Kaum Diversity bedingte Gruppenkonflikte	• Diversity „survey feedback" • Konflikttrainings • Diversity Trainings etc.
Identifikation aller mit der Organisation	• Alle vorangegangenen Instrumente

Abb. 22: Transformation zur multikulturellen Organisation (Voigt 2001, S. 19)

Ein proaktives Management kultureller Vielfalt kann folgende Beiträge zur Steigerung der Wettbewerbsfähigkeit leisten (vgl. *Cox/Blake* 1991):

- Kostensenkungsbeitrag: Zunehmende Diversität führt zu höheren Integrationskosten, dem ein professionelles Diversity Management entgegenwirken kann. Proaktive Unternehmen können Lerneffekte und somit einen Wettbewerbsvorsprung erzielen.
- Human-Resource-Beitrag: Durch eine Verbesserung des Unternehmensimages auf dem Arbeitsmarkt lassen sich besonders qualifizierte Mitarbeiter leichter gewinnen. Dies ist insbesondere bei Engpässen auf dem Arbeitsmarkt wichtig.
- Marketingbeitrag: Einzelne Zielgruppen erfordern eine differenzierte Ansprache und schätzen eine gleichberechtigte Beschäftigung von Personen, die der eigenen Gruppe angehören. Dies kann zu einem leichteren Marktzugang und einer engeren Kundenbindung in einzelnen Kundensegmenten führen.
- Kreativitätsbeitrag: Heterogene Perspektiven fördern die Kreativität im Unternehmen und erhöhen damit die Lösungsvielfalt.
- Problemlösungsbeitrag: Durch unterschiedliche Perspektiven, kritischere Analysen und eine größere Heterogenität in der Entscheidungsfindung kann die Qualität der Problemlösungen erhöht werden.

Bislang verfügen nur wenige Unternehmen über ein Diversity-Controlling, also ein zielgerichtetes Messen und Steuern von Diversity Management-Maßnahmen. Eine Übersicht über mögliche Diversity-Kennzahlen für die vier Dimensionen Geschlecht, Alter/Demografie, Work-Life-Balance und Internationalität liefert *Abb. 23*.

Dimensionen	Diversity Kennzahlen
Geschlecht	• Prozentanteil von Frauen/Männern im Unternehmen • Prozentanteil von weiblichen/männlichen potenziellen Führungsträgern • Prozentanteil Frauen in Führungs-/Managementpositionen/Aufsichtsrat • Prozentanteil an Frauen in Mentoring-Programmen mit internationalem Hintergrund, in Management-Trainings und in High-Level Förderprogrammen • Prozentanteil und Übernahme an Promotionsstudentinnen, dualen Studentinnen und weiblichen Auszubildenden • Prozentanteil von weiblichen/männlichen Tarifmitarbeitern • Anzahl an Frauen/Männern in Teilzeit, Elternzeit und Kombination
Alter/Demographie	• Anzahl an jährlichen Einstellungen Young Talents/Rentengänger • Prozentuale Entwicklung der Altersstruktur pro Geschäftsfeld, Land, Hauptberufsgruppe, Geschlecht
Work-Life Balance	• Prozentanteil an weiblichen/männlichen Teilzeitarbeitnehmern • Prozentanteil von Personen, die in Elternzeit gehen und zurückkehren • Durchschnittliche Dauer der Elternzeit in Monaten • Anzahl an Telearbeitnehmern • Anzahl an Mitarbeitern, die Angebote zu Kinder- und Altenbetreuung nutzen
Internationalität	• Anzahl an inländischen und ausländischen Arbeitnehmern • Anzahl an multikulturellen Mitarbeitern in den Unternehmen/Headquarter • Anzahl an multikulturellen Vorgesetzten und Managern

Abb. 23: Diversity-Kennzahlen (Ernst & Young 2013, S. 6)

Bei der Einführung und Durchführung des Diversity-Controlling stellen sich regelmäßig eine Reihe von Herausforderungen. Vorschläge für Lösungsansätze sind in *Abb. 24* enthalten.

Herausforderungen	Optimierungsvorschläge
Quantifizierbarkeit eines Diversity Management Business Cases, da Wirkungszusammenhänge nicht eindeutig darstellbar sind	Bereichsübergreifende Miteinbeziehung von anderen Abteilungen, z. B. Sales & Marketing
Hürden bei der Einführung eines Diversity Controllings. Der Grund hierfür ist die schwere Quantifizierbarkeit von immateriellen Werten („Soft Facts“)	Der Ausbau und die Weiterentwicklung von Messinstrumenten, wie der Diversity Balanced Scorecard, hilft Wirkungszusammenhänge von nicht eindeutig nachweisbaren Sachverhalten darzustellen und zu bewerten
Datenschutzrechtliche und länderübergreifende Gesetze und Regelungen erschweren eine flächendeckende Erfassung von Diversity Daten, z. B. Konfession	Länderspezifische Einigung und Festlegung von fokussierten Diversity Dimensionen. Einheitliche Erfassung und Veröffentlichung von Diversity Erkenntnissen
Fehlendes, einheitliches elektronisches Messinstrument zur Abdeckung der Komplexität von Diversity	Unternehmensspezifische Entwicklung eines einheitlichen Erfassungs-/Bewertungssystems, welches eigene Anforderungen und Ziele eines Diversity Managements widerspiegelt. Regelmäßige Industrie-Benchmarks unterstützen die Weiterentwicklung des eigenen Diversity Managements
Mangelnde Vergleichbarkeit der Datensätze über Länder und Bereiche hinweg	Ausbau der bereichsspezifischen Zuständigkeiten und Kommunikationswege von Diversity Managern sowie monetäre Kopplung an vereinbarte Diversity Zielerreichungen

Abb. 24: Herausforderungen und Lösungsansätze im Diversity-Controlling (Ernst & Young 2013, S. 9)

3.2 Personalbeschaffung

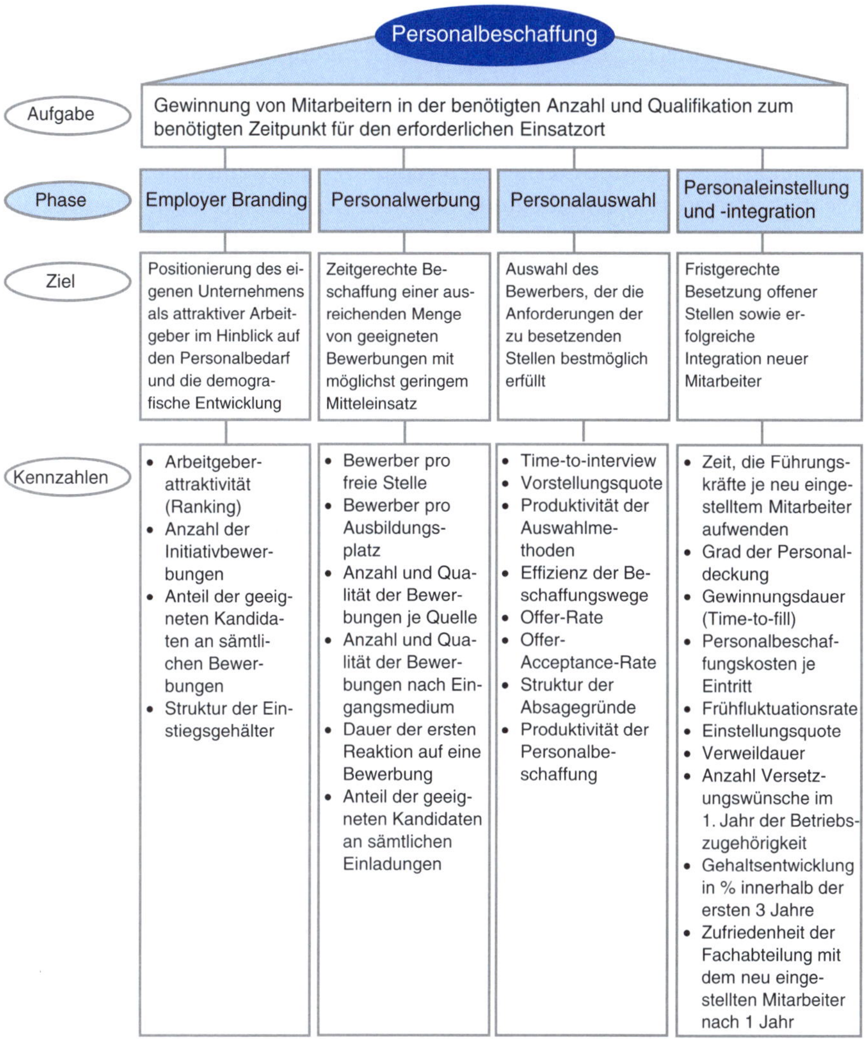

Abb. 25: Aufgabe, Phasen, Ziele und Kennzahlen der Personalbeschaffung

Aufgabe der Personalbeschaffung ist es, Mitarbeiter zur Beseitigung einer personellen Unterdeckung in der benötigten Anzahl (quantitativ) und Qualifikation (qualitativ) zum benötigten Zeitpunkt sowie die erforderliche Dauer (zeitlich) für den erforderlichen Einsatzort (örtlich) zu gewinnen. Synonym werden für die Personalbeschaffung in Theorie und Praxis auch die Begriffe Personalgewinnung, Personalbedarfsdeckung und Personalbereitstellung verwendet.

Die Beschaffung der benötigten Personalressourcen kann sowohl aus dem Unternehmen (intern) als auch vom Arbeitsmarkt (extern) erfolgen. Mögliche Ausprägungen der internen Personalbeschaffung sind Mehrarbeit in Form von Verlängerungen der Arbeitszeit (Überstunden) oder Aufgabenumverteilung in Form von Beförderung oder Versetzung. Ausprägungen der externen Personalbeschaffung sind Neueinstellungen oder der Einsatz temporärer Arbeitskräfte.

Die Neueinstellung von Mitarbeitern gehört zu den wichtigsten Investitionsentscheidungen, die im Unternehmen gefällt werden, wenn sie nicht sogar die wichtigste Investitionsentscheidung darstellt. Dies gilt gleichermaßen für die Einstellung von (Top)Führungskräften, die über die strategische Ausrichtung von Geschäftseinheiten und die personelle Besetzung nachfolgender Führungsebenen entscheiden, als auch für die Einstellung von Maschinenbedienern, die im Falle flexibler hochautomatisierter Anlagen die Verfügbarkeit von Anlageninvestitionen in Millionenhöhe beeinflussen.

Durch die intensive Einbindung des oberen Managements in Einstellungsentscheidungen wird erreicht, dass alle Mitarbeiter den Einstellungsprozess als wichtig wahrnehmen. Eine Kennzahl, die hierüber einen ersten Anhaltspunkt liefert ist die Zeit, die Führungskräfte durchschnittlich je neu eingestelltem Mitarbeiter aufwenden (vgl. *Bühner* 2000, S. 61).

Die Personalbeschaffung umfasst im Einzelnen folgende Phasen:

- Employer Branding
- Personalwerbung
- Personalauswahl
- Personaleinstellung und -integration.

Abb. 25 stellt die Ziele der einzelnen Phasen sowie wesentliche Kennzahlen im Überblick dar.

Die allgemeinen Rahmenbedingungen im Personalbeschaffungsprozess haben sich in den letzten Jahren aus vielerlei Gründen geändert (*Abb. 26*).

3.2.1 Employer Branding

Vor dem Hintergrund der Knappheit hochqualifizierter Spezialisten auf dem Arbeitsmarkt genügt es vielfach nicht mehr, mit der Personalbeschaffung erst dann zu beginnen, wenn eine Vakanz besteht. Um die besten Mitarbeiter zu gewinnen, müssen Unternehmen sich frühzeitig als attraktiver Arbeitgeber im Wettbewerb zu anderen Arbeitgebern positionieren. Hierzu gilt es, ein systematisches Personalmarketing zu betreiben. Ziel des Personalmarketing ist es, neben dem Aufbau eines positiven Images als Arbeitgeber potenzielle Mitarbeiter frühzeitig kennenzulernen und an das Unternehmen zu binden. Zu den wesentlichen Elementen des Personalmarketing gehören die Personalwerbung

Früher	Heute
Mangel an Ausbildungsplätzen	Mangel an qualifizierten Schulabsolventen/innen
Kandidaten/innen bewerben sich bei den gewünschten Unternehmen	Unternehmen umwerben die gewünschten Kandidaten/innen
Unternehmen können aus einem großen Pool an Talenten schöpfen	Erhöhter Wettbewerbsdruck um die begrenzte Anzahl an qualifizierten Talenten
Karrierewebseiten der Unternehmen gelten als wichtigster Recruitingkanal	Online-Jobbörsen als wichtigste Quelle der Neueinstellung, Business-Netzwerke gewinnen als Recruitingkanal an Bedeutung
Beständigkeit in der Tätigkeit und beim Arbeitgeber (ein Arbeitgeber auf Lebenszeit)	Höhere Wechselbereitschaft und lebensphasenorientierte Arbeitszeitmodelle
Status und Vergütung sind ausschlaggebende Kriterien bei der Wahl des Arbeitsplatzes und Arbeitgebers	Wachsende Bedeutung von Kollegialität, gutem Führungsstil, Unternehmenswerten und persönlichen Entwicklungschancen

Abb. 26: Wandel der Rahmenbedingungen für die Personalbeschaffung

auf Messen, der Besuch von Schulen, die „Schnupperlehre“, die Vergabe von Stipendien, Praktika und Diplomarbeitsbetreuungen, Betriebsbesichtigungen („Tag der offenen Tür“), (Aufsatz-)Wettbewerbe, der Auftritt im Internet etc.

Um das eigene Unternehmen von den wichtigsten Wettbewerbern abzugrenzen und damit in der Wahrnehmung einzigartig zu werden, ist personalpolitisch folgende Frage zu beantworten: Welche Vorteile bringt ein Engagement für dieses Unternehmen im Vergleich zu anderen derselben Branche? Isolierte Merkmale eines Personalimage, wie Aufstiegsperspektiven, Auslandsaufenthalte oder Entgeltpolitik, reichen allein nicht aus, um sich im Wettbewerb um die besten Talente zu differenzieren. Eine trennscharfe Imagebildung wird erst in der Synthese der einzelnen Merkmale erreicht. Mit dem Konzept des Employer Branding wird eine Zuspitzung des Personalmarketing verfolgt, sodass sowohl die innere Konsistenz als auch die Abgrenzung im Wettbewerb gestärkt werden. (vgl. *Gmür* u. a., o. J., S. 2).

Der Begriff Employer Brand wurde 1996 von Ambler und Barrow in der Literatur eingeführt. Eine verbreitete Definition von Employer Brand lautet: „the image of the organization as a ‚great place to work‘ in the minds of current employees and key stakeholders in the external market (active and passive candidates, clients, customers and other key stakeholders)“ (*Minchington* 2006, S. 63).

Ziel des Employer Branding ist die Entwicklung einer Arbeitgebermarke (Employer Brand). Diese ist definiert als Nutzenbündel, das die spezifischen Eigenschaften eines Arbeitgebers aus Sicht der relevanten Zielgruppen darstellt. Im Idealfall sorgen diese Eigenschaften dafür, dass bei aktuellen, potenziellen und ehemaligen Mitarbeitern Präferenzen für den Arbeitgeber geschaffen werden.

Eine Arbeitgebermarke soll dazu beitragen, Mitarbeiter in erforderlicher Menge und Qualität zu gewinnen und zu binden (vgl. *Sponheuer* 2010, S. 26).

Die Arbeitgebermarke ist nicht unabhängig von der Unternehmensmarke (Corporate Brand) zu sehen, sondern in diese eingebettet. Die Unternehmensmarke wiederum bewegt sich in einem spezifischen Branchenkontext (vgl. *Abb. 27*). Zur Vermeidung von Inkonsistenzen sollte sich die Ausgestaltung der Arbeitgebermarke an der Unternehmensmarke orientieren (vgl. Roj *2013*, S. 49 ff.).

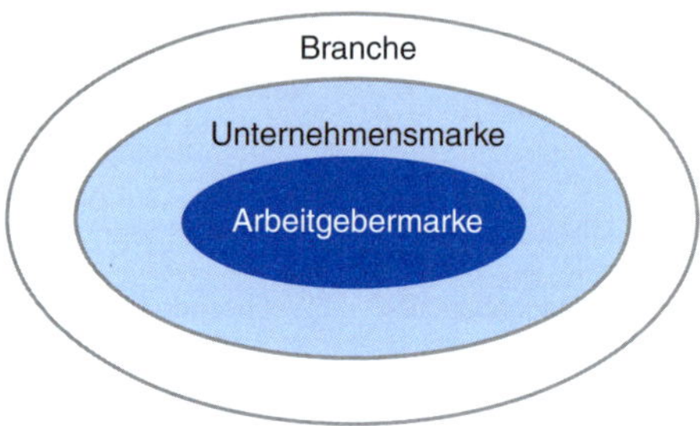

Abb. 27: Einbettung der Arbeitgebermarke (Fölsing u. a. 2014, S. 43)

Betrachtet man Employer Branding als Managementzyklus so sind folgende Schritte zu durchlaufen (vgl. *Rose* 2013, S. 63f.) *(vgl. Abb. 28)*:

Zunächst sind auf der Basis der Unternehmensstrategie und dem zukünftigen Personalbedarf des Unternehmens die Zielgruppen der Employer Brand zu definieren, zum Beispiel nach Karrierestufe (Auszubildende, Absolventen etc.), Fachrichtung (zum Beispiel IT-Spezialisten, Ingenieure, Kaufleute) und bei internationalen Unternehmen auch länderspezifisch.

Im nächsten Schritt werden im Rahmen einer Marktforschung die gegenwärtige Wahrnehmung der Arbeitgebermarke bei den Zielgruppen, deren Wahrnehmung wichtiger Wettbewerber sowie deren Präferenzen in Bezug auf mögliche Attribute eines künftigen Arbeitgebers erhoben. Sodann wird eine Employee Value Proposition (EVP) erarbeitet. Hierzu erfolgt ein Abgleich dessen, was das Unternehmen tatsächlich zu bieten hat (oder zukünftig bieten soll) mit der gegenwärtigen Wahrnehmung des eigenen Unternehmens und dessen Wettbewerbern, wobei die Zielgruppenpräferenzen und die bestehende Corporate Brand und Unternehmenskultur einbezogen werden. Im nächsten Schritt wird die EVP in ein Set von Wort- und Bildbotschaften überführt, das dann als Basis für die konsistente Kommunikation über die verschiedenen Kanäle hinweg dienen soll. Diese Kanäle umfassen die face-to-face-Interaktion (zum Beispiel Jobmessen, Fallstudien), die Offline-Kommunikation (zum Beispiel Anzeigen, Broschüren, redaktioneller Inhalt in Publikationen) sowie Online- und Multimedia-Kommunikation (zum Beispiel Karriere-Website, soziale Netzwerke, Stellenportale), wobei in Abhängigkeit von der Strategie und den verfügbaren Ressourcen ein unterschiedlicher Medienmix angestrebt wird.

Abb. 28: Der Employer Branding-Zyklus (Rose 2013, S. 62; vgl. Trost 2009, S. 18)

Im Hinblick auf das identitätsbasierte Markenverständnis müssen die Kennzahlen für das Controlling des Employer Branding sowohl die interne als auch die externe Sicht abdecken. *Abb. 29* gibt einen Überblick über mögliche Kennzahlen für das Employer Branding anhand dieser beiden Dimensionen und liefert Hinweise über Berechnungsweise, Aussage, Validität und Aufwand der Erhebung. Bezüglich des Kriteriums der Validität erfolgt eine grobe Differenzierung in relativ schlecht (-), mittel 0) und relativ gut (+). Die Aussagekraft der aufgeführten Kennzahlen im Hinblick auf das Employer Branding ist jedoch stark eingeschränkt, da es sich in der Regel nicht um originäre Employer Branding Kennzahlen handelt und die Kennzahlen auch von zahlreichen weiteren Faktoren beeinflusst werden. Insofern lassen sich Veränderungen bei den Kennzahlenwerten nicht ohne weiteres auf den (Miss-) Erfolg der Maßnahmen des Employer Branding zurückführen (vgl. *Fölsing* u. a. 2014, S. 44).

Insbesondere bei Großunternehmen wird der halbjährlichen Veröffentlichung von Arbeitgeberrankings ein großer Stellenwert beigemessen. Bei diesen werden regelmäßig tausende Studierende bzw. Young Professionals nach ihren Arbeitgeberpräferenzen befragt und Top 100-Listen für verschiedene Fachgrup-

Kennzahl	Fokus	Erhebung/Berechnung	Aussage	Validität	Aufwand
Zeit bis zur Stellenbesetzung	Extern	Durchschnittliche Dauer der Unbesetztheit einer Stelle in Zeiteinheiten	Bekanntheitsgrad/Beliebtheit bei Bewerbern; Qualität des Bewerbungsprozesses	(-); auch branchen- und konjunkturabhängig	Gering
Arbeitgeberranking	Extern	Befragung durch externe Institute (Z.B. Trendence)	Bekanntheitsgrad/Beliebtheit bei Bewerbern	(+); nur für bekannte Unternehmen aufschlussreich	Gering
Anzahl an Initiativ-bewerbungen	Extern	Anzahl an Initiativ-bewerbungen/Zeiteinheit	Bekanntheitsgrad/Beliebtheit bei Bewerbern	(0); auch branchen- und konjunkturabhängig	Gering
Bewerber-Zusage-Verhältnis	Extern	Anzahl Bewerber/Anzahl angenommener Stellenangebote	Bekanntheitsgrad/Beliebtheit bei Bewerbern; Qualität des Bewerbungsprozesses	(-); auch branchen- und konjunkturabhängig	Gering
Kosten der Medien je Bewerber	Extern	Befragung; Kosten je Medium/Anzahl an Bewerbern je Medium	Effizienz der Medien, durch die Bewerber auf das Unternehmen aufmerksam geworden sind	(+); abhängig vom Umfang der Antwortmöglichkeiten (z.B. Social Media, Word of Mouth, TV-Werbung)	Hoch
Kosten der Medien je Neueinstellung	Extern	Befragung; Kosten je Medium/Anzahl an Neueinstellungen je Medium	Effizienz der Medien, durch die Neueinstellungen auf das Unternehmen aufmerksam geworden sind	s. o.	Hoch
Angebots-Zusage-Verhältnis	Extern	Anzahl Zusagen/Anzahl gemachter Stellenangebote	Beliebtheit bei Bewerbern; Qualität des Bewerbungsprozesses	(0); auch branchen und konjunkturabhängig	Gering
Hits auf Karriereseite des Unternehmens	Extern	Anzahl Hits der Karriereseite des Unternehmens/Zeiteinheit	Bekanntheitsgrad bei Bewerbern	(0); keine Differenzierung in posit./negativen Bekanntheitsgrad möglich	Gering
Bewerbungen je Stelle	Extern	Anzahl Bewerbungen/Anzahl ausgeschriebener Stellen	Bekanntheitsgrad/Beliebtheit bei Bewerbern	(0); auch branchen- und konjunkturabhängig	Gering
Weiterempfehlungs quote aktueller und ehemaliger Mitarbeiter	Extern/ Intern	Befragung	Zufriedenheit der aktuellen und ehemaligen Mitarbeiter; Anteil Mitarbeiter als Botschafter der Arbeitgebermarke	(+)	Hoch; z.B. Alumni-Netzwerk zur Be-fragung Ehemaliger
Konsistenz Innen-/ Außendarstellung aus Sicht der Mitarbeiter	Intern	Befragung	Zufriedenheit der Mitarbeiter	(+)	Hoch
Fehlbesetzungsrate	Intern	Anzahl Neueinstellungen, die innerhalb von 12 Monaten kündigen	Zufriedenheit neuer Mitarbeiter; Qualität des Bewerbungsprozesses	(+)	Gering
Durchschnittliche Betriebszugehörigkeit	Intern	Summe der Betriebszugehörigkeit in Zeiteinheit/Anzahl an Personal	Zufriedenheit der Mitarbeiter	(0); abhängig von Unternehmens-alter sowie Branche/Konjunktur	Gering

Abb. 29: Ausgewählte Kennzahlen des Employer Branding (Fölsing u. a. 2014, S. 45)

pen ermittelt. Da im Wesentlichen die vorderen 20 Plätze seit Jahren von den großen Automobilbauern, Markenartiklern, bekannten Unternehmensberatungen und Hightechfirmen belegt werden ist es problematisch, sich an den Studienergebnissen messen zu lassen. Unternehmen ohne Consumermarken und Unternehmen, die aus tendenziell unattraktiven Branchen kommen haben selbst bei hervorragendem Employer Branding wenig Chancen, vordere Ränge zu belegen. Es ist deshalb zu vermuten, dass eher das allgemeine Unternehmensimage als Bewertungsgrundlage herangezogen wird (vgl. *Rose* 2013, S. 65).

Generell und somit auch für das Employer Branding gilt, dass der Informationsgehalt einzelner Kennzahlen durch Vergleiche gesteigert werden kann. So lassen sich durch die Analyse von Zeitreihen Erkenntnisse über die positive oder negative Wirkung von Maßnahmen gewinnen, wobei stets eine Korrektur äußerer Einflüsse (z. B. Konjunktur, Anzahl Absolventen des Jahrgangs) zu erfolgen hat. Zusätzliche Erkenntnisse lassen sich auch dadurch gewinnen, dass man unterschiedliche Kennzahlen in Relation zueinander setzt. Eine steigende Anzahl Hits auf der Karrierehomepage bei gleichzeitig sinkender oder stagnierender Anzahl an Initiativbewerbungen kann ein Hinweis auf einen zunehmend negativen Bekanntheitsgrad sein. Verbessert sich einerseits die Position im Arbeitgeberranking und steigt gleichzeitig die Fehlbesetzungsrate, könnte dies auf Inkonsistenzen zwischen den nach außen kommunizierten Werbebotschaften und der tatsächlichen Employer Brand Identity hinweisen. Schließlich bietet sich ein Vergleich mit anderen Unternehmen an, um die relative Stärke der Employer Brand zu ermitteln. Aufgrund des (als gegeben anzusehenden) Branchenimage sollte sich dieser Kennzahlenvergleich an Wettbewerbern aus der gleichen Branche orientieren (vgl. *Fölsing* 2014, S. 44).

3.2.2 Personalwerbung

Der Personalbeschaffungsprozess (vgl. *Abb. 30*) beginnt mit der Anforderung der jeweiligen Fachabteilung. Auch bei einem geplanten Personalbedarf (siehe Abschnitt 3.1) sollte vor dem eigentlichen Beginn der Beschaffungsaktion die Notwendigkeit des Bedarfs zum jeweiligen Zeitpunkt nochmals geprüft werden. Neben einer Bedarfsfeststellung im Rahmen der Jahresplanung (z. B. dauerhafte Überlastung der vorhandenen Mitarbeiter, die nicht durch andere Maßnahmen ausgeglichen werden kann; neue Aufgaben im Rahmen veränderter Anforderungen; vorhersehbare Fluktuation infolge Pensionierung, Mutterschutz oder Beendigung zeitlich befristeter Arbeitsverträge) können aktuelle Anlässe zum Personalbedarf führen (Kündigungen, Aufhebungsverträge, vorzeitige Pensionierung, längere Krankheit, Tod etc.). Soweit ein Bedarf für die Neueinstellung eines Mitarbeiters feststeht, ist zu prüfen, ob dieser Bedarf mit einer zeitlich befristeten oder dauerhaften Einstellung gedeckt werden soll.

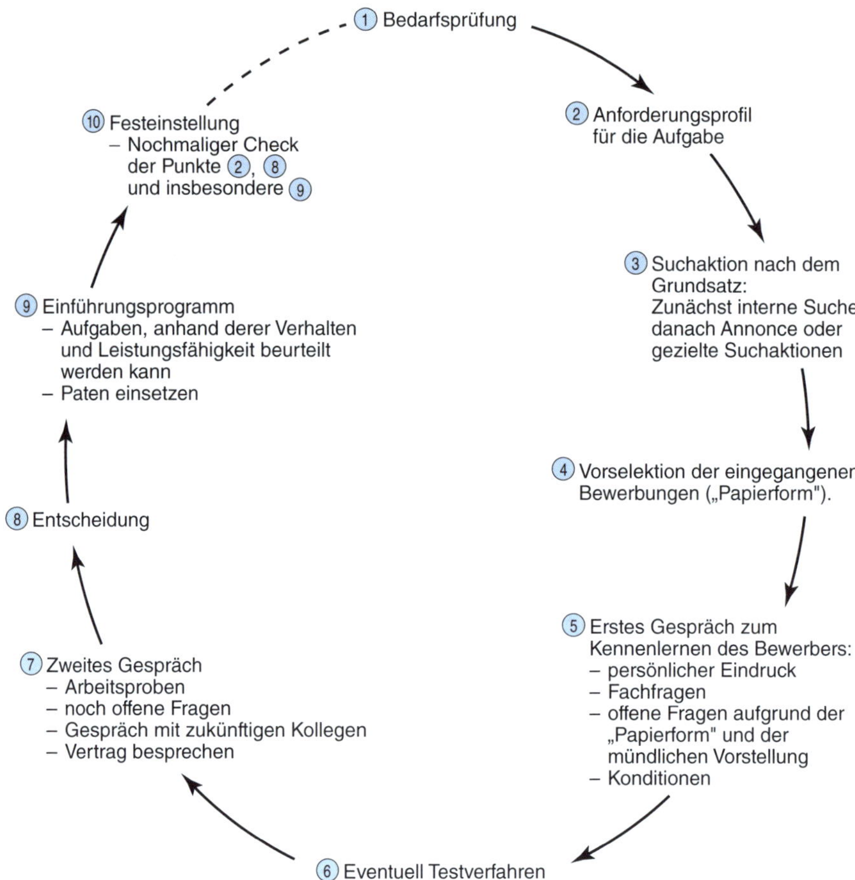

Abb. 30: Der Personalbeschaffungsprozess im Überblick

Im zweiten Schritt ist ein Anforderungsprofil für die Aufgabe anhand der Stellenbeschreibung zu erstellen, falls dieses noch nicht vorliegt. Das Anforderungsprofil soll die Merkmale enthalten, die der spätere Stelleninhaber aus fachlicher und persönlicher Sicht besonders erfüllen muss. Je präziser das Anforderungsprofil formuliert ist, umso effektiver und effizienter können die nachfolgenden Phasen der Personalbeschaffung durchgeführt werden.

Aufgabe der nächsten Phase im Rahmen der Personalbeschaffung, der Personalwerbung bzw. Suchaktion, ist die „Werbung um beurteilungsfähige Bewerbungen geeigneter Bewerber" (*Wunderer* 1975, Sp. 1689). Hierunter fallen sowohl Verhandlungsangebote in Form externer Bewerbungen als auch organisationsinterne Bewerbungen (positionsbezogene Veränderung eines Mitarbeiters), wobei der Grundsatz gilt, dass vor der Schaltung einer Anzeige oder sonstigen externen Suchaktivitäten, zu prüfen ist, ob im eigenen Unternehmen geeignete Bewerber vorhanden sind.

Ziel ist die zeitgerechte „Beschaffung einer ausreichenden Menge von geeigneten (und u. U. beurteilungsfähigen) Bewerbungen mit möglichst geringem Mitteleinsatz“ (*Wunderer* 1975, Sp. 1704). Die zentralen Entscheidungsfelder der Personalwerbung sind in *Abb. 31* dargestellt.

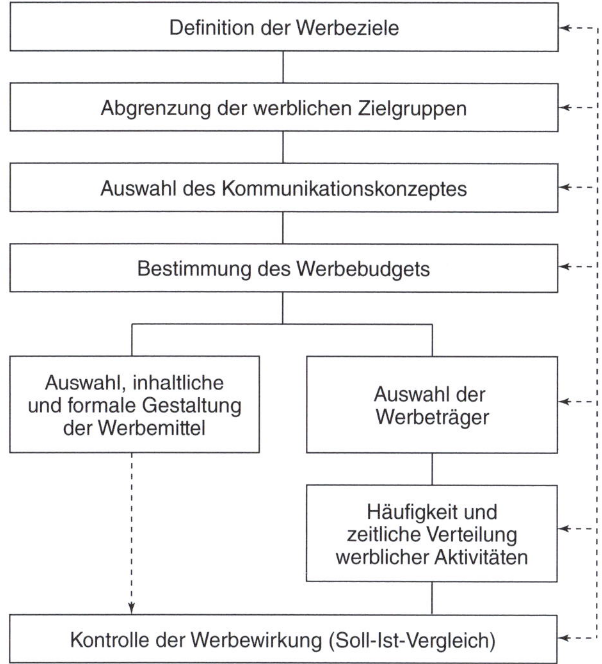

Abb. 31: Planungs- und Kontrollprozess der Personalwerbung (Groenewald/Hüneberg 1985, S. 231)

Typische Fragestellungen bei der Auswahl des geeignetsten Rekrutierungsweges sind: Welcher Rekrutierungsweg

- führt zu einer schnellen Besetzung offener Stellen?
- macht die meisten gut geeigneten Bewerber auf die offenen Stellen aufmerksam?
- ist mit den geringsten Kosten pro ernst zu nehmender Bewerbung verbunden?
- hat die positivsten Effekte auf Bestand und Entwicklung der im Unternehmen vorhandenen Motivationen und Qualifikationen?
- hält die Personalkosten in der Organisation am niedrigsten?
- erlaubt eine hohe Verfügbarkeit über einen großen Bewerberpool und vermeidet eine Abhängigkeit von der Bewerberlage?

Als Suchmethoden im Rahmen der Personalbeschaffung sind insbesondere zu nennen:

- interne Stellenausschreibung (in gedruckter Form oder über das Intranet),
- externe Stellenausschreibung in den Printmedien, im Internet auf der eigenen Homepage oder über Internet-Jobbörsen, im Radio oder im Fernsehen,
- Rekrutierungsveranstaltungen, insbesondere für Hochschulabsolventen oder potenzielle Bewerber mit wenigen Jahren Berufserfahrung, z.B. in Form von Hochschulmessen oder Workshops,
- Active Sourcing,
- Personalberatung,
- Einschaltung der Arbeitsvermittlung,
- Beschäftigung von Zeitarbeitnehmern,
- „Mitarbeiter-werben-Mitarbeiter"-Programme, bei denen eigene Mitarbeiter Anreize (z.B. Prämien) erhalten, wenn sie neue Mitarbeiter gewinnen.

Grundsätzlich werden bei der Personalwerbung das Recruiting und das Active Sourcing unterschieden (vgl. *Weitzel* u.a. 2018, S. 5): Recruiting umfasst alle Maßnahmen, mit denen potenzielle Stelleninteressierte darüber informiert werden, dass sie als künftige Mitarbeiter gesucht werden und sich bei dem Unternehmen bewerben sollen. Dies erfolgt hauptsächlich durch Stellenanzeigen in verschiedenen Recruitingkanälen, wie beispielsweise Internet-Stellenbörsen oder Social Media (vgl. *Abb. 32* oben). Kandidaten suchen nach diesen Stellenanzeigen und bewerben sich bei Interesse an der ausgeschriebenen Stelle.

Active Sourcing beschreibt alle Maßnahmen bei denen Unternehmen aktiv, zum Beispiel in Lebenslaufdatenbanken oder Karrierenetzwerken, nach potenziell geeigneten Kandidaten suchen, um diese dann direkt mit einem Stellenangebot anzusprechen (vgl. *Abb. 32* unten).

Im Rahmen einer Unternehmensbefragung bei den 1000 größten deutschen Unternehmen (Rücklaufquote 11,7 %) wurde von *Weitzel* u.a. (2018) auch eine detaillierte Erhebung vorgenommen, über welche Kanäle die tatsächlichen Einstellungen generiert wurden. Hiernach generieren die deutschen Top 1000-Unternehmen etwa neun von zehn Neueinstellungen über Recruitingkanäle und eine von zehn Einstellungen über Active Sourcing-Kanäle. Hierbei dominieren die Internet-Stellenbörsen und die eigene Unternehmenswebseite die Recruiting- und Sourcingkanäle (vgl. *Abb. 33*).

Ob Werbeinformationen akquisitorische Weisungen aufweisen, wird davon beeinflusst, ob die Informationen umfassend genug, wesentlich, motivgerecht, perzeptionsgerecht und tatsachengerecht sind (vgl. *Wunderer* 1975, Sp. 1695 ff.). Wesentliche Informationen stellen insbesondere Aussagen zur Definition des Tätigkeitsbereichs und der Aufgaben, Einordnung der Positionen im Unternehmen, Entwicklungsmöglichkeiten, Dotierung sowie zum Unternehmen dar.

Um die verschiedenen Recruitinginstrumente miteinander vergleichen zu können, gilt es zunächst, Vergleichskriterien zu definieren. Diese müssen sich an den beiden Kernzielen des Recruiting, nämlich dem Akquisitionsziel und dem

Selektionsziel, sowie den Nebenzielen Zeit-, Aufwands- und Kostenminimierung orientieren.

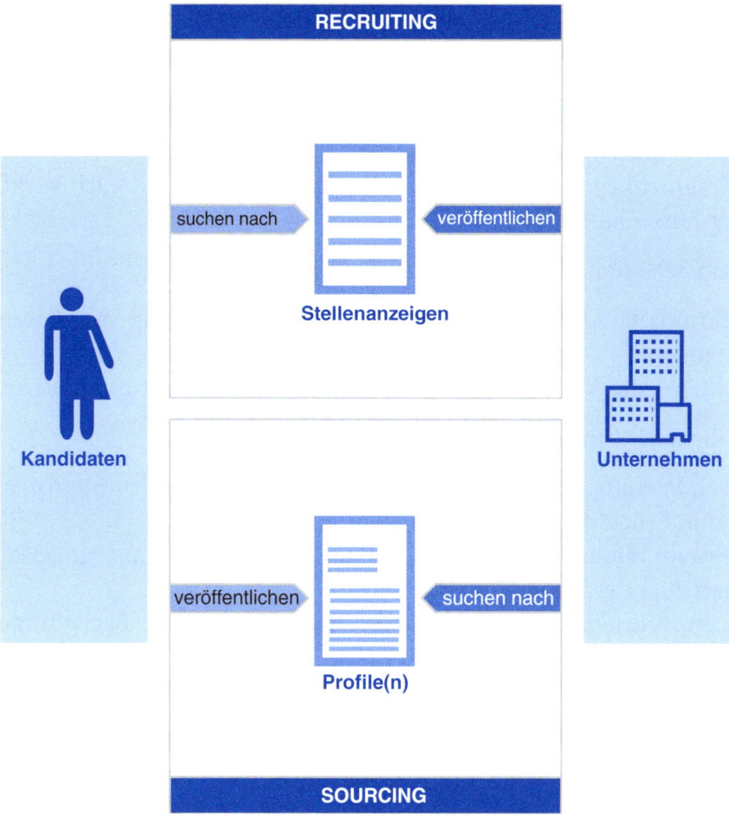

Abb. 32: Recruiting und Active Sourcing der Unternehmen und Kandidaten (Weitzel u. a. 2018, S. 6)

Recruitingkanäle		Sourcingkanäle	
Internet-Stellenbörse	33,9 %	Karriere-Events für Studierende/Absolventen	2,4 %
Eigene Unternehmenswebseite im Internet	30,3 %	Talent-Pool	2,4 %
Mitarbeiterempfehlungen	6,6 %	Eigene Netzwerke der Recruiter	2,1 %
Printmedien	5,4 %	Personalmessen	1,9 %
Arbeitsagentur	4,1 %	Karrierenetzwerk	1,4 %
Karrierenetzwerk	3,3 %	Externe Lebenslaufdatenbanken	0,5 %
Soziale Netzwerkplattform	0,8 %	Spezialistenforen und Blogs	0,2 %
Weitere Social-Media-Kanäle	0,1 %	Weitere Social-Media-Kanäle	0,0 %
Andere Recruitingkanäle	2,3 %	Andere Sourcingkanäle	2,3 %
Gesamt	**86,8 %**	**Gesamt**	**13,2 %**

Abb. 33: Tatsächliche Neueinstellungen (Anteile der über die verschiedenen Recruiting- und Sourcingkanäle generierten Einstellungen) (vgl. Weitzel u. a. 2018, S. 11)

„Aus dem Akquisitionsziel lassen sich für einen Vergleich folgende Kriterien ableiten:

- quantitatives Akquisitionspotenzial: Erreicht des Recruitinginstrument viele Kandidaten?
- qualitatives Akquisitionspotenzial: Erreicht das Recruitinginstrument die richtigen Kandidaten?
- Imagepotenzial: Stärkt eine Anwendung des Recruitinginstruments das Unternehmensimage als Arbeitgeber?
- Verbindlichkeit: Ist davon auszugehen, dass der Kontakt auch wirklich zu einer Einstellung führt?

Aus dem Selektionsziel ergeben sich die Vergleichskriterien:

- Selektionsstärke: Wie stark ist die Selektionswirkung des Recruitinginstruments?
- Selektionsgüte: Wie hoch ist die Selektionsqualität des Recruitinginstruments?

Die Nebenziele führen zu folgenden Vergleichskriterien:

- Dauer: Wie lange dauert es von der Anwendung des Recruitinginstruments bis zum Erhalt der Bewerbung?
- Aufwand: Wie aufwendig ist die Nutzung des Recruitinginstruments für die Mitarbeiter des Unternehmens?
- Kosten: Wie hoch liegen die Kosten für die Nutzung des Recruitinginstruments?“ (*Spickschen* 2005, S. 117).

Aus der Übersicht in *Abb. 34* wird deutlich, dass es kein einzelnes „bestes“ Recruitinginstrument gibt. Insofern ist es erforderlich, im Rahmen der Planung unter Berücksichtigung der Zielsetzungen, daraus abgeleitet der Zielgruppen sowie der gegebenen Nebenbedingungen ein spezifisches Bündel an Recruitinginstrumenten zusammenzustellen, um ein optimales Ergebnis zu erzielen (vgl. *Kleb/Schwedes* 2002, S. 7).

Aussagen über die Effizienz der Personalwerbung können anhand folgender Kennzahlen getroffen werden:

- Anzahl Bewerber pro ausgeschriebene Stelle
- Anzahl Bewerber pro Ausbildungsplatz (Anzahl Bewerber/Anzahl Ausbildungsplätze): Diese Kennzahl ist ein Maß für die Attraktivität des Unternehmens als Ausbildungsstätte und kann nach den verschiedenen Ausbildungsberufen und Standorten gegliedert werden. Die Kennzahl dient der Steuerung und Kontrolle der Personalbeschaffung bei den Auszubildenden. Der Wert der Kennzahl ist stark abhängig von der generellen Attraktivität des betrachteten Ausbildungsberufes sowie der Anzahl an Schulabgängern im relevanten Einzugsbereich des Unternehmens. Eine im Verhältnis zu vergleichbaren Unternehmen niedrige Anzahl von Bewerbern pro Ausbildungsplatz kann auf eine niedrige Attraktivität des Unternehmens oder einen

	Kriterien	Akquisitionsziel				Selektionsziel		Nebenziele			
Instrumente		Quantitatives Akquisitions-potenzial	Qualitatives Akquisitions-potenzial	Image-potenzial	Verbind-lichkeit	Selektions-intensität	Selektions-qualität	Dauer	Aufwand	Kosten	Anmerkungen
Mediale Instrumente	Stellenanzeige	+	+	+	+	o	o	o/+	+	-	
	Personalimageanzeigen	+	-	+	o	-	-	-	+	-	
	Funkspots	+	o	+	o	-	-	-o/+	+	o	
	PR-Maßnahmen	o/+	-	+	-	-	-	-	o	o	
	Sponsoringaktivitäten	o/+	-	+	-	-	-	-	o	-/o*	* je nach Aufwand
	Hochschulwerbung	+	-	+	+	o	-	o/+	o	o	
	Online-Recruiting	+	+	+	+	o	o	o/+	+	+	
Persönliche Instrumente											
	Lehrstuhlkooperation	-	+	o	-	o	o	-	-	+	
	Betreuung von wissen-schaftlichen Arbeiten	-	+	-	-	+	o	-	-	+	
	Firmenpräsentationen	o	o	+	-	-	-	-	+	+	
	Kooperationen mit Studenteninitiativen	o	o	+	-	-	-	-	o	+	
	Karrieremessen	+	-	+	o	-	-	o/+	o	o	
	Karriereveranstaltungen im Unternehmen	o	o/+*	+	o	o/+*	-/o/+*	o	-	o	* je nach Voraus-wahl
	Praktikanten- und Werk-studentenprogramme	o	+	o	+	+	+	-	-	o	
	Stipendien	-	+	+	o	+	+	-	o	o	
	Wettbewerbe	o/+*	-	+	-	o	-	-	o	-/o*	* je nach Marketing-aufwand
	Persönliche Empfehlungen	-	o	-	+	o	o	o	+	+	
Vermittlungsg. Instrumente	Öffentliche Arbeitsverm.	o	o	-	o	o	o	-	+	+	
	Personalberater	-	+	-	+	+	+	o	-	-	
	Recruiting-Veranstaltung	o	+	+	+	+	+	+	o	-	
	Zeitarbeitsunternehmen	o	+	-	-	+	+	+	+	-	

Legende:
+ hoch
o mittel
– niedrig

lediglich bei „Aufwand“ und „Kosten“:
+ niedrig
o mittel
– hoch

Abb. 34: Vergleich verschiedener Recruitinginstrumente (Spickschen 2005, S. 118)

zu geringen Bekanntheitsgrad zurückzuführen sein. Ist das Unternehmen hingegen mit Anzahl und Qualität der Bewerbungen zufrieden, kann der Werbeaufwand für Ausbildungsplätze eventuell reduziert werden.

- Effizienz der einzelnen Beschaffungswege, ausgedrückt durch die Anzahl der Bewerbungen bzw. Vorstellungen bzw. Einstellungen pro Beschaffungsweg: Die Effizienz der Beschaffungswege ist ein Maß für den Nutzen alternativer Beschaffungswege und dient der Planung und Kontrolle der Beschaffungswegeauswahl. Da die Inanspruchnahme von Beschaffungswegen Kosten verursacht, ist deren Kosten-Nutzen-Relation zu beurteilen. Durch permanente Überwachung des Bewerbungseingangs, z. B. auf die Anzeigen in verschiedenen Portalen, lässt sich feststellen, wo es sich lohnt, Suchanzeigen zu schalten und wo nicht. Mit Einschränkungen kann von der Anzahl der Vorstellungen bzw. Einstellungen auf die Qualität einzelner Suchkanäle geschlossen werden. Weitere Einflussfaktoren für den Erfolg der Personalwerbung sind die Gestaltung der Anzeige, die Arbeitsmarktsituation, der Ruf der Unternehmung und Zufall.
- Vorstellungsquote (Anzahl Vorstellungen/Anzahl Bewerbungen): Diese Kennzahl ist ein Maß für die Qualität der Bewerbungen und kann insbesondere differenziert nach Zielgruppen (z. B. Nicht-Führungskräfte, Führungskräfte, Nachwuchskräfte) und den eingesetzten Werbemedien analysiert werden. Niedrige Vorstellungsquoten sind auf zwei Hauptursachen zurückzuführen (vgl. *Wunderer* 1975, Sp. 1700): Nichtbeachtung klar definierter Selektionskriterien durch die Bewerber und Fehler beim Einsatz des Selektionsmix durch personalsuchende Unternehmen. Während der die erstgenannte Bereich vom Unternehmen kaum zu beeinflussen ist, soll die Kennzahlenanalyse Hinweise auf die Auswahl geeigneter Werbemedien und eine möglichst genaue Formulierung des Werbetextes liefern.
- Time-to-Interview: Durchschnittliche Zeitdauer von der Personalbedarfsmeldung bis zum Interview
- Produktivität der Personalbeschaffung, die durch den Umfang der von den Beschaffungsmitarbeitern abgewickelten Vorgänge zum Ausdruck gebracht wird: Beschaffungsvorgänge/Beschaffungsmitarbeiter x 100 (%) bzw. Vorstellungen/Beschaffungsmitarbeiter x 100 (%) bzw. Einstellungen/Beschaffungsmitarbeiter x 100 (%)
- Personalakquisitionskosten pro Eintritt
- durchschnittliche Personalbeschaffungskosten (Cost-per-Hire): Dividiert man die Gesamtkosten der Personalbeschaffung durch die Anzahl der Eintritte, so erhält man die Personalbeschaffungskosten pro neu besetzter Stelle. Diese Kennzahl ist ein Maß für den Personalbeschaffungsaufwand je Stellenbesetzung und dient der Analyse und Kontrolle der Personalbeschaffungskosten. Neben den Einzelkosten (Aufwendungen für Anzeigen, Trennungs- und Umzugsentschädigungen, Personalberatung, Reisekostenerstattung, Testmaterial, Gutachten etc.) sind bei der Ermittlung der Per-

sonalbeschaffungskosten auch die Verwaltungskosten für die Inanspruchnahme betrieblicher Ressourcen anzusetzen. Die Quantifizierbarkeit der Personalbeschaffungskosten hängt im Wesentlichen davon ab, inwieweit die Verwaltungskosten verursachungsgerecht ermittelt werden können. Die Höhe der Personalbeschaffungskosten hängt neben der Art und Intensität des erforderlichen Auswahlprozesses auch stark von der jeweiligen Arbeitsmarktlage und den Wohnorten der Bewerber (Reisekosten) ab. Neben einem allgemeinen Durchschnitt bieten sich Aufschlüsselungen nach Besetzungskosten in jeder Jobfamilie, einzelfallbezogen oder je Standort an.

3.2.3 Personalauswahl

Aufagbe der Personalauswahl ist es, das Eignungspotenzial von Bewerbern festzustellen, um denjenigen bzw. diejenigen auszusuchen, der bzw. die die Anforderungen der zu besetzenden Stelle(n) bestmöglich erfüllt bzw. erfüllen (vgl. *Hentze* 1981 (a), S. 237). Die Hauptaufgaben der Personalauswahl liegen in der Überprüfung folgender Faktoren: Leistungsfähigkeit, Leistungswillen, Leistungspotenzial und Entwicklungsmöglichkeiten.

Bis zur endgültigen Entscheidung für einen Bewerber werden in der Regel vier Teilschritte durchlaufen. Zunächst findet eine Vorselektion der eingegangenen Bewerbungen statt. Anhand der eingereichten Unterlagen (z. B. Bewerbungsschreiben, Lebenslauf, Schul- und Ausbildungszeugnisse, Arbeitszeugnisse, Photo, Beschreibung der letzten Tätigkeit, Angabe des aktuellen Gehalts) werden die Bewerber ausgewählt, die zu einem ersten Gespräch eingeladen werden. Bewerber, die auf keinen Fall in Frage kommen, erhalten ihre Unterlagen zurück.

Das erste Gespräch zum Kennenlernen der Bewerber soll zum einen der Bildung eines persönlichen Eindrucks (äußere Erscheinung, Persönlichkeit, Leistungsverhalten, Art der Intelligenz etc.), zum anderen der Vertiefung der wichtigen und noch offenen Fragen dienen. Je besser die Vorbereitung dieses Gesprächs ist, desto größer ist der Nutzen, der aus ihm gezogen werden kann. Mit dem ersten Gespräch ist der bzw. sind die Kandidaten zu identifizieren, der bzw. die dem Anforderungsprofil am nächsten kommen und somit in die engere Wahl gelangen.

Zur Absicherung der bisherigen Vorentscheidung werden bisweilen zwischen dem ersten und zweiten Gespräch oder im Rahmen des zweiten Gesprächs Testverfahren eingesetzt. Diese reichen vom graphologischen Gutachten über Persönlichkeitstests und biographische Fragebögen bis hin zu einem ein- oder zweitägigen Assessment-Center. Entscheidungen sollten nie ausschießlich auf Testergebnissen basieren, sie können aber eine sinnvolle Ergänzung der Bewerbungsunterlagen und bereits geführter Einstellungsgespräche sein. In dieser (oder der nächsten) Phase empfiehlt es sich auch Referenzen einzuholen, wobei Sperrvermerke zu beachten sind.

Das zweite Gespräch dient der Vorbereitung der endgültigen Entscheidung. Es ist inhaltlich so zu gestalten, dass danach eine sichere Entscheidung getroffen werden kann. Neben der Durchsprache der gegebenenfalls durchgeführten Tests oder den vom Bewerber vorgelegten Arbeitsproben sollten offene Fragen und Vertragsdetails behandelt werden. Das Kennenlernen künftiger Kollegen kann für beide Seiten hilfreich sein.

Zur Entscheidungsfindung werden nunmehr das Anforderungsprofil mit den Eignungsprofilen der in die Endausscheidung gelangten Bewerber verglichen. Für die jeweilige Anforderung wird bestimmt, ob der Kandidat sie schwach, durchschnittlich oder in hohem Maße erfüllt. In die Ermittlung des Eignungsprofils müssen sämtliche Informationen einfließen, die sich aus den Bewerbungsgesprächen, den Ergebnissen der Testverfahren, den Referenzen etc. ergaben. Die gewichtete Merkmalsausprägung beim Bewerber ergibt sich aus der Multiplikation des jeweiligen Merkmalsgewichts im Anforderungsprofil (z. B. 1 für nicht wichtig, 2 für wichtig und 3 für sehr wichtig) mit der Ausprägung des Kandidaten im Eignungsprofil (z. B. 1 für schwach, 2 für durchschnittlich und 3 für stark). Die Summe dieser gewichteten Merkmalsausprägungen ermöglicht schließlich den Vergleich mehrerer Bewerber.

Der Nettopersonalbedarf gibt an, wie viele Stellen während des Betrachtungszeitraumes neu zu besetzen sind. Um Aufschluss über den Erfolg des Einstellwesens zu erhalten, können die tatsächlichen Einstellungen am Soll des Personalbeschaffungsplanes gemessen werden. Der Grad der Personaldeckung (tatsächliche Einstellungen/benötigte Anzahl an Mitarbeitern x 100 (%)) ist ein Maß für den Erfolg der Personalbeschaffungsaktivitäten. Im Idealfall beträgt der Grad der Personaldeckung 100 %, d. h. alle offenen Stellen konnten im angestrebten Zeitraum besetzt werden. Können offene Stellen nicht fristgerecht besetzt werden, liegen die Ursachen hierfür eventuell in Engpasssituationen auf Teilarbeitsmärkten oder in zu geringen Anstrengungen der Personalbeschaffung. Es sind dann gegebenenfalls die Aktivitäten des Beschaffungswesens zu forcieren.

Maßstab für den Erfolg der Personalauswahl kann letztlich nur die Leistung sein, die der Ausgewählte auf der zu besetzenden Stelle innerhalb eines bestimmten Zeitraumes erbringt. Eine derartige Messung ist allerdings nur bei wenigen Personalentscheidungen möglich, wie z. B. bei Akkordtätigkeiten durch die Akkordleistung oder bei Auszubildenden durch die Ergebnisse der Abschlussprüfung.

3.2.4 Personaleinstellung und -integration

In vielen Fällen wird mit dem Vorliegen eines unterschriebenen Arbeitsvertrages die Personalbeschaffung als abgeschlossen betrachtet. Selbst bei gründlicher Vorbereitung und Durchführung einer Einstellungsaktion verbleibt ein

Restrisiko. Mindestens genauso wichtig für eine erfolgreiche Stellenbesetzung sind jedoch auch die Einarbeitungs- und Integrationsphase. Zu wenig Sorgfalt und Kommunikation (oftmals aus Zeitgründen) in dieser Phase, können zu Enttäuschung und Frustration beim Vorgesetzten und Bewerber führen. So kommt es nicht selten vor, dass der zu Beginn hochgelobte Kandidat wegen unnötiger Fehler in der Startphase seiner Tätigkeit das Unternehmen zum Ende der vereinbarten Probezeit oder wenige Monate nach seiner Festeinstellung wieder verlässt. Erweist sich die Neueinstellung als Fehlentscheidung, kann dies das Unternehmen ein bis zwei Jahresgehälter kosten. Hierin enthalten sind die Personalbeschaffungskosten als solche: Anzeigen, Kosten für Personalberater, Reisekosten der Bewerber, gebundene Zeit für Bewerberauswahl, Testkosten, Umzugskostenzuschuss, sonstige Unterstützungszahlungen in den ersten Monaten der Tätigkeit, Schulungsaufwendungen zur Einarbeitung, geringere Produktivität in der Startphase, gebundene Zeit der Kollegen und Vorgesetzten für die Einarbeitung, bezahlte Gehälter des eingestellten Mitarbeiters etc. Darüber hinaus schlägt die „verlorene Zeit" zu Buche, da die Personalsuche wieder von vorne beginnen muss und die zu besetzende Stelle wieder vakant ist.

Die Personaleinführung beschäftigt sich mit der sozialen und organisatorischen Integration neuer Mitarbeiter sowohl in die zukünftige Arbeitsgruppe als auch in das Gesamtunternehmen. Die Inhalte der Personaleinführung umfassen die systematische Vermittlung von Informationen über die Organisation und Aufgabenstellungen der verschiedenen Abteilungen sowie die Aufgaben, Kompetenzen und Verantwortung des neuen Mitarbeiters. Als Methoden zur systematischen Vermittlung dienen Dokumentationen (zum Beispiel über die Geschäftstätigkeit, Organigramm), Betriebsbesichtigungen, Vorträge, Vorstellungsrunden und Betriebspaten. Die Personaleinarbeitung beschäftigt sich speziell mit der arbeitstechnischen Seite der zukünftigen Arbeit, um die Lücke zwischen Anforderungsprofil und Fähigkeitsprofil zu schließen. Die Dauer wird als Einarbeitungszeit bezeichnet.

Art und Umfang eines sinnvollen Einarbeitungsprogramms hängen natürlich von der jeweiligen Stelle ab. Unabdingbar sind aber in jedem Fall die aktive Unterstützung der Integration des neuen Mitarbeiters in das Unternehmen. Es ist sicherzustellen, dass der neue Mitarbeiter über alle zu seiner Aufgabenerfüllung erforderlichen Informationen verfügt und er planmäßig alle für seine Position relevanten Kollegen kennenlernt. Auf Basis klarer Aufträge deren Erfolg möglichst messbar sein soll, sollte der Vorgesetzte regelmäßig feedback über die Leistungen und seinen persönlichen Eindruck geben.

Die Festeinstellung eines Mitarbeiters nach der Probezeit erfolgt dann, wenn die Leistungen in der Probezeit dies rechtfertigen und der Mitarbeiter zugleich weitere Entwicklungsmöglichkeiten verspricht.

Mit der Frühfluktuationsrate (aufgelöste Arbeitsverhältnisse in der Probezeit/Anzahl der Einstellungen x 100 (%)) wird die Effizienz der Personalauswahl und -einarbeitung gemessen. Da mit der Einstellung die Deckung eines Personalbedarfs verfolgt wird, führt die Auflösung von Arbeitsverhältnissen zur Personalunterdeckung und damit u. U. zu Kapazitätsproblemen. Darüber hinaus verursachen die erneut erforderlich werdenden Beschaffungsaktivitäten Kosten. In jedem Fall ist eine Ursachenforschung für die Auflösung des Arbeitsverhältnisses durchzuführen. Entsprechen die Leistungen des Mitarbeiters nicht den Erwartungen des Unternehmens, so sind die Qualität des Auswahlverfahrens bei der Einstellung und die Gestaltung der Einarbeitung zu untersuchen.

Die Anzahl Versetzungswünsche nach kurzer Dienstdauer ist ein Maß für die Mitarbeiterzufriedenheit und die Qualität der Personalauswahl. Äußert ein Mitarbeiter kurz nach seinem Eintritt in ein Unternehmen den Wunsch versetzt zu werden, ist durch ein Gespräch zu klären, ob dies auf einen Einstellungsfehler oder Schwierigkeiten bei der Zusammenarbeit mit den bisherigen Mitarbeitern einer Abteilung zurückzuführen ist. Einstellungsfehler können möglicherweise daran liegen, dass beim neuen Mitarbeiter falsche Vorstellungen über die künftige Arbeit erweckt wurden oder nur eine unzureichende Qualifikation vorliegt.

3.2.5 Candidate Experience Management

Beim Candidate Experience Management handelt es sich um einen Managementansatz, der zahlreiche Elemente des modernen Kundenmanagements und des sogenannten Customer Experience Management auf den Bereich der Personalbeschaffung überträgt. Das beim Customer Experience Management im Fokus stehende Kundenbedürfnis wird beim Candidate Experience Management durch das Kandidatenbedürfnis ersetzt.

Angelehnt an *Kootz* (2014, S. 65) lassen sich Candidate Experience und Candidate Experience Management wie folgt definieren: „Candidate Experience bezeichnet den Gesamteindruck, den ein potenzieller Bewerber im Rahmen der Prozesse des Personalmarketings, des Recruiting und darüber hinaus vom potenziellen Arbeitgeber erhält. Es geht dabei um das individuelle Erleben in einem Bewerbungs- und Auswahlprozess an allen direkten und indirekten Kontaktpunkten mit dem Unternehmen“ (*Verhoeven* 2016a, S. 12). „Candidate Experience Management bezeichnet die aktive Gestaltung aller Kontaktpunkte des Bewerbers mit dem Unternehmen mit dem Ziel, einen positiven Gesamteindruck zu hinterlassen. Aus Sicht des Bewerbers als Kunde eines Unternehmens werden am Vorbild des Customer Experience Managements Systeme, Menschen und Prozesse schrittweise analysiert und interpretiert. Im Mittelpunkt steht das Erleben des Bewerbers. Weiterhin wird es mit der Sicht von außen möglich, zu verstehen, welche tatsächlichen Erwartungen und Prozesse des Personalmarketings, des Recruiting und darüber hinaus bestehen und wie diese am besten erfüllt werden können" (*Verhoeven* 2016a, S. 12 f.).

Grundsätzlich geht es beim Candidate Experience um die Wirkung von Erlebnissen und beim Candidate Experience Management um die systematische Steuerung, wie es zu diesen Erlebnissen kommt. Candidate Experience Management verfolgt das Ziel, sowohl direkte als auch indirekte Kontakte zu beeinflussen und auf die Bedürfnisse der Bewerber auszurichten. Es bezieht sich hierbei auf den kompletten Erlebnisprozess, da für den Kandidaten die Abfolge von Personalmarketing über die Bewerbung bis zum Auswahlverfahren einen zusammenhängenden Prozess darstellt (vgl. *Kootz* 2014, S. 65 f.), der auch die Tätigkeit umfasst, auf die er sich beworben hat.

Ein Ansatz zur systematischen Betrachtung und Strukturierung der verschiedenen Kontaktpunkte (Touchpoints) zwischen Bewerber und Arbeitgeber ist die Candidate Journey. „Die Candidate Journey ist die Bezeichnung für die Summe an direkten und indirekten Touchpoints, über die ein Bewerber während des kompletten Prozesses mit einem Unternehmen in Berührung kommt. Sie leitet sich von der Customer Journey ab, welche im Customer Experience Management genutzt wird" (*Verhoeven* 2016b, S. 36). Die Prozesskette der Candidate Journey lässt sich in folgende sechs Phasen unterteilen, die ein (potenzieller) Bewerber durchlaufen kann:

1. Anziehung: Der potenzielle Bewerber wird auf das Unternehmen aufmerksam, beispielsweise durch eine Imageanzeige.
2. Information: Der potenzielle Bewerber informiert sich über verschiedene Kanäle (wie etwa die Karrierewebseite) über das Unternehmen und dessen Stellenangebote.
3. Bewerbung: Der Kandidat bewirbt sich bei dem Unternehmen.
4. Auswahl: Der Bewerber nimmt am Auswahlprozess durch Bewerbungsgespräche, Assessment-Center und ähnliches teil.
5. Onboarding: Der Bewerber erhält ein Vertragsangebot, das er annimmt, und beginnt, beim Unternehmen zu arbeiten.
6. Bindung: Der neue Mitarbeiter wird im Unternehmen integriert und erlebt den Arbeitsalltag.

Abb. 35 stellt für die verschiedenen Phasen der Candidate Journey die jeweiligen Ziele, Instrumente und mögliche Kennzahlen dar.

Ein Bewerber hat im Rahmen seiner Candidate Journey eine Vielzahl von Kontakten mit einem (pozenziellen) Arbeitgeber. Die meisten dieser Kontaktpunkte können vom Arbeitgeber mitgestaltet werden. *Abb. 36* enthält eine Auflistung sämtlicher Kontakte, die im Rahmen eines Bewerbungsprozesses stattfinden können und durch ein Bewerbermanagementsystem abgewickelt

Phase	Anziehung	Information	Bewerbung	Auswahl	Pre/Onboarding	Integration
Ziel	Die Aufmerksamkeit von den Kandidaten gewinnen.	Den Kandidaten die benötigten Informationen über die offenen Vakanzen und das Unternehmen zur Verfügung stellen.	Den Kandidaten einen einfachen und schnellen Prozess zur Absendung ihrer Bewerbungsunterlagen ermöglichen.	Den Kandidaten ein rasches Feedback geben und transparent den Auswahlprozess aufzeigen.	Neue Mitarbeiter nach erfolgreicher Vertragsunterschrift fachlich in das Unternehmen einführen. Dies beginnt häufig auch schon vor dem 1. Arbeitstag (Preboarding).	Neue Mitarbeiter ab dem ersten Arbeitstag sozial und kulturell in das Unternehmen und in das Team integrieren.
Instrumente (Beispiele)	• Stellenanzeige • Mitarbeiterempfehlungen • Jobmessen	• Karrierewebseite • Arbeitgeberbewertungsportale • Social-Media (Xing, LinkedIn)	• Bewerbermanagementsystem • Talentpool	• Bewerbermanagementsystem • Telefongespräche • Videogespräche • Vorstellungsgespräch	• E-Learning-Systeme • Onboarding-Apps	• E-Learning-Systeme • Patensysteme
Kennzahlen	• Anzahl von Bewerbungen • Anzahl von Mitarbeiterempfehlungen	• Klicks auf der Karrierewebseite • Bewertungen auf Arbeitgeberbewertungsportalen	• Bewerberzufriedenheit mit dem Bewerbungsprozess • Dauer des Bewerbungsprozesses	• Anzahl Vorstellungsgespräche • Effizienz der Ausschreibungskanäle	• Durchgeführtes E-Learning • Vertragsauflösungen vor dem 1. Arbeitstag	• Kündigungen in der Probezeit • Zufriedenheit der Fachabteilung
	Time-to-Interview					
	Time-to-Hire					

Abb. 35: Ziele, Instrumente und Kennzahlen im Candidate Journey-Prozess

werden. Um eine hohe Transparenz zu erhalten, wie die Candidate Journey von Bewerbern aussieht und welche Bewerbererfahrung diese machen, wird eine regelmäßige Messung an allen (relevanten) Kontaktpunkten empfohlen. So lässt sich auch ermitteln, an welchen Stellen in der Prozesskette das Risiko am größten ist, dass Bewerber aussteigen bzw. Bewerbungsinteressierte erst gar nicht zu Bewerbern werden.

Bewerbermanagementsystem und dessen Usability	Zwischenbescheid, wenn der Prozess etwas länger dauert	Einladung zum Vorstellungsgespräch, normal
Eingangsbestätigung normal	Zwischenbescheid für Initiativbewerbungen	Einladung zum Vorstellungsgespräch, nach Video-/Telefoninterview
Eingangsbestätigung für Initiativbewerbungen	Anschreiben, wenn Bewerbungsunterlagen unvollständig sind	Einladung zum Vorstellungsgespräch, normal
Eingangsbestätigung Mitarbeiterempfehlungsprogramm	Einladung zum Telefoninterview, normal	Einladung zum Video-Interview, normal
Eingangsbestätigung Traineeprogramm	Einladung zum Telefoninterview, Initiativbewerbung	Einladung zum 2. Vorstellungsgespräch
Eingangsbestätigung für Papierbewerbungen	Absage nach Vorauswahl, normal	Einladung zum Assessment-Center, normal
Eingangsbestätigung für Azubi-Stellen	Absage nach Vorauswahl, Initiativbewerbung	Einladung zum Assessment-Center, Traineeprogramm
Eingangsbestätigung für nachgereichte Unterlagen	Absage nach Vorauswahl, Azubi	Einladung zum Assessment-Center, Azubis
Terminverschiebung	Absage nach Vorauswahl, Traineeprogramm	Einladung zum Online-Test
Terminbestätigung nach mündlicher Terminvereinbarung	Absage nach Vorauswahl, Papierbewerbung	Absage nach 1. Interview
Nachforderung fehlender Bewerbungsunterlagen	Absage nach Vorauswahl, Mitarbeiterempfehlungsprogramm	Absage nach 2. Interview
	Absage nach Telefoninterview, normal	Absage nach Assessment-Center
	Absage nach Telefoninterview, initiativ	Absage nach Online-Test

Abb. 36: Kontaktpunkte bei der Bewerberkommunikation (Verhoeven 2016b, S. 42)

3.2.6 Auditierung des Personalbeschaffungsprozesses

Die Qualität des Einstellprozesses lässt sich mithilfe der Auditierung überprüfen. Hierbei sollten alle einstellungsrelevanten Themen, von der Reichweite des Personalmarketing bis hin zur Erwartung an die eingestellten Mitarbeiter, einer Prüfung unterzogen werden (vgl. *Bühner* 2000, S. 62 f.). Ein Beispiel für ein Audit-Schema enthält *Abb. 37*. Je nach erreichter Bewertungspunktzahl ist die Auditierung bestanden oder nicht. Bei Nichtbestehen des Audits (siehe *Abb. 37*) muss der Personalbeschaffungsprozess neugestaltet oder zumindest modifiziert werden. Auch diese Verbesserungsmaßnahmen sind zu auditieren.

Einstellungsprozess

Führungskraft ______________ Auditor ______________
Bereich ______________ Datum ______________

	Bewertung nicht erfüllt … voll erfüllt					Bemerkung
	0	1	2	3	4	
1. Hohe Bewerberzahl auf Stellenausschreibung				X		unter Berücksichtigung der Arbeitsmarktsituation
2. Hoher Anteil Eingeladener unter allen Bewerbern			X			strenge Auswahlkriterien
3. Zeitdauer bis Stelle wieder besetzt ist				X		maximal ein Monat unbesetzt
4. Lange Verweildauer der neu eingestellten Mitarbeiter		X				....
5. Geringe Zahl von Versetzungswünschen im ersten Jahr der Betriebszugehörigkeit					X	nur ca. 5 %
6. Hohe Zufriedenheit der Fachabteilungen mit neu eingestellten Mitarbeitern nach einem Jahr	X					wird sporadisch erhoben
7. Erfüllung der Erwartungen in die Entwicklung der neuen Mitarbeiter	X					....
Gesamtpunktzahl	0	1	2	6	4	Audit bestanden ☐
(Bestanden ab 23 Punkten)	13					nicht bestanden ☒

Abb. 37: Audit des Personalbeschaffungsprozesses (Bühner 2000, S. 63)

3.3 Personaleinsatz

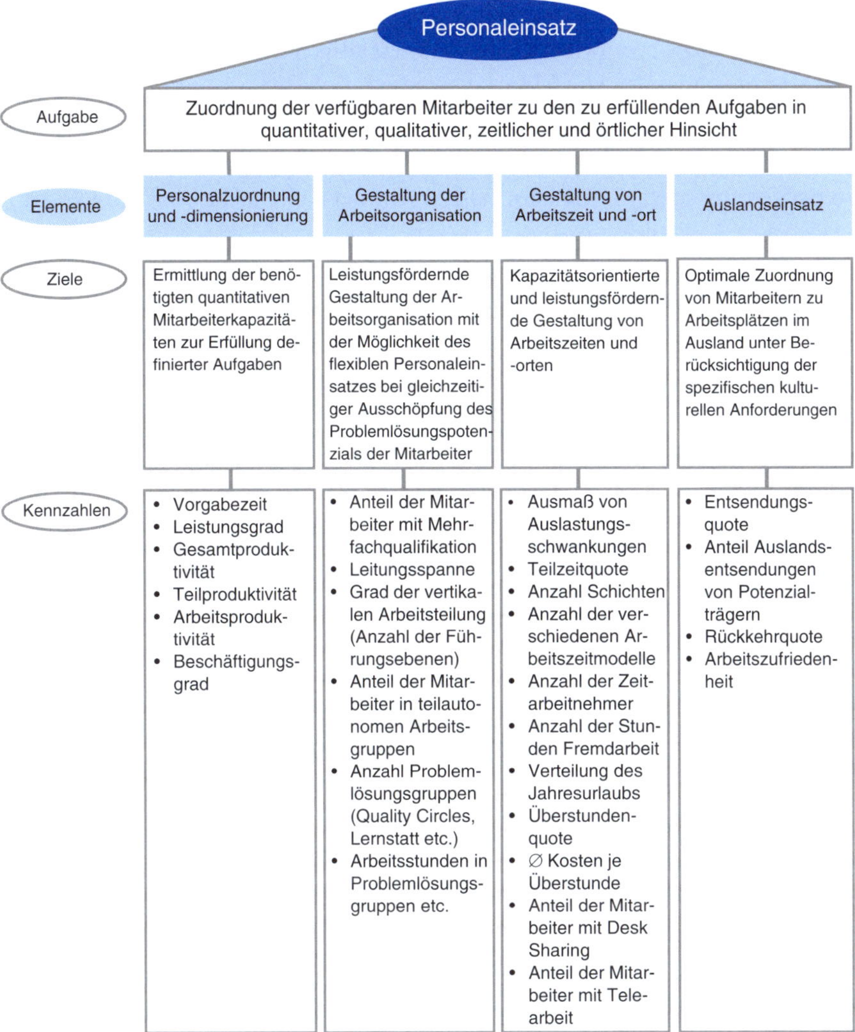

Abb. 38: Aufgabe, Elemente, Ziele und Kennzahlen des Personaleinsatzes

„Der Personaleinsatz umfasst die Zuordnung der im Betrieb verfügbaren Mitarbeiter zu den zu erfüllenden Aufgaben (bzw. Arbeitsplätzen) in quantitativer, qualitativer, zeitlicher und örtlicher Hinsicht, sodass die erforderlichen Mitarbeiter ihrer Eignung entsprechend eingesetzt werden und die Durchführung aller Betriebsaufgaben möglichst termin-, qualitäts- und mengengerecht unter gleichzeitiger optimaler (im Hinblick auf die Sach- und Formalziele der Unternehmung) Ausnutzung der Betriebsmittel in der verfügbaren Arbeitszeit erreicht wird" (*Hentze* 1981a, S. 329). Grundlage der Personaleinsatzplanung stellen die Informationen über die verfügbaren personellen Kapazitäten dar.

Die Teilfunktionen der Personaleinsatzplanung umfassen die Zuordnung von Mitarbeitern auf Arbeitsplätze, die Gestaltung der Arbeitsorganisation und des Arbeitsorts, den Personaleinsatz bei wechselndem Arbeitsanfall als zeitliches Zuordnungsproblem sowie bei international tätigen Unternehmen die Planung des Auslandseinsatzes von Mitarbeitern (vgl. *Abb. 38*).

Die Organisation der Arbeit unterliegt einem permanenten Wandel. In den vergangenen Jahren und aktuell sind vor allem drei wesentliche Herausforderungen an neue Arbeitsorganisationsformen zu nennen (vgl. *bayme/vbm* 2013, S. 3 ff.):

- Verbesserung der Anpassungsfähigkeit der Unternehmen an veränderte Kundenwünsche, schwankende Auftragslagen und globale Wertschöpfungsketten: Diese Treiber führen unter anderem dazu, dass die Produktion mit kurzen Ankündigungsfristen gestoppt und wieder angefahren werden muss. Personalbedarf und -einsatzzeiten schwanken stark, wobei zu erwarten ist, dass die Schwankungen des personalseitigen Kapazitätsbedarfs weiter zunehmen werden und eine immer kurzfristigere Einsatzflexibilität erfordern.
- Innovationen bei Produkten und Herstellprozessen werden immer wichtiger, um sich von Wettbewerbern zu differenzieren. Auch werden die Innovationszyklen immer kürzer. Es wird deshalb immer wichtiger, große Teile der Belegschaft an Innovations- und Veränderungsprozessen zu beteiligen.
- Steigerung der Arbeitgeberattraktivität vor dem Hintergrund des Rückgangs der Zahl der erwerbsfähigen Personen in Deutschland, der Verschiebung der Altersstruktur mit veränderten Wertvorstellungen der jüngeren Mitarbeiter. So stellt beispielsweise die zwischen 1980 und 2000 geborene Generation Y Sinnhaftigkeit, Freude, Entwicklungsmöglichkeiten und soziale Kontakte bei der Arbeit sowie Souveränität bei der Zeiteinteilung und Wahl des Arbeitsortes häufig über die Karriereorientierung.

Eine zentrale Antwort auf diese Herausforderungen liegt in einer erhöhten Flexibilität des Arbeitsortes, der Arbeitsorganisation und der Arbeitszeit. Benötigt werden eine markt- und mitarbeiterorientierte Arbeitsorganisation und Wahlmöglichkeiten, mit denen die Unternehmen Betriebs- und Servicezeiten sowie den Arbeitsort anpassen und Mitarbeiter ihren Beruf besser mit dem Privatleben vereinbaren können. Die sich hieraus ergebenden drei Dimensionen flexibler Arbeit sind in *Abb. 39* dargestellt.

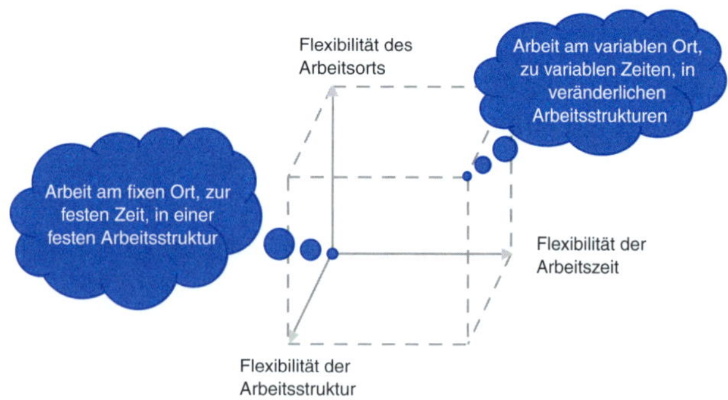

Abb. 39: Dimensionen flexibler Arbeit (vgl. Spath u. a. 2003)

3.3.1 Personalzuordnung und -dimensionierung

Vorgabezeitermittlung

Als Grundlage für den Personaleinsatz im ausführenden Bereich kann die Ermittlung von Vorgabezeiten, d. h. Soll-Zeiten herangezogen werden. Neben der Arbeitszeitplanung und Ermittlung eines Vergleichsmaßstabes für die tatsächlich erbrachte Leistung eines Mitarbeiters dient die Anwendung von Vorgabezeiten auch der Objektivierung der Lohnfindung. Die Vorgabezeiten für die Mitarbeiter setzen sich aus

  Grundzeiten
\+ Erholungszeiten
\+ Verteilzeiten

zusammen und werden in Minuten ausgedrückt. Die Grundzeit beinhaltet alle Soll-Zeiten für die planmäßige Durchführung eines Arbeitsablaufs. Die Erholungszeit wird in der Regel als prozentualer Zuschlag zur Grundzeit ermittelt. Die Verteilzeit setzt sich aus einer sachlichen und einer persönlichen Komponente zusammen. Die sachliche Verteilzeit enthält Soll-Zeiten für zusätzliche Tätigkeiten und störungsbedingtes Unterbrechen, die persönliche Verteilzeit Soll-Zeiten für persönlich bedingtes Unterbrechen. Die Höhe der Grund- und Verteilzeiten orientiert sich an einer Bezugsleistung, der Normalleistung. Um aus beobachteten Ist-Zeiten eine Vorgabezeit zu ermitteln, ist der Leistungsgrad zu beurteilen und mit den erfassten Ist-Zeiten zu verrechnen. Als Verfahren zur Ermittlung der Vorgabezeiten werden Zeitaufnahmen, Selbstaufschreibung sowie Systeme vorbestimmter Zeiten angewandt.

„Zeitaufnahmen bestehen in der Beschreibung des Arbeitssystems, im besonderen des Arbeitsverfahrens, der Arbeitsmethode und der Arbeitsbedingungen, und in der Erfassung der Bezugsmengen, der Einflussgrößen, der Leistungsgrade und Ist-Zeiten für einzelne Ablaufabschnitte; deren Auswertung ergeben Soll-Zeiten für bestimmte Ablaufabschnitte.“ (*REFA* 1975, S. 81). Im Rahmen der Zeitaufnahme wird auch der Leistungsgrad des beobachteten Mitarbeiters geschätzt, wobei

$$\text{Leistungsgrad} = \frac{\text{beobachtete Ist-Leistung}}{\text{Normalleistung}} \times 100\ (\%)$$

Die Normalleistung „soll den Leistungsgrad verkörpern, der von jedem in erforderlichem Maße geeigneten, geübten und voll eingearbeiteten Arbeiter auf die Dauer und im Mittel der Schichtzeit erbracht werden kann, sofern er die für persönliche Bedürfnisse und gegebenenfalls auch für Erholung vorgegebenen Zeiten einhält und die freie Entfaltung seiner Fähigkeiten nicht behindert wird“ (*REFA* 1975, S. 136). Die Notwendigkeit zur Ermittlung des Leistungsgrades ergibt sich aufgrund inter- und intraindividueller Leistungsschwankungen wegen verschiedener Fähigkeiten, Antriebsschwankungen, Ermüdung etc. Da die Beurteilung des Leistungsgrades eine hohe Fehlergefahr in sich birgt, ist zur Erzielung guter Ergebnisse eine genaue Kenntnis der zu beurteilenden Arbeit sowie Schulung und Erfahrung im Beurteilen erforderlich.

Bei den Systemen vorbestimmter Zeiten entfallen die Zeitmessungen und die Schätzungen des Leistungsgrades. Die Arbeitsvorgänge werden in kleinste Elementarbewegungen zerlegt und der Zeitbedarf für jede dieser Bewegungen aus Zeittabellen entnommen. Die gesamte Vorgabzeit ergibt sich dann aus der Summe der einzelnen Zeitwerte.

Produktivität

Für die Personaldimensionierung werden häufig auch Produktivitätskennzahlen herangezogen. Der Begriff der Produktivität wird in der Praxis sehr unterschiedlich ausgelegt und verwendet. Ihrem Wesen nach stellt Produktivität eine Mengenbeziehung dar und wird als Verhältnis von Output- zu Inputmengen definiert:

$$\text{Produktivität} = \frac{\text{Output}}{\text{Input}} = \frac{\text{Menge der erzeugten Produkte bzw. Dienste}}{\text{Menge der dafür eingesetzten Produktionsfaktoren}}$$

Output- und Inputmengen weisen in der Regel unterschiedliche technische Dimensionen auf (z. B. Stück, Gewicht oder Zeit). Die zwischen Output und Input bestehenden Beziehungen lassen sich durch Produktionsfunktionen beschreiben.

Die Gesamtproduktivität erhält man durch die produktive Beziehung zwischen einer bestimmten Produktmenge und allen dafür eingesetzten Faktormengen. Stellt man einer Outputmenge lediglich die Inputmenge eines Einsatzfaktors gegenüber, gelangt man zu einer Teilproduktivität (*Abb. 40*). Unter Arbeitsproduktivität versteht man beispielsweise das Verhältnis von Outputmengen zu eingesetzter Arbeitsmenge (durchschnittliche Anzahl der Mitarbeiter, Arbeitsstunden). Die isolierte Betrachtung von Teilproduktivitäten wie der Arbeitsproduktivität kann zu Fehlschlüssen führen, da nur ein Produktionsfaktor analysiert wird, Veränderungen bei den anderen Produktionsfaktoren aber außen vor bleiben. Eine Gleichsetzung der Arbeitsproduktivität mit der Gesamtproduktivität unterstellt, dass die Ergebnismengen allein dem Faktor

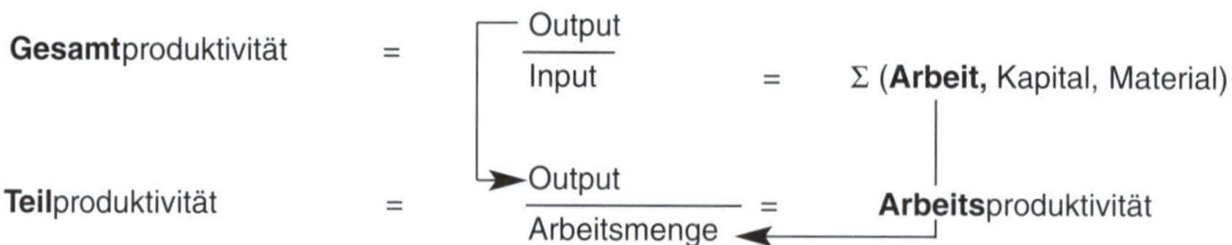

Abb. 40: Arbeitsproduktivität im Zusammenhang mit der Gesamtproduktivität

Arbeit zurechenbar sind. Eine Steigerung der Arbeitsproduktivität ist keineswegs immer positiv zu beurteilen. Der Anstieg kann beispielsweise auf höhere Investitionen, also höhere Kapitalkosten, zurückzuführen sein. Arbeits- und Kapitalproduktivität sollten daher stets parallel analysiert werden.

Bei hoch automatisierten Fertigungsbereichen, die mit hohen Investitionen einhergehen, müssen die Maschinen und Anlagen möglichst durchgehend produzieren, um rentabel zu sein. Hier wird die erreichte Ausbringung an der theoretisch möglichen Produktionsmenge eines 24-Stunden-Betriebs über alle Kalendertage gemessen (Total Effective Equipment Productivity).

Wegen der unterschiedlichen Dimensionen der Output- und Inputmengen können diese nicht ohne weiteres addiert werden. Durch die Bewertung mit Preisen können sie gleichnamig gemacht werden.

Je nach Führungsebene und Verantwortungsbereich ergeben sich unterschiedliche Anforderungen an das sinnvolle Aggregationsniveau der Produktivitätskennzahl. Während der Vorstandsvorsitzende eines Konzerns einen Überblick über die Produktivität in seinem Konzern sowie eventuell den Hinweis auf kritische Fälle benötigt, braucht der Leiter einer Fertigungseinheit zur zielgerichteten Führung seiner Mitarbeiter ganz konkrete Produktivitätskennzahlen, die sich ausschließlich auf seinen Verantwortungsbereich beziehen.

Abb. 41 zeigt exemplarisch mit welchen Produktivitätskennzahlen den unterschiedlichen Informationsbedürfnissen der Adressaten Rechnung getragen werden kann und wo der jeweilige Nutzen liegt.

Auf Gesamtunternehmensebene oder der Ebene einzelner Geschäftseinheiten lässt sich die Gesamtproduktivität wie folgt messen:

$$\text{Gesamtproduktivität} = \frac{\text{Umsatz real}}{\text{Kosten real}}$$

Zum Verständnis dieser Kennzahl soll im Folgenden der Zusammenhang zwischen Ergebnis, Profitabilität, Preisänderungen und Produktivität erläutert werden (siehe hierzu auch das Zahlenbeispiel in *Abb. 42*). Ausgangspunkt ist das Ergebnis eines Unternehmens, definiert als Differenz zwischen dem nominalen Umsatz und den nominalen Kosten. Setzt man die beiden letztgenannten Größen zueinander ins Verhältnis ergibt sich die Profitabilität. Infolge der permanenten Veränderung der Marktpreise wird die Entwicklung der Profitabilität gleichzeitig von Preis- und Mengenänderungen beeinflusst (vgl. *Pedell* 1996, S. 611). Da Preisbewegungen die Veränderungen der technischen Mengenbeziehungen überlagern, ist die Produktivitätsentwicklung nicht unmittelbar erkennbar. Werden nunmehr die nominalen Werte der Ergebnisrechnung von Periode zu Periode preisbereinigt, so ergeben sich reale Werte für die Leistungen (bzw. Umsätze) und Kosten. Diese realen Werte werden als

Adressat der Kennzahl	Vorstand	Leiter eines Geschäftsbereichs	Montageleiter
Produktivitätskennzahl	• Gesamtproduktivität • Produktivität jedes Geschäftsbereichs	• Geschäftsbereichsproduktivität • Produktivität der Abteilungen bzw. Kostenstellen	Montageminuten pro Einheit
Häufigkeit der Berichterstattung	jährlich	monatlich	wöchentlich
Nutzen	• Gesamtüberblick • Produktivität kritischer Fälle	• Anregungen zum geschäftsbereichsübergreifenden Know-how-Transfer • Aufzeigen von Produktivitätslücken • Initiierung von Ursachenanalysen und Maßnahmen	Leistungskontrolle

Abb. 41: Empfängerorientierte Produktivitätskennzahlen

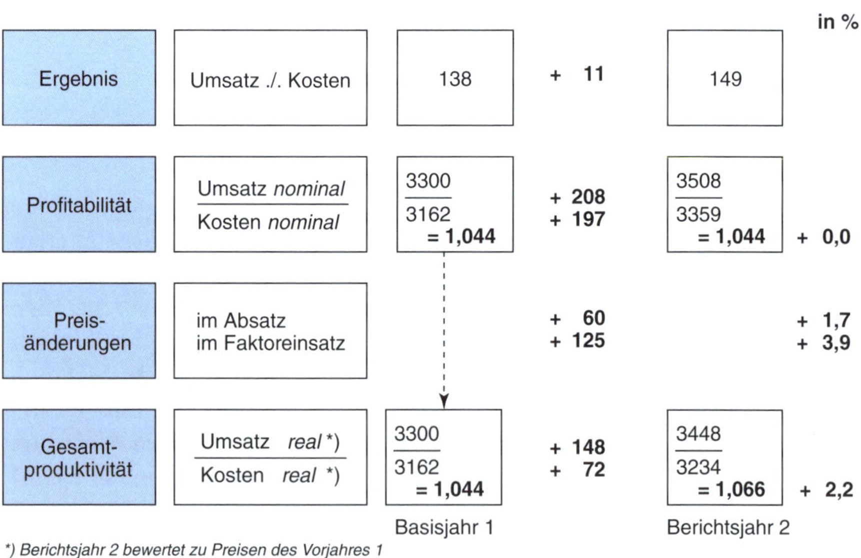

Abb. 42: Zusammenhang zwischen Ergebnis, Profitabilität, Preisänderungen und Produktivität (Pedell 1996, S. 612)

Quasi-Mengengrößen verstanden. Das Verhältnis von realen Leistungen und realen Kosten ergibt die Gesamtproduktivität.

Nicht immer ist es möglich, die Produktivitätsmessung in die Erfolgsrechnung einzubauen. Anstelle des realen Umsatzes ist dann für die Produktivitätsermittlung auf interne Outputgrößen, wie beispielsweise produzierte Stücke oder Anzahl der Buchungen, zurückzugreifen. Für abgegrenzte Organisationseinheiten mit abgegrenzter Kompetenz- und Verantwortungszuordnung lassen sich Output-Kosten-Bezüge darstellen (vgl. *Pedell* 1996, S. 613). Ein einfaches Grundmodell mit einem Zahlenbeispiel ist in *Abb. 43* dargestellt. In den jeweiligen Funktions- bzw. Prozessgruppen können hiermit sowohl die Kosten- als auch die Leistungsentwicklung verfolgt werden. Der erforderliche Marktbezug der Produktivitätsrechnung wird durch die Verbindung zu den Stückkosten hergestellt.

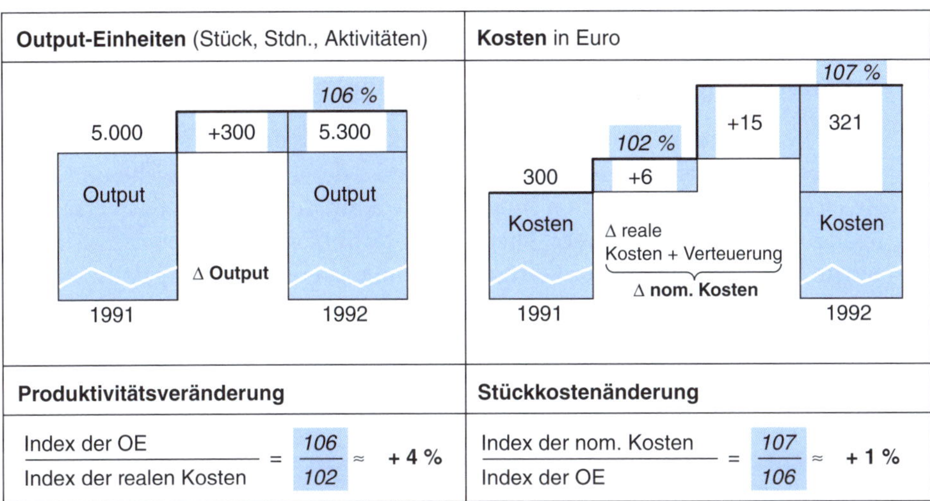

Abb. 43: Basismodell für das Controlling von Funktions- bzw. Prozessgruppen mit internen Leistungsmerkmalen (vgl. Pedell 1996, S. 613)

Der Nutzen des Produktivitätscontrolling liegt insbesondere in

- der Schaffung von nachvollziehbaren Grundlagen für Planungs- und Prognoserechnungen (angefangen von der strategischen Planung über die Jahresplanung bis hin zur monatlichen Kostenprognose),
- dem zielgerichteten Aufdecken von Produktivitätslücken,
- der Ableitung notwendiger Maßnahmen zur Produktivitätserhöhung,
- der objektivierten Leistungskontrolle und dem Leistungsvergleich (Benchmarking),
- der Gewinnung von Anhaltspunkten für die Entgeltpolitik und Erfolgsbeteiligung.

Abschließend sollen in Form einer Checkliste wesentliche Fragestellungen aufgelistet werden, die der Personalcontroller im Rahmen des Produktivitätscontrolling regelmäßig bei seiner Arbeit zu berücksichtigen hat:

- Welche Größen gehen in die Produktivitätsbewertung ein?
- Wird die Produktivitätssituation ausreichend und einheitlich dokumentiert?
- Findet eine fortlaufende Produktivitätskontrolle statt?
- Werden Investitionspläne an der Produktivitätssituation ausgerichtet?
- Finden zur Produktivitätssteuerung Schwachstellenanalysen statt?
- Werden Investitionsalternativen hinsichtlich ihrer Produktivitätswirkung bewertet?
- Werden Vorbedingungen für produktivitätserhöhende Maßnahmen systematisch ermittelt?

3.3.2 Gestaltung der Arbeitsorganisation

Arbeitsteilung versus ganzheitliche Tätigkeitsstrukturen

In der Vergangenheit dominierte die Vorstellung, dass der stärkste Einfluss auf die Gestaltung der Fertigungsorganisation von der Technik ausgehe und die Ausprägung der Organisation ihrerseits die Anforderungen an das Personal festlege. Entsprechend dieser Theorie des technologischen Determinismus führte jede Änderung in der Fertigungstechnik zu einer eindeutig definierbaren Veränderung in der Arbeitsorganisation und damit den Qualifikationsanforderungen der Mitarbeiter. Dies äußert sich darin, dass die Wirkungskette in den meisten Unternehmen heute von der technischen Planung über die Organisations- zur Personalplanung verläuft.

Ausprägungsformen dieser Vorgehensweise sind Organisationsstrukturen mit

- einem hohen Grad an Spezialisierung und Zentralisierung mit vielen Schnittstellen zwischen einzelnen Funktionsbereichen, die ihrerseits wiederum einen hohen Koordinationsaufwand zur Folge haben,
- einer mehrstufigen Führungs- und Kontrollhierarchie als Folge einer hohen vertikalen Arbeitsteilung,
- einer Trennung zwischen planenden und ausführenden Tätigkeiten sowie einer Übertragung von Aufgaben auf Stabsstellen und
- einem hohen Formalisierungsgrad, der in einer dynamischen Umwelt häufig nicht die erforderliche Flexibilität ermöglicht.

Dies führt bei den Mitarbeitern häufig zu Demotivation oder zu geringer Arbeitszufriedenheit, da die Partizipation am Prozess der Entscheidungsfindung als gering empfunden wird und zu einer mangelnden Nutzung der individuellen Fähigkeiten führt. Die klassische Maxime der personalunabhängigen Struktur von Organisationen erweist sich als immer weniger effizient, zumal dann, wenn diese mit einem hohen Maß an Differenzierung und Spezialisierung verbunden ist. Im Extremfall kann dies dazu führen, dass Stellen nicht mehr besetzt werden können, Personal also zum Engpassfaktor wird.

Die Arbeitsteilung sowie das Erfordernis, die Zielsetzungen und das Verhalten der organisatorischen Teilsysteme aufeinander abzustimmen, erfordern es, die individuellen Leistungsbeiträge räumlich und zeitlich zu koordinieren. Hierbei gestalten sich die Koordinationsaufgaben um so schwieriger, je stärker die Teilbereiche differenziert sind und je größer der Verflechtungsgrad zwischen den Teilbereichen ist.

In der betrieblichen Praxis zeigt sich, dass die traditionellen personenorientierten, technokratischen und strukturellen Koordinationsinstrumente an ihre Grenzen stoßen, da der mit zunehmender Umweltdynamik steigende Koordinationsbedarf zu einer Überlastung der verantwortlichen Organisationsmitglieder und damit zu unzureichenden Leistungsergebnissen führt.

Wesentlicher Grund für die Schaffung arbeitsteiliger Strukturen war die begrenzte Informationsverarbeitungskapazität des Menschen, aufgrund derer nur Teilausschnitte von komplexen Vorgängen simultan bewältigt werden können. Die Entwicklung neuer Technologien eröffnet die Möglichkeit einer Rücknahme der funktionalen Arbeitsteilung in Richtung auf eine stärkere Personalorientierung. Da hierbei allerdings kein Sachzwang in die eine oder andere Richtung auszumachen ist, kommt es entscheidend darauf an, in welcher Weise der durch die neuen Techniken erhöhte organisatorische Gestaltungsspielraum genutzt wird.

Hinzu kommt, dass empirische Untersuchungen aufzeigen, dass Unternehmen im Vergleich zu ihren Mitwettbewerbern immer dann überdurchschnittlich erfolgreich sind, wenn sie eine konsequente Markt- und Mitarbeiterorientierung verfolgen.

Die Marktorientierung erfordert eine starke Ausrichtung des Unternehmens auf die Kundenanforderungen. Hierzu sind auf den meisten Märkten kurze Lieferzeiten, laufende Qualitätsverbesserungen sowie zukunftsweisende Produkt- und Prozessentwicklungen erforderlich. Während eine drastische Reduzierung der Durchlaufzeit und damit kurze Lieferzeiten durch organisatorische Strukturveränderungen herbeigeführt werden können, die eine Entflechtung der Produktionsbeziehungen mit dem Ziel einer stärkeren Produktorientierung enthalten, sind für das Hervorbringen von Innovationen durchlässige Strukturen erforderlich, die die Mitarbeiter an wesentlichen Entscheidungen beteiligen um so das interne Unternehmertum zu fördern.

Bei der Mitarbeiterorientierung wird der lernende Mitarbeiter als wichtigster Faktor im Unternehmen gesehen, der die eigentliche Quelle der Qualitäts- und Produktivitätsleistungen darstellt. Das Personal erfolgreicher Unternehmen weist als hervorstechende Eigenschaften Einsatzfreude, Dynamik, Flexibilität, Kreativität und Kostenbewusstsein auf. Eine hohe Entscheidungsqualität und ein schnelles Umsetzen dieser Entscheidungen werden durch kurze, engmaschige Kommunikationswege und das Primat des Handelns erreicht und nicht durch zahlreiche Ausschüsse und umfangreiche Analysen.

Diese erheblich veränderte Ausgangslage hat für viele Unternehmen Auswirkungen auf die Planung der Organisations- und Personalstruktur, die sich mit den traditionellen Ansätzen oftmals nicht mehr zufriedenstellend lösen lassen. Hier setzt der soziotechnische Ansatz an, dessen Grundidee in der Gleichwertigkeit der menschlichen Komponente bei der Gestaltung von Arbeitssystemen besteht. Als Merkmale der Aufgabengestaltung werden herangezogen: Ganzheitlichkeit, Anforderungsvielfalt, Kooperationserfordernis, Lernmöglichkeit und Autonomie. Diese Gestaltungsmerkmale einer aufgabenorientieren und persönlichkeitsfördernden Arbeitsstrukturierung reduzieren die Notwendigkeit extrinsischer Stimulierungen zur Aufgabenerfüllung.

Die Gestaltbarkeit variabler Organisationsstrukturen eröffnet einerseits Perspektiven zur signifikanten Reduktion der Arbeitsteilung und des Spezialisierungsgrades sowie andererseits Optionen auf Flexibilität, weil erweiterte Arbeitsinhalte die Möglichkeiten der direkten Problembehebung und der schnellen Anpassung an das organisatorische Umsystem erhöhen.

Die zu beobachtende zunehmende Arbeitsteilung führte in vielen Fällen zu einseitigen Belastungen am Arbeitsplatz und geringerer Arbeitszufriedenheit. Die von Taylor propagierten Prinzipien und die damit erwarteten Produktivitätseffekte wurden häufig aufgrund hoher Abwesenheitsraten, starker Fluktuation, hoher Fehlzeiten und Ausschussquoten unterlaufen. Bereits seit den 1930er-Jahren verweisen deshalb zahlreiche Verhaltenswissenschaftler auf den Einfluss des Arbeitsinhalts und des Handlungsspielraumes für die Arbeitseffizienz (vgl. *Herzberg* 1966, *Maslow* 1970, *Mayo* 1966). So zeigten die Hawthorne-Experimente, dass ein verstärktes Gruppen- und Zusammengehörigkeitsgefühl zu einer größeren Zufriedenheit der Mitarbeiter und auch zu nennenswerten Produktivitätssteigerungen führen können.

Während die Konzepte zur Bildung ganzheitlicher Tätigkeitsstrukturen inhaltlich sich teilweise stark ähneln, gibt es deutliche Unterschiede in den angeführten Begründungen (vgl. *v. Eckardstein* 1986, S. 255 ff.) (vgl. hierzu auch *Abb. 44*):

a) Humanisierungsansatz

Dieser Ansatz basiert auf der Kritik an den Folgen überzogener Arbeitsteilung für den Menschen. Es wird insbesondere hingewiesen auf die Entfremdung des arbeitenden Menschen, auf die einseitige Belastung, psychische Verkümmerung und den Verlust beruflicher Identifikation und Qualifikation. Ansätze,

Ansatz	Begründungsschwerpunkte	Ausprägungen
Humanisierungsansatz	• Entfremdung des arbeitenden Menschen • Nur punktuelle Inanspruchnahme seines mehrdimensionalen Leistungsvermögens • Einseitige Belastung • Verlust beruflicher Qualifikation • Wertewandel	• Aufgabenerweiterung • Aufgabenanreicherung • Job rotation • Teilautonome Gruppenarbeit • Beteiligung an der Gestaltung der Arbeit
Ansatz der Personaleinsatzflexibilität	• Möglichkeit auf Flexibilitätszwang des Marktes zu reagieren • Zwang bestehende Belegschaften kurzfristig stabil zu halten • Ausgleich von Personenausfällen • Produktivitätssteigerung	• Springereinsatz • Mehrfachqualifikation (polyvalente Mitarbeiter) • Arbeitsg ruppen
Ansatz der Aktivierung und Ausschöpfung des Potenzials der Beschäftigten	• Erschließung des Erfahrungs- und Selbststeuerungspotenzials der Mitarbeiter • Verringerung des Kontrollproblems durch Beteiligung • Motiv ations- und Lerneffekte	• Quality Circles • Ler nstatt • Teilautonome Gruppen • Ideenmanagement

Abb. 44: Ansätze zur Begründung ganzheitlicher Tätigkeitsstrukturen

um diesen Entwicklungen zu begegnen, werden in einer Aufgabenerweiterung und -anreicherung, in einem systematischen Arbeitsplatzwechsel, teilautonomer Gruppenarbeit sowie einer Beteiligung an der Gestaltung der Arbeit gesehen (vgl. *Gaugler* 1977).

b) Ansatz der Personaleinsatzflexibilität

Dieser vornehmlich ökonomisch orientierte Ansatz resultiert aus dem Zwang der Unternehmen, trotz konjunktureller Schwankungen den bestehenden Personalbestand aufrechtzuerhalten, auf die Flexibilitätszwänge des Absatzmarktes zu reagieren sowie Arbeitszeitverkürzungen aufzufangen. Eine traditionelle Form dieses Ansatzes stellt der Einsatz von „Springern" dar (vgl. *Vollberg* 1981, S. 165 ff.). Während das Springersystem auf die funktionale Aufrechterhaltung ablauforganisatorisch verketteter Arbeitsplätze ausgerichtet ist, zielen die neueren Ausprägungen wie teilautonome Arbeitsgruppen und der Aufbau mehrfachqualifizierter Mitarbeiter auf den flexiblen Einsatz einer Mehrheit von Beschäftigten ab. Voraussetzung hierfür ist eine umfassende Qualifikation der Mitarbeiter.

c) Ansatz der Aktivierung und Ausschöpfung des Potenzials der Beschäftigten

Vertreter dieses Ansatzes fordern eine Verschiebung der Rolle des arbeitenden Menschen von einem „Produktionsfaktor" hin zu einem Mitgestalter betrieblicher Abläufe. Man erwartet sich von dieser Einbeziehung der Ausführung in die Planung und Kontrolle der betrieblichen Vollzüge die Aktivierung des Erfahrungs- und Selbststeuerungspotenzials. Organisatorische Einrichtungen, die den Rahmen für die Einbeziehung der Mitarbeiter liefern sind beispielsweise Quality Circles, Lernstatt, Ideenmanagement und teilautonome Gruppen.

Formen ganzheitlicher Tätigkeitsstrukturen

Es haben sich in den letzten Jahrzehnten vier Verfahren zur Arbeitsstrukturierung herauskristallisiert:

- Job rotation, bei der ein systematischer Aufgabenwechsel erfolgt.
- Job enlargement, wobei der Arbeitsumfang auf gleicher sachlicher Ebene erweitert wird.
- Job enrichment, bei dem eine qualitative Aufgabenausweitung vorgenommen wird.
- Autonome Arbeitsgruppen; hier wird eine komplexe Arbeitsaufgabe mehreren Mitarbeitern übertragen, die diese selbstständig verteilen und organisieren.

Für eine mitarbeiterorientierte Arbeitsstrukturierung sind als Kriterien in den Mittelpunkt zu stellen: Ganzheitlichkeit, Anforderungsvielfalt, Kooperationserfordernis, Lernmöglichkeit und Autonomie. Voraussetzung für die erfolgreiche Umsetzung dieser Gestaltungsleitlinien ist die zielführende Festlegung der Systemgrenzen bei der Reorganisation. Eine zu enge Fassung des Planungsbereiches führt von vornherein zu einer Reduzierung der Anzahl möglicher Lösungen. Um die Möglichkeiten zur Bildung ganzheitlicher Arbeitsinhalte voll auszuschöpfen sollten daher nicht nur die vor- und nachgelagerten direkt produktiven Funktionen berücksichtigt werden, sondern auch die produktionsvorbereitenden und -begleitenden Tätigkeiten.

Betroffen von der Aufgabenumgestaltung in der Produktion sind sowohl die ausführenden Mitarbeiter als auch die Führungskräfte. Aufgrund der ganzheitlichen Aufgabenerfüllung werden Arbeitselemente der Planungs-, Fertigungs- und Kontrollaufgaben so zusammengefasst, dass der Mitarbeiter eine größere Anzahl unterschiedlicher Arbeitsvorgänge ausführt und beispielsweise für die Qualitätskontrolle seiner Arbeit, für die Einrichtung und Instandhaltung seiner Maschine und für die Festlegung seiner Ausbringung selbst verantwortlich ist.

Neben der Erweiterung des Arbeitsinhaltes ist eine Beteiligung der ausführenden Mitarbeiter an dispositiven Tätigkeiten wie Arbeitsverteilung, Fertigungsfortschrittsüberwachung und Betriebsmittelprüfung herbeizuführen. Traditionell werden diese Funktionen primär vom Werkstattführungspersonal oder von den speziellen Bereichen (Qualitätssicherung) wahrgenommen, sodass den Mitarbeitern nur einfachere Tätigkeiten, wie z. B. Verfügbarkeitskontrollen oder die Materialbereitstellung, verbleiben.

Die Übertragung von dispositiven Tätigkeiten auf Mitarbeiter bedeutet jedoch, dass diese Aufgaben übernehmen, die sich auf den gesamten Fertigungsprozess und nicht nur auf das eigene Produkt oder die für die Bearbeitung notwendigen Arbeits-und Betriebsmittel und Informationen beziehen.

Generell ist durch Maßnahmen der Arbeitsstrukturierung eine Erweiterung des Handlungsspielraums zu erwarten, welcher den Tätigkeitsspielraum (Arbeitsinhalt), den Entscheidungs- und Kontrollspielraum (Disposition) sowie den Interaktionsspielraum (soziale Kontaktaufnahme) umfasst (vgl. *Oechsler* 1979, S. 84). Wie die verbreitetsten Maßnahmen der Arbeitsgestaltung anhand der Dimensionen Tätigkeitsspielraum sowie Entscheidungs- und Kontrollspielraum einzuordnen sind, zeigt *Abb. 45*.

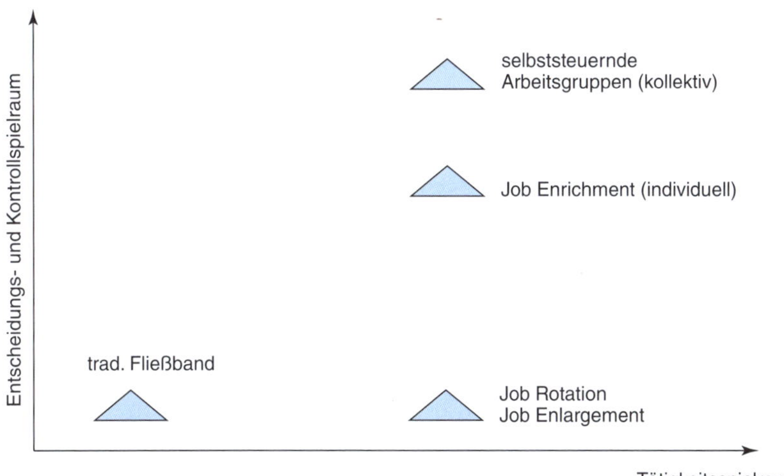

Abb. 45: Erweiterung des Handlungsspielraums durch neue Formen der Arbeitsgestaltung (Steinmann u. a. 1976, S. 31)

Neben einer Höherqualifikation der Mitarbeiter ist als Voraussetzung für eine Übertragung von Aufgaben der kurzfristigen Fertigungssteuerung (Auflösung horizontaler und vertikaler Arbeitsteilungen) die Schaffung überschaubarer Arbeitsbereiche zu nennen, die durch die Implementierung von selbststeuernden Arbeitsgruppen begünstigt wird.

Abb. 46 zeigt beispielhaft, wie im Fertigungssegment eines Kugellagerherstellers durch Arbeitsstrukturierung eine Funktionsbündelung und erweiterte Einsatzfähigkeit des einzelnen Mitarbeiters für computergestützte Betriebsmittel angestrebt wird (Übergang vom Ist- zum Soll-Zustand).

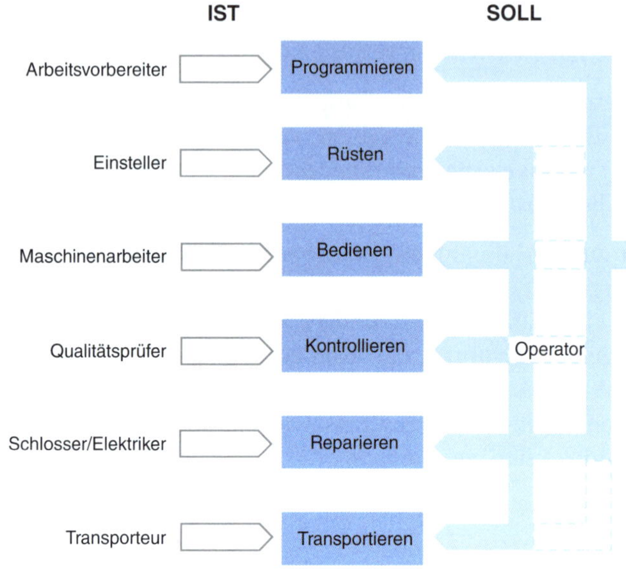

Abb. 46: Funktionsbündelung

Arbeits- und Problemlösungsgruppen

Unterstützendes Element bei der Integration der Mitarbeiter in den Fertigungsprozess stellt die Bildung von Arbeitsgruppen dar. Die Arbeitsgruppen werden nach funktions- und produktbezogenen Gesichtspunkten zur Erreichung einer höheren Motivation der Mitarbeiter gebildet. Vier bis zehn Mitarbeitern wird selbstverantwortlich eine Arbeitsaufgabe übertragen, die nach Abstimmung unter den Gruppenmitgliedern in Bezug auf Arbeitsvorbereitung, -durchführung und -kontrolle zu bewältigen ist. Die motivierenden Wirkungen des Arbeitsvollzuges in einer Arbeitsgruppe lassen sich durch eine Komplettbearbeitung von Teilen und Baugruppen verstärken. Die Komplettbearbeitung führt zu einer Reduzierung des Gesamtsteuerungsaufwands, da Dispositions- und Steuerungsaufgaben für Material und Werkzeuge entsprechend den Teilen und Baugruppen auch durch die Mitarbeiter durchgeführt werden können. Durch die Eigenverantwortlichkeit der Gruppenmitglieder für die komplette Bearbeitung eines bestimmten Teilespektrums mit ähnlichem Anforderungsprofil werden diese für das Gesamtergebnis verantwortlich gemacht. Aus der Sicht der Mitarbeiter ergibt sich eine positive Einschätzung der Arbeit, weil sie ihre Tätigkeit freier, abwechslungsreicher und verantwortungsvoller gestalten können und, auch ihre sozialen Bedürfnisse am Arbeitsplatz besser berücksichtigt werden. Ein stärkeres Gruppen- und Zusammengehörigkeitsgefühl kann dabei einen Hawthorne-Effekt, d. h. eine Leistungsmotivation, hervorrufen. Zusammenfassend sind die Vor- und Nachteile der Gruppenarbeit für Unternehmen und Mitarbeiter in *Abb. 47* dargestellt.

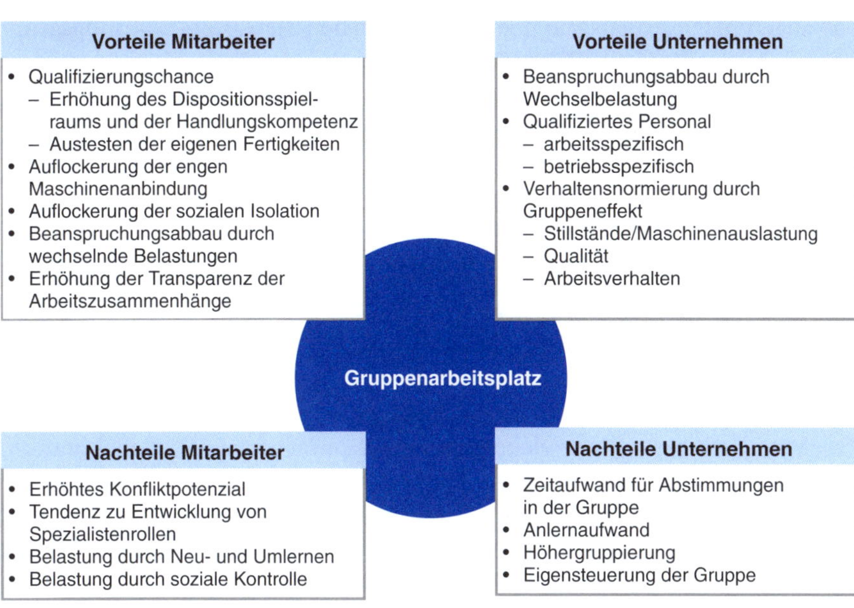

Abb. 47: Wirkungen der Gruppenarbeit (vgl. Euler/Fehse 1983, S. 357)

Zu den Voraussetzungen, die für die Bildung teilautonomer Arbeitsgruppen erforderlich sind, gehören die Überschaubarkeit der auf solche Gruppen übertragungsfähigen Aufgaben, vereinbarte Produktionsziele, ein Dispositionsspielraum für das Team, ein arbeitsablaufbezogener Zusammenhang der Gruppenarbeitsplätze sowie die Existenz von generellen organisatorischen Regeln. Im Einzelnen sind festzulegen:

- die Zahl der Gruppenmitglieder,
- die Arbeitsaufgaben der Gruppe,
- die Einarbeitungszeit,
- die Stellenbesetzung, einschließlich Regelungen für Über- und Unterbesetzung,
- Lohngruppenstruktur,
- Verdienstaufteilung auf die Gruppenmitglieder,
- gruppeninterne organisatorische Aufgaben.

Die Form der Teamstruktur birgt die Gefahr von Konflikten, die eine ursprüngliche intendierte Schlagkraft und Produktivität mindern kann. Somit werden auch aktive (qualitative) Gestaltungsmaßnahmen der Konflikthandhabung (Bewusstmachung, Lösung, Verhandlung), wie z. B. aufgabenadäquate Fähigkeiten, Konfliktbereitschaft, Verarbeitungskapazität, Selbstvertrauen und

Kollegialität der Mitarbeiter, zum Strukturierungsinstrumentarium der Teams hinzukommen müssen.

Zur Anwendung einer stärker eigenverantwortlichen Fertigung werden neben den angeführten Arbeitsgruppen auch zeitlich befristete Problemlösungsgruppen wie Lernstattzentren, Werkstattzirkel und Quality Circles eingesetzt. Diese dienen insbesondere der Erhöhung der Lernmöglichkeiten und Anforderungsvielfalt der Mitarbeiter.

3.3.3 Flexibler Arbeitsort

Technische Befähiger

Infolge der Möglichkeiten der neuen Informations- und Kommunikationstechniken können Arbeitsorte zunehmend flexibler gestaltet werden. So ermöglichen schnelle Internetverbindungen, mobile Endgeräte und Software für die synchrone und asynchrone elektronische Zusammenarbeit (E-Collaboration) insbesondere den Wissensarbeitern von unterwegs, von zu Hause oder am geteilten Arbeitsplatz zu arbeiten. Diese technischen Befähiger ermöglichen, dass Mtarbeiter an nahezu beliebigen Orten und zu beliebigen Zeiten erreichbar sind, sie elektronisch miteinander kommunizieren können und online auf Arbeitsmittel zugreifen können. Bei der Flexibilisierung des Arbeitsortes gewinnen die drei Konzepte Desk Sharing, Telearbeit und mobile Arbeit an Bedeutung (vgl. *bayme/vbm* 2013, S. 16 ff.).

Desk Sharing

Aufgrund von Dienstreisen, Krankheit und flexiblen Arbeitszeiten weisen heutige Büros während der Betriebszeit in der Regel Leerstände zwischen 10 und 30 % auf. Dieser Leerstand nimmt mit der verstärkten Einführung von Telearbeit und mobile Arbeit noch zu, wenn weiterhin für jeden Mitarbeiter dauerhaft ein vollständig eingerichteter Arbeitsplatz zur alleinigen Nutzung vorgesehen wird.

Beim geteilten Arbeitsplatz (Desk Sharing) werden nur so viele Büroarbeitsplätze vorbehalten, wie maximal Mitarbeiter gleichzeitig anwesend sind. Jeder Mitarbeiter arbeitet an seinen Präsenztagen im Büro an einem wechselnden, gerade freien Arbeitsplatz. Nach Arbeitsende verlässt er den Arbeitsplatz so, dass anschließend ein beliebiger anderer Mitarbeiter dort tätig werden kann.

Die wesentlichen Vorteile von Desk Sharing liegen in einer besseren Auslastung der Büroflächen, der Förderung von Ordnung bei der Ablage, Sauberkeit am Arbeitsplatz und papierlosem Arbeiten, der Vereinfachung oder dem völligen Entfall von Büroumzügen sowie der Möglichkeit für die Zusammenarbeit temporärer Teams (Projektmitarbeiter werden gezielt in bestimmten Bürozonen angesiedelt). Als Nachteile und Risiken sind zu nennen: aufwändigere Arbeitsplatzausstattung als bei herkömmlichen Büros (zum Beispiel höhenverstellbare Schreibtische, Rollcontainer); Akzeptanzprobleme bei Mitarbeitern wegen der Ent-Individualisierung der Arbeitsplätze, wechselnden Kollegen im direkten Arbeitsumfeld und Fokussierung auf Großraumbüros; Akzeptanzprobleme bei Führungskräften, da die eigene Position und Führungsspanne nicht mehr räumlich sichtbar wird.

Telearbeit

Schnelle und sichere Kommunikationsnetze ermöglichen es mittlerweile, von nahezu allen Orten auf Firmendaten zuzugreifen und mit Vorgesetzten, Mitarbeitern, Partnern und Kunden per Wort und Bild zu kommunizieren. Software unterstützt das verteilte Arbeiten durch robuste Projekt- und Dokumentenstrukturen oder Versionskontrollen. Tätigkeiten, die primär am Computer ausgeführt werden, lassen sich so ganz oder teilweise außerhalb des Unternehmens ausführen.

Für Telearbeit geeignet sind insbesondere planbare Tätigkeiten mit prüffähigen Ergebnissen wie Analysen erstellen, Berechnungen durchführen, Zeichnungen erstellen, Dokumentationen und Berichte schreiben, telefonische Absprachen mit Kunden und Lieferanten treffen, Messen und Veranstaltungen organisieren. Ungeeignet für Telearbeit sind Aufgaben, bei denen eine Anwesenheit vor Ort nötig ist, die spontan anfallen und die per Fernkommunikation nur schwer beschreibbar sind oder bei denen Datensicherheit und -vertraulichkeit außerhalb des Unternehmens nicht sichergestellt werden können.

Die wesentlichen Vorteile und Chancen der Telearbeit (Homeoffice) liegen in der möglichen Ersparnis bei Büroflächen und -einrichtungen, der Vermeidung täglicher Arbeitswege, der freien Zeiteinteilung, die die Vereinbarkeit von Beruf und Familie fördert und einem ungestörten Arbeiten. Als Nachteile und Risiken sind zu nennen: Führungsinstrument des direkten Gesprächs ist nur mehr teilweise einsetzbar; die Mitarbeiter stehen bei ad-hoc Bedarfen (z. B. einem kurzfristigen Kundenbesuch) nicht am Arbeitsplatz zur Verfügung; Gefahr sozialer Isolation bei permanenter Teleheimarbeit; Gefahr gesundheitlicher Schäden, wenn ergonomsche Standards am Bildschirmarbeitsplatz und das Arbeitszeitgesetz nicht eingehalten werden; Datenschutzrisiken.

Mobile Arbeit

Fach- und Führungskräfte müssen zunehmend an verschiedenen Unternehmensstandorten, bei Kunden ind Lieferanten oder anderen Wertschöpfungspartnern tätig werden. Die Ursachen hierfür liegen u. a. in der immer stärkeren Internationalisierung der Wertschöpfungsketten und den steigenden Dienstleistungsanteilen an der Wertschöpfung (z. B. Beratung, Service). Diesen

Anforderungen kann entweder dadurch begegnet werden, dass Mitarbeiter tatsächlich mobil arbeiten (z. B. Dienstreisen, Auslandsentsendung) oder aber dadurch, dass Reisetätigkeiten gezielt durch eine virtuelle, elektronische Zusammenarbeit ergänzt oder ersetzt werden.

Der Vorteile mobiler Arbeit an anderen Untenehmensstandorten oder bei Geschäftspartnern liegen 1. in der direkten, personenbezogenen, teils auch informellen Kommunikation, mit der oft erst neue Markt-, Synergie- und Lernpotenziale erschlossen werden und 2. in der Erhöhung der Arbeitgeberattraktivität, insbesondere für Mitarbeiter, die großen Gestaltungsspielraum und selbstständiges Arbeiten schätzen. Als wesentliche Nachteile und Risiken mobiler Arbeit sind zu nennen: 1. Mobile Arbeit stellt vielfach Einzelarbeit dar, bei der die Möglichkeiten beschränkt sind, innerbetrieblich Know-how weiterzugeben und soziale Kontake zu pflegen. 2. Anwesenheit und Arbeitsergebnis sind nicht bzw. schlecht kontrollierbar. 3. Die Weiterentwicklung der Erwerbsbiographie kann gebremst werden, da Einzelarbeit die Ausprägung von sozialer und Führungskompetenz verhindert und umfangreiche Abwesenheitsphasen die Gefahr bergen, bei Qualifizierung und Beförderung „vergessen“ zu werden.

Organisatorisch-soziale Befähiger

Neben den genannten technischen Befähigern ist bei der Einführung neuer, flexibler Formen der Arbeit auch die Entwicklung der Kompetenzen von Führungskräften und Mitarbeitern (organisatorisch-soziale Befähiger) zu berücksichtigen. Seitens der Führungskräfte sind das Führen mit Zielen und die Fokussierung auf Arbeitsergebnisse wichtige Befähiger. Kleinteilige Anweisungen und stetige Kontrollen des Arbeitsfortschritts sind bei Telearbeit und mobilem Arbeiten nicht mehr umsetzbar. Es gilt, die Eigenverantwortung der Mitarbeiter zu fördern und Spielräume für die Wahl des Arbeitsortes zu gewähren. Mit den neuen Organsationsformen der Arbeit wird den Mitarbeitern mehr Verantwortung übertragen. Gleichzeitig erhalten sie mehr Gestaltungsspielräume. Damit diese wahrgenommen und in geeigneter Weise genutzt werden können, ist ein hohes Maß an Selbstmanagement erforderlich. Selbstmanagement umfaßt als Kompetenzen, sich Ziele zu setzen, die Umsetzung der Ziele zu planen, die Pläne umzusetzen, Fortschritts- und Ergebniskontrollen durchzuführen und Maßnahmen zur permanenten Verbesserung abzuleiten. Zur Erlangung der benötigten Selbstmanagementkompetenzen können Arbeitgeber ihre Mitarbeiter mit einer Reihe von Maßnahmen unterstützen: Vorleben von Zeitmanagement und Work-Life-Balance durch Führungskräfte; bedarfsgerechtes Training ausgewählter Methoden und Instrumente; Aktivierung der Mitarbeiterressourcen durch Coaching und Resilienztraining; Gesundheits- und Beratungsangebote.

Personal-Controlling

Alle drei beschriebenen Konzepte werden auch in den nächsten Jahren immer stärker an Bedeutung gewinnen, sei es aufgrund der erforderlichen Anpassungsfähigkeit und Innovationsfähigkeit oder der erforderlichen Arbeitgeberattraktivität. Für das Personal-Controlling ist es deshalb notwendig, transparent zu machen, in welchem Umfang (Nutzungsgrade) und mit welchen Ausprägungen diese Instrumente genutzt werden und durch einen Zielbildungsprozess die angestrebten Sollwerte gemeinsam mit dem Management festzulegen und zu verfolgen.

3.3.4 Arbeitszeitgestaltung

Notwendigkeit der kapazitätsorientierten und leistungsfördernden Gestaltung von Arbeitssystemen

Für die Planung des Personaleinsatzes können sich dann Probleme ergeben, wenn der Arbeitsanfall Schwankungen unterworfen ist. Der Ansatz, den Personaleinsatz in quantitativer Hinsicht prinzipiell auf kurzfristig bestehende Personalbedarfsspitzen auszulegen, hätte Überkapazitäten in anderen Zeiträumen zu Folge.

Arbeitszeitgestaltungsbedarf kann sich aufgrund vielfältiger, in jedem Unternehmen individuell zu prüfender Gründe ergeben. Als Beispiele seien genannt:

- Die Betriebszeiten des Fertigungsbereichs, der im Dreischichtbetrieb arbeitet und des Logistikbereichs sind nicht identisch. Hierdurch kommt es wiederholt zu Engpässen.
- Es besteht nur begrenzte Möglichkeit, die Schwankungen im Arbeitsanfall mit eigenen Mitarbeitern aufzufangen, vielmehr müssen hierfür regelmäßig Leihkräfte beschäftigt werden.
- Wartungs- und Instandhaltungstätigkeiten im automatisierten Lager werden zu Tätigkeitsunterbrechungen der Lagermitarbeiter führen, falls keine organisatorische Änderung vorgenommen wird.
- Bei Beibehaltung der bisherigen Betriebszeit (Einschicht-Betrieb) ist eine räumliche Erweiterung der Produktion erforderlich.
- Eilaufträge von Kunden können nicht im gewünschten Umfang ausgeliefert werden.
- Fluktuations- und/oder Fehlzeitenquote werden bei unveränderten organisatorischen Rahmenbedingungen als zu hoch eingestuft.
- Mitarbeiter äußern verstärkt den Wunsch nach flexibleren Arbeitszeiten, da sich die gegenwärtige starre Arbeitszeitregelung nicht mit ihren persönlichen Vorstellungen deckt.
- Bei unveränderten Arbeitszeitregelungen wird der Personalaufwand künftig durch Mehrarbeitszuschläge zunehmen, obwohl der Umsatz rückläufig ist. Der Umfang der Überstunden ist zu hoch.

- Die bisherige Arbeitszeitregelung deckt sich nicht mit dem ansonsten fortschrittlichen Image des Unternehmens. Teilweise führt dies zu Problemen bei der Personalbeschaffung.
- Arbeitsbeginn und -ende bedeuten für viele Mitarbeiter infolge des Verkehrsstaus lange Wegezeiten.

Je mehr Gründe für einen Arbeitszeitgestaltungsbedarf vorliegen, umso dringender sind Flexibilisierungsmaßnahmen. *Abb. 48* zeigt anhand von fünf Modellunternehmen den unterschiedlichen Flexibilitätsbedarf. In dem sogenannten Flexibilitätsbedarfsprofil sind als die beiden wesentlichen Bestimmungsfaktoren für den Flexibilitätsbedarf das Ausmaß der Auslastungsschwankungen und deren Vorhersehbarkeit zugrunde gelegt. Einerseits ist der Flexibilitätsbedarf umso höher, je stärker die Auslastungsschwankungen sind, denen die Personalkapazität unterworfen ist. Andererseits ist davon auszugehen, dass bei guter Vorhersehbarkeit der Auslastungsschwankungen die kapazitativen und kostenmäßigen Wirkungen von Arbeitszeitflexibilisierungen günstiger sind als bei schlechter Planbarkeit.

Diese Zusammenhänge stellen sich in den fünf Modellbetrieben (*Abb. 48*) wie folgt dar (vgl. *Günther* 1990, S. 310 f.):

- Der Landmaschinenhersteller sieht sich aufgrund der Erntesaison in seinen Hauptabsatzgebieten jedes Jahr vor die Situation gestellt, dass 70–80 % seines Jahresabsatzes in den Monaten März bis Juli anfällt.

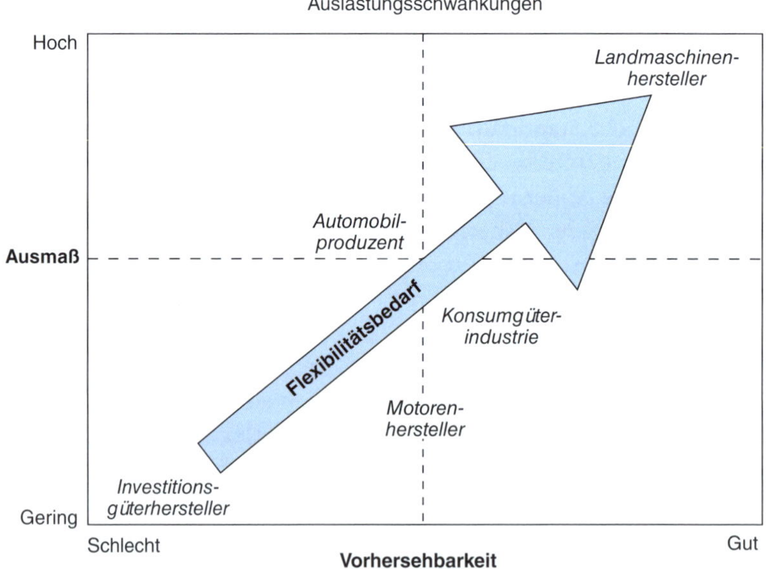

Abb. 48: Flexibilitätsprofil (Günther 1990, S. 311)

- Der Automobilhersteller, der mit einem typischen saisonalen Kaufverhalten seiner Kunden rechnen kann, muss aber aufgrund verschiedener Markteinflüsse mit Unregelmäßigkeiten im Bestelleingang rechnen.
- Bei einem Unternehmen der Konsumgüterindustrie, das durch Rahmenverträge mit Großabnehmern zwar 70 % seiner Kapazität auslastet, ist die zeitliche Staffelung der Ablieferungsmengen variabel.
- Bei einem Motorenhersteller, der seine Hauptkunden im Rahmen eines Just-in-time-Abrufsystems beliefert, treten kurzfristige Änderungen der Auftragsgrößen und -termine auf.
- Der Investitionsgüterhersteller, der durch seine Auftrags- und Terminpolitik eine gleichmäßige Kapazitätsauslastung erreichen kann, muss jedoch auch mit kurzfristigen Terminänderungen und eiligen Reparaturaufträgen rechnen.

Die Auswahl geeigneter Maßnahmen zum Ausgleich von Schwankungen im Arbeitsanfall hängt dabei wesentlich von der Art der zeitlichen Verschiebung ab. Als Möglichkeiten sind insbesondere die folgenden Maßnahmen auf ihre Eignung zu untersuchen:

- der Einsatz von Teilzeitbeschäftigten,
- der vorübergehende Austausch von Personal zwischen verschiedenen Abteilungen,
- Überstunden,
- eine Verteilung des Jahresurlaubs der Beschäftigten, der soweit möglich nicht in Widerspruch zu den auftretenden Arbeitsbedarfsspitzen steht sowie
- die Schaffung flexibler Arbeitszeitsysteme, die im folgenden Gegenstand der Betrachtung sind.

Zwischen dem Arbeitszeitsystem und der erbrachten Leistung der Mitarbeiter innerhalb der Arbeitszeit gelten folgende Zusammenhänge (vgl. *DGfP* 2001, S. 58 f.):

- Je besser die Lage der Arbeitszeit und der effektive Arbeitsanfall übereinstimmen, desto höher ist die Leistung pro Zeiteinheit.
- Durch eine gezielte Arbeitszeitgestaltung lassen sich individuelle oder systembedingte Arbeitsunterbrechungen, die die Leistung mindern, reduzieren. So zeigt beispielsweise die Erfahrung, dass bei Systemen einer gleitenden Arbeitszeit persönliche Erledigungen (Arztbesuche, Behördengänge) teilweise in der Gleitzeitspanne vorgenommen werden, die bei starren Arbeitszeitsystemen teilweise bezahlte Ausfallzeiten darstellen würden.
- Auch die Störanfälligkeit von Arbeitssystemen beeinflusst die produktive Nutzung der Arbeitszeit.
- Flexible Arbeitszeitformen, bei denen die Mitarbeiter Länge und Lage der Arbeitszeit mitbeeinflussen können, wirken sich in der Regel positiv auf die Motivation und damit auf die Leistung aus.

- Schließlich kann auch die Berücksichtigung arbeitswissenschaftlicher Erkenntnisse über Ermüdung und deren Überwindung durch richtige Pausengestaltung während der Arbeitszeit zur Leistungsstabilisierung und -erhöhung beitragen.

Aufgaben des Arbeitszeitcontrolling

Aufgabe des Arbeitszeitcontrolling ist es, die kapazitätsorientierte und leistungsfördernde Gestaltung von Arbeitszeitsystemen zu unterstützen durch

- Vergleich der Lage der Arbeitszeit mit dem Arbeitsanfall
- Beobachtung und Bewertung existierender Arbeitszeitsysteme
- Aufzeigen gesetzlicher und tariflicher Handlungsspielräume
- die Bereitstellung arbeitszeit- und leistungsrelevanter Daten (z. B. Überstunden, Fehlzeiten, Urlaubsverteilung, Zeitarbeitnehmer)
- die Mitwirkung bei der Neukonzeption und Einführung von Arbeitszeitsystemen.

Flexible Arbeitszeitmodelle

Die Auswahl eines geeigneten Arbeitszeitmodells setzt die Kenntnis der zur Verfügung stehenden Möglichkeiten voraus. Hierzu sollen zunächst die wesentlichen Parameter von Arbeitszeitmodellen vorgestellt werden, die in jedem konkreten Einzelfall zu definieren sind (vgl. *Abb. 49*). Durch die kreative, anforderungsspezifische Verknüpfung der Parameter lassen sich beliebig viele Varianten von Arbeitszeitmodellen bilden. Es sind allerdings gesetzliche und tarifvertragliche Restriktionen zu beachten und die Zustimmung der Arbeitnehmervertreter einzuholen.

Unter der Dauer der Arbeitszeit wird die Festlegung der regelmäßigen wöchentlichen Arbeitszeit verstanden. Diese kann im Umfang der tariflichen Normalarbeitszeit entsprechen, diese beliebig unterschreiten oder aber – im Rahmen der gesetzlichen Begrenzungen – überschreiten.

Als Bezugszeitraum der Arbeitszeitvereinbarung mit den Arbeitnehmern kann der Tag, die Woche, der Monat, das Jahr oder eine andere unterjährige Periode zugrunde gelegt werden. Es wird festgelegt, innerhalb welcher Periode die arbeitsvertraglich vereinbarte Arbeitszeit erbracht werden soll. Beispielsweise kann eine vereinbarte Wochenarbeitszeit von 28 Stunden auch dadurch erbracht werden, dass innerhalb von vier Kalenderwochen nur drei Wochen gearbeitet werden, in diesen dann aber 37,3 Stunden.

In Zusammenhang mit dem Bezugszeitraum steht auch die Regelmäßigkeit der Arbeitszeitverteilung. Varianten sind eine gleichmäßige Verteilung, eine ungleichmäßige Verteilung innerhalb der Woche, eine ungleichmäßige Verteilung über den Wochenzeitraum hinaus oder auch in Form des sogenannten Freischichtmodells. Um die Auslastung betrieblicher Anlagen zu optimieren,

<table>
<tr><th>Parameter von Arbeitszeit-modellen</th><th colspan="10">Ausprägungen</th></tr>
<tr><td>Dauer der Arbeitszeit für den Mitarbeiter</td><td colspan="3">Tarifliche Normal-arbeitszeit</td><td colspan="4">Überschreitung der Normal-arbeitszeit</td><td colspan="3">Unterschreitung der Normal-arbeitszeit</td></tr>
<tr><td>Bezugs-zeitraum</td><td>Tag</td><td colspan="3">Woche</td><td colspan="2">Monat</td><td colspan="3">unter-jährig</td><td>Jahr</td></tr>
<tr><td>Regelmäßigkeit der Arbeits-zeitverteilung</td><td colspan="3">gleich-mäßig</td><td colspan="4">ungleich-mäßig</td><td colspan="3">Frei-schicht</td></tr>
<tr><td>Umfang der einbezogenen Mitarbeiter</td><td colspan="3">Gesamt-belegschaft</td><td colspan="4">Teil-bereich</td><td colspan="3">Einzelne Mitarbeiter</td></tr>
<tr><td>Beginn und Ende der Arbeitszeit</td><td colspan="3">fixiert</td><td colspan="4">frei wählbar</td><td colspan="3">Gleitzeit-spanne</td></tr>
<tr><td>Lage der Arbeitszeit</td><td colspan="2">morgens</td><td colspan="3">nachmittags</td><td colspan="3">abends</td><td colspan="2">nachts</td></tr>
<tr><td>Arbeitszeit-rahmen (Wochentage + Betriebszeit)</td><td colspan="2">Mo – Fr</td><td colspan="3">Samstag</td><td colspan="3">Sonntag</td><td colspan="2">0–24 Uhr</td></tr>
<tr><td>Entscheidungs-rhythmus</td><td colspan="2">dauerhafte Festlegung</td><td colspan="3">zu bestimmten Terminen</td><td colspan="3">laufende Abstimmung</td><td colspan="2">abhängig von externen Bedingungen</td></tr>
</table>

Abb. 49: Entscheidungsparameter bei der Gestaltung der Arbeitszeit

können bei nichtentkoppelten Betriebs- und Arbeitszeiten Differenzen zwischen der effektiv geleisteten Arbeitszeit der Mitarbeiter und deren individueller regelmäßiger wöchentlicher Arbeitszeit auftreten. Diese Differenz kann in Form von freien Tagen (Freischichten) oder freien Stunden abgebaut werden.

Differenzieren lässt sich der Umfang der in einzelne Arbeitszeitregeln einbezogenen Mitarbeiter. Regelungen können sich auf die Gesamtbelegschaft, Teilbereiche des Unternehmens oder einzelne Arbeitnehmer beziehen.

Beginn und Ende der Arbeitszeit können entweder völlig frei oder innerhalb vorgegebener Zeitspannen (sog. Gleitzeitspanne) gewählt werden. In der Regel ist eine Kernarbeitszeit, während der der Arbeitnehmer am Arbeitsplatz anwesend sein muss, verbindlich. Innerhalb der Gleitzeitspanne können dann aber Beginn und Ende der Arbeitszeit selbst festgelegt werden. Um einen reibungslosen Arbeitsablauf sicherzustellen sind wechselseitige Abstimmungen der Mitarbeiter, insbesondere bei Mehrschicht-Betrieb und verketteten Arbeitsplätzen, erforderlich.

Die Lage der Arbeitszeit regelt, in welchem Abschnitt des Tages der Arbeitsbeginn liegt, d.h. morgens, nachmittags, abends oder nachts. Im Falle von Telearbeitsplätzen (die Arbeit wird zu Hause erledigt) ist die Lage der Arbeitszeit sogar völlig frei wählbar.

Die in das Arbeitszeitmodell einbezogenen Wochentage (Montag bis Sonntag) geben an, welche Tage zu den Regelarbeitstagen gehören und welche Tage in (definierten) Ausnahmefällen als Arbeitstage herangezogen können. Gemeinsam mit den täglichen Betriebszeiten bilden die Arbeitstage den Arbeitszeitrahmen, der dem Unternehmen zur Verfügung steht.

Mit dem Entscheidungsrhythmus wird definiert, ob und wann die Arbeitszeit überprüft und gegebenenfalls angepasst wird. Mögliche Ausprägungen dieses Parameters sind die einmalige, dauerhafte Festlegung der Arbeitszeit, die Überprüfung und eventuelle Neufestlegung zu bestimmten Terminen (z.B. Überarbeitung von Schichtplänen), die laufende Abstimmung und die an externe Bedingungen geknüpfte Anpassung der Arbeitszeit. Entsprechend den Flexibilitätserfordernissen des Betriebes einerseits und einer sinnvollen Mindestvorlaufzeit für die Mitarbeiter andererseits soll mit dem Entscheidungsrhythmus ein Prozess sowie in Verbindung mit den anderen Parametern ein Handlungsspielraum festgeschrieben werden, der eine schnelle, unbürokratische Änderung ermöglicht.

Durch Kombination der vorgestellten Parameter lassen sich im nächsten Schritt (tariflich und arbeitsrechtlich zulässige) Grundmodelle für die Betriebs- und Arbeitszeitgestaltung aufstellen (siehe Beispiel in *Abb.50*). Durch Variation der verschiedenen Stellgrößen lassen sich bei jedem Grundmodell eine Reihe von Varianten bilden, die zusätzlich miteinander kombiniert werden können.

Aus dem Spektrum verfügbarer Arbeitszeitregelungen müssen nun die Parameter derart ausgewählt und kombiniert werden, dass sie den festgestellten Arbeitszeitgestaltungsbedarf abdecken (Vorauswahl). Hierzu ist es erforderlich, die Ursachen des Arbeitszeitgestaltungsbedarfs und deren Ausprägung zu kennen (vgl. *Ackermann/Hofmann* 1988, S.101). Die in der Praxis auftretenden Hauptursachen sind mit möglichen Ausprägungen für jedes Ursachemerkmal in *Abb.51* aufgelistet.

Für die betrachtete organisatorische Einheit sind die zutreffenden Ausprägungen bei jeder Ursache festzulegen. Zur Berücksichtigung unternehmensspezifischer Ursachen ist der folgende Ursachenkatalog gegebenenfalls zu modifizieren:

- Ansprechzeiten (intern/extern): Zeit, in der ein Mitarbeiter oder dessen Vertreter intern (von Kollegen) oder extern (von Kunden, Lieferanten usw.) zu erreichen ist. Beispiel: Der Wareneingang muss zu den üblichen Anlieferungszeiten der Transportunternehmen geöffnet sein.

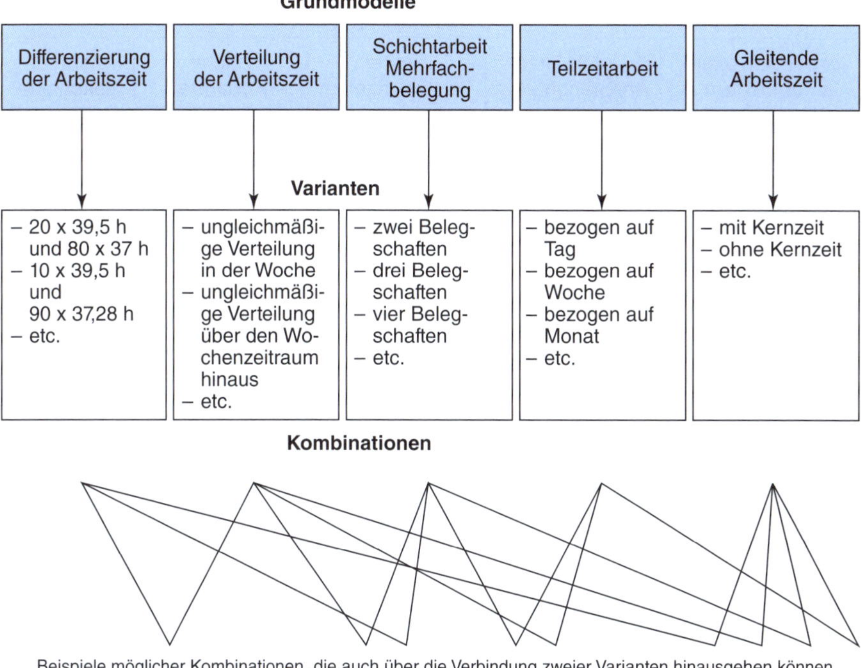

Abb. 50: Modelle der betrieblichen Arbeitszeitgestaltung (Ackermann/Hofmann 1988, S. 96)

- Schwankungen im Arbeitsanfall, d.h. das Volumen auszuführender Aufgaben variiert innerhalb eines bestimmten Zeitraumes, z.B. Tag, Woche oder Monat. Beispiel: Im Jahresverlauf treten saisonale Schwankungen der Auslieferungen auf, wie beispielsweise bei einem Hersteller von Oster- und/oder Weihnachtsartikeln.
- Vorhersehbarkeit von Schwankungen im Arbeitsanfall liegt dann vor, wenn der Verlauf des Arbeitsanfalls geplant werden kann. Beispiel: Ein Hersteller von Erntemaschinen weist seinen Absatzschwerpunkt stets in den Monaten März bis Juli auf.
- Die Kapitalintensität des Bereiches drückt aus, ob durch die Höhe des gebundenen Kapitals hohe Kapitalkosten in Relation zu den Gesamtkosten anfallen. Beispiel: Die in der Regel hochautomatisierten Distributionszentren von Pharmagrosshändlern erfordern hohe Investitionen und führen damit zu hohen Kapitalkosten.
- Die Kapitalbindung durch Bestände ist ein Indikator für die Kapitalkosten, die infolge der durchschnittlich gebundenen Roh-, Hilfs- und Betriebsstoffe sowie Zwischen- und Endprodukte anfallen. Beispiel: Lange Durchlaufzeiten in einer im Einschicht-Betrieb geführten Fertigungsstätte führen zu hohen Bestandsreichweiten, deren Reduzierung ein erhebliches Kostensenkungspotenzial darstellt.

<table>
<tr><th>Merkmal</th><th colspan="6">Ausprägung</th><th>Indikator</th></tr>
<tr><td>Ansprechzeiten intern/extern</td><td colspan="2">ständige Ansprechbarkeit</td><td colspan="2">feste Ansprechzeiten</td><td colspan="2">nicht vorhanden</td><td>Ansprech-zeitpunkte</td></tr>
<tr><td>Schwankungen im Arbeitsanfall</td><td>im Tag</td><td>in der Woche</td><td>im Monat</td><td>im Jahr</td><td>diskon-tinuier-lich</td><td>nicht vor-han-den</td><td>Schwankun-gen bei Arbeits-einheiten</td></tr>
<tr><td>Vorhersehbarkeit von Schwankun-gen im Arbeitsanfall</td><td colspan="2">vorhersehbar</td><td colspan="2">nicht vorhersehbar</td><td colspan="2">nicht vorhanden</td><td>Plan-/Ist-Arbeits-einheiten</td></tr>
<tr><td>Kapitalintensität des Bereichs</td><td colspan="2">hoch</td><td colspan="2">mittel</td><td colspan="2">niedrig</td><td>Kapital-intensität</td></tr>
<tr><td>Kapitalbindung von Produkten</td><td colspan="2">hoch</td><td colspan="2">mittel</td><td colspan="2">niedrig</td><td>anteilige Material-kosten</td></tr>
<tr><td>Lagerhaltung</td><td colspan="2">zu hoch</td><td colspan="2">zu niedrig</td><td colspan="2">in Ordnung bzw. nicht vorhanden</td><td>Soll-/Ist-Lager-bestände</td></tr>
<tr><td>Mitarbeiter-interessen</td><td colspan="2">Freizeit-blöcke</td><td colspan="2">Abstimmung Arbeitszeit – Freizeit</td><td colspan="2">Berücksich-tigung der familiären Situation</td><td>Äußerun-gen von Mit-arbeitern</td></tr>
<tr><td>Kundennähe</td><td colspan="2">jederzeitige Reaktion auf Kunden-wünsche</td><td colspan="2">durch-schnittliche Reaktion</td><td colspan="2">nicht vorhanden</td><td>Kunden-wünsche, Kunden-verhalten</td></tr>
<tr><td>Personal-ausstattung</td><td colspan="2">Personal-mangel</td><td colspan="2">bedarfsgerechte Personal-ausstattung</td><td colspan="2">Personal-überhang</td><td>Plan-/Ist-Stellen-besetzung</td></tr>
</table>

Abb. 51: Schema zur Ermittlung des Ursachenprofils (Ackermann/Hofmann 1988, S. 102)

- Mitarbeiterinteressen können unterschiedliche Ausprägungen aufweisen, wie Interesse an Freizeitblöcken und Berücksichtigung der familiären Situation. Beispiel: Die Lager- und Kommissioniermitarbeiter sind stark daran interessiert, ihre Arbeitszeit und Freizeitbedürfnisse besser aufeinander abzustimmen.
- Die Kundennähe gibt an, welche Reaktionsnotwendigkeiten auf Kundenwünsche bestehen. Beispiel: Da Maschinenausfälle bei den Kunden, die 24 Stunden am Tag produzieren, bei diesen zu hohen Folgekosten führen, ist eine „Rund-um-die-Uhr-Besetzung“ in der Ersatzteildistribution sinnvoll.
- Die Personalausstattung gibt an, inwieweit der Personalbestand dem Personalbedarf in quantitativer und qualitativer Hinsicht entspricht. Beispiel: Im Lagerbereich können ständig Planstellen nicht mit qualifizierten Mitarbeitern besetzt werden.

Verbindet man die einzelnen, jeweils zutreffenden Ursachenausprägungen in *Abb. 51* durch Linien miteinander, erhält man ein spezifisches Ursachenprofil für die Untersuchungseinheit.

Es muss nun für jedes erfasste Ursachenmerkmal untersucht werden, welche der möglichen Arbeitszeitregelungen die ermittelte Ausprägung dieses Ursachenmerkmals abdeckt oder berücksichtigt (vgl. hierzu *Ackermann/Hofmann* 1988, S. 105 ff.). Ist diese Zuordnung für alle Ursachen erfolgt, kann nunmehr die Vorauswahl von Arbeitszeitregelungen vorgenommen werden, indem

- ermittelt wird, wie viele Ursachen jede Arbeitzeitregelung berücksichtigt und
- überprüft wird, welche Arbeitszeitregelungen die wichtigsten Ursachen berücksichtigen.

Nach Durchführung der Bedarfsanalyse und Alternativensuche ist nunmehr eine detaillierte Prüfung der aufgrund der Vorauswahl in die engere Wahl genommenen Arbeitszeitregelungen vorzunehmen. Ziel ist es, die bestmögliche Lösung aufzufinden. Die Bewertungs- und Auswahlphase beinhaltet

- die Wirtschaftlichkeitsbewertung,
- Verhandlungen mit dem Betriebsrat und
- die Entscheidung über das (die) Arbeitszeitmodell(e).

Die in der Vorauswahl ermittelten geeigneten Arbeitszeitmodelle sind nunmehr hinsichtlich ihrer Wirtschaftlichkeit sowie des sonstigen Nutzens zu bewerten. Hierbei ist zwischen direkten und indirekten Wirkungen zu unterscheiden (vgl. *Wildemann* 1992, S. 124). Treten ökonomische, personelle und organisatorische Effekte nur in dem Bereich auf, in dem das Arbeitszeitmodell eingesetzt wird, handelt es sich um direkte Wirkungen. Die wesentlichen direkten ökonomischen Wirkungen umfassen Veränderungen der Betriebsmittelnutzungszeit, des Kapitaleinsatzes bzw. der damit verbundenen Kapitalkosten, der Flexibilität, der Durchlaufzeiten, der Bestände und der Kapitalkosten. Zu den Wirkungen personeller Art gehören die Beeinflussung der Mitarbeitermotivation und der Arbeitsplatzattraktivität. Darüber hinaus können flexible Arbeitszeitmodelle in ihrem Einsatzbereich mit arbeits- und ablauforganisatorischen Veränderungen einhergehen. Die Veränderung des Arbeitszeitsystems in einem Teilbereich des Unternehmens hat stets Auswirkungen auf andere Subsysteme und führt damit zu indirekten Wirkungen. So erfordert beispielsweise eine Ausdehnung der Arbeitszeit im automatisierten Hochregallager u. U. auch eine Ausdehnung der Betriebszeit in der Instandhaltung. Sofern mit einem Arbeitszeitmodell die Notwendigkeit der gegenseitigen Vertretung bzw. Besetzung verschiedener Arbeitsplätze oder die Übernahme dispositiver Tätigkeiten einhergeht, kann dies durch einen Wandel von Arbeitsinhalten zu arbeitsorganisatorischen Veränderungen führen, die über den Einsatzbereich des Arbeitszeitmodells hinausgehen. Es kann notwendig werden, Qualifikation und Einsatzflexibilität bei der Entgeltfindung stärker zu berücksichtigen (vgl. *Wildemann* 1992, S. 126). Flexible Arbeitszeit- und Betriebsmodelle führen in der Regel zu höherer Komplexität der Zeiterfassung und der Lohnabrechnung, sodass sich neue Anforderungen an die Personalverwaltung ergeben. Elektronische Zeiterfassung und Abrechnung sind teilweise Voraussetzung dafür, dass die Kostenvorteile aus der Arbeitszeitgestaltung nicht durch einen wesentlich höheren Abrechnungsaufwand deutlich reduziert werden.

Die Kosten- und Nutzenwirkungen sind detailliert zu bewerten. Um deren Quantifizierung zu erleichtern gibt *Abb. 52* eine Übersicht über zu berücksichtigende Mengen- und Wertansätze. Effekte, die nicht quantifiziert werden können, sind abzuschätzen bzw. im Rahmen einer Nutzwertanalyse zu erfassen.

3.3.5 Auslandseinsatz

Vor dem Hintergrund einer zunehmenden Globalisierung der Märkte kommt der Entwicklung und Umsetzung einer internationalen Personalstrategie eine Schlüsselrolle im Rahmen der Unternehmensstrategie zu. Praktisch jedes Problem im internationalen Management ist letztendlich auf Mitarbeiter zurückzuführen, sei es, dass es durch sie verursacht wurde, sei es, dass es durch sie zu lösen ist. Aus diesem Grunde stellt der richtige Mitarbeiter zur richtigen Zeit am richtigen Ort den wesentlichen Erfolgsfaktor im internationalen Geschäft dar.

Die personellen und finanziellen Konsequenzen eines Misserfolgs im internationalen Geschäft sind in der Regel gravierender als auf dem einheimischen Markt. So ist beispielsweise das Versagen eines ins Ausland gesandten Mitarbeiters (das z. B. in der frühzeitigen Rückkehr aus dem Ausland zum Ausdruck kommt) für internationale Unternehmen mit hohen Kosten (z. B. Gehalt, Trainingskosten, Reise- und Wiedereingliederungsausgaben) verbunden. Hinzu kommen die indirekten Kosten, wie z. B. Verlust des Marktanteils und die Schädigung der Kundenbeziehungen (vgl. *Zeira/Banai* 1984).

Es ist zu vermuten, dass derartige Misserfolge oft auf ein unzureichendes Personalmanagement zurückzuführen sind. So wiesen *Desatnick* und *Bennett* (1978) in einer detailierten Fallstudie einer großen multinationalen amerikanischen Unternehmung nach, dass die primären Ursachen des Misserfolgs von internationalen Vorhaben in einem fehlenden Verständnis der fundamentalen Unterschiede beim Management der Human-Ressourcen in der ausländischen Umwelt liegen. Eine Übertragung von Management-Philosophien und Techniken, die sich im Inland als erfolgreich erwiesen haben, auf die ausländische Situation führt allzu häufig zu Frustration, Misserfolg und fehlender Zielerreichung.

Quantifizierung der Kostenwirkungen		
Wirkung	*Mengenansatz*	*Wertansatz*
Kosten der Informationsbeschaffung Kosten für Gewinnung und Verarbeitung entscheidungsrelevanter Informationen: – ext. Arbeitszeitberatung – interne Planungsteams – Mitarbeiterbefragung – Unterlagen – Seminare	– Manntage – Anzahl der betroffenen Planer/MA	– Honorare pro Tag – PK pro Tag – Preis für Unterlage – Seminare je betroffenem MA
Schulungs- und Informationskosten Kosten für Schulung von MA und Vorgesetzten: – interne Seminare – externe Seminare – Mitarbeitergespräche – Unterlagen	– Manntage – Anzahl der betroffenen MA	– PK pro Tag (siehe unten) – Preis für Seminar/Unterlagen je MA
Kosten der organisatorischen Änderung	Anzahl der zusätzlichen Arbeitsplätze	– Kosten für Zeiterfassung je Arbeitsplatz – Kosten je zusätzlich einzurichtendem Arbeitsplatz – Kosten für Änderung der Arbeitsplatz- und Ablauforganisation je Arbeitsplatz
Personalbeschaffungskosten	Anzahl der neu einzustellenden MA	– Kosten für Personalwerbung je (neuer) MA – Kosten der Personalauswahl je (neuer) MA – Einarbeitungskosten je MA
Kapital- und Betriebsmittelkosten	Δ Zahl Betriebsmittel/Maschinen	– kalkulatorische Abschreibungen für Maschinen, maschinelle Anlagen, Transportmittel, Einrichtungsgegenstände … je BM – kalkulatorische Zinsen auf das Anlagevermögen (Maschinen, …) je BM – Instandhaltungskosten je BM
Personaleinsatzkosten	Δ Zahl der MA	– Entgelt je MA – gesetzliche oder tariflich bedingte PNK je MA – freiwillige PNK je MA
Personalentwicklungskosten	Δ Zahl der MA	– Ausbildung je MA – Weiterbildung je MA

Quantifizierung der Kostenwirkungen *(Fortsetzung)*		
Wirkung	*Mengenansatz*	*Wertansatz*
Personalverwaltungskosten	Δ Zahl der MA	– Auswertung der Zeitwerterfassung je MA – Entgeltabrechnung je MA
Personalbereitschaftskosten	Δ Stunden Betriebsbereitschaft –	Betriebsbereitschaftskosten je Std. Betriebsbereitschaft (Strom, Heizung, Wasser …)
Kalkulatorische Zinsen auf das Umlaufvermögen	Δ Bestände RHB, Halbfabrikate, Fertigfabrikate	– Einstandspreise – Herstellkosten – Zinsen
Flexibilität – Verbesserung der Marktposition	Δ Absatzmenge Δ Absatzpreis	Ergebnisverbesserung: – Deckungsbeitrag für Δ Absatzmenge – Δ Kundenpreis × Absatzmenge
– Bestandsreduktion – Reduktion von PK	(siehe Kostenwirkungen) (siehe Kostenwirk.)	(siehe Kostenwirkungen) (siehe Kostenwirkungen)
Lieferzeit – Verbesserung der Marktposition (siehe oben)		
Termintreue – Verbesserung der Marktposition (siehe oben) – Vermeidung von Konventionalstrafen	Δ Terminüberschreitung	Konventionalstrafen × Δ Terminüberschreitungen
Qualität – Verbesserung der Marktposition (siehe oben) – Ausschuss-/Nacharbeitskosten	Δ Stück Ausschuss Δ Nacharbeitsstunden	HK × Δ Stück Ausschuss (∅-Lohn + NK × Δ Nacharbeitsstunden)
Motivation der MA – Absentismus – Arbeitsproduktivität – Qualitätssteigerung (s. o.)	Δ Fehlzeiten (Std., Manntage …) Δ Output (bei gleicher Arbeitszeit)	(∅-Lohn + NK) Δ Fehlzeiten Δ Output × Deckungsbeitrag
BM = Betriebsmittel, MA = Mitarbeiter, P(N)K = Personal(neben)kosten, Std. = Stunde		

Abb. 52: Kosten- und Nutzenwirkungen von Arbeitszeitmodellen (Wildemann 1992, S. 134 f.)

Ziele des internationalen Personalmanagements

Die personalpolitischen Ziele multinationaler Unternehmen umfassen drei Dimensionen (vgl. *Hilb* 1985, S. 84):

- die leistungswirtschaftliche Zieldimension,
- die finanzwirtschaftliche Zieldimension und
- die soziale Zieldimension.

Das leistungswirtschaftliche Ziel bezieht sich auf die Erreichung einer hohen Arbeitsproduktivität. Das finanzwirtschaftliche Ziel beinhaltet die Realisierung aller Ziele mit möglichst geringen Personalkosten, d.h. die Erzielung einer möglichst hohen Personalwirtschaftlichkeit. Die Sicherung einer hohen Arbeitszufriedenheit steht bei der sozialen Zieldimension im Vordergrund. Dies soll durch die Schaffung entsprechender Arbeitsverhältnisse und Anreizsysteme herbeigeführt werden. Ein von *Negandhi* und *Baliga* (1979) durchgeführter Vergleich zeigt, dass bei japanischen multinationalen Unternehmen die soziale Zielsetzung im Vordergrund steht, während bei amerikanischen multinationalen Unternehmen die finanzwirtschaftliche Zieldimension dominiert. Schweizerische multinationale Unternehmen verfolgen demgegenüber häufig eine mehrdimensionale Ausrichtung (vgl. *Hilb* 1985, S. 85).

Betrachtet man speziell die Ziele, die Unternehmen mit einem Auslandseinsatz von Mitarbeitern verfolgen, so umfassen diese (vgl. *Pausenberger/Noelle* 1977, S. 347):

- Realisierung eines Know-how-Transfers (und zwar in beide Richtungen),
- Entwicklung von Führungsfähigkeiten bei den Entsandten,
- Kompensation fehlender einheimischer Führungskräfte,
- Verwirklichung einer einheitlichen Führung im Konzern,
- Ausbildung und Entwicklung einheimischen Führungspersonals,
- Gewährleistung einer einheitlichen Berichterstattung im Konzern,
- Repräsentanz in den verschiedenen ausländischen Entscheidungsgremien,
- Heranbildung eines globalen Bewusstseins bei den Führungskräften.

Als Maß für den internationalen Personalaustausch wird die Entsendungsquote herangezogen, bei der die Anzahl der ins Ausland entsandten Mitarbeiter zur Gesamtzahl der Mitarbeiter ins Verhältnis gesetzt wird. Die laufende Verfolgung der Entsendungsquote liefert Hinweise darauf, wie stark die Erreichung der o.g. Ziele durch die Entsendung inländischer Mitarbeiter ins Ausland unterstützt wird. Falls sich die Auslandsentsendung auf Führungskräfte beschränkt, ist die Kennzahl für diesen Mitarbeiterkreis zu berechnen.

Strategiealternativen des internationalen Personalmanagements

Im Hinblick auf den Einsatz von Führungskräften kann ein internationales Unternehmen zwischen vier Strategiealternativen wählen: der ethnozentrischen Strategie, der polyzentrischen Strategie, der geozentrischen Strategie und der regiozentrischen Strategie (vgl. *Robinson* 1978; *Heenan/Perlmutter* 1979; *Robock/Simmonds* 1983). Diese Optionen werden in *Abb. 53* (vgl. *Perlmutter* 1969, S. 12; *Dowling/Welch* 1988, S. 3) beschrieben und im Folgenden näher erläutert.

Der ethnozentrische Ansatz beinhaltet, dass alle Schlüsselpositionen in einem multinationalen Unternehmen mit Mitarbeitern besetzt werden, die die Nationalität des Ursprungslandes aufweisen. Dies wird häufig in den Frühphasen der Internationalisierung praktiziert, wenn ein Untenehmen neue Geschäftsfelder aufbaut und das Zurückgreifen auf frühere Erfahrungen als unabdingbar betrachtet wird. Methoden, mit denen im Stammland positive Erfahrungen gesammelt wurden, werden auf die Auslandsgesellschaft übertragen (vgl. *Pausenberger* 1987, S. 855). Weitere Gründe für die Verfolgung einer ethnozentrischen Personalstrategie können in einem Mangel an qualifizierten Arbeitskräften auf dem Arbeitsmarkt des Gastlandes liegen oder in der Notwendigkeit zwischen Mutter- und Tochterunternehmen enge Informationsbeziehungen aufzubauen. Andererseits weist eine ethnozentrische Politik eine Reihe von Nachteilen auf (vgl. *Zeira* 1976):

- Eine ethnozentrische Personalpolitik beschränkt die Aufstiegsmöglichkeiten der einheimischen Mitarbeiter des Gastlandes. Dies kann zu einer geringeren Produktivität und höheren Fluktuationsraten bei diesen Mitarbeitern führen.
- Die Eingewöhnung der ins Ausland entsandten Manager in das Gastland stellt unter Umständen einen langwierigen Prozess dar. Während dieser Zeit machen diese häufig Fehler.
- Aufgrund des häufig beträchtlichen Einkommensunterschiedes zugunsten der vom Mutterunternehmen entsandten Mitarbeiter, können vielfach Probleme auftreten. Für viele im Ausland tätigen Mitarbeiter geht eine dortige Schlüsselposition mit einem Status- und Machtzuwachs sowie mit einem Anstieg des Lebensstandards einher. Diese Änderungen können dazu beitragen, dass die betroffenen Mitarbeiter die Sensitivität für Bedürfnisse und Erwartungen der ihnen unterstellten Mitarbeiter im Gastland verlieren und sich selbst überschätzen.

Bei einer polyzentrischen Personalpolitik werden einheimische Mitarbeiter des Gastlandes für die Führung der Niederlassungen in ihrem eigenen Land eingesetzt, während Mitarbeiter aus dem Land der Muttergesellschaft in der dortigen Hauptverwaltung eingesetzt werden. Dieser Ansatz weist folgende Vorteile auf (vgl. *Dowling/Welch* 1988, S. 4);

Personalstrategie / Merkmale	Ethnozentrisch	Polyzentrisch	Geozentrisch	Regiozentrisch
Komplexität der Organisation	Komplex im Stammhaus, einfach in den Niederlassungen	Unterschiedlich und unabhängig voneinander	Zunehmende Komplexität und Interdependenzen	Hohe Interdependenzen auf regionaler Ebene
Entscheidungsbefugnis	Hoch in der Zentrale	Relativ niedrig in der Zentrale	Weltweite Zusammenarbeit zwischen Zentrale und Auslandsniederlassungen	Hoch bei den regionalen Hauptverwaltungen und/oder enge Zusammenarbeit zwischen den Niederlassungen
Steuerungsinstrumente	Weltweite Anwendung des Standards des Stammlandes	Lokale Festlegung	Standards die sowohl universelle Gültigkeit als auch lokalen Bezug aufweisen	Regionale Festlegung
Entlohnung/ Anreize	Hoch in der Zentrale, niedrig in den Niederlassungen	Große Schwankungsbreite	Anreize für international u. lokal verantwortliche Manager für die Erreichung der jeweiligen Ziele	Belohnung für die Erreichung der regionalen Zielsetzungen
Informationsfluss	Viele Anweisungen und Richtlinien für die Niederlassungen	Gering zwischen Stammland und Niederlassungen; gering zwischen den Niederlassungen	In beiden Richtungen und weltweit zwischen den Niederlassungen	Gering zw. Stammhaus u. Niederlassungen, aber u. U. hoch zu u. von den regionalen Zentralen u. zw. den Ländern
Identität	Nationalität des Mutterunternehmens	Nationalität des Gastlandes	Globales Unternehmen, aber Identifikation mit nati. Interessen	Regionales Unternehmen
Personalbeschaffung und -entwicklung	Beschaffung und Entwicklung von Stammhausmitarbeitern für Schlüsselpositionen im Ausland	Einsatz von Angehörigen des Gastlandes für Schlüsselpositionen in ihrem eigenen Land	Einsatz der jeweilig bestgeeigneten Mitarbeiter, unabhängig von ihrer Nationalität und Herkunft	Regionale Beschaffung und Entwicklung von Mitarbeitern für die Region
Entsendungsquote	Mittel	Gegen Null	Hoch	Mittel auf regionaler Basis

Abb. 53: Merkmale alternativer Personalstrategien von multinationalen Unternehmen

- Der Einsatz von Mitarbeitern des Gastlandes vermeidet Sprachbarrieren, Eingliederungsprobleme von ausländischen Managern und ihrer Familie und senkt die Kosten für aufwendige Trainingsprogramme.
- Die Personalkosten für einheimische Mitarbeiter sind im Allgemeinen niedriger, auch wenn zusätzlich Leistungen gewährt werden, um hoch qualifizierte Bewerber einzustellen.

- Die polyzentrische Personalpolitik gewährleistet Kontinuität im Management der ausländischen Niederlassungen.

Während einige der dargestellten Vorteile gleichzeitig Nachteile einer ethnozentrischen Politik bilden, treten auch beim polyzentrischen Ansatz eine Reihe von Nachteilen auf. Ein Hauptproblem liegt in der Notwendigkeit zur Überbrückung der Distanz zwischen den Managern der einzelnen Niederlassungen und den Managern der Unternehmenszentrale. Sprachbarrieren, konfliktäres nationales Loyalitätsverhalten und kulturelle Unterschiede, wie z.B. persönliche Wertvorstellungen, können zu einer Isolation der Konzernspitze führen. Im Extremfall kann eine multinationale Unternehmung so zu einem lockeren Bündnis von voneinander unabhängigen nationalen Einheiten mit lediglich formellen Bindungen zur Hauptverwaltung werden.

Ein zweiter Problembereich im Rahmen dieser Personalpolitik betrifft die unterschiedlichen Entwicklungsmöglichkeiten von inländischen und ausländischen Managern. Manager der Auslandsniederlassungen haben lediglich begrenzte Möglichkeiten Erfahrung außerhalb ihres eigenen Landes zu sammeln und können höchstens in Top-Positionen ihrer eigenen Niederlassung aufsteigen. Gleichzeitig haben Manager im Land der Muttergesellschaft begrenzte Möglichkeiten Auslandserfahrung zu sammeln. Da die Führungsposition in der Konzernspitze nur von Mitarbeitern aus dem Inland eingenommen werden, hat dies zur Folge, dass Manager für Entscheidungen zur Ressourcenallokation zwischen den einzelnen Tochtergesellschaften und für die gesamte strategische Planung verantwortlich sind, die keine oder nur sehr wenig Auslandserfahrung haben. Dies stellt in einer zunehmend international werdenden Wettbewerbsumwelt eine entscheidende Schwäche dar (vgl. *Smith* 1975).

Beim geozentrischen Führungsmodell werden Führungspositionen mit den besten Kräften besetzt, unabhängig von ihrer Nationalität. Die Dichotomie zwischen Stammland und Gastland wird aufgehoben (vgl. *Pausenberger* 1987, S. 855). Diese Strategie weist zwei Hauptvorteile auf. Erstens versetzt es ein multinationales Unternehmen in die Lage, eine international ausgerichtete Führungsmannschaft aufzubauen. Zweitens wird die Gefahr reduziert, dass sich Manager mit den nationalen Interessen in ihren Organisationseinheiten identifizieren. Jedoch ist auch dieser Ansatz mit einer Reihe von Schwierigkeiten verbunden:

- Die Mehrzahl der Gastländer erwartet, dass in ausländischen Niederlassungen die eigenen Bürger beschäftigt werden und versucht über ihre Gesetze sicherzustellen, dass lokale Mitarbeiter eingesetzt werden, falls die erforderlichen Qualifikationen verfügbar sind. Wird die Beschäftigung eines ausländischen Mitarbeiters angestrebt, ist häufig eine aufwendige Beweisführung erforderlich. Dies kann unter Umständen sehr zeitaufwendig und teuer werden.

- Dieses Konzept kann insofern mit hohen Kosten verbunden sein, als in der Regel ein erhöhter Trainings- und Entsendungsaufwand erforderlich ist und außerdem eine international standardisierte Entlohnungstruktur zugrunde gelegt werden muss, der häufig ein höheres Lohnniveau zugrunde liegt als dies bei nationaler Entlohnung in vielen Ländern der Fall wäre.
- Um das geozentrische Führungskonzept erfolgreich umzusetzen, sind längere Vorlaufzeiten und eine stärkere zentrale Steuerung des Personaleinsatzes erforderlich. Dies reduziert zwangsläufig die Unabhängigkeit der Auslandsniederlassungen bei diesen Fragestellungen und ruft unter Umständen Widerstände hervor.

Der regiozentrische Ansatz basiert auf einer zweistufigen Struktur, da neben einem zentralen Hauptsitz auch regionale (z. B. kontinentale) Hauptsitze bestehen. Hierbei kommt eine situative Sichtweise zum Ansatz, bei der ein Mix aus den drei vorgenannten Ansätzen verfolgt werden kann. Dieser spezifische Mix wird in Abhängigkeit von dem jeweiligen Geschäftsfeld und der verfolgten Produktstrategie verfolgt. Drei Beispiele mögen die Einflussfaktoren der Führungskonzeption verdeutlichen. Für den Fall, dass Landeskenntnisse von hoher Bedeutung sind (z. B. bei Konsumgütern) ist der Bedarf an Mitarbeitern aus dem Stammhaus im Vergleich zum Bedarf an lokalen Mitarbeitern bzw. Mitarbeitern aus Drittländern relativ gering. Umgekehrt werden dann Stammhausmitarbeiter vorrangig eingesetzt, wenn spezifisches Produkt-Know-how erforderlich ist und die Notwendigkeit besteht, mit dem Stammhaus in engem Kontakt zu stehen, um von dort schnell technische Informationen zu erhalten. Das dritte Beispiel bezieht sich auf die Dienstleistungsbranche, wie beispielsweise das Bankgewerbe, in dem dann häufig Stammhausmitarbeiter entsendet werden, wenn die Kunden der ausländischen Niederlassung insbesondere multinationale Unternehmen aus dem Stammland sind.

Die Entscheidung für eine der vier beschriebenen Strategien hat sich an den folgenden fünf Faktoren zu orientieren (vgl. *Robock/Simmonds/Zwick* 1977, S. 538):

- der Branche des Unternehmens und der verfolgten Produkt-Markt-Strategie,
- den Anforderungen der relevanten Länder bezüglich der Beschäftigung einheimischer Mitarbeiter,
- den Vorschriften der jeweiligen Staaten bezüglich der Aufenthaltsgenehmigungen für ausländische Mitarbeiter,
- der Arbeitssituation, insbesondere für Führungskräfte, in den Ländern mit Auslandsniederlassungen,
- den Kosten der einzelnen Strategien.

Unabhängig davon, welche Strategie gewählt wird, muss die multinational operierende Unternehmung über ein langfristiges und auf Kontinuität ausgerichtetes Programm zur Beschaffung und Entwicklung von Führungskräften verfügen, das darüber hinaus in die globale Unternehmensstrategie integriert ist.

Effizienzkontrolle

Die Effizienz der Personalauswahl im internationalen Personalmanagement kann anhand des prozentualen Anteils der frühzeitig aus dem Ausland zurückgekehrten Mitarbeiter (Manager) an der Gesamtzahl der entsandten Mitarbeiter (Manager) gemessen werden. Die Kennzahl ist damit ein Maß für die Qualität der Personalauswahlentscheidung. Wichtig erscheint eine vertiefende Analyse der Rückkehrgründe, die beispielsweise umfassen können: Unfähigkeit der Familie des entsandten Mitarbeiters, sich in einer anderen kulturellen Umgebung zurechtzufinden; fehlende Persönlichkeit oder Reife des Mitarbeiters; fehlende Motivation für den Auslandseinsatz.

Aufgrund der in der Praxis zu beobachtenden hohen Rückkehrquoten, stellen diese für die Unternehmen ein großes Problem dar. So schätzen *Mendenhall* und *Oddou* (1985), dass die Rückkehrquoten zwischen 25 % und 40 % schwanken. Diese Zahl kann bis auf 70 % in Entwicklungsländern ansteigen (vgl. *Desatnick/Bennett* 1978). Einige der wenigen empirischen Studien hierzu wurde von *Tung* durchgeführt, die eine Reihe von amerikanischen, europäischen und japanischen multinationalen Unternehmen untersuchte (vgl. *Tung* 1982, S. 57), deren Ergebnisse in *Abb. 54* zusammengefasst sind. Den Befragungsergebnissen liegen 80 auswertbare Fragebögen aus den USA, 29 auswertbare Fragebögen aus Europa und 35 Fragebögen aus Japan zugrunde. Alle Fragebögen wurden von Führungskräften, die für das Auslandsgeschäft zuständig sind, ausgefüllt. Wie die *Abb. 54* zeigt, weisen amerikanische Unternehmen sowohl höhere Rückkehrquoten auf als auch einen höheren Anteil an Unternehmen, die Rückkehrquoten von mehr als 10 % angeben. Dessen ungeachtet, treten bei allen Unternehmen signifikante Misserfolge bei den Auslandsaktivitäten auf. Für das relativ gesehen bessere Abschneiden der europäischen und japanischen Unter-

Stammland des Unternehmens	Rückkehrquote in %	Prozentsatz der Unternehmen
Multinationale amerikanische Unternehmen	20–40 10–20 < 10	7 69 24
Multinationale europäische Unternehmen	11–15 6–10 < 5	3 38 59
Multinationale japanische Unternehmen	11–19 6–19 < 5	14 10 76

Abb. 54: Rückkehrquoten von ins Ausland entsandten Führungskräften

nehmen können zwei mögliche Erklärungen herangezogen werden. Entweder sind europäische und japanische Mitarbeiter von Natur aus oder aufgrund ihrer Auswahl und des Trainings geeigneter dafür, im Ausland zu leben und zu arbeiten oder aber europäische und japanische Unternehmen ziehen andere Kriterien heran, um zu beurteilen, ob eine Person im Ausland effizient arbeiten kann. Im Falle Japans könnte dies auf die Rolle des Unternehmens, aber auch auf die Praktiken einer lebenslangen Beschäftigung und die Anwendung des Senioritätsprinzips zurückzuführen sein. Die Befragten wurden gebeten die wichtigsten Gründe für die Misserfolge der Auslandsentsendungen anzugeben. Für die amerikanische Stichprobe wurden als Gründe mit fallender Wichtigkeit angegeben: die Unfähigkeit der Ehefrau des entsandten Managers, sich in einer anderen kulturellen Umgebung zurechtzufinden; die Unfähigkeit des Managers selbst, sich in eine andere Kultur einzufügen; sonstige Probleme wie die Persönlichkeit des Managers oder dessen fehlende Reife; die Unfähigkeit des Managers mit der größeren Verantwortung der Auslandstätigkeit zurechtzukommen; fehlende Kompetenz des Managers für den Personaleinsatz und fehlende Motivation für den Auslandseinsatz. Diese Untersuchungsergebnisse stimmen überein mit den Annahmen von *Hay* (1974), der in der familiären Situation den Hauptgrund für schwache Leistungen oder ein Versagen im Ausland sieht. Angesichts dieser Erkenntnisse scheint es umso verwunderlicher, dass die meisten Personalmanager, obwohl sie die Bedeutung dieser Faktoren kennen, nicht die geeigneten Maßnahmen ergreifen. Wenige Unternehmen untersuchen mit Nachdruck die Belastbarkeit aller Familienmitglieder.

In der europäischen Stichprobe waren die Antworten relativ heterogen. Lediglich ein Grund wurde von den meisten Firmen als wichtig für ein Versagen im Ausland oder schwache Auslandsleistungen genannt: die Unfähigkeit der Ehefrau des Managers, sich einer anderen kulturellen Umgebung anzupassen. Den anderen möglichen Gründen wurde lediglich ein marginaler Einfluss auf die Leistung des ins Ausland entsandten Mitarbeiters beigemessen. Dies könnte ein Hinweis dafür sein, dass die Misserfolgsquote bei den europäischen multinationalen Unternehmen relativ niedrig war, wie dies zu beobachten ist oder, dass die Befragten sich der Gründe und potenziellen Gründe für ein Versagen nicht bewusst waren.

In der japanischen Stichprobe wurden folgende Gründe, geordnet nach fallender Bedeutung angegeben: die Unfähigkeit des Managers mit der größeren Verantwortung der Auslandstätigkeit fertig zu werden; die Unfähigkeit des Managers, sich an eine andere Kultur anzupassen; die fehlende Reife des Managers; die fehlende fachliche Kompetenz des Managers; die mangelnde Anpassungsfähigkeit der Ehefrau des Managers, die fehlende Motivation im Ausland zu arbeiten sowie weitere familienbezogene Probleme. Diese Reihenfolge steht im Gegensatz zu der der amerikanischen Stichprobe, ist aber vor dem Hintergrund der Rollen- und Statuszuweisung der Ehefrau in der japanischen Gesellschaft zu sehen.

3.4 Personalerhaltung und Leistungsstimulation

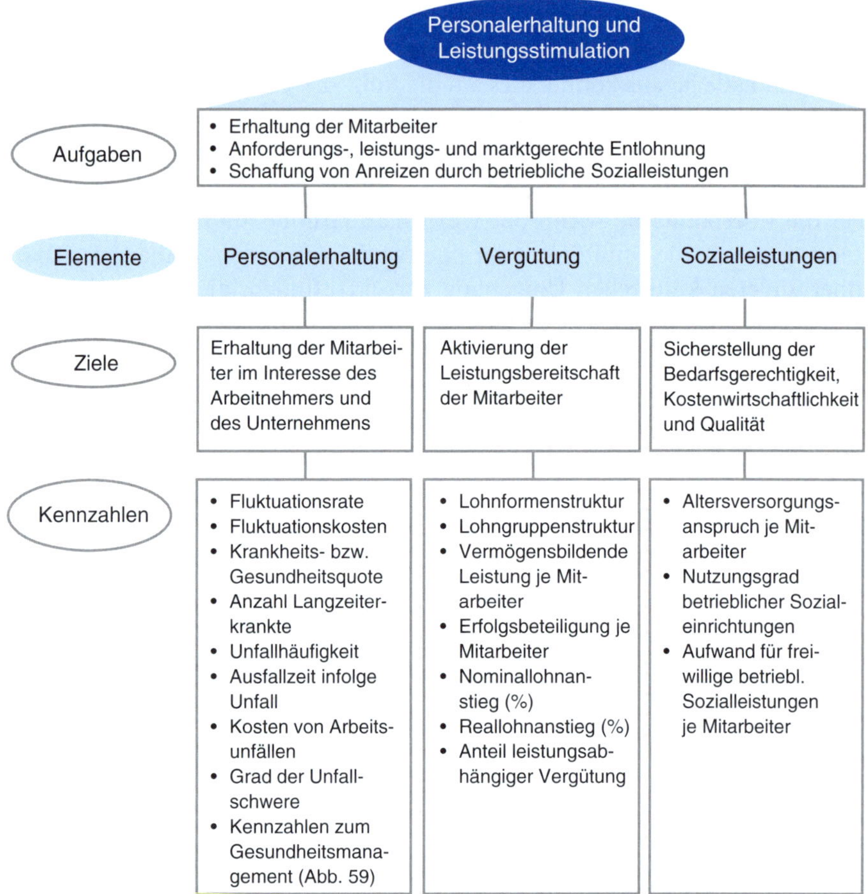

Abb. 55: Aufgaben, Elemente, Ziele und Kennzahlen der Personalerhaltung und Leistungsstimulation

Aufgabe der Personalerhaltung ist die Erhaltung der Mitarbeiter im Interesse des Arbeitnehmers und des Unternehmens. Die Leistungsstimulation umfasst den großen Bereich der Anreize wie Entlohnung, Erfolgsbeteiligung, Altersversorgung sowie sonstige freiwillige betriebliche Sozialleistungen.

3.4.1 Personalerhaltung

Im Rahmen der Personalerhaltung kommt den Kennzahlen Fluktuationsquote, Krankheits- bzw. Gesundheitsquote sowie Unfallhäufigkeit eine wesentliche Bedeutung zu.

Fluktuationsquote

Zu Berechnung der Fluktuationsrate werden in der Praxis insbesondere folgende Formeln angewandt:

BDA-Formel: $$\frac{\text{Freiwillig ausgeschiedene Beschäftigte}}{\text{Durchschnittlicher Personalbestand}} \times 100\ (\%)$$

Schlüter-Formel: $$\frac{\text{Anzahl der Austritte}}{\text{Personalanfangsbestand + Zugänge}} \times 100\ (\%)$$

Die Fluktuationsplanung und -kontrolle muss das unerwünschte Abwandern von qualifizierten Mitarbeitern verhindern helfen. Mit Einschränkungen stellt die Fluktuationsquote eine Messgröße für Arbeitszufriedenheit und Betriebsklima dar. Zur Erfassung der Fluktuationsursachen sind in jedem Einzelfall Abgangsgespräche erforderlich, um Ansatzpunkte für geeignete Maßnahmen zur Beeinflussung der Fluktuation zu identifizieren. Maßnahmen zur Reduzierung der Fluktuation müssen im Tätigkeitsbereich (z. B. Arbeitsinhalt und Grad der Selbstständigkeit, Arbeitsbedingungen, Arbeitsorganisation), im Bereich des Betriebsklimas und der informellen Struktur sowie im Lohngefüge und dessen Differenzierung ansetzen (vgl. *Bisani* 1985). Weitere Gliederungsmöglichkeiten für die Ermittlung der Fluktuationsrate sind die Aufschlüsselung nach Mitarbeitergruppen oder nach der Dauer der Betriebszugehörigkeit.

Als Kennzahl für die monetären Konsequenzen von Austritten können die Fluktuationskosten ermittelt werden. Diese setzen sich zusammen aus den Ausstellkosten und den Einstellkosten. Zu den Ausstellkosten gehören die Kosten der Minderleistung (Leistungsausfall) innerhalb der Kündigungsfrist sowie die Abwicklungskosten (Kosten für Abschiedsgespräche, Unterrichtung des Betriebsrates, sonstige Verwaltungskosten des Ausstellvorganges). Zu den Einstellkosten, die im Rahmen der Wiederbesetzung einer Stelle anfallen, gehören die an Werbungskosten (Werbekosten, Honorar für Personalberater), die Auswahlkosten (Einstellungsgespräche und -tests, Spesen für Bewerber, Einstellungsuntersuchung, Umzugskosten) sowie die Einarbeitungskosten (Einführungsgespräche, Minderleistung in der Einarbeitungszeit).

Die Höhe der Fluktuationskosten wird wesentlich von der Qualifikation der Mitarbeiter beeinflusst, weshalb sich eine Gliederung nach Mitarbeitergruppen empfiehlt. Die Unterteilung der Fluktuationskosten in Ein- und Ausstellkosten erleichtert zum einen die Kostenfindung und ermöglicht zum anderen die Bewertung von Mitarbeiterbewegungen. So lassen sich beispielsweise unmittelbar die Einstellkosten bei einer Erhöhung der Mitarbeiterzahl oder die Ausstellkosten bei einem ersatzlosen Ausscheiden nachweisen. Schließlich ist es sinnvoll, eine getrennte Berechnung für Frühfluktuationsfälle und „echte" Fluktuationswelle vorzunehmen. Da im letztgenannten Fall voll eingearbeitete Mitarbeiter ersetzt werden müssen, sind hier die Fluktuationskosten in der Regel höher.

Krankheits- bzw. Gesundheitsquote

Krankheit beinhaltet die Abwesenheit von Arbeitskräften aufgrund gesundheitlicher Beeinträchtigungen, die durch ärztliche Bescheinigung oder durch persönliche Entschuldigung begründet wird. Die Höhe des Krankenstandes wird von einer Reihe außerbetrieblicher und individueller Einflussfaktoren determiniert (vgl. *Abb. 56*). So lassen sich beispielsweise in konjunkturschwachen Zeiten bei Angst vor Arbeitslosigkeit in den Unternehmen niedrigere Krankenstände beobachten. Deshalb ist ein niedriger Krankenstand nicht automatisch ein Indikator für ein günstiges Betriebsklima bzw. attraktive Arbeitsbedingungen (vgl. *Kropp* 1979, S. 136).

Die Krankheitsquote (durch Krankheitsmeldungen ausgefallene Tage/Soll-Arbeitszeit in Tagen x 100 (%)) ist ein Maß für die Gesundheitsstruktur der Belegschaft. Die Krankheitsquote gibt an, wie viel Leistung durch gemeldete Krankheitstage ausfällt. Neben der Gesundheitsstruktur liefert die Kennzahl in

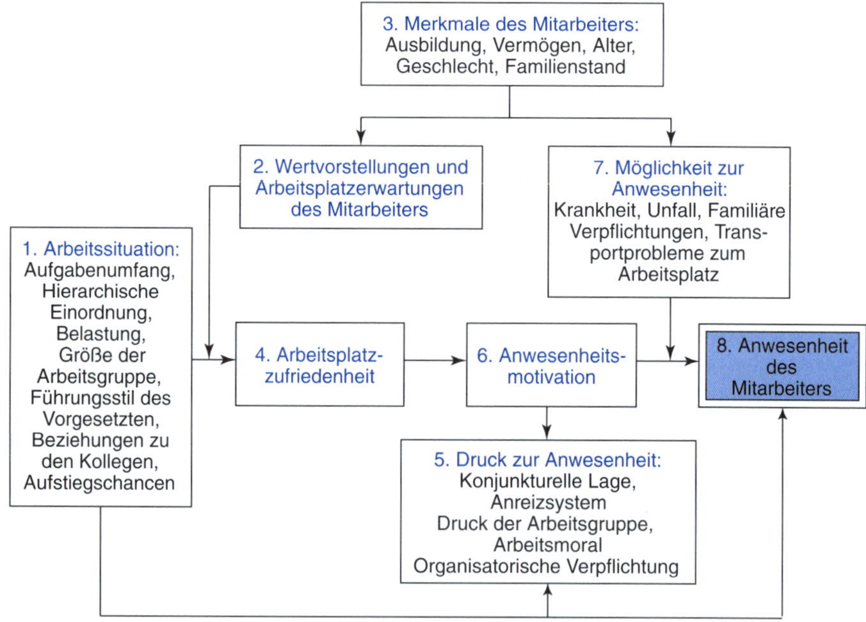

Abb. 56: Einflussfaktoren auf die Anwesenheit (vgl. Steers/Rhodes 1978)

beschränktem Maße auch Aufschlüsse über das Arbeitsklima und die Arbeitszufriedenheit. Hierbei ist zu berücksichtigen, dass die Krankheitsquote teilweise von der jeweiligen konjunkturellen Lage beeinflusst wird. Eine Reduzierung der Krankheitsquote kann unter anderem durch die Schaffung mitarbeitergerechter Arbeitsstrukturen und durch eine verbesserte medizinische Betreuung der Mitarbeiter herbeigeführt werden. Für Detailanalysen kann diese Kennzahl weiter gegliedert werden nach Mitarbeitergruppen, der hierarchischen Stellung, dem Lebensalter und Kostenstellen.

Krankheitsbedingte Fehlzeiten bzw. Arbeitsunfähigkeitszeiten lassen sich mit folgenden Einzelkennzahlen tiefer analysieren (vgl. *Heyde* u. a. 2009, S. 207):

- AU-Fälle: Anzahl der Fälle von Arbeitsunfähigkeit (AU)
- AU-Tage: Anzahl der AU-Tage, die im Auswertungsjahr anfallen
- AU-Tage je Fall: Mittlere Dauer eines AU-Falls (Indikator für die Schwere einer Erkrankung)
- AU-Quote: Anteil der Mitarbeiter mit einem oder mehreren Arbeitsunfähigkeitsfällen im Auswertungsjahr (diese Kennzahl informiert darüber, wie groß der von der Arbeitsunfähigkeit betroffene Personenkreis ist)
- Kurzzeiterkrankungen: Arbeitsunfähigkeitsfälle mit einer Dauer von 1–3 Tagen
- Langzeiterkrankungen: Arbeitsunfähigkeitsfälle mit einer Dauer von mehr als 6 Wochen (mit Ablauf der 6. Woche endet in der Regel die Lohnfortzahlung durch den Arbeitgeber, ab der 7. Woche wird von der Krankenkasse Krankengeld bezahlt)
- Arbeitsunfälle: Durch Arbeitsunfälle bedingte Arbeitsunfähigkeitsfälle
- AU-Fälle/-Tage nach Krankheitsarten: Arbeitsunfähigkeitsfälle/-tage mit einer bestimmten Diagnose. Bei Häufungen bestimmter Krankheitsarten oder negativer Entwicklungen zu den Vorjahren lassen sich u. U. Hinweise auf notwendige Veränderungen identifizieren.

Die Folgekosten aus dem Krankenstand hängen von der jeweiligen Unternehmenssituation und der Arbeitsleistung des betroffenen Mitarbeiters ab. Sind beispielsweise bei ausreichender Personalaussattung oder mangelnder aktueller Auslastung keine Ersatzmaßnahmen erforderlich, können sich die Folgekosten auf das weiter zu zahlende Arbeitsentgelt beschränken. Ist hingegen die Arbeitsleistung eines erkrankten Mtarbeiters wegen seiner herausragenden Sachkenntnis oder besonders guter Kundenkontakte schwer oder nicht ersetzbar, können erhebliche Mehrkosten anfallen (vgl. *Ueberle/Greiner* 2010, S. 256). Sind Ersatzmaßnahmen erforderlich, lassen sich die Kosten aufgrund des Krankenstandes eines Mitarbeiters wie folgt kalkulieren:

  Weitergezahltes Arbeitsentgelt (meist für die Dauer von 6 Wochen)
+ Kosten aus dem Ersatz des fehlenden Personals
+ Kosten für nicht ausgelastete Kapazitäten und für Produktionsausfall
+ Kosten aus Störung des Betriebsablaufes.

Die Gesundheitsquote (Regelarbeitstage – Ausfalltage durch Arbeitsunfähigkeit/Regelarbeitstage × 100 %) wird immer häufiger anstatt der Kennzahl Krankheitsquote verwendet. Zum einen ist die Gesundheitsquote ein positiver Ausdruck für die Gesundheit der Belegschaft und zum anderen ist es grundsätzlich eingängiger, wenn die Steigerung einer Kennzahl positiv zu bewerten ist. Da es gilt, Gesundheit zu fördern und zu erhalten, richtet der Ausweis einer Gesundheitsquote den Fokus auf präventive und unterstützende Maßnahmen, um zu verhindern, dass Mitarbeiter krankheitsbedingt fehlen müssen. Demgegenüber assoziiert man mit der konventionellen Krankheitsquote eher Maßnahmen wie Krankenrückkehrmanagement und Wiedereingliederung. Auch dies sind wichtige Themen, jedoch stellen sie auf bereits vorhandene Krankheitsfälle ab und nur indirekt auf Prävention. Durch die Art der Darstellung können hier jeweils unterschiedliche Steuerungsimpulse gesetzt werden.

Unfallhäufigkeit

Das Unfallgeschehen im Betrieb verfügt über eine hohe Aussagekraft bezüglich der Qualität der Arbeitsplätze und des Ausbildungsstandes der Arbeitnehmer. Zu Unfällen kommt es insbesondere dann, wenn die Arbeitsbedingungen unter biologischen, psychologischen und sozialen Gesichtspunkten nicht auf die Bedürfnisse der Mitarbeiter ausgerichtet sind oder der Mitarbeiter nicht über die für die Ausübung der Tätigkeit erforderlichen Kenntnisse und Einsichten verfügt. Das Unfallgeschehen kann anhand folgender Kennzahlen erfasst werden:

- absolute Anzahl der Unfälle in einer Zeitperiode,
- Anzahl der Unfälle klassifiziert nach den Unfallfolgen (z. B. Erwerbsunfähigkeit, Ausfallzeiten in der Produktion, Todesfälle),
- Anzahl der Unfälle nach Verletzungsarten,
- Anzahl der meldepflichtigen Unfälle/durchschnittliche Anzahl der Mitarbeiter x 100 (%) als Maß für die Arbeitssicherheit.

Aufgabe einer gezielten, aktiven Personalarbeit muss es sein, die Unfallhäufigkeit permanent zu reduzieren. Als Maßnahmen hierzu bieten sich an: Verbesserung der Arbeitssicherheit, Information der Mitarbeiter und Vorgesetzten, Schaffung von Anreizen, gezielte Beratung durch Sicherheitsfachkräfte und Mitarbeiter sowie regelmäßige Veröffentlichung der Unfallstatistiken.

Die mit Unfällen verbundenen Belastungen umfassen im Einzelnen (vgl. *Kropp* 1979, S. 134 f.):

- Einzelkosten, wie Umlagen der Berufsgenossenschaft nach § 725 Reichsversicherungsordnung, Reparaturaufwand für die Beseitigung von Sachschäden durch Fremdfirmen, Ausgaben zur Neubeschaffung zerstörter Werkzeuge oder Betriebsanlagen und Entschädigungen für die Geschädigten oder deren Angehörige.

- Zeit- und Geldverbrauch der Beteiligten, wie Zeitaufwand der Hilfeleistenden, unfallbedingter Arbeitsausfall von Mitarbeitern und die auf diese Zeit entfallenden Personalkosten nach dem Lohnfortzahlungsgesetz.
- Folgebelastungen, wie Minderleistungen, Reparaturen und Produktionsverzögerungen.
- Verwaltungsbelastungen der mit dem Unfallgeschehen betrauten Abteilungen wie Sicherheitswesen, arbeitsmedizinischer Dienst, Personalabteilung.

Ziel jedes Unternehmens ist es, die Kosten von Arbeitsunfällen so niedrig wie möglich zu halten.

Die Ausfallzeit infolge von Unfällen (Zahl der Ausfalltage in Folge Unfall/Anzahl der Soll-Arbeitstage x 100 (%)) stellt ein Maß für die Konsequenzen von Unfällen dar, mit dem die Höhe der Ausfallzeit, die durch Unfälle entsteht, kontrolliert werden kann. Mit der Darstellung dieser Kennzahl im Zeitablauf kann gegebenenfalls der Nutzen einer auf Unfallverhütung zielenden Personalarbeit nachgewiesen werden.

Mit dem Grad der Unfallschwere (Anzahl der Ausfallstunden infolge Unfalls/Anzahl der Verunfallten (Std./Verunfallter)) lässt sich die Entwicklung des Schweregrades vom Unfällen verfolgen. Erfolgreiche Unfallverhütungsarbeit muss sich in einer Verringerung der schweren Unfälle und einer Reduzierung der Ausfallstunden niederschlagen.

Betriebliches Gesundheitsmanagement

Die Gesundheit der Mitarbeiter stellt eine wichtige Determinante des Unternehmenserfolges dar, denn gesunde Mitarbeiter sind in der Regel motivierter und leistungsfähiger. Die Maxime lautet: „Gesundheit fördert Arbeit". Zur Erhaltung und Förderung der Gesundheit wird das betriebliche Gesundheitsmanagement eingesetzt. Unter betrieblichem Gesundheitsmanagement (BGM) versteht man „die Entwicklung betrieblicher Strukturen und Prozesse, die die gesundheitsförderliche Gestaltung von Arbeit und Organisation und die Befähigung zum gesundheitsfördernden Verhalten der Mitarbeiterinnen und Mitarbeiter zum Ziel haben" (*Badura* u. a. 2010, S. 33). Die Erreichung von Effektivität und Effizienz dominieren die Kosten-Nutzen-Relation im BGM und erfordern zur Umsetzung ein strategisches Management (vgl. *Abb. 57*).

Zur Verdeutlichung der grundlegenden Zusammenhänge im Gesundheitsmanagement zwischen Treibern (unabhängigen Variablen) und Ergebnissen (abhängigen Variablen) bietet sich das von Badura entwickelte Sozialkapital-Modell an (vgl. *Abb. 58*). Zu den Treibern gehören neben den drei Sozialkapitalkomponenten (Netzwerkkapital, Führungskapital sowie Überzeugungs- und Wertekapital) die fachliche Kompetenz und die Arbeitsbedingungen. Bei den Ergebnissen wird zwischen Früh- und Spätindikatoren unterschieden. Frühindikatoren stellen Signale dar, die mit einem gewissen zeitlichen Vorlauf

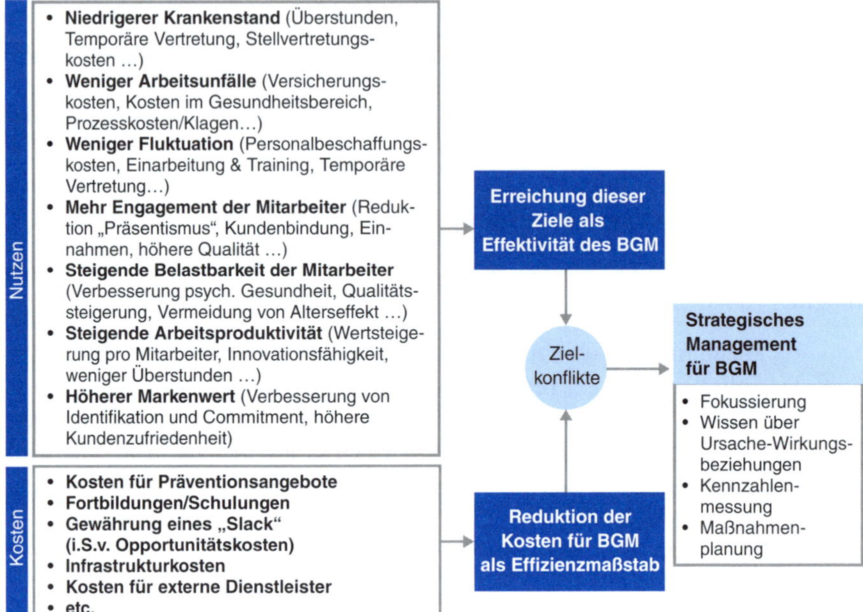

Abb. 57: Effektivität und Effizienz als Ziele des BGM (Horvath 2009c, S. 4)

Hinweise darauf liefern, ob Prozesse sich in die gewünschte Richtung entwickeln oder das Eintreten unerwünschter Ereignisse wahrscheinlich wird. Als Frühindikatoren für Handlungsbedarf im Gesundheitsmangement können herangezogen werden:

- psychisches Befinden,
- physisches Befinden,
- die innere Bindung an die Organisation (Commitment),
- innere Kündigung und Mobbing,
- Burn-out-Fälle,
- Vereinbarkeit von Beruf und Privatleben (work-life-balance).

Spätindikatoren sind angestrebte Unternehmensziele, die sich auf hohe Produktivität, eine hohe Qualität der Arbeitsergebnisse sowie die Vermeidung von Personalkosten beziehen.

In vielen Unternehmen ist das Gesundheitscontrolling durch folgende Merkmale gekennzeichnet:

- Die im BGM am häufigsten verwendeten Kennzahlen sind der Krankenstand (bzw. die Gesundheitsquote) und die Arbeitsunfälle.
- Zur Messung des Umsetzungserfolges des Gesundheitsmanagements werden überwiegend Einzelkennzahlen eingesetzt.
- Die Kennzahlen stehen in keinem sinnvollen Zusammenhang und bilden ein ganzheitliches BGM nicht ab.

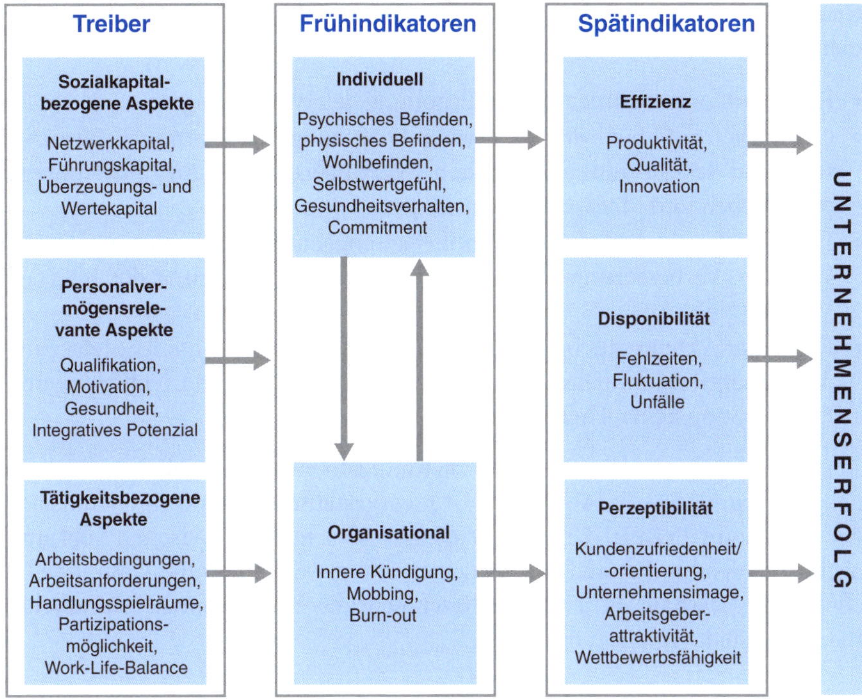

Abb. 58: Sozialkapital-Modell (Badura u. a. 2008, S. 32; Baumanns/Münch 2010, S. 167)

- Die eingesetzten Kennzahlen im BGM weisen einen mangelhaften Strategiebezug auf.

Demgegenüber sind als Anforderungen an Kennzahlen im betrieblichen Gesundheitsmanagement im Einzelnen zu nennen:

- Die Planung von Gesundheitsthemen muss an der Unternehmensstrategie ausgerichtet sein und Zielkonflikte, insbesondere mit den Zielen der operativen Einheiten berücksichtigen.
- Sie sollten nicht nur den körperlichen Zustand der Mitarbeiter anzeigen, sondern auch ihr psychisches Befinden, da das psychische Befinden den körperlichen Zustand und die Arbeitsfähigkeit beeinflusst.
- Sie sollten nicht nur unerwünschte Ereignisse dokumentieren, sondern als Frühwarnindikatoren ihrer rechtzeitigen Erkennung und damit der Schadensvermeidung dienen. Die Inhalte der Kennzahlen müssen dem präventiven Charakter ganzheitlicher Gesundheitsstrategien entsprechen.
- Sie sollten klare Hinweise über betriebliche Kausalitäten zur Vermeidung arbeitsbedingter Risiken und zur Mobilisierung betrieblicher Gesundheitspotenziale liefern.
- Sie sollten eine Verknüpfung zwischen Befragungsdaten und betrieblichen Routinedaten herstellen.

Grundsätzlich können Kennzahlen zum betrieblichen Gesundheitsmanagement auf vier Ebenen ansetzen (vgl. *Horvath* u. a. 2009(a), S. 132):

- Erfolg auf Unternehmensebene: Erhöhung des Wertbeitrages.
- Gesundheit auf Ebene der Mitarbeiter: Steigerung des Gesundheitsbewusstseins und des Gesundheitsverhaltens, Verringerung und Minimierung der psychischen und physischen Belastungen.
- Prozesse des betrieblichen Gesundheitsmanagement: Verbesserung der Ergonomie, Verbesserung des Arbeitsschutzes und Steigerung der internen Vernetzung.
- Ebene der Akteure des betrieblichen Gesundheitsmanagements: Steigerung der Präventionskompetenz, Implementierung der Kundenorientierung und Erschließung neuer Themengebiete.

Abb. 59 enthält zahlreiche Beispiele von Kennzahlen zur betrieblichen Gesundheitsförderung. Die in Abschnitt 4.4.1 vorgestellten Gestaltungsgrundsätze der BSC (zum Beispiel Ursache-Wirkungs-Beziehungen zwischen vor- und nachlaufenden Indikatoren) erscheinen als erfolgsweisend für das Gesundheitscontrolling. Deshalb sei bereits an dieser Stelle das Beispiel einer Gesundheits-BSC vorgestellt (vgl. *Abb. 60*).

3.4.2 Leistungsstimulation

Aufgabe der Personalmotivation und -honorierung ist es, durch ein System von Anreizen die Entscheidung eines potenziellen Mitarbeiters zum Eintritt in das Unternehmen im positiven Sinne zu beeinflussen, das vorhandene Personal an das Unternehmen zu binden und zu verhindern, dass es zu einer Austrittsentscheidung kommt sowie die Leistung der Mitarbeiter zu aktivieren, damit der Leistungsbeitrag den Erwartungen bzw. Plangrößen entspricht.

Zur Leistungsstimulation eignen sich alle monetären und nicht monetären Leistungen des Unternehmens, die die Bereitschaft der Mitarbeiter zur Leistung aktivieren (vgl. *Abb. 61*). Große Bedeutung bei den monetären Anreizen kommt der Schaffung eines markt-, anforderungs- und leistungsgerechten Entlohnungssystems zu. Mithilfe der Lohnformenstruktur lässt sich erfassen, in welchem Umfang die einzelnen Lohnformen (Zeitlohn, Akkordlohn, Prämienlohn) zur Anwendung gelangen. Erfolgsbeteiligungen der Mitarbeiter, Zusagen der betrieblichen Altersversorgung und betriebliche Sozialleistungen stellen weitere wichtige Anreize dar.

Um ein zweckmäßiges Anreizsystem zur Personalmotivation und -honorierung aufzubauen, muss ermittelt werden, welche Bedeutung die unterschiedlichen Anreize für die Mitarbeiter aufweisen und wie das Kosten-/Nutzen-Verhältnis der einzelnen Anreize ist. Zur Erklärung der Beziehung zwischen

Arbeitsleistung und Arbeitszufriedenheit wurden in den letzten 100 Jahren eine Vielzahl von Theorien und Konzepten entwickelt. Exemplarisch sei an dieser Stelle auf die Prozesstheorie nach Porter/Lawler verwiesen (vgl. *Abb. 62*). Hiernach resultiert die intrinsische Belohnung aus der Arbeit selbst und die

Ebene	**Kennzahlen** Alle Kennzahlen sollten idealerweise pro Organisationseinheit (z.B. Kostenstelle, Team, Abteilung) und pro Zeiteinheit (Monat, Jahr) erhoben werden.
Erfolg	• Kosten: Zusätzliche Personalkosten durch Fehltage, Abweichungen vom Personalbudget, Krankenfehltage • Produktivität: z.B. Maschinenauslastung, Anzahl gefertigter Teile pro Mitarbeiter (ggf. jeweils prozentuale Abweichung vom Soll) • Qualität der Arbeitsergebnisse; z.B. Ausschuss, Nacharbeit (ggf. jeweils prozentuale Abweichung vom Soll)
Gesundheit & Beschwerden	Merkmale zu Gesundheit & Beschwerden der Person: • Index zur physischen und psychischen Beanspruchung • Art und Intensität der Beschwerden (Beschwerdeindex, Anzahl von Krankheitsdiagnosen) • Index für Gesundheitskompetenz • Motivations- und Zufriedenheits-Index • Index für Ausmaß der Leistungseinschränkungen
Prozesse	Merkmale der Arbeitssituation: • Belastungsfaktoren: Objektive Gefährdungseinschätzung, Index zur subjektiven Belastungseinschätzung • Tätigkeitseinschätzung: Grade der Handlungsspielräume, Angemessenheit des Anforderungsniveaus • Organisationsfaktoren: Indizes zur wahrgenommenen Kooperation im Team und zur Einschätzung des Führungsverhaltens • Erreichte Risikogruppen (Prozent) • Anzahl ergonomischer Verbesserungen • Qualitätsindizes im Bereich der sozialen Beratung, Integrationsmanagement, Arbeitsschutz • Qualitätsindizes für Vernetzung: Führungsverhalten, Qualität der Abstimmung, Anzahl standardisierter Vernetzungsprozesse • Kosten pro Patient oder Teilnehmer pro Behandlung oder Maßnahme • Direkte Lern- oder Wissenseffekte von Maßnahmen
Potenziale	• Anzahl erfolgreich umgesetzter Innovationen • Zielerreichungsgrad vordefinierter Kompetenzprofile • Präventionsbudget pro Risikogruppe • Verfügbare Beratungs- und Betreuungstage pro Risikogruppe

Abb. 59: Kennzahlen zur betrieblichen Gesundheitsförderung (Horvath u. a. 2009(b), S. 174)

		Balanced Scorecard im engeren Sinne			Operative Planung	
Perspektive	**Strategy Map**	**Ziele**	**Kennzahlen**	**Zielwerte**	**Maßnahmen**	**Budget**
Finanzen	Wertbeitrag erhöhen	• Qualität steigern • Produktivität steigern • Kosteneinsparungen • Fehlzeiten	• Ausschussrate (ppm) • Produktivitätskennzahl • ROI der BGF-Maßnahmen • Anwesenheitsquote	-5% +5% +5% +1%		
Gesundheits-kunden	Psychische Belastung verringern; Physische Belastung verringern; Gesundheitsverhalten verbessern	• Physische Fehlbelastung vermeiden & minimieren • Psychische Fehlbelastung vermeiden & minimieren • Gesundheitsbewusstsein und Gesundheitsverhalten steigern (Führungskräfte & Mitarbeiter)	• Anzahl der arbeitsplatzbezogenen Beschwerden • Anzahl der arbeitsplatzbezogenen psychischen Erkrankungen • Teilnehmerzahl an BGF-Maßnahmen	-5% -5% +5%	• Marketing-Maßnahmen für das BGF-Maßnahmenpaket	xxx €
Prozesse	Ergonomie verbessern; Arbeitsschutz verbessern; Interne Vernetzung steigern	• Ergonomie verbessern • Arbeitsschutz verbessern • Interne Vernetzung steigern	• Anzahl der ergonomischen Arbeitsplätze • Anzahl der Unfälle • Höhe der BGF-Budgets in den Fachabteilungen	+5% -5% +5%	• Analyse des Maßnahmenpakets • Analyse d. Maßnahmenpakets • Vorschlag zur Gestaltung eines Vernetzungsprozesses erarbeiten	xxx € xxx € xxx €
Potenziale	Neue Themengebiete erschließen; Kundenorientierung implementieren; Präventionskompetenz steigern	• Neue Themengebiete erschließen • Kundenorientierung implementieren • Präventionskompetenz steigern	• Anzahl neue Themen • Index aus Mitarbeiterbefragung • Fortbildungen pro Mitarbeiter und Jahr	2 pro Jahr 3 von 5 +5%	• Innovationsdiskussion • Kulturleitlinien • Gezielte Mitarbeiterforderung und -förderung	xxx € xxx € xxx €

Abb. 60: Beispiel einer Gesundheits-BSC (Horvath 2009c, S. 15)

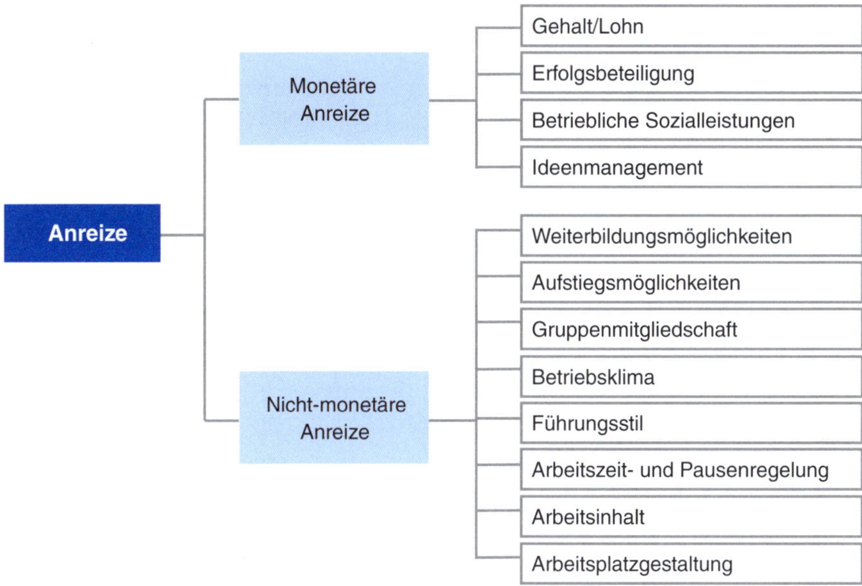

Abb. 61: Monetäre und nicht-monetäre Anreize

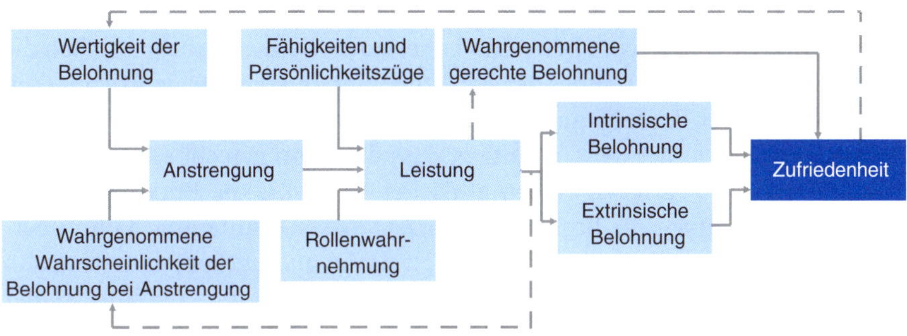

Abb. 62: Prozesstheorie nach Porter/Lawler

extrinsische Belohnung resultiert aus der wahrgenommenen Angemessenheit der Belohnung.

Entlohnung

Das Personal-Controlling unterstützt bei der Beurteilung der Eignung alternativer Entlohnungskonzepte im Hinblick auf ihren Einsatz in unterschiedlichen Einsatzfeldern (z. B. verschiedenen Organisationseinheiten) im Unternehmen. Zur Beurteilung können die in *Abb. 63* angegebenen Kriterien herangezogen werden.

- Lohngerechtigkeit
- Objektive und transparente Lohnermittlungsmethode
- Besitzstandsgarantie für die Arbeitnehmer
- Mitbestimmungsrecht nach § 7 Abs.1 Nr.10 und 11 BetrVG

* Kompatibilität mit den verfolgten Zielen (Ausrichtung auf Organisation)
* Akzeptanzwahrscheinlichkeit bei Mitarbeitern und Betriebsrat
* Flexibler Mitarbeitereinsatz
* Erhaltung und Förderung von Arbeitskönnen und Motivation der Mitarbeiter
* Einheitliche Entgeltregelung für Arbeiter und Angestellte (Tendenz)

- Einführungsaufwand
- Wirtschaftliche Lohnermittlung
- Variabilität bezüglich neuer Zielsetzungen

* Wirtschaftlichkeit

Abb. 63: Kriterien zur Beurteilung der Lohnformen

Wesentliche Voraussetzung für die Eignung einer Lohnform ist die Kompatibilität mit den Zielen der jeweiligen Organisationseinheit. Die Entgeltform muss vom Tarifpartner bzw. vom Betriebsrat anerkannt werden; daneben stehen die Verteidigung des Besitzstandes der Arbeitnehmer und die Nachvollziehbarkeit der Lohnform im Vordergrund für die Akzeptanz. Zu beachten ist in diesem Zusammenhang ferner der Grundsatz, dass der Lohn gerecht sein muss. Die absolute Lohngerechtigkeit ist ein ethischer Wert, für die Praxis bildet die relative Gerechtigkeit die Basis, mit dem Ziel, dass Leistung und Lohn übereinstimmen (Äquivalenzprinzip). Dabei ist davon auszugehen, dass der Lohn des Arbeitnehmers in einem angemessenen Verhältnis zu den Löhnen seiner Arbeitskollegen und zu vergleichbaren Tätigkeiten anderer Betriebe steht. Als Kriterien für die Ermittlung der Lohnrelation werden der Schwierigkeitsgrad der Arbeit und die Arbeitsleistung herangezogen. Weiterhin sind die Erhaltung und Förderung von Arbeitskönnen und Motivation der Mitarbeiter sowie eine einheitliche Entgeltregelung für Arbeiter und Angestellte wünschenswert. Die Forderung nach Wirtschaftlichkeit bezieht sich auf den Einführungsaufwand, die organisatorischen und kostenmäßigen Aufwendungen bei der Lohnermittlung (z. B. Änderungen im Formularwesen, veränderte Kostenrechnung) sowie die Flexibilität der Entlohnungsform beim Einsatz in unterschiedlichen Organisationseinheiten bzw. Auftreten neuer Zielsetzungen.

Kennzeichnendes Merkmal des Zeitlohns (Stunden-, Wochen-, Monatslohn etc.) ist die Festlegung eines bestimmten Lohnsatzes für eine definierte Zeiteinheit. Der Verdienst pro Zeiteinheit ist unabhängig von der in ihr erbrachten Leistung; kurzfristige inter- bzw. intrapersonelle Leistungsunterschiede können nicht berücksichtigt werden. Bestimmungsgrundlage des Zeitlohns ist die anforderungsabhängige Arbeitsbewertung, bei der eine Normalleistung zugrunde gelegt wird. Zeitlohn wird dort angewandt, wo Leistung nicht direkt messbar ist oder wo Kriterien wie Sorgfalt, Präzision und Qualität das Mengenleistungskriterium dominieren.

Reiner Zeitlohn ohne Leistungsanreiz fördert das Arbeitskönnen und die Motivation nur in geringem Maße. Somit ist es nicht möglich die spezifischen Zielsetzungen einer Organisationseinheit in der Bezugsbasis für die Entlohnung abzubilden. Hierdurch ist auch keine Flexibilität der Lohnform bezüglich der Einsetzbarkeit in unterschiedlichen Organisationseinheiten gegeben. Sie ist transparent und nachvollziehbar. Der zu beobachtende Trend hin zu einem möglichst konstanten Einkommen auch der gewerblichen Arbeitnehmer erklärt die steigende Verbreitung dieser Entlohnungsform. Eine einheitliche Entgeltregelung für Arbeiter und Angestellte wird in vollem Umfang möglich. Somit kann auch dem Sachverhalt, dass mit höherem Automationsgrad der im Produktionsbereich eingesetzten Betriebsmittel der Einfluss der Mitarbeiter auf die Output- und Qualitätsleistung sinkt, Rechnung getragen werden.

Um gegenüber dem reinen Zeitlohn einen motivierenden Anreiz zu schaffen, sind Leistungszulagen zu gewähren. Die Höhe dieser Leistungszulagen lässt sich mittels eines Punktwertes ermitteln und vom jeweiligen Vorgesetzten festlegen.

Bei Akkordentlohnung orientiert sich das Entgelt des Mitarbeiters unmittelbar an der von ihm erstellten Mengenleistung. Voraussetzungen für die Akkordentlohnung sind die Beeinflussbarkeit der Mengenleistung durch den Mitarbeiter, die Akkordfähigkeit, die Akkordreife und die Wiederholhäufigkeit. Arbeiten sind dann akkordfähig, wenn sie zeitlich und mengenmäßig erfassbar sind. Akkordreife liegt vor, wenn ein möglichst störungsfreier Arbeitsablauf vorliegt. Aufgrund des hohen Aufwandes, der mit der Einführung eines Akkordentlohnungssystems verbunden ist, muss bei den betrachteten Fertigungsprozessen eine hinreichend große Wiederholhäufigkeit vorliegen. Neben dem Einzelakkord lässt sich auch ein Gruppenakkord einführen, sofern die Leistung des einzelnen nicht genau erfassbar, die der Gruppe aber genau zu bestimmen ist.

Vorteilhaft bei der Akkordentlohnung ist die leistungsgerechte und leistungsfördernde Entlohnung aufgrund des unmittelbaren Leistung-Lohn-Zusammenhangs. Nachteilig ist die einseitige Verwendbarkeit, da diese Lohnform nur Zeit und Menge berücksichtigt und andere Elemente des Produktionsergebnisses außer acht lässt. Der permanente Leistungsdruck kann zu einer geringen Arbeitszufriedenheit bei den Mitarbeitern führen. Das hohe Lohnrisiko verleitet die Mitarbeiter Sicherheitsreserven anzulegen, was einer exakten Kostenrechnung zuwiderläuft.

Im Prämienlohn wird das Entgelt anforderungs- und leistungsabhängig differenziert. Er setzt sich zusammen aus dem tariflichen Grundlohn, der ein Zeit- oder Akkordlohn sein kann, und dem Prämienanteil. Die Bezugsbasis für den Prämienanteil kann entsprechend der verfolgten Zielsetzung definiert werden. Zu nennen sind insbesondere Nutzungs-, Qualitäts-, Aufmerksamkeits-, Sorgfalts- und Terminprämien. Die Prämienlohnlinie, die den Verlauf des Prämienzuwachses bestimmt, kann linear, progressiv, degressiv oder gestuft verlaufen.

Der Prämienlohn lässt sich aufgrund der Gestaltungsspielräume betriebsspezifisch auf die Belange einzelner Organisationseinheiten ausrichten. Bei sinnvoller Kriterienauswahl kann die Motivation der Mitarbeiter gefördert werden. Da die Interessen der Tarifpartner und des Betriebsrats in dieser relativ transparenten Lohnform weitgehend gewahrt bleiben, ist die Akzeptanz durch die Mitarbeiter in der Regel gegeben.

Die Lohnformenstruktur (Anzahl der Mitarbeiter mit Lohnform i/Gesamtzahl der Mitarbeiter x 100 (%)) ist ein Maß für die Verteilung unterschiedlicher Lohnformen auf die Beschäftigten. Bei einer Interpretation der Lohnformenstruktur sind als Einflussgrößen insbesondere die Branche, der Fertigungstyp (z. B. Einzel- oder Massenfertigung) sowie die Qualifikationsstruktur der Mitarbeiter zu berücksichtigen. Mit der zunehmenden Verbreitung von Entgelttarifverträgen, die eine Überführung von Lohn- und Gehaltsgruppen in einheitliche Entgeltgruppen beinhalten, verliert die Differenzierung in Lohn- und Gehaltsgruppen an Bedeutung.

Die Tarifgruppenstruktur (Mitarbeiter in Tarifgruppe i/Gesamtzahl der Mitarbeiter x 100 (%)) stellt ein Maß für die Verteilung der Lohngruppen in der Belegschaft dar. Die Kennzahl dient der Analyse und Steuerung des Personalaufwandes. Die Besetzung der einzelnen Tarifgruppen ist mit Einschränkungen ein Spiegelbild für das Qualifikationsniveau der Mitarbeiter. Ein Unternehmen kann im Wettbewerb um qualifizierte Arbeitskräfte nur bestehen, wenn es ein attraktives und konkurrenzfähiges Entlohnungsniveau aufweist. Hierzu gehört auch die anforderungs- und leistungsgerechte Einstufung der Mitarbeiter in die vorhandenen Tarifgruppen.

Betriebliche Sozialleistungen

Betriebliche Sozialleistungen (z. B. Freizeitangebote, Beteiligung an Versicherungskosten, verbilligte Leistungen, Direktversicherung, medizinische Betreuung) ergänzen die monetäre Entlohnung. Sie sollen die Attraktivität des Unternehmens erhöhen und Mitarbeiter stärker an das Unternehmen binden.

Eine mögliche Ausprägung der betrieblichen Sozialleistungen sind die sogenannten betrieblichen Sozialeinrichtungen. „Betriebliche Sozialeinrichtungen sind durch den Arbeitgeber (nicht Dritten) unter investivem Einsatz finanzieller Mittel errichtete Betriebsteile, die einem auf Dauer angelegten Zweck dienen und für die Beschäftigten nach bestimmten Grundsätzen Leistungen und zusätzliche Vorteile außerhalb des Beschäftigungsentgelts erbringen" (*Frerk* u.a. 1975, Sp. 1812). Nutzer der betrieblichen Sozialeinrichtungen sind grundsätzlich die Belegschaftsmitglieder und deren Angehörige sowie Pensionäre. Motive für die Bereitstellung von betrieblichen Sozialeinrichtungen können sein: Fürsorgepflicht des Unternehmens zum Wohle der Mitarbeiter, stärkere Bindung an das Unternehmen, Reduzierung von Fluktuation und Fehlzeiten, Bildung einer Stammbelegschaft und eines Belegschaftsbewusstseins, Ausgleich sozialer Spannungen, Verbesserung des Betriebsklimas, Erhaltung und Förderung der Leistungsfähigkeit der Mitarbeiter (vgl. *Frerk* u.a. 1975, Sp. 1819). Zu den Sozialeinrichtungen gehören im einzelnen Sozialräume, Werksküche, Kantine, Werkswohnungen, Wohnheime, betriebliche Erholungseinrichtungen, betriebliche Sportanlagen (z.B. Sport- und Spielplätze, Turnhalle, Schwimmbad), Betriebsbücherei, betriebliche Kindergärten sowie Einrichtungen der betrieblichen Altersversorgung.

Die beiden Hauptaufgaben des Personal-Controlling im Rahmen der Bewertung der betrieblichen Sozialeinrichtungen umfassen zum einen die Überprüfung der Kostenwirtschaftlichkeit und Qualität der bestehenden Sozialeinrichtungen und zum anderen die Sicherstellung, dass zukünftige Investitionen in Sozialeinrichtungen dort erfolgen, wo der größte Bedarf besteht.

Die Nutzung einer betrieblichen Sozialeinrichtung durch den Arbeitnehmer lässt die Annahme zu, dass ein entsprechender Bedarf vorhanden ist und somit ein positiv zu bewertender Effekt vorliegt. Da die Annahme dieser Leistungen dem freien Ermessen des Mitarbeiters unterliegt und er diese nur dann annimmt, wenn sie ihm einen Nutzen stiften, stellen die Benutzerzahlen der einzelnen Sozialeinrichtungen einen geeigneten Indikator für den Bedarf nach der Maßnahme dar.

Die Aussagekraft dieser Kennzahl steigt, wenn sie zur Anzahl der mit der Sozialleistung angesprochenen Belegschaftsmitglieder in Beziehung gesetzt wird. Hierbei können entweder die Gesamtbelegschaft oder nur ausgewählte Teile davon relevant sein. So zielt beispielsweise ein unternehmenseigener Kindergarten nur auf Teile der Belegschaft ab. In diesem Fall kann das Verhältnis aus der absoluten Anzahl der Mitarbeiter, die ihre Kinder zur Betreuung in den Kindergarten geben, und der gesamten Zahl der Mitarbeiter mit Kindern im Kindergartenalter als Maßstab für den sozialen Erfolg herangezogen werden. Die wichtigsten Benutzerzahlen sind im Folgenden angeführt (vgl. *Hauser* 1967, S. 237):

- Anzahl Teilnehmer an der Werksverpflegung (absolut und in % der Gesamtbelegschaft),
- Anzahl Mieter in unternehmenseigenen Wohnungen (absolut und in % der Gesamtbelegschaft),

- Anzahl Anwärter auf unternehmenseigene Wohnungen (absolut und in % der Gesamtbelegschaft),
- Anzahl Besucher der betrieblichen Erholungseinrichtungen (absolut und in % der Gesamtbelegschaft),
- Anzahl Anwärter auf einen Aufenthalt in den betrieblichen Erholungseinrichtungen (absolut und in % der Gesamtbelegschaft),
- Anzahl Benutzer von unternehmenseigenen Sportanlagen (absolut und in % der Belegschaft),
- Anzahl Benutzer des betrieblichen Kindergartens (absolut und in % der angesprochenen Belegschaft),
- Anzahl Benutzer der Werksbibliothek (absolut und in % der Gesamtbelegschaft),
- Anzahl Ausleihungen der Werksbibliothek,
- Anzahl Teilnehmer an einer freiwilligen betrieblichen Altersversorgung (absolut und in % der Berechtigten),
- Anzahl Teilnehmer an freiwilligen ärztlichen Untersuchungen (absolut und in % der Gesamtbelegschaft).

Die Analyse der Kostenentwicklung der Sozialeinrichtungen baut auf der Information über die Kosten der Sozialeinrichtungen auf. Werden diese zur Anzahl der Beschäftigten in einem Unternehmen in Beziehung gesetzt, ergeben sich die Kosten der Sozialeinrichtungen je Arbeitnehmer. Zeigt sich beispielsweise (vgl. *Abb. 64*), dass bei sinkender Anzahl an Mitarbeitern die Kosten der Sozialeinrichtungen ansteigen, ergibt sich die Notwendigkeit zur detaillierten Analyse der angesprochenen Kostenpositionen, um Abweichungsursachen identifizieren und geeignete Maßnahmen einleiten zu können. Hierzu ist eine Untergliederung nach einzelnen Sozialeinrichtungen hilfreich.

Geschäftsjahr	2018	2019	2020
1. Anzahl Beschäftigte			
• in Tausend	203,8	185,6	182,4
• Änderung zum Vorjahr (in %)	–	– 8,9	– 1,7
2. Kosten der Sozialeinrichtungen			
• in Mio. Euro	219,4	241,2	267,8
• Veränderung zum Vorjahr (in %)	–	+ 9,9	+ 11,0
3. Kosten der Sozialeinrichtungen je Arbeitnehmer (2 ÷ 1)			
• in Euro	1077	1296	1468
• Veränderung zum Vorjahr (in %)	–	+ 20,3	+ 13,3

Abb. 64: Analyse der Kostenentwicklung für Sozialeinrichtungen

Die Inanspruchnahme von Sozialleistungen setzt deren Bekanntheit bei den Mitarbeitern voraus. Insofern ist nicht nur die objektiv feststellbare Nutzung betrieblicher Sozialleistungen zu messen, sondern auch zu prüfen, inwieweit das Wissen hierüber bei den Mitarbeitern vorhanden ist. Eventuell vorhandenen Informationsdefiziten ist durch entsprechende Werbekampagnen entgegenzusteuern. So ergab eine bei der *Hewlett-Packard GmbH (HP),* Böblingen, durchgeführte Benefit-Analyse, dass vielen befragten Mitarbeitern nicht einmal fünf der insgesamt 23 von der Firma angebotenen Sozialleistungen einfielen (vgl. *Klein* 1984).

Im Rahmen einer derartigen Mitarbeiterbefragung sollten darüber hinaus folgende Informationen gewonnen werden (vgl. *Dycke/Schulte* 1986, S. 585):

- genauer Überblick über die Wertigkeit der vorhandenen Sozialleistungen in den Augen der Mitarbeiter,
- Wissen um eventuelle Mängel und Lücken im eigenen Sozialleistungsangebot, aus der Sicht der Belegschaft und im Vergleich zu den Branchenkonkurrenten.

Durch die zusätzliche Abfrage von objektiven Personaldaten (z. B. Geschlecht, Alter und Dienstzeit) können gegebenenfalls Abweichungen der Nutzeneinschätzungen einzelner Gruppierungen erfasst werden. Es kann beispielsweise festgestellt werden, ob ein Zusammenhang zwischen der Einschätzung des Pensionsplans und dem Lebensalter besteht. Geeignetes Erhebungsinstrument ist in der Regel ein standardisierter Fragebogen, der eine IT-gestützte Auswertung ermöglicht.

Bei Cafeteria-Systemen als Konzepten flexibler Entgeltgestaltung erhalten Mitarbeiter die Möglichkeit, sozial- und/oder übertarifliche Leistungen aus vorgegebenen Alternativen entsprechend den persönlichen Bedürfnissen und Präferenzen auszuwählen. Das Personalbudget des Unternehmens wird dadurch nicht zusätzlich belastet, es bewegt sich quantitativ weiterhin im durch Gesetz, Tarifverträge und Betriebsvereinbarungen gesteckten Rahmen, seine Zusammensetzung wird – soweit möglich – flexibel gestaltet. Mit dem Cafeteria-System werden folgende generellen Ziele verfolgt: Individualisierung der Sozialleistungen, größere Transparenz von Höhe und Struktur der Entgelte, erweiterte Selbstbestimmung am Arbeitsplatz, Förderung des Unternehmensimage und damit höhere Attraktivität der Arbeitsplätze sowie bessere Steuerung der Kosten für Sozialleistungen.

3.5 Personalentwicklung

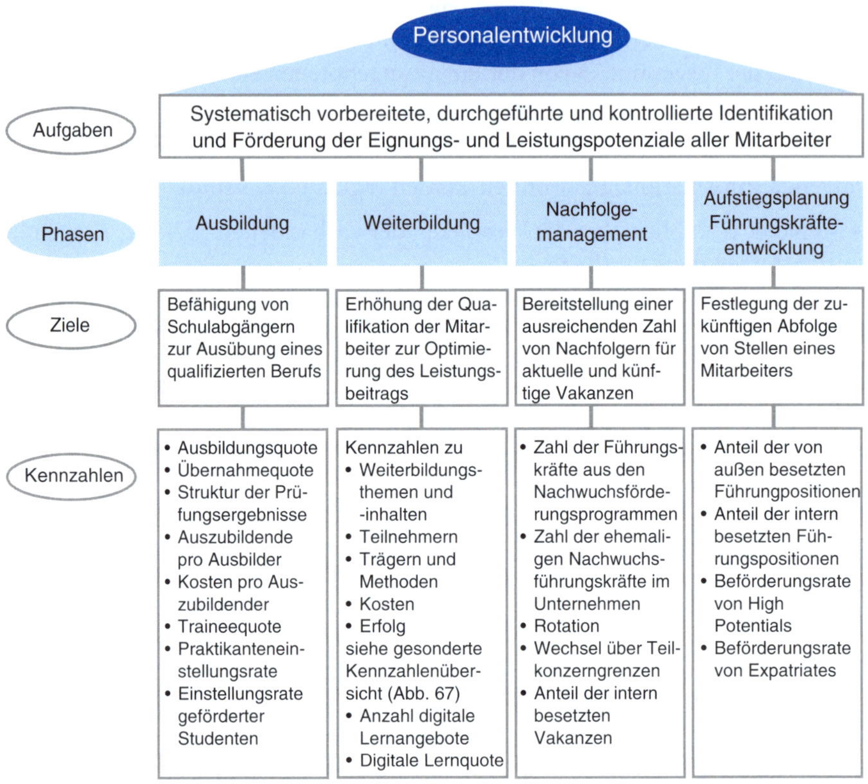

Abb. 65: Aufgaben, Phasen, Ziele und Kennzahlen der Personalentwicklung

Die Personalentwicklung hat die Aufgabe, die Fähigkeiten der Mitarbeiter in der Weise zu fördern, dass sie ihre gegenwärtigen und zukünftigen Aufgaben bewältigen können und ihre Qualifikation den gestellten Anforderungen entspricht.

Gegenstand der Personalentwicklung ist die systematisch vorbereitete, durchgeführte und kontrollierte Identifikation und Förderung der Eignungs- und Leistungspotenziale aller Mitarbeiter. Mit der Personalentwicklung wird eine Vertiefung und Erweiterung von Kenntnissen, Fähigkeiten und Verhaltensweisen unter Berücksichtigung der Unternehmens- und Mitarbeiterinteressen angestrebt, sodass im Unternehmen ein breites Qualifikationspotenzial entsteht.

In der Literatur wird das Aufgabengebiet der Personalentwicklung unterschiedlich definiert und abgegrenzt. Sie gliedert sich in die beiden Hauptbereiche Personalaus- und -weiterbildung sowie Laufbahn- und Karriereplanung. *Abb. 66* zeigt die einzelnen Elemente der Personalentwicklung.

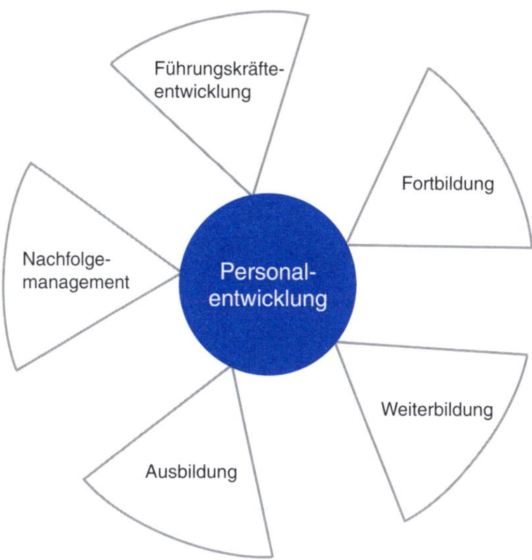

Abb. 66: Elemente der Personalentwicklung

Die Ausbildung soll zur Ausübung eines qualifizierten Berufs dienen und kann in der Lehrlingsausbildung, einem Anlernverhältnis oder der Erstausbildung im Rahmen eines Studiums bestehen. Demgegenüber stellt die berufliche oder betriebliche Fortbildung eine Fortsetzung der fachlichen Ausbildung während der Berufsausübung dar. Die betriebliche Weiterbildung geht über die Vermittlung rein fachlicher Qualifikationen hinaus und versucht auch allgemeine Kenntnisse, Fertigkeiten sowie Einstellungen und Verhaltensweisen zu vertiefen bzw. zu erweitern (vgl. *Freund* u.a. 1981, S. 117). Aufgabe des Nachfolge-Management ist es, für derzeitige und künftige Vakanzen eine ausreichende Anzahl von Nachfolgern bereitzustellen. Mithilfe der Entwicklungsplanung soll die zukünftige Abfolge von Stellen oder Arbeitsplätzen eines Mitarbeiters festgelegt werden.

Von den genannten Bereichen der Personalentwicklung werden im Folgenden insbesondere die Ausbildung und Weiterbildung untersucht.

3.5.1 Ziele der Personalentwicklung

Mit der Personalentwicklungsplanung werden sowohl Unternehmens- als auch Individualziele der Mitarbeiter verfolgt (vgl. *Berthel* 1979, S. 154). Als unternehmensorientierte Zielsetzungen lassen sich im Einzelnen anführen (vgl. *Kästner* 1986 S. 13 f.):

- Erhöhung der Qualifikation der Mitarbeiter zur Optimierung ihres Leistungsbeitrags,

- Bereitstellung qualifizierter Nachwuchskräfte,
- Sicherstellung eines breit angelegten Qualifikationspotenzials im Unternehmen, um zukünftige Anforderungen bewältigen zu können und einen flexiblen und breiten Personaleinsatz der Mitarbeiter zu ermöglichen,
- Bindung qualifizierter Mitarbeiter an das Unternehmen,
- akquisitorische Wirkung der Personalentwicklungsaktivitäten auf dem Arbeitsmarkt sowie
- Aufdeckung von Unzulänglichkeiten in der Stellenbesetzung und von Fehlbesetzungen.

Die Mitarbeiter erwarten sich von Personalentwicklungsmaßnahmen insbesondere verbesserte Einkommenschancen, höhere Sicherheit, beruflichen und sozialen Aufstieg sowie die Chance zur Selbstentfaltung.

3.5.2 Ausbildung

Die Anzahl der Auszubildenden beeinflusst langfristig die Altersstruktur der Belegschaft. Der Bedarf an Auszubildenden leitet sich aus dem mittelfristigen Personalbedarf ab, sofern nicht ausschließlich auf die externe Beschaffung von Mitarbeitern zurückgegriffen wird. Mit der Ausbildungsquote wird der Anteil der Auszubildenden an der Gesamtzahl der Mitarbeiter erfasst. Gliederungsmöglichkeiten sind das Ausbildungsjahr, der Ausbildungsberuf sowie das Geschlecht. Um verlässliche Planungsaussagen zu erhalten, muss die Ausbildungsquote mit der Anzahl der Facharbeiter nach Beruf und Lebensalter, der Fluktuationsquote der Facharbeiter und dem künftigen Bedarf an Facharbeitern sowie dem voraussichtlichen Zuwachs durch Auszubildende nach bestandener Prüfung verknüpft werden. Aus dieser Gegenüberstellung kann abgeleitet werden, ob bedarfsgerecht ausgebildet wird, welche Einstellungspolitik künftig zu verfolgen ist und ob alle Auszubildenden übernommen werden können. Die Ausbildungsquote wird auch herangezogen, um die Wahrnehmung gesellschaftspolitischer Verantwortung von Unternehmen zu dokumentieren.

Die Übernahmequote gibt an, wie viel Prozent der Ausgebildeten nach Beendigung des Ausbildungsverhältnisses vom Unternehmen übernommen werden. Niedrige Übernahmequoten können primär auf folgende Ursachen zurückzuführen sein: Der Ausgebildete scheidet auf eigenen Wunsch aus, um eine weiterführende Schule zu besuchen oder in einem anderen Unternehmen zu arbeiten. Das ausbildende Unternehmen hat kein Interesse an der Übernahme oder momentan keinen Bedarf. Da hier in Mitarbeiter investiert worden ist, sollten zumindest Maßnahmen zur Aufrechterhaltung des Kontaktes zu diesen Mitarbeitern ergriffen werden.

Anhaltspunkte für die Qualität der Personalausbildung und die Qualifikation der Ausgebildeten liefert die Struktur der Prüfungsergebnisse. Hierbei können sich insbesondere Vergleiche mit anderen Betrieben als sinnvoll erweisen. Werden von den Auszubildenden eines Unternehmens häufig überdurchschnittliche Leistungen erzielt, kann dies die Attraktivität des Unternehmens als Arbeitgeber nachhaltig erhöhen. Durch den unternehmensinternen Vergleich der Prüfungsergebnisse verschiedener Jahrgänge sind erste Aussagen über die Qualifikation der Absolventen eines Jahrgangs möglich.

Entscheidend für ein Unternehmen ist nicht nur die Ausbildung, sondern auch die Sicherung von Nachwuchskräften. Die Traineequote wird ermittelt, indem die Anzahl der Trainees durch die Gesamtzahl der Mitarbeiter dividiert und das Ergebnis mit 100 multipliziert wird. Auch hier geht es um die Planung und Steuerung der Nachwuchssicherung, allerdings in Bezug auf den Akademiker- bzw. Führungskräftenachwuchs in der Belegschaft.

3.5.3 Weiterbildung

Übersicht

Die zentralen Aspekte zur Planung, Steuerung und Kontrolle der Weiterbildung in Unternehmen betreffen

- die Weiterbildungsthemen bzw. -inhalte,
- die Teilnehmer (z. B. nach Anzahl und Struktur),
- die Träger der Weiterbildung (z. B. intern oder extern) und eingesetzten Methoden (z. B. aktive versus passive),
- die anfallenden Kosten sowie
- den Erfolg der Weiterbildungsaktivitäten.

Für jeden dieser fünf Bereiche enthält *Abb. 67* eine Reihe von Kennzahlen, von denen im Folgenden die wichtigsten näher untersucht werden.

Weiterbildungsinhalte

Ausgangspunkt einer systematischen Weiterbildungsplanung bildet der Weiterbildungsbedarf. Nur durch eine Ausrichtung der Weiterbildung am tatsächlichen Bedarf kann sichergestellt werden, dass die richtigen Weiterbildungsinvestitionen getätigt werden.

Zur Ermittlung des Weiterbildungsbedarfs sind die gegenwärtigen und zukünftigen Anforderungen an die Mitarbeiter mit deren gegenwärtigem Qualifikationsstand und -potenzial zu vergleichen. Hierbei ist die Weiterbildungsplanung dem Dilemma ausgesetzt, einerseits eine antizipative Anpassung künftiger Anforderungsänderungen sicherstellen zu müssen, andererseits aber aufgrund der hierbei auftretenden Prognoseschwierigkeiten nur sehr formale und inhaltlich unbestimmte Ziele für die Gestaltung der Weiterbildungsmaßnahmen

Weiterbildungsinhalte/ -themen

- Anteil spezifischer Themen am gesamten Weiterbildungsbedarf
- Anzahl Veranstaltungen insgesamt
- Anzahl unterschiedlicher Veranstaltungen
- Zeitaufwand für Weiterbildungsveranstaltungen
- Durchschnittliche Zeitdauer je Veranstaltung
- Anzahl bzw. Zeitaufwand für verschiedene Themenkreise
- Struktur der fachlichen Veranstaltungen nach Themenkreisen
- Anzahl Teilnehmer an einzelnen Themenkreisen
- Anteil der Wiederholungsveranstaltungen
- Anteil Veranstaltungen für die Deckung künftiger bzw. aktueller Anforderungen

Teilnehmer

- Anzahl Teilnehmer insgesamt
- Anzahl Teilnehmer bei Einfachzahlung
- Anteil der Teilnehmer (Einfachzählung) an Stammbelegschaft
- Anteil weiblicher/männlicher Teilnehmer
- Anteil angestellter/gewerblicher Teilnehmer
- Altersstruktur der Teilnehmer
- Anzahl Teilnehmer je Standort
- Herkunftsstruktur der Teilnehmer nach Funktionsbereichen
- Ist-Teilnehmer im Verhältnis zu angemeldeten Teilnehmern
- Jährliche Weiterbildungszeit je Mitarbeiter
- Anteil der Mitarbeiter ohne bisherige Teilnahme an Weiterbildung

Träger und Methoden

- Anteil interner bzw. externer Trainer (bzw. Veranstaltungen bzw. Weiterbildungsstunden)
- Anteil einzelner Trainergruppen
- Anteil firmenspezifischer bzw. standardisierter Weiterbildungsprogramme
- Anteil aktiver bzw. passiver Lehrmethoden
- Durchschnittliche Anzahl Teilnehmer je Seminar
- Anteil on the job/off the job-Maßnahmen

Kosten der Weiterbildung

- Gesamtkosten der Weiterbildung
- Anteil einzelner Kostenarten
- Anteil der Weiterbildungskosten am Umsatz
- Weiterbildungskosten je Mitarbeiter
- Weiterbildungskosten je Betriebsteil bzw. Mitarbeitergruppe
- Weiterbildungskosten pro Tag und Teilnehmer
- Durchschnittskosten interner bzw. externer Maßnahmen
- Anteil Weiterbildungskosten an den Gesamtpersonalkosten
- Kostenanteil einzelner Themenbereiche
- Anteil ausgabewirksamer Kosten
- Kursstonierungskosten

Weiterbildungserfolg

- Teilnehmerzufriedenheit (Seminarnote)
- Produktivität
- Qualität (z.B. Ausschlussquote)
- Bildungsrendite
- Lernwert
- Transferwert
- Anteil realisierter Beförderungen an geplanten Beförderungen
- Realisierungsgrad der geplanten Weiterbildungsaktivitäten

Abb. 67: Kennzahlen für die Weiterbildung

vorgeben zu können. Dies hat zur Folge, dass insbesondere bei Führungskräften auf eine breit angelegte Qualifikationsvermittlung abgestellt wird. Es gilt in diesem Zusammenhang in enger Abstimmung mit der Geschäftsstrategie Schlüsselqualifikationen zu identifizieren, die die Bewältigung künftiger, zum Teil noch unbekannter Probleme ermöglichen.

Anhand der beiden Kennzahlen „Anteil der Veranstaltungen für die Deckung aktueller Anforderungen" bzw. „Anteil der Veranstaltungen für die Deckung künftiger Anforderungen" kann verfolgt werden, ob genug für die Gestaltung der Zukunft des Unternehmens getan wird.

Zur Ermittlung des Weiterbildungsbedarfs bzw. zur Festlegung der Lernziele kann eine Vielzahl von Methoden herangezogen werden. Hierbei sind zu nennen (vgl. *Kästner* 1986, S. 76):

- Befragung im weiteren Sinne (Interview, Fragebogenerhebung, Gruppengespräche, Rollenanalyse, Tests, Expertenvorschau, Delphi-Methode, Einstellungs- und Klimaanalyse),
- Beobachtung (Fremdbeobachtung, Eigenbeobachtung, systematische Beobachtung, unsystematische Beobachtung),
- Dokumentenanalyse (Stellenbeschreibungen, Anforderungsprofile, Organisationsplan, Mitarbeiterbeurteilungen, Literaturanalyse).

Als konkretes Beispiel aus der Praxis eines internationalen Konzerns enthält *Abb. 68* den Ablauf der Weiterbildung von der Bedarfserfassung (im Rahmen der Mitarbeitergespräche) über die Programmbildung bis zur Durchführungskontrolle.

Die Formulierung von Weiterbildungszielen und -inhalten ist im Hinblick auf eine Erfolgskontrolle unerlässlich. Weiterbildungsziele können sich dabei sowohl auf die Veränderung von Kenntnissen und Fähigkeiten als auch von Einstellungen und Werthaltungen beziehen.

Als Ausfluss der Bedarfs- und Zielplanung gibt der Anteil spezifischer Themen am gesamten Weiterbildungsbedarf Auskunft darüber, wo die Schwerpunkte des zu gestaltenden Weiterbildungsprogramms liegen sollten.

Eine höhere Aussagekraft als die Anzahl der in einem definierten Zeitraum insgesamt stattfindenden Weiterbildungsveranstaltungen besitzt der gesamte Zeitaufwand der Weiterbildungsveranstaltungen. Darüber hinaus ist auf die Anzahl unterschiedlicher Veranstaltungen abzustellen, um die Vielfalt des Weiterbildungsprogramms zu erfassen. Zur Sicherstellung eines bewussten Einsatzes von Bildungsmaßnahmen in Hinblick auf den Kostenfaktor Zeit, ist auf eine sinnvolle Zeitdauer der einzelnen Veranstaltungen zu achten. Hierbei können im Rahmen der Kennzahlenbetrachtung Häufigkeitsverteilungen für verschiedene Zeitcluster (z. B. weniger als ein Tag, ein bis zwei Tage, drei bis fünf Tage, länger als eine Woche) gebildet werden.

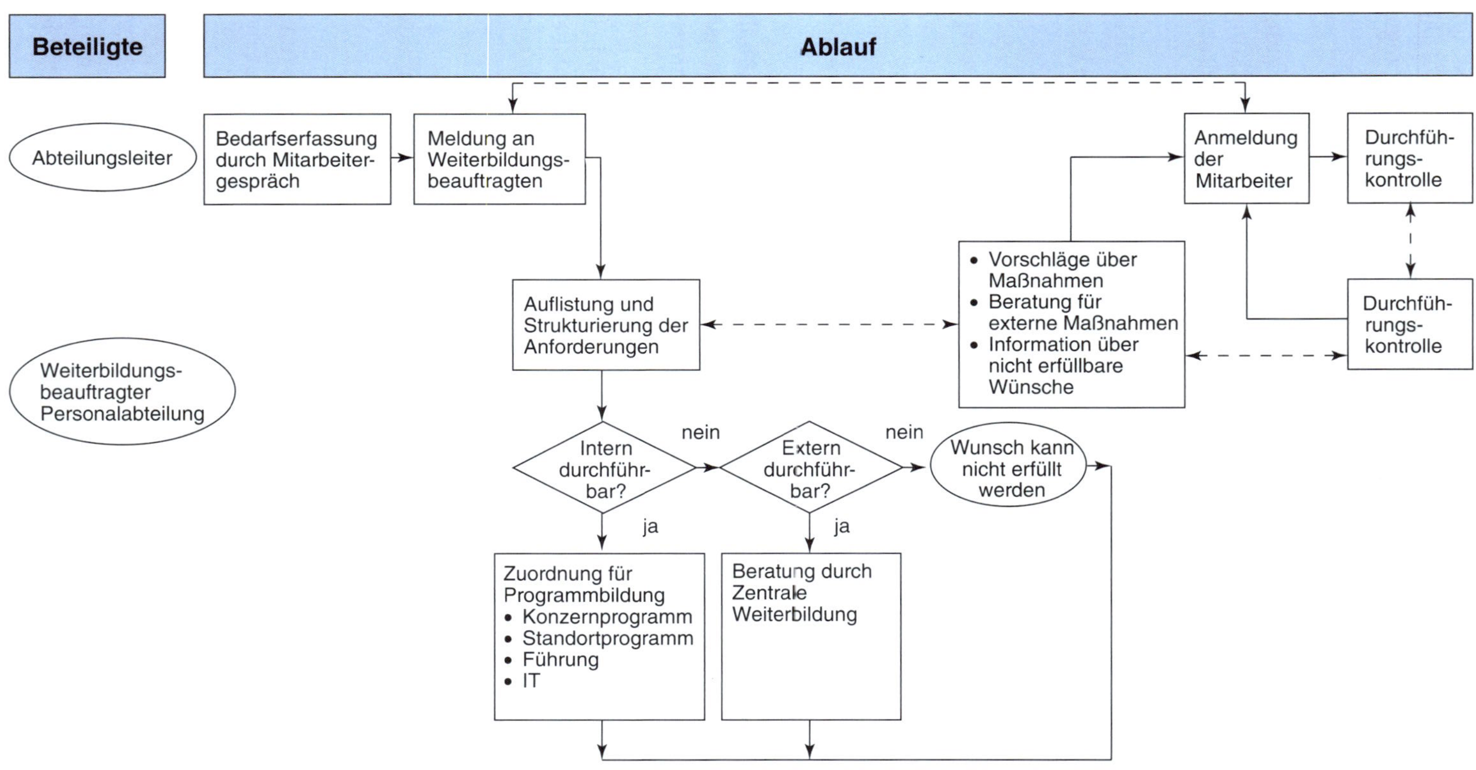

Abb. 68: Weiterbildung: Bedarfserfassung – Programmbildung – Steuerung

Eine Strukturplanung und -kontrolle der Weiterbildungsmaßnahmen anhand der Anzahl oder des Zeitaufwandes für verschiedene Themenkreise gibt Auskunft darüber, welche Bedeutung beispielsweise die Vermittlung von Fachwissen, Arbeitstechniken, Führungstechniken, Sprachen und firmenspezifischen Informationen aufweisen. Eine Strukturanalyse kann auch darüber informieren, welcher Anteil der Weiterbildungsmaßanhmen neue Produkte und Technologien betrifft, die im Unternehmen hergestellt und eingesetzt werden.

Gegenstand der Kontrolle ist die Übereinstimmung der vermittelten Bildungsinhalte mit den Weiterbildungserfordernissen. Die Gesamtheit der fachlichen Veranstaltungen ist ebenso wie die anderen Themenkreise dahingehend zu optimieren, dass ihre Struktur den Erfordernissen der Unternehmensentwicklung sowie der Bedeutung im Unternehmen entspricht. Eine genaue Definition und Abgrenzung der einzelnen Veranstaltungen dient darüber hinaus dem differenzierten Eingehen auf Zielgruppen, z. B. aus Forschung und Entwicklung, Marketing und Vertrieb, Produktion, Finanz- und Rechnungswesen, Personal etc. Diese Analysen können die Grundlagen liefern für die Formulierung von Zielen wie beispielsweise eine Veränderung der Struktur der Weiterbildungsmaßnahmen im Hinblick auf die erwarteten Qualifikationsanforderungen.

Erste Hinweise auf den Innovationsgrad und die Fortentwicklung des Weiterbildungsprogramms im Zeitablauf liefert der Anteil der Wiederholungsveranstaltungen, gemessen als die Anzahl der wiederholt stattfindenden Veranstaltungen im Verhältnis zur Gesamtzahl der Veranstaltungen. Hierbei kann die Analyse gegebenenfalls weiter untergliedert werden nach der Anzahl der Veranstaltungen, die zum zweiten, dritten usw. Mal stattfinden. Bei der Interpretation dieser Kennzahl ist eine Relation zu der oben angeführten Bedeutung neuer Produkte und Verfahren im Unternehmen herzustellen.

Teilnehmer

Durch ein Controlling der Teilnehmer von Weiterbildungsveranstaltungen soll sichergestellt werden, dass zum einen die „richtigen" Zielgruppen angesprochen werden und zum anderen die „richtigen" Zielgruppen an Weiterbildungsveranstaltungen teilnehmen. Darüber hinaus können – auf einer noch sehr undifferenzierten Ebene – erste Aussagen über den Umfang der Weiterbildungsaktivitäten getroffen werden.

Die einfache Addition aller Teilnehmer von Weiterbildungsveranstaltungen zur Gesamtzahl der Teilnehmer könnte bezüglich der Streuung der Weiterbildung über die betreuten Mitarbeiter insofern zu einem verfälschten Bild führen, als Mitarbeiter vielfach mehrere Veranstaltungen besuchen. Dementsprechend sollte man ergänzend die Anzahl der Teilnehmer bei Einfachzählung erfassen. Setzt man diese Kenngröße ins Verhältnis zur Gesamtzahl der Mitarbeiter, erhält man ein aussagekräftigeres Bild über die Streuung der Weiterbildung.

Die Entwicklung der Teilnehmeranzahl wird u. a. beeinflusst von der Entwicklung der Gesamtzahl der Beschäftigten und vielfach auch von der wirtschaftlichen Situation des Unternehmens. Der Anteil weiblicher bzw. männlicher Teilnehmer an der Gesamtzahl der Teilnehmer ist jeweils in Relation zu sehen zum Anteil der beiden Gruppen an der Gesamtbelegschaft. Sind beispielsweise weibliche Teilnehmer in Weiterbildungsveranstaltungen unterrepräsentiert, ist zu prüfen, ob das Weiterbildungsprogramm hinreichend auf diese Zielgruppe abstellt und welche Anreize zur Erhöhung des Anteils weiblicher Teilnehmer genutzt werden können. Analoges gilt für den Anteil angestellter und gewerblicher Teilnehmer.

Die Altersstruktur der Teilnehmer ist vor dem Hintergrund der Altersstruktur des Unternehmens zu sehen. Durch das Weiterbildungs-Controlling ist u. a. sicherzustellen, dass gerade älteren Mitarbeitern das Wissen über neue Produkte, Methoden und Techniken vermittelt wird, um ein Auseinanderdriften von deren Anforderungs- und Qualifikationsprofil zu verhindern.

Die Teilnahmebereitschaft an Weiterbildungsveranstaltungen von Mitarbeitern hängt vielfach von der Förderung durch den Vorgesetzten und dessen Einstellung zur Weiterbildung ab. Ein weiterer Einflussfaktor auf die Teilnahme kann, gerade in Großunternehmen, die Nähe zur Personal- bzw. Weiterbildungsabteilung sein. Um hier Ungleichverteilungen im Unternehmen zu vermeiden, empfiehlt sich die Planung und Kontrolle der Anzahl der Teilnehmer je Standort sowie der Herkunftsstruktur der Teilnehmer nach Funktionsbereichen (z. B. Einkauf, Marketing) bzw. Abteilungen. Besonderes Augenmerk sollte in diesem Zusammenhang auf die regelmäßige Teilnahme von Ausbildern, Lehrkräften etc. gerichtet werden.

Dem Controlling sollte ferner das Verhältnis der effektiven Teilnehmer einer Veranstaltung zur Anzahl der angemeldeten Teilnehmer unterworfen werden. Bisweilen sind lediglich ungünstige Termine die Ursache für ein Fernbleiben, wie z. B. die Kollision mit einem nach der Anmeldung bekannt gewordenen Termin.

Die jährliche Weiterbildungszeit pro Mitarbeiter stellt ein Maß für die Intensität der Weiterbildung dar und wird gemessen als Verhältnis der Gesamtzahl der Weiterbildungstage im Unternehmen zur Gesamtzahl der Mitarbeiter. Das Ausmaß der erforderlichen Weiterbildungszeit hängt vor allem von dem vorhandenen Wissen der Mitarbeiter und der Geschwindigkeit, mit der das vorhandene Wissen veraltet, ab. Durch die Differenzierung in einzelne Mitarbeitergruppen ist zu überprüfen, inwieweit die angestrebte Verteilung der Weiterbildungszeit vorliegt.

Um sicherzustellen, dass nicht einzelne Mitarbeiter völlig auf betriebliche Weiterbildung verzichten, kann der Anteil der Mitarbeiter ohne bisherige Teilnahme an Weiterbildungsveranstaltungen analysiert werden. Hierbei sind in die zugrunde zu legende Grundgesamtheit nur die Mitarbeiter einzubeziehen, die eine bestimmte Dauer der Betriebszugehörigkeit bereits überschritten haben (z. B. drei Jahre).

Träger und Methoden der Weiterbildung

Neben dem Umfang, den Zielgruppen und den Inhalten der Weiterbildung stellt die Auswahl der geeignetsten Träger und Methoden einen weiteren zentralen Parameter für den Weiterbildungserfolg dar. Die Bildungsmaßnahmen sind effektiv durchzuführen, sodass ein möglichst hoher Anteil der angestrebten Lerninhalte auch tatsächlich vermittelt wird.

Betriebliche Weiterbildungsmaßnahmen können sowohl intern als auch extern durchgeführt werden. Seitens des Controlling ist ein Instrumentarium zur zieladäquaten Auswahl des Trägers der Weiterbildungsmaßnahme bereitzustellen. Als Kriterien sind hierbei zu berücksichtigen die Genauigkeit der Zuordnung auf die Fortbildungsbedürfnisse, Dauer und Zeitpunkt der Veranstaltung, Kosten der Veranstaltung, geschätzte Ertragshöhe, Genauigkeit der Vorbereitung und Planung, Qualität der Lehrkräfte, Eignung der Lehrmethode, Status und Zusammensetzung der Teilnehmer, Ausmaß bisheriger Bewährung der Kurse, Neuheitsgrad der Veranstaltung und Prestige des Veranstalters (vgl. *Berthel/Franke* 1979, S. 68). Um die unterschiedliche Bedeutung der Beurteilungskriterien in Abhängigkeit von der Zielgruppe der Fortbildungsveranstaltung zu erfassen, können jene darüber hinaus gewichtet werden.

Angestrebt wird in der Regel eine Mischung von internen und externen Trägern der Weiterbildung (Anteil interner bzw. externer Trainer). Hierbei sind Trainer aus dem eigenen Unternehmen Mitarbeiter aus der Weiterbildungsabteilung, Führungskräfte und Spezialisten aus dem eigenen Unternehmen. Externe Träger können sein Trainer aus befreundeten Unternehmen, Hochschuldozenten, Referenten von Verbänden und öffentlichen Einrichtungen sowie Trainer anderer externer Bildungseinrichtungen, insbesondere Seminarveranstalter. Mit zunehmender Unternehmensgröße steigt regelmäßig der Anteil interner Trainingsveranstaltungen. Ein Vorteil kann in dem spezifischen Eingehen auf den konkreten Weiterbildungsbedarf im Unternehmen liegen. Gleichwohl ist der Zugriff auf externe Trainer meist notwendig, da die eigene Durchführung von Veranstaltungen für eine spezifische und/oder äußerst kleine Zielgruppe in der Regel nicht wirtschaftlich ist.

Die Entstehung von Weiterbildungsprogrammen kann erfolgen durch Eigenentwicklung, maßgeschneiderte Auftragsentwicklung durch Externe, Eigenentwicklungen unter Verwendung zugekaufter Bausteine oder die Übernahme von standardisierten Gesamtprogrammen. Zur Gewährleistung einer optimalen Abstimmung von Weiterbildungsbedarf und -angebot sollte ein im Einzelfall zu definierender Mindestanteil firmenspezifischer Weiterbildungsprogramme nicht unterschritten werden.

Gegenstand der Entscheidung über die Methoden in der Weiterbildung ist die Art und Weise, wie Weiterbildungsinhalte vermittelt werden sollen. In Frage kommen passive (z.B. Vorträge) und aktive Lernmethoden (z.B. Gruppenarbeit, Video-Feedback, Moderationsmethode, e-Learning, Lernstätten und Quality Circles). Die Auswahl der geeigneten Methode hängt ab von den zu vermittelnden Bildungsinhalten, der Zielgruppe, den vorhandenen Hilfsmitteln, der zur Verfügung stehenden Zeit und vom Weiterbildungsbudget. Aufgrund der bei aktiven Lehrmethoden wesentlich höheren Haftwirkung im Vergleich zu den passiven Methoden, ist auf einen hohen Anteil aktiver Lehrmethoden in den durchgeführten Veranstaltungen zu achten. So ist beispielsweise bei Vorträgen lediglich mit einer durchschnittlichen Haftwirkung von 20 % zu rechnen, während sie bei aktiver Mitarbeit durch Training on the Job bei fast 100 % liegt.

Da mit zunehmender Teilnehmerzahl an einzelnen Seminaren die Möglichkeit zur aktiven Beteiligung des einzelnen Teilnehmers sinkt, ist – in Abhängigkeit vom Weiterbildungsziel und -inhalt – darauf zu achten, dass die Teilnehmerzahl je Seminar nicht zu hoch wird. Seminare mit großer Nachfrage sollten daher zur Gewährleistung eines optimalen Weiterbildungserfolgs mehrfach angeboten bzw. gesplittet werden.

Um den Transfer des Gelernten in die tägliche Arbeitssituation sicherzustellen, muss an zwei Punkten angesetzt werden: Erstens der Gestaltung der Weiterbildungsmaßnahme selbst und zweitens der Unterstützung der Teilnehmer durch die Führungskraft (vgl. *Bühner* 2000, S. 66 f.). Je größer die Nähe der vermittelten Inhalte zur täglichen Arbeitssituation der Teilnehmer ist, umso einfacher ist es für diese, das Gelernte umzusetzen. Ein starker Bezug und damit eine gute Umsetzungsunterstützung ist insbesondere bei Maßnahmen gegeben, die unmittelbar am Arbeitsplatz („on the job") oder in dessen Nähe („near the job") durchgeführt werden. Zu den on-the-job Aktivitäten gehört beispielsweise die Unterweisung am Arbeitsplatz durch die direkte Führungskraft. Zirkel- oder Lernstattarbeit zählen zu den Maßnahmen, die in der Nähe des Arbeitsplatzes angesiedelt sind. Die Mitarbeiter kommen zur gemeinsamen Problemlösung an einem Ort in der Nähe ihres Arbeitsplatzes zusammen. Eine zusätzliche Qualifizierung der Teilnehmer findet hierbei praktisch automatisch statt.

Controlling der Weiterbildungskosten

Alle Weiterbildungsaktivitäten von Unternehmen führen zu Kosten, die im Rahmen des Weiterbildungs-Controlling ebenfalls einer Planung, Steuerung und Kontrolle zu unterwerfen sind. Hierbei werden sämtliche in einer Betrachtungsperiode anfallenden Weiterbildungskosten bezüglich Art und Höhe betrachtet. Die Gesamtkosten der betrieblichen Weiterbildung lassen sich in drei Gruppen einteilen (vgl. *Berthel* 1979, S. 196):

- Kosten der Programmplanung und -entwicklung (Kosten der Weiterbildungsabteilung, Bücher, Lernmaterialien, Kosten der Bedarfsanalyse, Kosten für Besuche und Tests von Fremdveranstaltungen),
- Kosten der Programmdurchführung (Trainergehälter bzw. -honorare, Lehrmittelkosten, anteilige Raumnutzungs- und Verwaltungskosten, Reisekosten und Spesen der Teilnehmer, Kosten für ausgefallene Arbeitszeit der Seminarteilnehmer, Kosten für Minderleistungen am Arbeitsplatz während der Fortbildungsdauer bei Training on the Job) und
- Evaluierungskosten (Durchführung von Tests und Auswertungen, Kosten für Follow up-Maßnahmen, wie Interviews mit Teilnehmern und deren Vorgesetzten).

In der Praxis angewandte Bezugsgrößen für die Festlegung des Weiterbildungsbudgets sind (vgl. *Berthel/Franke* 1979, S. 59):

- Prozentsatz vom Umsatz des Vorjahres bzw. des laufenden Jahres (= Anteil der Weiterbildungskosten am Umsatz)
- fester Betrag pro Mitarbeiter
(= Weiterbildungsaufwand je Mitarbeiter)
- festes Zeitbudget pro Mitarbeiter
(= jährliche Weiterbildungszeit je Mitarbeiter)
- Festlegung anhand der Weiterbildungsaktivitäten der Vorjahre
- Festlegung anhand der geschätzten Weiterbildungsaktivitäten des laufenden Jahres
- Zuweisung eines Gesamtbetrages durch die Unternehmensleitung
- Festlegung nach einer Erhebung der Weiterbildungsbedürfnisse der Mitarbeiter.

Zur Kontrolle der Weiterbildungskosten werden vielfach folgende Analysen durchgeführt (vgl. *Gaugler* 1987, S. 155 f.):

- zwischenbetrieblicher Vergleich der Weiterbildungskosten
- Periodenvergleiche der Weiterbildungskosten
- Vergleich der Weiterbildungskosten unterschiedlicher Betriebsteile und Mitarbeitergruppen (= Weiterbildungskosten je Betriebsteil bzw. Mitarbeitergruppe)
- Weiterbildungskosten pro Tag und Teilnehmer. Da lediglich Input-Größen verglichen werden, ist die Kennzahl nur begrenzt aussagefähig. Über die Qualität der Bildungsmaßnahmen wird keine Aussage getroffen.
- Vergleich von Höhe und Struktur der Kosten bei internen und externen Weiterbildungsmaßnahmen (= Durchschnittskosten interner bzw. externer Maßnahmen)
- Überprüfung der Preis- und Gebührenforderungen externer Weiterbildungsträger
- Ermittlung einer möglichen Kostendegression bei internen Weiterbildungsveranstaltungen

- Feststellung der aus Kostensicht erforderlichen Mindestteilnehmerzahl bei interner Schulung
- Vergleich zwischen Plan- und Ist-Kosten der Weiterbildung.

Dem Zeitaufwand für einzelne Themenbereiche ist an dieser Stelle der entsprechende Kostenaufwand gegenüberzustellen. Auf diese Weise lassen sich relativ kostenintensive Maßnahmen identifizieren und gegebenenfalls Einsparungspotenziale erkennen.

Da es sich bei den Aktivitäten der Weiterbildung um Investitionen in das Humankapital handelt, drückt die Kennzahl Anteil Weiterbildungskosten an den Gesamtpersonalkosten den Investitionsanteil an den Personalkosten aus. Aus der detaillierten Betrachtung dieser Kennzahl können Anhaltspunkte über Defizite in der Weiterbildung abgeleitet werden. Die Erreichung angestrebter Kennnzahlenwerte kann überprüft werden, jedoch sind gleichzeitig die zugrunde liegenden Strukturmerkmale anzugeben.

Mit dem Anteil ausgabenwirksamer Weiterbildungskosten an den gesamten Weiterbildungskosten lässt sich schließlich angeben, inwieweit es sich um variable Kosten handelt bzw. welche Fixkosten im Weiterbildungsbereich bestehen.

Zur Beurteilung des Weiterbildungsaufwandes und seiner Veränderung ist es erforderlich, den Einfluss folgender Faktoren zu analysieren:

- Mengeneinflüsse, insbesondere Veränderungen in der Mitarbeiterzahl,
- Sturktureinflüsse, beispielsweise Veränderungen in der Zusammensetzung der Belegschaft, die zu einem höheren Qualifikationsniveau führen,
- Verteuerungseinflüsse (z. B. Preissteigerungen externer Seminare).

Controlling des Weiterbildungserfolges

Das größte Messproblem innerhalb des Weiterbildungs-Controlling stellt seit jeher die Quantifizierung des Weiterbildungserfolges dar. Im Rahmen des Controlling des Weiterbildungserfolges soll Aufschluss darüber gewonnen werden, ob die gesetzten Weiterbildungsziele als Folge der Durchführung der Maßnahme erreicht worden sind. Im Idealfall erfolgt die Erfolgsmessung in der Weiterbildung über die vier Stufen Qualität, Wissen, Können und Nutzen (vgl. *Abb. 69*).

Im einfachsten Fall erfolgt lediglich eine Bewertung der Weiterbildungsveranstaltung durch die Teilnehmer unmittelbar nach Beendigung des Seminars. Mehrere Kriterien, wie

- Übereinstimmung von Weiterbildungsinhalt mit Weiterbildungsbedarf
- Anwendung mehrerer Lernmethoden (aktives Lernen)
- Anwendung moderner Lernmittel
- Arbeitsplatzbezogenheit der Bildungsmaßnahme

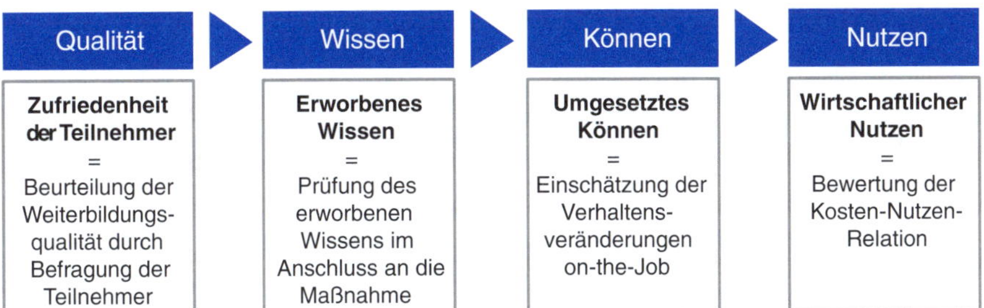

Abb. 69: Die vier Stufen der Erfolgsmessung in der Weiterbildung (vgl. Phillips/Schirmer 2008)

- Qualität der Unterlagen
- Angemessenheit der Gruppengröße
- Angemessenheit des organisatorischen Rahmens
- Qualifikation der Lehrkräfte

lassen sich (gewichtet oder ungewichtet) zur Teilnehmerzufriedenheit in Form einer Seminarnote verdichten. Hiermit lässt sich allerdings noch keine Aussage über den Umsetzungserfolg treffen, vielmehr ist die genannte Kenngröße eine Basis für die Planung künftiger Maßnahmen. Wird im Anschluss an die Weiterbildungsmaßnahme ein Test durchgeführt, lässt sich das tatsächlich erworbene Wissen prüfen.

Eine Kontrolle des Umsetzungserfolgs ist nur bei ausführenden Tätigkeiten relativ einfach durchzuführen. Hier kommt bisweilen die direkte Erfolgsmessung am Arbeitsplatz mittels Kennzahlen, wie Produktivität, Ausschussquote etc. zur Anwendung.

Die Bildungsrendite (= durch Weiterbildung erzielbare Deckungsbeiträge im Verhältnis zum eingesetzten Kapital in Form von Kosten der Weiterbildung) stellt ein Maß für den ökonomischen Erfolg von Weiterbildungsmaßnahmen dar (vgl. *Wilkening* 1986, S. 313). Durch einen Vergleich der Bildungsrenditen unterschiedlicher Maßnahmen können die vorhandenen finanziellen Ressourcen der effizientesten Verwendung zugeführt werden. Die Berechnung der Kennzahl setzt voraus, dass als Output messbare Größen (z. B. Stückzahlen, Fertigungskosten, Ausschusskosten) ermittelt werden können, die in einem kausalen Zusammenhang zu einer durchgeführten Bildungsmaßnahme stehen. Die Anwendungsgrenzen der Kennzahl sind deshalb schnell erreicht, insbesondere bei Bildungsaktivitäten für Führungskräfte.

Das in *Abb. 70* dargestellte Verfahren zur Quantifizierung der Erfolgskontrolle basiert auf der Ermittlung des Bildungswertes als Summe aus dem Lernwert und dem Transferwert (vgl. *Walsh* 1987). Beim Lernwert wird der maximale Lernnutzen einzelner Weiterbildungsziele monetär bewertet und mit dem Erreichungsgrad multipliziert. Um den Transferwert zu ermitteln, sind zunächst differen-

1. Quantifizierung des Lern- und Transferwertes pro Teilnehmer

Bildungsmaßnahme: Besprechungstechnik						Nr.		Zeit:		Datum:	
Lernziele (LW = Lernwert)	**Max LW Euro**	**Erreichungsgrad 1**	**0,6**	**0,2**	**Ist-LW Euro**	**Transferziele (TW = Transferwert)**	**Max. TW Euro**	**Erreichungsgrad 1**	**0,6**	**0,2**	**Ist-TW Euro**
Teilnehmer soll						Angestrebt wird:					
• Besprechungen vorbereiten können	0,5		X		0,3	• kürzere Projektbesprechung	1	X			1,0
• Besprechungen leiten können	0,8	X			0,8	• weniger Teilnehmer (keine Konferenzen)	3		X		1,8
• als Besprechungsteilnehmer Werdegang der Besprechung beeinflussen können	0,5		X		0,3	• konkrete Ergebnisse mit Maßnahmen und Zuständigkeiten	3		X		1,8
• simultan protokollieren können	0,4			X	0,1	• Umsetzungsverfolgung und Kontrolle	2			X	0,4
	2,2				**1,5**		**9**				**5,0**

Summe aller Teilnehmer

2. Wirtschaftlichkeitsberechnung

a) Nutzen

Teilnehmer	Lernwert (LW) T Euro	Transferwert (TW) T Euro	Weiterbildungswert (WW) T Euro
Herr Nau (siehe 1.)	1,5	5,0	6,5
Herr Zinn	0,2	0,3	0,5
Herr Tander	0,3	0,4	0,7
Herr Hofmann	0,2	0,4	0,6
Herr Zapf	1,5	2,0	3,5
Herr Kiel	1,2	0,7	1,9
Herr Bergmann	1,0	1,5	2,5
Herr Damm	0,9	1,5	2,4
Frau Nahm	0,5	0,4	0,9
Herr Dill	0,6	0,7	1,3
Summe	**7,9**	**12,9**	**20,8**

b) Kosten (in T Euro)

Weiterbildungsmaßnahme	6,5	
+ Kosten für bezahlte Arbeitszeit	7,0	
= Weiterbildungskosten (WK)	13,5	**13,5**

c) Ergebnis

Weiterbildungserfolg (WE) = a) · b)	**Summe T Euro**	**7,3**
in Prozent (WW von WK)		**154**

Abb. 70: Ermittlung des Weiterbildungserfolges (vgl. Walsh 1987)

zierte Transferziele aufzuschlüsseln und ihr quantitativer Nutzen anzugeben. Durch die Verknüpfung mit dem Erreichungsgrad ergibt sich der Transferwert.

Lern- und Transferwert sind für jeden Teilnehmer gesondert zu ermitteln. Aus der Summe der Weiterbildungswerte über alle Teilnehmer ergibt sich sodann der Nutzen einer Veranstaltung. Von letzterem werden die Bildungskosten subtrahiert, sodass der Weiterbildungserfolg resultiert.

Sofern einzelne Weiterbildungsmaßnahmen der Vorbereitung der Übernahme einer anspruchsvolleren Aufgabe dienen, kann (mit Einschränkungen) der Anteil realisierter Beförderungen an den geplanten Beförderungen Hinweise im Weiterbildungs-Controlling liefern. Zu niedrige Werte der Kennzahl sollten in der Folge zu einer Überprüfung des Auswahlverfahrens für die Teilnahme an derartigen Veranstaltungen führen.

Für die Überprüfung der Aufgabenerfüllung der Weiterbildungsabteilung kann der Realisierungsgrad der geplanten Weiterbildungsveranstaltungen herangezogen werden. Ursachen für geplante, aber nicht durchgeführte Aktivitäten können dabei natürlich auch außerhalb des Einflussbereichs der Weiterbildungsabteilung liegen (z. B. Absage durch die Teilnehmer).

3.6 Performance Management

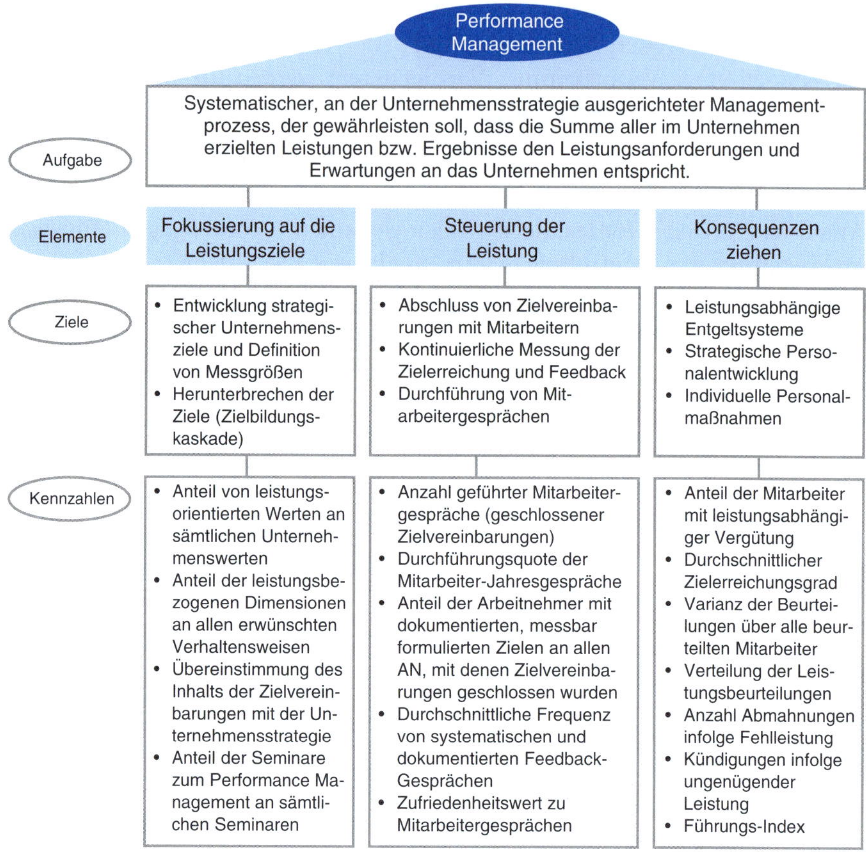

Abb. 71: Aufgaben, Elemente, Ziele und Kennzahlen des Performance Management

3.6.1 Konzept eines integrierten Performance Management

Erfolgreiche Unternehmen setzen sich fokussiert mit ihren zentralen Wettbewerbsherausforderungen auseinander. Sie entwickeln eine klare Geschäftsstrategie und darauf ausgerichtete Unternehmensziele, wobei sie das Potenzial aller Mitarbeiter voll nutzen. Nur wenn die erforderlichen Unternehmensergebnisse (Corporate Performance) erzielt werden und die erforderlichen Mitarbeiterpotenziale freigesetzt werden und in herausragende Mitarbeiterergebnisse (Human Performance) umgesetzt werden, lässt sich nachhaltiger Unternehmenserfolg erzielen. Ein wirkungsvolles Performance Management kann den Weg hierzu ebnen.

„Unter Performancemanagement wird hier ein systematischer, an der Unternehmensstrategie ausgerichteter Managementprozess verstanden, der sicherstellen soll, dass die Summe aller im Unternehmen erzielten Leistungen bzw. Ergebnisse den Leistungsanforderungen und Erwartungen an das Unternehmen entspricht und dadurch die Wettbewerbsfähigkeit des Unternehmens sicherstellt" (*Jetter* 2000, S. 31).

Merkmale

Performance Management ist eng an die Führungsphasen des Planungs- und Kontrollsystems (Planung, Steuerung und Kontrolle) angelehnt (vgl. hierzu *Abb. 3*). Es umfasst darüber hinaus den Zielbildungs- und den Feedbackprozess (Feedback, Messung und Review) im Sinne eines kybernetischen Regelkreises sowie die Komponenten Anreiz, Belohnung und Sanktion. Auch die Anbindung an die Informationsversorgungssysteme ist durch die besondere Beachtung von Kennzahlen ein wesentliches Element (vgl. *Gleich* 2001, S. 21).

Ein wirkungsvolles Performance Management-System:

- verfügt über volles Management-Commitment, indem es vom Topmanagement gewollt, aktiv vorgelebt und konsequent verfolgt wird,
- ist konsequent auf den Markt ausgerichtet und trägt dazu bei, die Gesamtleistung des Unternehmens so zu koordinieren, dass alle Organisationseinheiten und Mitarbeiter auf die zentralen strategischen Herausforderungen fokussiert sind (Markt- und Wettbewerbsfokus),
- sorgt für Zielklarheit und -konsistenz im gesamten Unternehmen, indem Führungskräften und Mitarbeitern vermittelt wird, was konkret von ihnen erwartet wird und wie sich ihr Beitrag auf die Unternehmensziele auswirkt,
- liefert einen Bezugsrahmen für alle Beteiligten, die eigenen und übergreifende Aktivitäten im Hinblick auf die Ziele zu planen, Prioritäten zu setzen und die Maßnahmen fokussiert umzusetzen (Umsetzungsorientierung und Praxisverzahnung),
- ist ein Führungs- und Steuerungsinstrument, das Führungskräften und Mitarbeitern zeitnahe und relevante Informationen über den Stand der Aktivitäten liefert und hilft, die Arbeit effektiv zu koordinieren, die Aufgaben optimal zu bewältigen und auftretenden Problemen frühzeitig zu begegnen,
- sorgt dafür, dass die Mitarbeiter ein regelmäßiges Feedback über ihre Leistungen erhalten und dass gemeinsam Schlussfolgerungen daraus gezogen werden (Partnerschaftlichkeit und Offenheit),
- umfasst in Abhängigkeit von den erzielten Leistungen adäquate Personalmaßnahmen, wie zum Beispiel flexible Entlohnungsformen (Leistungsfokus),
- bietet bedarfsorientierte Förder- und Entwicklungsmöglichkeiten für die Mitarbeiter (Zukunftsorientierung und Entwicklung) (vgl. hierzu Jetter 2000, S. 40 f.).

Leistungsebenen und -phasen

Um den genannten Anforderungen an ein erfolgreiches Performance Managementsystem gerecht zu werden, bedarf es eines integrierten Gesamtansatzes, bei dem alle Unternehmensebenen und der gesamte Leistungserstellungsprozess einbezogen werden. Die relevanten Leistungsebenen und -phasen werden nachfolgend beschrieben (vgl. *Jetter* 2000, S. 41).

Dimension 1: Die Ebenen von Performance Management
Performance Management findet auf drei Leistungsebenen mit jeweils unterschiedlichen Fokus statt:

- Auf Unternehmensebene zielt Performance Management auf die Sicherung der Wettbewerbsfähigkeit ab.
- Auf Organisations-/Prozessebene sollen mithilfe des Performance Management die zur Zielerreichung erforderlichen Fähigkeiten aufgebaut und umgesetzt werden.
- Auf Mitarbeiterebene zielt Performance Management darauf ab, die einzelnen Beiträge sicherzustellen und eine motivierende Arbeitssituation zu gestalten.

Dimension 2: Die Phasen von Performance Management
Performance Management lässt sich in drei Leistungsphasen einteilen:

- Die Leistungsplanung beinhaltet den gesamten Zielplanungsprozess.
- Die Leistungserbringung beinhaltet die Umsetzung und Kontrolle der zur Zielerreichung notwendigen Maßnahmen.
- Die Leistungskontrollen beinhalten das Feedback an die Mitarbeiter und die zur Verfügung stehenden Instrumente zur permanenten Leistungsverbesserung.

Dimension 3: Die Elemente von Performance Management
Ordnet man die Dimension 1 (Ebenen des Performance Management) und Dimension 2 (Phasen von Performance Management) in einer Matrix an, so lassen sich die relevanten Elemente von Performance Management ableiten (vgl. *Abb. 72*). Aus den neun verschiedenen Kombinationen der Leistungsebenen mit den Leistungsphasen ergeben sich die wichtigsten Bausteine von Performance Management.

3.6.2 Gesamtprozess Performance Management

Ein wirkungsvolles Performance Management basiert auf der Integration vieler Einzelelemente (vgl. *Abb. 73*). Diese werden nachfolgend im Überblick anhand der drei zentralen Bausteine im Leistungszyklus nämlich Fokussierung auf die Leistungsziele, Steuerung der Leistung und Konsequenzen ziehen, dargestellt (vgl. hierzu *Jetter* 2000, S. 42–45).

Leistungsphasen / Leistungsebenen	Planung der Leistung	Umsetzung der Leistung	Konsequenzen der Leistung
Unternehmensebene	Strategische Richtung des Unternehmens festlegen	Unternehmensübergreifende Initiativen steuern	Human Resource Management an der Strategie ausrichten
Organisations-/ Prozessebene	Zielmanagement einführen	Übergreifende Projekte und Maßnahmen effizient managen	Feedback- und Lernprozess im Unternehmen verankern
Mitarbeiterebene	Ziele vereinbaren	Maßnahmen effizient umsetzen	Mitarbeitergespräche führen und Konsequenzen vereinbaren

Abb. 72: Die Kernelemente von Performance Management (Jetter 2000, S. III)

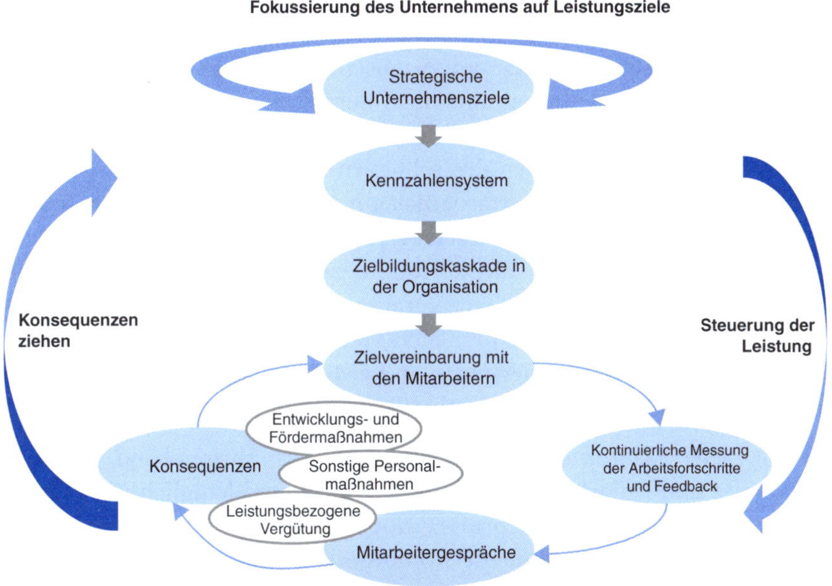

Abb. 73: Gesamtprozess Performance Management (Jetter 2000, S. 43)

Fokussierung auf die Leistungsziele

Ausgangspunkt von Performance Management ist die Ausrichtung des Unternehmens im Wettbewerb. Nur mit einer profunden Kenntnis der Unternehmensstrategie und -ziele lassen sich die erforderlichen Gesamtanstrengungen eines Unternehmens abschätzen und auf die verschiedenen Unternehmenseinheiten herunterbrechen. Das Topmanagement muss deshalb dafür sorgen, dass die strategischen Unternehmensziele umfassend kommuniziert und die Zielbildungsprozesse im Unternehmen initiiert und konsequent gesteuert werden.

Um festzustellen, ob die Unternehmensstrategie erfolgreich umgesetzt wird, benötigt man relevante Messgrößen für die strategischen Ziele. Kennzahlensysteme wie zum Beispiel die Balanced Scorecard (vgl. Abschnitt 4.4) liefern hierzu geeignete Meß- und Steuerungsgrößen. Nach der Festlegung der strategischen Ziele gilt es also, geeignete Erfolgsindikatoren zu identifizieren und in Form von Kennzahlen darzustellen.

Es reicht nicht, dass nur die Unternehmensleitung die Richtung des Unternehmens kennt. Entscheidend ist auch, dass die einzelnen Organisationseinheiten und alle Mitarbeiter die Ziele kennen und auf ihren jeweiligen Beitrag zum Gesamtziel herunterbrechen können. Die Unternehmensziele müssen kaskadenförmig über das gesamte Unternehmen ausgebreitet werden und eine Fokussierung aller Kräfte auf die strategischen Unternehmensziele sicherstellen.

Steuerung der Leistung

Nachdem die Ziele für die Organisationseinheiten über die verschiedenen Unternehmensebenen hinweg auf die Unternehmensziele ausgerichtet und untereinander abgestimmt sind, gilt es nun mit den Mitarbeitern konkrete, schriftliche Zielvereinbarungen abzuschließen und Meßkriterien für die Zielerreichung festzulegen. Dies ist erforderlich, um zum einen Zielklarheit und zum anderen Verbindlichkeit bei der Zielüberprüfung für die damit verbundenen Konsequenzen, wie zum Beispiel leistungsbezogene Vergütung, herzustellen. Klare Ziele sind eine unabdingbare Voraussetzung für eine zielgerichtete Planung und Umsetzung der erforderlichen Maßnahmen. Mit den fünf SMART-Kriterien werden die Anforderungen an Leistungsziele in einem verbreiteten Kriterienkatalog einprägsam formuliert (vgl. *Abb. 74*).

Um die Zielerreichung sicherzustellen, ist es nicht ausreichend, dass Führungskräfte und Mitarbeiter den Zielerreichungsgrad lediglich am Ende des Vereinbarungszeitraums überprüfen. Noch wichtiger ist, dass während des gesamten Prozesses eine laufende Kommunikation erfolgt. Hierbei sind regelmäßig Zwischenziele zu überprüfen und es wird über den Fortgang der Arbeiten miteinander gesprochen. Dies eröffnet die Möglichkeit, auf Probleme zu reagieren und gegenzusteuern, sofern sich Abweichungen vom angestrebten Kurs andeuten. Führungskräfte können hier ihrer Rolle als Coach ihrer Mitarbeiter besonders gerecht werden und zum gemeinsamen Erfolg beitragen.

Jedem Mitarbeiter sollte am Ende eines Geschäftsjahres Gelegenheit für ein ausführliches Gespräch mit seinem Vorgesetzten gegeben werden. In diesem sollte der Mitarbeiter einerseits ein ausführliches Feedback über die erreichten Ziele und erbrachten Leistungen im abgelaufenen Geschäftsjahr erhalten. An-

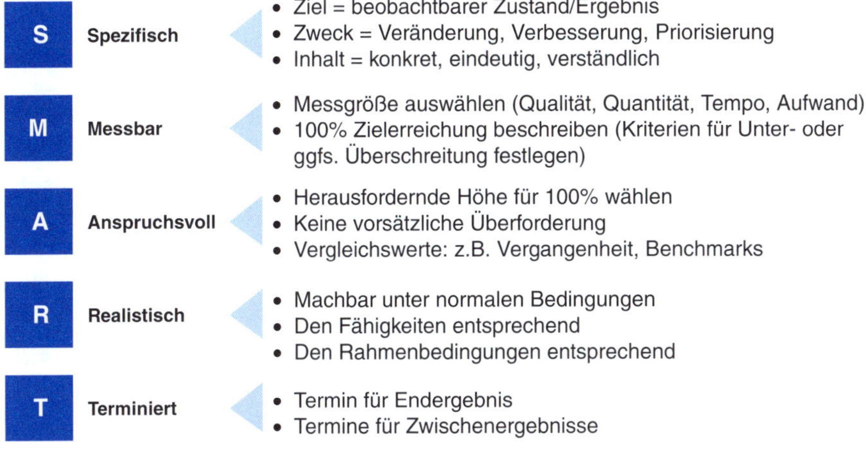

Abb. 74: SMART-Kriterien

dererseits sollten der Mitarbeiter und sein Vorgesetzter miteinander über die Konsequenzen der erzielten Leistungen und die weitere Entwicklung sprechen sowie Vereinbarungen für die Zukunft treffen. Zweck dieses Gespräches ist die gegenseitige Standortbestimmung sowie die kontinuierliche Verbesserung der Leistung und Zusammenarbeit.

Konsequenzen ziehen

Kernelement einer leistungsorientierten Unternehmenskultur ist, dass sich Leistung lohnen muß. Dies erfolgt zum einen über ein leistungsabhängiges Entgeltsystem, aber auch über die konkrete Erfahrung, dass außergewöhnliche und schwache Ergebnisse „leistungsgerecht" honoriert werden. Zielvereinbarungssysteme sollten deshalb mit einem adäquaten leistungsabhängigem Entgeltsystem verknüpft werden, das Erfolge spürbar belohnt und Verfehlungen bei der Zielerreichung ebenfalls spürbar zum Ausdruck bringt.

Auf der Grundlage der im Zielvereinbarungszeitraum gemachten Erfahrungen ist es Aufgabe der Führungskräfte und Mitarbeiter mit Unterstützung des Personalbereichs notwendige Entwicklungs- und Fördermaßnahmen zu identifizieren, zu vereinbaren und umzusetzen. Diese Entwicklungsmaßnahmen sollen einerseits die Bedürfnisse und Entwicklungsziele der Mitarbeiter abdecken und andererseits zu einer Verbesserung der Leistungsergebnisse führen. Auf der Basis der im zurückliegenden Zeitraum gewonnenen und in den Mitarbeitergesprächen vertieften Erkenntnisse über Potenziale, Qualifikationsprofil und die beruflichen Ziele der Mitarbeiter, können unternehmensübergreifende Auswertungen in Form von Karriere- bzw. Laufbahnplanungen, Förderprogrammen und Nachfolgeplanungen durchgeführt werden. So kann die individuelle Personalentwicklung mit der unternehmensweit angelegten qualitativen Personalplanung und der strategischen Personalentwicklung verknüpft werden.

Zu einer leistungsorientierten Mitarbeiterführung gehören nicht nur eine leistungsgerechte Entgeltfindung und Mitarbeiterentwicklung. Darüber hinaus müssen alle Elemente des Arbeitsverhaltens einbezogen werden. Zeigen sich beispielsweise gravierende Leistungsmängel, die bereits mehrfach besprochen wurden, ohne dass Anzeichen einer Leistungsverbesserung oder einer Änderung des dazu erforderlichen Leistungsverhaltens erkennbar sind, sind erforderlichenfalls auch disziplinarische Maßnahmen zu ergreifen. Inkonsequenz gegenüber Leistungsverweigerern wirkt demotivierend und schädlich auf leistungsbereite Mitarbeiter, sodass insgesamt keine Leistungskultur entstehen bzw. aufrechterhalten werden kann. Aber natürlich gehören zu den individuellen Personalmaßnahmen zum Beispiel auch die Beförderung von Topleistungsträgern und die Beschleunigung von deren Karriere.

Nach Abschluss des beschriebenen Leistungszyklus startet der Kreislauf wieder von vorne, beginnend mit der strategischen Ausrichtung des Unternehmens sowie der Entwicklung und Vereinbarung der neuen Ziele für das kommende Geschäftsjahr.

3.6.3 Aufgaben und Rollen im Performance Management-Prozess

Jede der am Performance Management-Prozess beteiligten Gruppen im Unternehmen (Topmanagement, Führungskräfte, Personalwesen) nehmen jeweils spezifische Rollen wahr, wobei der Prozess nur im Team erfolgreich verlaufen kann (vgl. *Abb. 75*).

Top-Management	Führungskräfte	Personalwesen
• Strategische Ziele definieren • Leistungsfokus im Unternehmen verankern • Den Performance-Management-Prozess anführen • Commitment und Geschlossenheit sicherstellen • Den Gesamtprozess zum Erfolg führen	• Mitwirkung am Zielbildungsprozess • Führen von Zielvereinbarungsgesprächen • Laufende Fortschrittskontrolle und Feedback • Führen von Mitarbeitergesprächen • Geeignete Personalmaßnahmen ableiten und veranlassen	• Moderation der Zielentwicklungsworkshops • Instrumentarium zur Verfügung stellen • Beratung des Top-Managements und der Führungskräfte • Administrative Unterstützung

Abb. 75: Rollenverteilung im Performance Management-Prozess (Jetter 2000, S. 45)

3.6.4 Nutzen, Einführungsfehler und Entwicklungsstufen des Performance Management

Nutzen

„Der wesentliche Nutzen von Performance Management ist:

Für das Unternehmen
- Fokussierung auf die wesentlichen Felder zur Verbesserung der Wettbewerbsfähigkeit (Wettbewerbsfokus).
- Ausrichten des gesamten Unternehmens auf die Unternehmensstrategie und Koordination der notwendigen Aktivitäten (strategische Ausrichtung).
- Durchgängige Konzentration auf die erforderlichen Ergebnisse (Ergebnissicherung).
- Leistungsorientierte Unternehmenskultur (Leistungshonorierung).

Für die Führungskräfte
- Bündelung von Zeit und Energie durch Konzentration auf die wesentlichen Dinge (Priorisierung).
- Zeitersparnis durch eigenverantwortlich handelnde Mitarbeiter, die wissen, was von ihnen erwartet wird (Entlastung).
- Aktuelle Informationen über den Stand der Schwerpunktaktivitäten (Information und Kommunikation).
- Information über den Leistungsstand der Mitarbeiter und Verbesserungsmöglichkeiten (Leistungsbewertung und Förderungsmöglichkeiten).
- Bessere Arbeitsergebnisse durch motivierte Mitarbeiter und aufeinander abgestimmte Vorgehensweisen (Leistungssteigerung).

Für die Mitarbeiter
- Besseres Rollen- und Aufgabenverständnis (Klarheit).
- Wissen, was von ihnen erwartet wird und wie ihre Arbeit mit der Arbeit anderer und den übergeordneten Zielen zusammenhängt (Transparenz).
- Kennen des Verantwortungsspielraums und der Kompetenzen (Empowerment).
- Feedback und Anerkennung für die geleistete Arbeit (Honorierung).
- Möglichkeit zur gezielten Weiterentwicklung ihrer Fähigkeiten (Entwicklung)" (*Jetter* 2000, S. 33).

Einführungsfehler

Bei der Einführung von Performance Management werden vielfach Fehler gemacht, von denen die häufigsten in *Abb. 76* zusammenfassend dargestellt sind.

Abb. 76: Fehler bei der Einführung von Performance Management (Jetter 2000, S. 33)

Entwicklungsstufen

Es lassen sich in der Praxis verschiedene Entwicklungsstufen von Performance Management-Systemen beobachten. Fortschrittliche Performance Management-Systeme zeichnen sich unter anderem durch

- eine starke Leistungsebenendifferenzierung,
- eine ausgewogene Definition finanzieller und nicht finanzieller strategischer und operativer Ziele sowie
- des darauf aufbauenden Kennzahleneinsatzes,
- einen hohen Stakeholdereinfluss,
- eine enge Kopplung der strategischen und operativen Planung und
- den Einsatz neuer betriebswirtschaftlicher Instrumente (z. B. Prozesskostenrechnung, Target Costing oder Benchmarking)

aus (vgl. *Gleich* 2001, S. 413). *Abb. 77* verdeutlicht die verschiedenen Entwicklungsstufen des Performance Management hin zu einem fortschrittlichen Performance Management.

3.6.5 Kontinuierliches Performance Management mit OKR

Das Führen mit Zielen in Unternehmen wurde mit dem Ansatz des MbO (Management by Objectives) von Peter Drucker in den 1950er-Jahren ein zentrales Managementkonzept. Druckers Ziel war der Entwurf eines Steuerungsmodells, das individueller Stärke und Verantwortlichkeit volle Entfaltungsmöglichkeit einräumt und gleichzeitig eine gemeinsame Richtung von Vision und Engagement vorgibt, Teamarbeit etabliert und die Einzelziele mit dem Allgemeinwohl in Einklang bringt. Er zeigte auf, dass Führungskräfte oftmals in eine Aktivitätsfalle laufen und deshalb MbO als Systematik benötigen, um

Entwicklungsstufen des ... Performance Measurement

	Gestern	Heute	Morgen
Durchgängige Leistungsebenendifferenzierung	keine	wenig	stark
Strategische und operative Ziele und Kennzahlen	finanziell dominiert	finanziell und teilweise nichtfinanziell	ausgewogen finanziell und nichtfinanziell
Kopplung strategische und operative Planung	nicht festgelegt	wenig festgelegt	festgelegt
Abstimmung Ziele und Strategie	wenig	auf einigen Leistungsebenen	auf allen Leistungsebenen
Stakeholdereinfluss	shareholderdominiert	mittlerer Einfluss	starker Einfluss
Kennzahlenauswahl und -planvorgabe	Top-down-Vorgabe	Leistungsebenen teilautonom	völlig leistungsebenenautonom
Kennzahlenänderungsflexibilität	gering	mittel	hoch
Kennzahlen der Leistungsvorgabe	nicht ausgewogen	kaum ausgewogen	ausgewogen
Rollenverteilung der Akteure im Performance Measurement	nicht ausgewogen	kaum ausgewogen	ausgewogen
Einsatz neuer betriebswirtschaftlicher Instrumente im Performance Measurement	kein Einsatz	Einsatz einiger Instrumente	Einsatz vieler Instrumente

Abb. 77: Entwicklungsstufen des Performance Measurement (Gleich 2001, S. 413)

eine Fokussierung auf die wirklich wichtigen Prioritäten sicherzustellen. Das Konzept wurde von einer Vielzahl zukunftsorientierter Unternehmen übernommen. Es wurden jedoch im Laufe der Zeit, insbesondere bei permanenter Anwendung, die Grenzen dieses Managementkonzeptes sichtbar: Bei anderen stagnierten die Ziele im Laufe der Zeit aufgrund fehlender regelmäßiger Aktualisierung oder waren im Silodenken gefangen und deshalb nicht zu erkennen. Teilweise wurden die Ziele auf KPIs, seelen- und kontextlose Zahlen, reduziert. Als besonders nachteilig erwies sich, dass MbOs an Gehälter und Boni gebunden wurden, was dazu führte, dass Risikobereitschaft bestraft wurde. Bis zu den 1990er-Jahren war das System schließlich aus der Mode gekommen (vgl. *Doerr* 2018, S. 37 f.).

In Anlehnung an *Drucker* führte *Andy Grove* bei Intel ein Zielsetzungssystem, das „iMbO“ (Intel Management by Objectives) ein, das stark vom klassischen MbO abwich (vgl. *Abb. 78*). Objectives & Key Results (OKR) ist ein operatives Performance Management-System, das erstmals bei Intel eingeführt wurde und als wesentlicher Treiber für das Wachstum des Unternehmens gilt. OKR ist ein operatives Managementsystem für Zielsetzung, Planung und Kontrolle, das auf verschiedenen organisatorischen Ebenen angewendet werden kann. In *Abb. 78* sind die wesentlichen Unterschiede zwischen dem MbO-Ansatz und OKR dargestellt.

MBOs	OKRs von Intel
„was“	„was“ und „wie“
jährlich	vierteljährlich oder monatlich
persönlich und isoliert	öffentlich und transparent
top-down	bottom-up oder horizontal (~ 50%)
an Entlohnung gekoppelt	meistens getrennt von Entlohnung
risikovermeidend	aggressiv und ambitioniert

Abb. 78: MbOs versus OKRs (Doerr 2018, S. 39)

Elemente und Prinzipien

OKRs sind einfach strukturiert und bestehen aus zwei Elementen sowie vier Prinzipien (vgl. *Abb. 79*). Entsprechend ihrem Namen haben OKRs zwei Elemente (vgl. *Engelhardt/Möller* 2017, S. 31):

- Objectives als qualitative, ambitionierte und inspirierende Ziele, die Mitarbeiter motivieren sollen und definieren, was gemeinsam erreicht werden soll. Die Anzahl der Objectives ist auf maximal fünf pro Quartal beschränkt, damit dem Mitarbeiter die Prioritäten verdeutlicht werden.

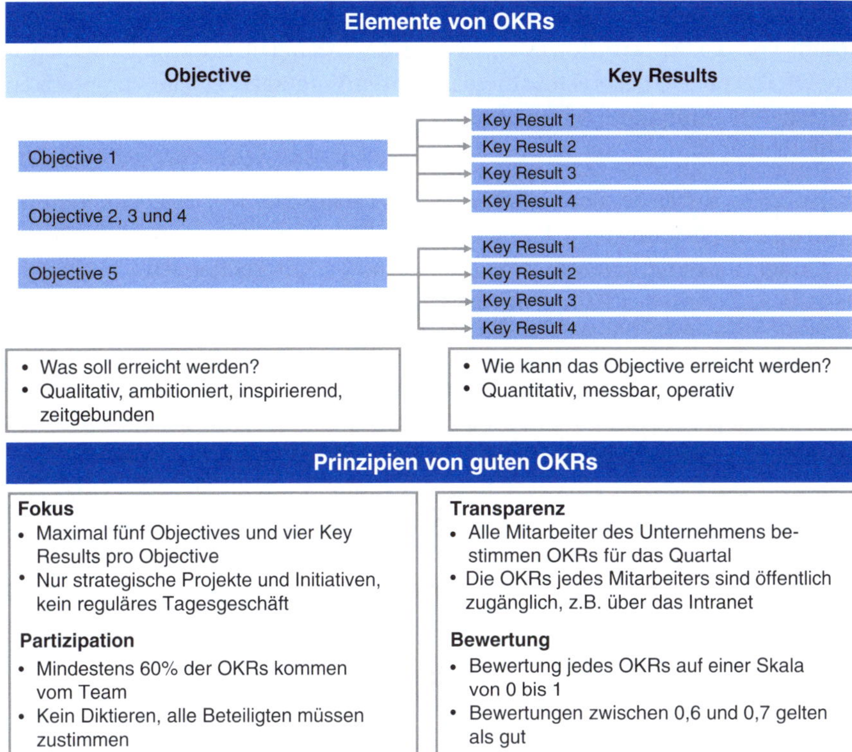

Abb. 79: Elemente und Prinzipien von OKRs (Engelhardt/Möller 2017, S. 33)

- Key Results als quantitative, messbare und in operative Aktivitäten überführbare Schlüsselergebnisse definieren, wie ein Objective gemeinsam erreicht werden kann. Mit den Key Results erhält der Mitarbeiter eine qualifizierte Rückmeldung, ob er sich der Zielerreichung nähert bzw. ob das Objective am Ende des Quartals erreicht wurde.

Mit dieser Zweiteilung in Objectives und Key Results können sowohl das strategische „big picture“ der Objectives als auch operativ ausgerichtete Key Results miteinander verknüpft werden (vgl. *Schmidt* u. a. 2014, S. 221).

Neben den beiden beschriebenen Elementen sind es vier Prinzipien, die OKRs von den traditionellen Planungs- und Zielsetzungssystemen unterscheiden (vgl. *Schmidt* u. a. 2014, S. 221): Fokus, Partizipation, Transparenz und Bewertung.

Fokus bedeutet, dass pro Mitarbeiter und Quartal maximal fünf Objectives und pro Objective maximal vier Key Results vereinbart werden. Bei Google gehört zum Fokus im Rahmen des OKR-Ansatzes auch, dass OKRs nur für strategische Projekte und Initiativen bestimmt werden, die eine besonders hohe Aufmerksamkeit erfordern. Sie werden also nicht für das Management des regulären Tagesgeschäfts herangezogen (vgl. *Schmidt* u. a. 2014, S. 222).

Partizipation bedeutet, dass mindestens 60 Prozent der Objectives und Key Results von den Mitarbeitern vorgeschlagen werden. Die Mitarbeiter schlagen ihre OKRs vor und besprechen diese mit ihren Vorgesetzten. Die Vorgesetzten müssen zustimmen und stimmen ihrerseits ihre eigenen Objectives mit ihren Vorgesetzten ab.

Transparenz bedeutet, dass alle OKRs, vom CEO bis zum Praktikanten, im Unternehmen bekannt sind. Google veröffentlicht die OKRs seiner Mitarbeiter im Google Intranet. Hierdurch können sich alle Mitarbeiter schnell ein umfassendes Bild von den Fähigkeiten, vergangenen Leistungen sowie derzeitigen und künftigen Aufgabenschwerpunkten eines anderen Mitarbeiters machen.

Die Bewertung der Objectives und der Key Results wird in drei Schritten durchgeführt. Zunächst wird jedes Key Result auf einer Skala von 0–1 benotet, wodurch eine prozentuale Zielerreichung ausgedrückt wird. Im zweiten Schritt wird der Durchschnitt aller Key Results ermittelt, um so für jedes Objective eine Bewertung zu erhalten. Schließlich wird im letzten Schritt der Durchschnitt der Ergebnisse aller Objectives gebildet, um eine Gesamtbewertung für das Quartal zu erhalten. Eine Bewertung von unter 0,4 pro Objective (nicht pro KR) wird bei Google als ungenügend angesehen, eine Bewertung zwischen 0,6 und 0,7 hingegen als gut. Eine Bewertung von 1 gilt als besonders schlecht, denn es wird dann vermutet, dass der Mitarbeiter seine Ziele bewusst zu niedrig und nicht ambitioniert genug gesetzt hat (vgl. *Schmidt* 2014, S. 220f.).

Quartalsrhythmus von OKRs

Es werden drei Arten von OKRs unterschieden: Firmen-OKRs, Team-OKRs und Mitarbeiter-OKRs. Firmen-OKRs beschreiben das große Gesamtbild und den Fokus für das gesamte Unternehmen. Sie werden vom CEO und seinem Managementteam erarbeitet. Üblicherweise werden die Firmen-OKRs für jedes Quartal aus den Jahreszielen und der Mission und Vision abgeleitet. Team-OKRs beinhalten die Prioritäten, mit denen jedes Team, jede Abteilung oder jeder Geschäftsbereich zu den Firmen-OKRs beiträgt. In Mitarbeiter-OKRs werden die Projekte und Initiativen definiert, an denen jeder einzelne Mitarbeiter im Quartal arbeitet.

Abb. 80 zeigt, wie der unterjährige Umsetzungsprozess bei OKR ablaufen kann. OKRs werden jedes Quartal neu geplant. Vor dem Ende eines Quartals werden die OKRs für das folgende Quartal definiert und vereinbart. Parallel findet auch die Beurteilung der Zielerreichung statt. Zu Beginn des Folgequartals erfolgen die Präsentation der Zielerreichung aus dem abgelaufenen Quartal und die Vorstellung der OKRs für das Folgequartal.

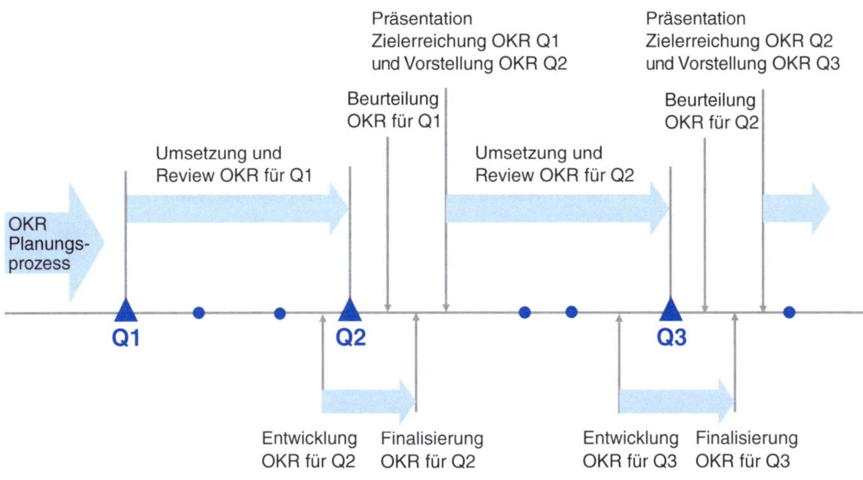

Abb. 80: Unterjähriger Umsetzungsprozess bei OKR

Beurteilung von OKR

Durch das Herunterbrechen der Firmen-Objectives auf Team- und Mitarbeiter-Objectives wird im OKR-System großes Gewicht auf eine flexible, dezentrale Ausführung während eines Quartals gelegt. Die Leistungsmessung wird durch die Key Results in den Vordergrund gestellt und so auf fast extreme Weise betont. Verglichen mit dem MbO-Konzept stellt die explizite Anforderung, quantifizierbare Key Results für die operative Ausführung aufzustellen, die wesentliche Weiterentwicklung dar. OKRs stellen die Verhaltensorientierung durch Leistungsmessung in den Mittelpunkt des Managementsystems (vgl. *Engelhardt/Möller* 2017, S. 34).

Offen bleibt im OKR-System jedoch, wie das reguläre Tagesgeschäft gesteuert werden soll, da OKRs nur für strategisch wichtige Projekte vorgesehen sind. Aufgrund der Transparenz von OKRs dürfte zudem Druck aufgebaut werden, die OKRs zu erreichen. Dies erfolgt dann möglicherweise zulasten des Tagesgeschäfts. Zusätzliche Managementsysteme, die diese Gefahren abmildern und OKRs ergänzen, erscheinen deshalb notwendig (vgl. *Engelhardt/Möller* 2017, S. 34f.).

Durch die Bewertung auf einer Skala von 0–1 findet zwar eine Leistungsbeurteilung statt, sodass Mitarbeiter und Teams Feedback über die erreichten Leistungen des jeweils abgelaufenen Quartals erhalten. Allerdings ist die Leistungsmessung nicht unmittelbar mit dem Belohnungssystem verknüpft. Der Fokus liegt vielmehr auf Lernen und Verbesserung. Demzufolge ist eine Ergänzung des OKR-Managementsystems um weitere Systeme, die eine Leistungsbeurteilung und Belohnung ermöglichen, erforderlich.

OKRs konzentrieren sich auf die Strategieimplementierung und vernachlässigen das reguläre Tagesgeschäft. Sie stellen den Prozess der Zielfindung und -vereinbarung stärker als andere Managementkonzepte (wie z. B. die Balanced Scorecard) in den Mittelpunkt und weisen klare verhaltensorientierte Standards (ambitionierte Ziele, partizipative Zielfindung, Leistungstransparenz) auf. OKRs lassen sich folglich zwischen strukturierten Regeln zur Kennzahlenbildung (siehe SMART-Konzept) und der Balanced Scorecard verorten (vgl. *Engelhardt/Möller* 2017, S. 37).

OKRs eignen sich am besten für Unternehmen, die innovativ sind, wachsen oder wachsen wollen und in einer (sehr) dynamischen Branche tätig sind. Die Abhängigkeit des OKR-Managementsystems von der Unternehmensgröße scheint nicht gegeben zu sein, wohl aber von einem frühen Einführungszeitpunkt. OKRs können nur in einer offenen, partizipativen und leistungsorientierten Unternehmenskultur angewendet werden. Zwischen OKRs und der Unternehmenskultur besteht ein interaktives Verhältnis.

3.7 Ideenmanagement

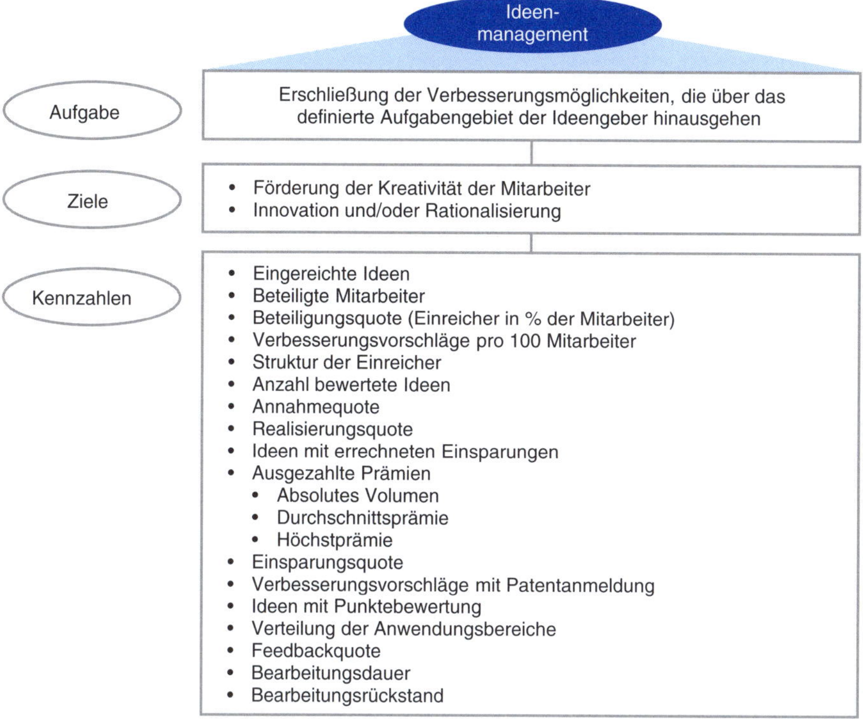

Abb. 81: Aufgabe, Ziele und Kennzahlen des Ideenmanagement

Das Ideenmanagement bietet den Mitarbeitern die Möglichkeit zur aktiven Mitgestaltung des Betriebsgeschehens, wofür unter bestimmten Voraussetzungen eine Prämie gezahlt wird. Durch die Möglichkeit, Verbesserungsvorschläge einzureichen, soll die Kreativität aller Mitarbeiter gefördert werden und so ein Beitrag zur Reduzierung der Arbeitsmonotonie geleistet werden. Gleichzeitig ist das Ideenmanagement als Rationalisierungsinstrument der Unternehmung zu sehen, da beispielsweise eine Verbesserung der Fertigungsqualität, Vereinfachung der Arbeitsabläufe, Materialersparnis oder Anlagenverbesserung angestrebt werden.

An Verbesserungsvorschläge sind folgende Anforderungen zu stellen (vgl. *Grochla/Thom* 1980):

- sie sollen eine konkrete Lösung zur Verbesserung einer gegenwärtigen Situation enthalten, d. h. es ist möglichst präzise darzustellen, was verbesserungswürdig ist und wie die Verbesserung herbeigeführt werden kann;
- sie müssen für den betreffenden Anwendungsbereich eine nutzbringende Neuerung darstellen;

- sie müssen über das Aufgabengebiet des Einreichers hinausgehen, d. h. Leistungen, die in den Rahmen des Arbeitsvertrages fallen, sind nicht gesondert zu prämieren. *Abb. 81* gibt einen Überblick über Aufgabe, Ziele und Kennzahlen des Ideenmanagements.

Effizienzmessung

Für das Controlling des Ideenmanagement lassen sich eine Reihe von Kriterien heranziehen (vgl. *Thom* 1979, Sp. 2224 f.):

- Eingereichte Ideen
- Beteiligte Mitarbeiter
- Beteiligungsquote (gesamt und nach Mitarbeitergruppen)
- Bewertete Ideen
- Annahmequote
- Realisierungsquote
- Ideen mit errechneten Einsparungen
- Ausgezahlte Prämien für Verbesserungsvorschläge (Durchschnitts- und Höchstprämien)
- Einsparungsquoten (z. B. Verhältnis von Einsparungen zu ausgezahlten Prämien oder zu gesamten Kosten des Ideenmanagement)
- Ideen mit qualitativer Bewertung
- Verteilung der Anwendungsbereiche
- Bearbeitungsdauer.

Die Anzahl der eingereichten Ideen ist ein erster grober Indikator für die Entwicklung des Ideenmanagement im Unternehmen und damit ein Maß für die kreativ-konstruktive Mitarbeit der Beschäftigten im Unternehmen. Bei einer Betrachtung der Entwicklung im Zeitverlauf ist natürlich zu berücksichtigen, wie sich der Personalbestand insgesamt entwickelt hat. Mit der Beteiligungsquote als Quotient aus der Anzahl der eingereichten Ideen bzw. Verbesserungsvorschläge und der Gesamtzahl der Mitarbeiter im Jahresdurchschnitt wird dies berücksichtigt. Eine Betrachtung der Anzahl der am Ideenmanagement beteiligten Mitarbeiter ist insofern sinnvoll als manche Mitarbeiter mehr als einen Vorschlag einreichen. Durch Sonderaktionen (zum Beispiel Preisausschreiben in Verbindung mit dem Ideenmanagement) lassen sich unter Umständen kurzfristig Verbesserungen bei der Beteiligung herbeiführen.

Die Struktur der Einreicher (Einreicher mit dem Merkmal i dividiert duch die Gesamtzahl der Einreicher) ist ein Maß für die Diffusion des Ideenmanagement im Unternehmen und lässt erkennen, ob bestimmte Mitarbeitergruppen bislang bezüglich der Teilnahme am Vorschlagswesen unterrepräsentiert sind. Hierzu ist eine Gegenüberstellung dieser Kennzahl zum Anteil der betrachteten Mitarbeitergruppen an der Gesamtbelegschaft vorzunehmen. Aufbauend auf dieser Analyse lassen sich gezielt Fördermaßnahmen zur Erhöhung der Beteiligungsquote bei Mitarbeitergruppen mit bisher geringer Partizipation ableiten.

Weitere Maßstäbe zur Effizienzmessung des Ideenmanagement sind beispielsweise die Senkung der Unfallzahlen und der Fluktuation in bestimmten Betriebsbereichen sowie die Erhöhung der Arbeitszufriedenheit.

Für das Controlling sind insbesondere die Analyse der unternehmensinternen Entwicklung im Zeitverlauf sowie der Vergleich mit anderen Unternehmen relevant. Bei einem Vergleich mit anderen Unternehmen ist allerdings die jeweilige branchenspezifische Situation zu beachten. Ferner kann die Qualität der eingereichten bzw. realisierten Vorschläge höchst unterschiedlich sein. Hierauf können zwar die Annahmequote (Zahl der angenommenen Ideen/Zahl der eingereichten Ideen x 100 (%)) und die gezahlten Durchschnittsprämien (Ausgezahlte Bruttoprämien/ Prämierte Ideen x100 (%)) erste Hinweise liefern, wegen unterschiedlicher Prämiensysteme jedoch auch nur mit Einschränkungen. Die Entwicklung der Durchschnittsprämie im Zeitverlauf liefert bei einem ausgereiften Bewertungsverfahren Hinweise über die Güte der prämierten Ideen. Zu niedrige Prämien sollten wegen der Gefahr des Motivationsverlustes vermieden werden. Bei der Höhe der Prämienfestlegung sollten als Kriterien der Nutzen für das Unternehmen, das Engagement des Einreichers, der Neuheitsgrad, die relative Gerechtigkeit zu bereits honorierten Ideen und die Werbewirksamkeit für potenzielle Einreicher berücksichtigt werden.

Eine bei 132 bundesdeutschen Industriebetrieben durchgeführte Untersuchung ergab aus der Sicht der Arbeitnehmervertreter folgende Schwachstellen:

- zu lange Begutachtungszeiten, die teilweise durch Überlastung und mangelnde Qualifikation der Gutachter bedingt sind,
- zu niedrige Prämien,
- mangelnde Unterstützung der Vorschlagenden durch die unmittelbaren Vorgesetzten und
- zu häufige Abgrenzungsprobleme bei vielen Vorschlägen hinsichtlich ihres Pflicht- oder Sonderleistungscharakters (vgl. *Thom* 1983).

Randbedingungen

Bei der Gestaltung des Ideenmanagement sind als kurzfristig nicht veränderbare Randbedingungen Umwelt-, Betriebs- und Mitarbeitermerkmale zu berücksichtigen (vgl. *Abb. 82*). So erhöht beispielsweise eine, gemessen an der Konkurrenzintensität, hohe Umweltdynamik die Entwicklungschancen für ein erfolgreiches Ideenmanagement. Demgegenüber wirken sich eine niedrigere Qualifikationsstruktur der Belegschaft und ein bereits erreichter hoher technischer Entwicklungsstand in Unternehmen tendenziell negativ auf die Teilnahmequote aus. Empirische Untersuchungen weisen ferner den negativen

Einfluss folgender Mitarbeitermerkmale auf das Ideenmanagement nach (vgl. *Thom* 1979, Sp. 2233):

- Fähigkeitsbarrieren (z. B. Denkschwierigkeiten, Kritiklosigkeit, Einfallslosigkeit und Artikulationsprobleme),
- Willensbarrieren (z. B. Gleichgültigkeit, geringe Identifikation mit dem Beruf, Widerstand gegen Änderungen),
- Risikobarrieren (z. B. Furcht vor Einkommensverlust, Kurzarbeit, Blamage).

Aktionsparameter

Um die genannten Kennzahlen in die gewünschte Richtung zu beeinflussen, können als Aktionsparameter die Werbung für das Ideenmanagement, das Anreizsystem, die Organisation des Ideenmanagement, die Zulassung und Förderung von Gruppenvorschlägen sowie die Integration des Ideenmanagement mit anderen Rationalisierungs-, Innovations- und Führungsinstrumenten eingesetzt werden (vgl. hierzu *Grochla/Thom* 1980) (vgl. *Abb. 82).*

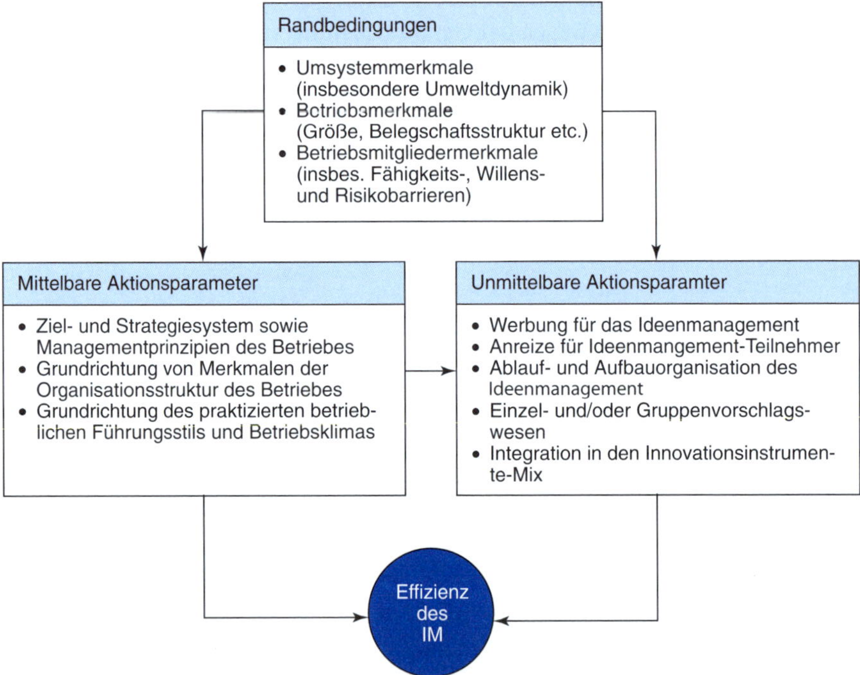

Abb. 82: Bezugsrahmen zur Erklärung der Effizienz des Ideenmanagement (IM) (vgl. Thom 1979, Sp. 2233)

Um die Beteiligungsquote zu verbessern sind jedem Mitarbeiter die Funktionsweise und die Möglichkeiten des Ideenmanagement zu verdeutlichen. Folgende Werbemittel können herangezogen werden: Broschüren, Faltblätter, Plakate,

Hinweise im Intranet und in der Mitarbeiterzeitschrift, persönliche Briefe, Anschläge am Schwarzen Brett, Beilagen zur Lohn- und Gehaltsabrechnung, Ausstellungen von umgesetzten Ideen als Modell mit Beschreibung, Tonbildschauen, Wettbewerbe und Preisausschreiben sowie mündliche Verbreitung in Aus- und Weiterbildungsveranstaltungen und auf Betriebsversammlungen.

Gestaltungselemente des Anreizsystems sind das Bewertungssystem, die Höhe der Prämiensätze, die Anwendung von Korrekturfaktoren in Abhängigkeit von der hierarchischen Stellung des Einreichers sowie der Einsatz immaterieller Anreize (Anerkennungsschreiben, Urkunden, Plaketten, öffentliche Belobigung etc.). Ferner ist daran zu denken, auch Anreize für die sorgfältig, objektiv und schnell arbeitenden Gutachter sowie die Vorgesetzten von Organisationseinheiten mit einer überdurchschnittlich hohen Vorschlagsquote zu schaffen.

Im Rahmen der ablauforganisatorischen Gestaltung des Ideenmanagement sind die Vorschlagswege, -formen und die Vorschlagsbearbeitungsdauer zu regeln. Grundsätzlich sollten mehrere Wege zur Einreichung möglich sein, z. B. das Intranet, der Dienstweg, die Direktabgabe bei der Personalabteilung, beim Ideenmanagement-Beauftragten, bei einem Mitglied der Ideenmanagement-Kommission, beim Betriebsrat und der Einwurf in einen speziellen Ideenmanagement-Kasten. Wichtig ist, dass ein vom Dienstweg unabhängiger Einreichungsweg besteht, da ansonsten die Gefahr der Filterung auftreten kann. Deshalb sollte auch die Möglichkeit zur Anonymitätswahrung eingeräumt werden. Wird diese Möglichkeit sehr häufig in Anspruch genommen, könnte dies ein Indiz dafür sein, dass die Beziehungen zwischen den Vorgesetzten und ihren Mitarbeitern gestört sind.

Damit Artikulationsprobleme nicht dazu führen, dass gute Ideen nicht zur Einreichung gelangen, ist vorzusehen, dass Ideenmanagement-Beauftragte auf Wunsch Vorschläge protokollieren.

Um die durchschnittliche Bearbeitungsdauer von Verbesserungsvorschlägen (Summe der Bearbeitungszeiten zwischen Eingang einer Idee und Bekanntgabe des Ergebnisses dividiert durch die Anzahl der eingereichten Ideen x100 (%)) möglichst kurz zu halten, sind ausreichende Prüfkapazitäten bereitzustellen, die Prüfer zu motivieren und eine permanente Terminüberwachung sicherzustellen. Hierzu bietet sich auch die Messung der Feedbackquote (Anzahl der Feedbacks auf Verbesserungsvorschläge innerhalb einer vereinbarten Frist/ Anzahl der Ideen x 100 (%)) an. Müssen viele Entscheidungsstufen durchlaufen werden, steigt die durchschnittliche Bearbeitungszeit zwangsläufig an. Da nur eine schnelle, unbürokratische Resonanz auf Ideen die Mitarbeiter motiviert, ist auf kurze Bearbeitungszeiten großer Wert zu legen. Ist ein Anstieg der durchschnittlichen Bearbeitungszeit auf eine höhere Anzahl an eingereichten Ideen zurückzuführen, ist zu überprüfen, inwieweit es sinnvoll ist, die Bearbeitungskapazitäten zu erhöhen. Ist eine längere Bearbeitungszeit erforderlich, sollte der Einreicher regelmäßig über den Stand der Bearbeitung informiert werden.

Die Einsparungsquote (Summe der Einsparungen aus Ideen/Anzahl der prämierten Ideen) ist ein Maß für den Nutzen von Ideen. Aus der Einsparungsquote ergeben sich Hinweise auf die Qualität der eingereichten Vorschläge. Durch die Gegenüberstellung von Einsparungsquote und Durchschnittsprämie lässt sich der betriebliche Nutzen des Ideenmanagement ableiten.

Die Realisierungsquote ist ein Maß für den Innovationsbeitrag des Ideenmanagement. Sie ist definiert als Anzahl der realisierten Ideen/Anzahl der angenommenen Ideen (x 100 (%)). Da die Annahme einer Idee in der Regel ein Indikator für dessen Brauchbarkeit und Qualität ist und außerdem für das Unternehmen mit Kosten in Höhe der Prämie verbunden ist, ist auf eine hohe Realisierungsquote zu achten. Hierbei ist nicht nur das Einsparungspotenzial von Belang, sondern insbesondere die Gefahr einer langfristigen Demotivation der Mitarbeiter zu berücksichtigen, die sich bei einer geringen Realisierungsquote einstellt.

3.8 Personalfreistellung

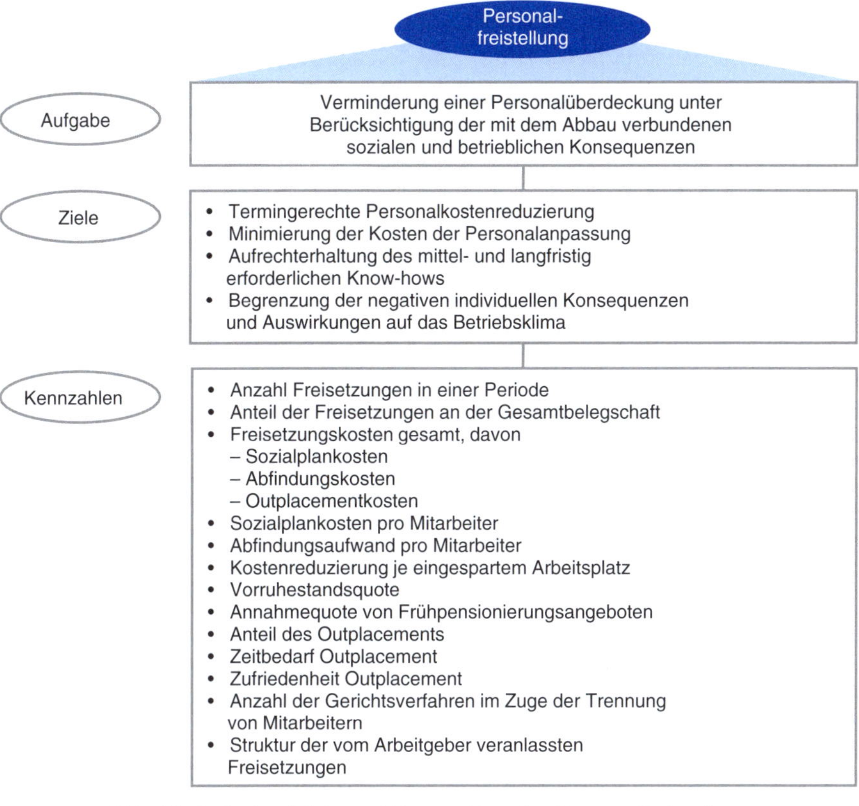

Abb. 83: Aufgabe, Ziele und Kennzahlen der Personalfreistellung

3.8.1 Begriff und Ursachen der Personalfreistellung

Aufgabe der Personalfreistellung ist die Beseitigung personeller Überdeckung in quantitativer, qualitativer, zeitlicher und örtlicher Hinsicht unter Berücksichtigung der mit dem Abbau verbundenen sozialen wie betrieblichen Konsequenzen. Als häufigste Ursachen für Personalfreistellungen sind zu nennen: (anhaltender) Absatzrückgang, strukturelle Bedarfsverschiebungen, saisonal bedingte Beschäftigungsschwankungen, höhere Gewalt, natürliches Betriebsende (z. B. aufgrund Erschöpfung von Bodenschätzen), Betriebsstilllegungen, Standortverlagerungen, Organisationsänderungen sowie technischer Fortschritt (Mechanisierung und Automatisierung). Die Anwendung von Personalfreistellungsmaßnahmen erfolgt in der Regel nur bei längerfristiger Personalüberdeckung.

3.8.2 Maßnahmen und ihre Beurteilung

Bei den Maßnahmen der Personalfreistellung ist zu unterscheiden zwischen solchen, die mit keinem Ausscheiden der betroffenen Mitarbeiter verbunden sind (interne Personalfreisetzung) und solchen, die mit einem Ausscheiden der Mitarbeiter aus dem Unternehmen verbunden sind (externe Personalfreisetzung) (vgl. *Abb. 84*). Hierbei sind in der Regel zahlreiche arbeitsrechtliche Vorschriften zu beachten.

Generelle Aussagen über die Effizienz der einzelnen Freistellungsmaßnahmen können nicht getroffen werden. Die wesentlichen Kriterien, die bei einem Vergleich der in Frage kommenden Freistellungsmaßnahmen heranzuziehen sind, können *Abb. 85* entnommen werden. Hierbei ist zu berücksichtigen, dass auch Maßnahmenkombinationen in Betracht kommen. Als Kennzahlen zur Beurteilung der monetären Konsequenzen von Freisetzungsmaßnahmen werden häufig die Sozialplankosten pro Mitarbeiter oder der Abfindungsaufwand je Mitarbeiter herangezogen.

Der Sozialplan beinhaltet kollektive Vereinbarungen zwischen Unternehmensleitung und Betriebsrat über den Ausgleich oder die Milderung der wirtschaftlichen Nachteile, die Arbeitnehmern infolge von geplanten Betriebsänderungen entstehen (§ 112 Betriebsverfassungsgesetz). Sozialpläne dienen damit primär der finanziellen Absicherung der Mitarbeiter. Bei der Aufstellung des Sozialplanes verfügt der Betriebsrat über ein echtes Mitbestimmungsrecht. Sozialpläne begründen unmittelbare Ansprüche des Arbeitnehmers gegenüber dem Arbeitgeber. Die Sozialplankosten pro Mitarbeiter (gesamte Sozialplankosten in Euro/Anzahl der betroffenen Mitarbeiter) ist ein Maß für den Ausgleich bzw. die Milderung wirtschaftlicher Nachteile, die Arbeitnehmern infolge von Betriebsänderungen entstehen.

Der Abfindungsaufwand je Mitarbeiter (Abfindungsaufwendungen in Euro/Anzahl betroffener Mitarbeiter) ist ein Maß für die Kosten der Personalanpassung. Aufgrund der in der Regel stark variierenden Abfindungsaufwendungen in Abhängigkeit von der Mitarbeitergruppe, empfiehlt es sich, möglichst homogene Gruppen zusammenzufassen. Damit ergibt sich dann auch eine Verbindung zu der häufig herangezogenen Faustformel „Vielfaches eines Monatslohns bzw. -gehalts pro Jahr der Betriebszugehörigkeit". Ursachen für Abweichungen zwischen geplanten und tatsächlichen Abfindungsaufwendungen können in der Anzahl der betroffenen Mitarbeiter und der Höhe der tatsächlich geleisteten Abfindungen liegen.

Zwei Maßnahmen, das Outplacement und Massenentlassungen, werden nachfolgend exemplarisch einer näheren Analyse unterzogen.

Das überwiegend im Führungskräftebereich zur Anwendung kommende Outplacement bietet für Arbeitgeber und Arbeitnehmer eine Reihe von Vortei-

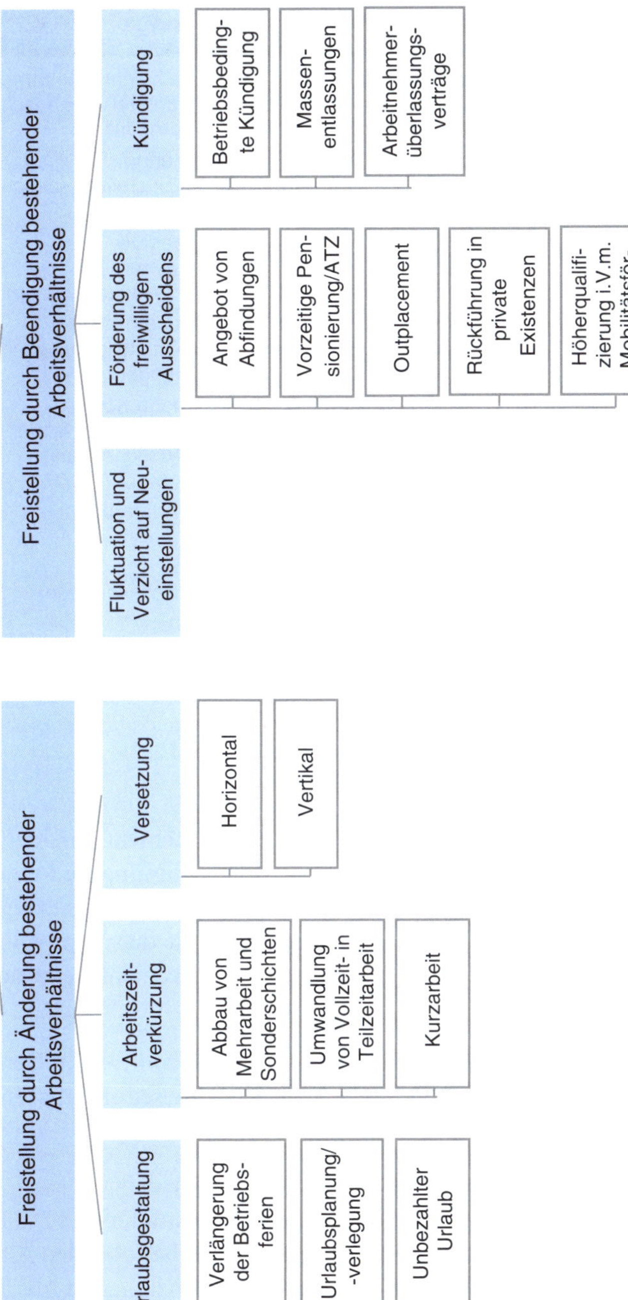

Abb. 84: Maßnahmen der Personalfreistellung

Kriterien	Gegenpole und tendenzielle Beispiele	
1. Planbarkeit der Wirkungen	gut planbar (Förderung freiwilligen Ausscheidens)	schlecht planbar (Einstellungsbeschränkungen)
2. Quantitativer Freistellungseffekt	hoch (Massenentlassungen)	gering (Einstellungsbeschränkungen)
3. Auswirkungen auf die Personalstruktur	positiv (vorzeitige Pensionierungen)	negativ (genereller Einstellungsstopp)
4. Wirksamkeit hinsichtlich der Fristigkeit	kurzfristig (Abbau von Leasingverträgen)	langfristig (Einstellungsbeschränkungen)
5. Kostengesichtspunkte	geringe Kosten (Abbau von Leasingverträgen)	hohe Kosten (Förderung freiwilligen Ausscheidens)
6. Auswirkungen auf das Image der Unternehmung	nicht negativ (Förderung freiwilligen Ausscheidens)	negativ (Kurzarbeit)
7. Negative Folgen für die Arbeitnehmer	gering (Abbau von Überstunden)	groß (Entlassungen)
8. Beeinflussung durch rechtliche Vorschriften	schwach (Förderung freiwilligen Ausscheidens)	stark (Entlassungen)

Abb. 85: Kriterien für den Vergleich von Freistellungsmaßnahmen (Wagner/Teuchert-Pankatz 1982, S. 152 f.)

len, die in *Abb. 86* dargestellt sind. „Unter Outplacement versteht man die einvernehmliche Trennung zwischen einer Unternehmung und einer bei ihr beschäftigten Führungskraft, wobei durch Einschaltung eines externen Outplacementberaters die reibungslose Freisetzung mit der Vermittlung eines neuen Aufgabengebietes für den Betroffenen (Newplacement) verbunden wird" (*Lingenfelder/Walz* 1988, S. 136).

Bei geplanten Massenentlassungen kann der Personalcontroller folgende Daten und Sachverhalte im Rahmen der Entscheidungsvorbereitung analysieren und aufbereiten (vgl. *DGfP 2001, S. 127 ff.*):

- **Darstellung der Lebens-und Betriebszugehörigkeitsdauer**
  Mithilfe einer zweidimensionalen Matrix aus Lebensalter und Dauer der Betriebszugehörigkeit können die Schwerpunkte der bestehenden Altersstruktur identifiziert werden (siehe hierzu auch die Kennzahlen in Abschnitt 3.1).
- **Analyse der Qualifikationsstruktur**
  Neben der vorhandenen und aktuell (nach den Massenentlassungen) benötigten Qualifikationsstruktur ist auch der mittel- bis langfristige Qualifikationsbedarf zu analysieren. Hieraus resultiert beispielsweise die Notwendigkeit zu qualifikationsbedingten Versetzungen, wenn infolge der

Vorteile des Outplacement	
für den Arbeitgeber	für den Arbeitnehmer
• Keine innere Kündigung des Mitarbeiters • Kostenreduzierung durch weitgehende Vermeidung teurer Prozesse und Möglichkeit zur vorzeitigen Auflösung von Verträgen in beiderseitigem Einverständnis • Minimierung arbeitsrechtlicher Schwierigkeiten • Positive Auswirkungen auf das Betriebsklima und auf das Arbeitgeberimage auf dem Arbeitsmarkt	• Suche einer neuen Position aus ungekündigter Stellung heraus • Eröffnung weiterer Beschäftigungsalternativen durch die Beratung • Vorbeugung gegen Kurzschlussreaktionen • Übernahme der Karriereplanungs- und -beratungskosten durch den bisherigen Arbeitgeber • Kein Arbeitslosenstatus

Abb. 86: Vorteile des Outplacement

Sozialauswahl bei den Freisetzungen die Qualifikationsstruktur nicht mehr den Anforderungen entspricht.

- **Aufbereitung der Einkommensstruktur**
  Um die Abbauplanung und ihre Konsequenzen für die Kostenstruktur zu simulieren, empfiehlt sich der Aufbau einer personenbezogenen Datei mit allen für die Abbauplanung relevanten Daten.
- **Entwicklung von Abfindungsmodellen**
  Um die Abfindungsbeträge zu ermitteln werden in der Praxis eine Vielzahl unterschiedlicher Formeln angewandt. Einflussfaktoren sind hierbei neben der Kostenbelastung für den Arbeitgeber auch dessen Fürsorgeverpflichtung (ausgedrückt durch die Anzahl der Dienstjahre, die Risiken der Arbeitslosigkeit und die Zeitspanne bis zum frühestmöglichen Renteneintritt). Im Einzelfall sind darüber hinaus jeweils die konkrete Situation, gültige Tarifverträge und Rationalisierungsschutzabkommen zu berücksichtigen.
- **Aufbereitung der Kündigungsfristen**
  Grundlage für die Zeitplanung der Freisetzungen und der auszusprechenden Kündigungen sind die gesetzlichen, tariflichen und einzelvertraglichen Kündigungsfristen. Dies umfasst auch die Planung der Austrittstermine im Hinblick auf Massenentlassungsanzeigen.
- **Ermittlung der einzelnen Personalkosteneinsparungen**
  Unter Berücksichtigung der Austrittstermine und der geplanten Abfindungsbeträge können nunmehr die kurz- und langfristig zu erwartenden Personalkostensenkungen dargestellt werden.
- **Identifikation des strategisch sinnvollsten Personenkreises für die Freisetzung**
  Bei der Definition des zur Entlassung vorgesehenen Mitarbeiterkreises sind neben der Lösung aktueller Probleme auch die künftigen Anforderungen an die im Unternehmen verfügbaren Qualifikationen zu berücksichtigen.

- **Erarbeitung von Zeitplanungsalternativen**
  Der Zeitraum von der Planung bis zur Realisierung einer Massenentlassung umfasst in der Regel mehrere Monate, abhängig davon, wie lange die Verhandlungen mit der Arbeitnehmervertretung dauern (z. B. mit oder ohne Einigungsstellenverfahren).
- **Vergleich mit Alternativmaßnahmen**
  Wie bereits in Abschnitt 3.8.2 beschrieben gibt es zu den externen Personalfreisetzungsmaßnahmen eine Vielzahl von Alternativen. Insbesondere dann, wenn die Ursachen für den geplanten Personalabbau voraussichtlich nicht dauerhafter Natur sind, sondern nur temporären Charakter aufweisen, sollten Alternativmaßnahmen zur Personalkostensenkung angestrebt werden.

3.9 Personalkostenplanung und -kontrolle

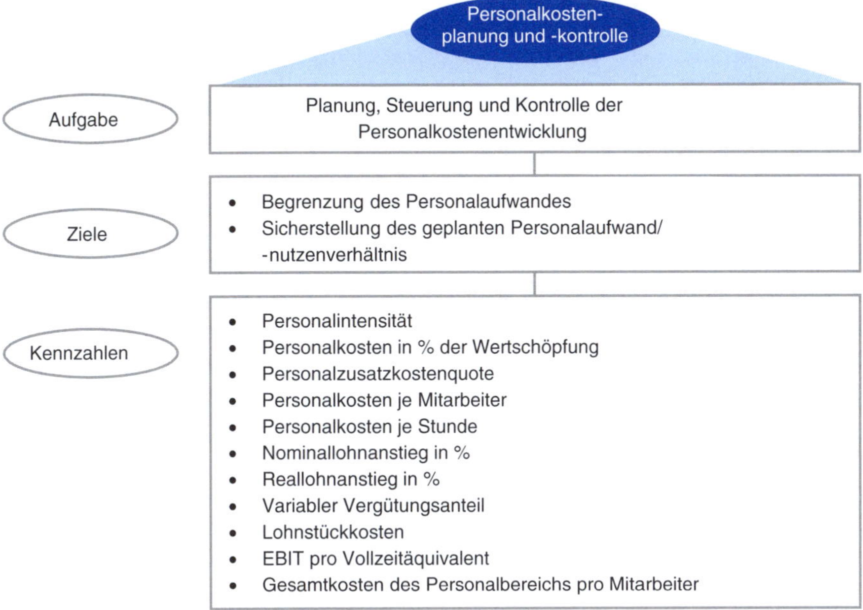

Abb. 87: Aufgabe, Ziele und Kennzahlen der Personalkostenplanung und -kontrolle

Jede der bereits angesprochenen Personalmaßnahmen verursacht Kosten, deren einzelne Elemente in den entsprechenden Abschnitten diskutiert wurden. Ziel dieses Abschnitts ist es daher, eine Systematisierung der Personalkosten vorzunehmen und die für die Planung und Kontrolle der Personalkosten relevanten Einflussgrößen vorzustellen. Diese stellen für den Personal-Controller die wesentlichen Parameter für die Interpretation von Abweichungsursachen dar.

3.9.1 Strukturierung der Personalkosten

Üblicherweise werden die Personalkosten in das Leistungsentgelt (Personalbasisaufwand) und die Personalzusatzkosten untergliedert (vgl. *Abb. 88*).

Leistungsentgelt

Wesentliche Bestandteile des Leistungsentgeltes sind Löhne und Gehälter sowie Zulagen und Zuschläge für geleistete Arbeit. Hierunter fallen nur die Kosten, die in direktem Zusammenhang mit der Leistungserstellung stehen. Eine Reihe von Sozialkostenbestandteilen, die zunächst in den Löhnen und Gehältern enthalten sind, sind herauszulösen und den Personalzusatzkosten zuzuordnen (z. B. Kosten für Ausfallzeiten).

Personalkosten		
Entgelt für geleistete Arbeit	Personalnebenkosten	
	aufgrund von Tarif und Gesetz	aufgrund freiwilliger Leistungen
• Lohn • Gehalt der Tarifangestellten • Gehalt der außertariflich Angestellten • Sonstiges Entgelt	• Arbeitgeberbeiträge zur gesetzlichen Sozial- und Unfallversicherung • Tarifurlaub • Weihnachtsgeld • Bezahlte Ausfallzeiten • Werksärztlicher Dienst • Arbeitssicherheit • Schwerbehinderte • Kosten für Betriebsverfassung und Mitbestimmung • Sonstige Kosten (Einmalzahlungen, Abfindungen etc.) • Vermögenswirksame Leistungen	• Küchen und Kantinen • Wohnungshilfen • Umzugsgeld • Fahrt- und Transportkosten • Spesen • Soziale Fürsorge • Betriebskrankenkasse • Arbeitskleidung • Betriebliche Altersversorgung • Versicherung und Zuschüsse • Aus- und Weiterbildung • Firmenwagen • Firmenhandy • Kindergartenzuschüsse • Sonstige Leistungen

Abb. 88: Systematik der Personalkosten

Personalzusatzkosten

Bei den Personalzusatzkosten ist zu differenzieren zwischen denen, die aufgrund tarifvertraglicher und gesetzlicher Regelungen zu leisten sind und denen, die aufgrund betrieblicher Vereinbarungen geleistet werden (vgl. *Bundesarbeitgeberverband Chemie* 1986, S. 56). Zur erstgenannten Gruppe zählen im wesentlichen Kosten für

- Arbeitgeberleistungen zur gesetzlichen Sozial- und Unfallversicherung,
- Urlaubsgeld,
- die Bezahlung von Ausfallzeiten,
- vermögenswirksame Leistungen,
- die Kosten für die Arbeitnehmervertretungen aufgrund des Betriebsverfassungs- und Mitbestimmungsgesetzes,
- die Ausgleichsabgabe für Schwerbehinderte, falls die gesetzliche Beschäftigungsquote von 6 % nicht erreicht wird,
- sonstige Leistungen infolge von Tarifvereinbarungen, wie z. B. über die tarifliche Absicherung des 13. Monatseinkommens.

Zu den Personalzusatzkosten aufgrund betrieblicher Vereinbarungen zählen unter anderem die Kosten für

- Aus- und Weiterbildung
- betriebliche Altersversorgung,
- Weihnachtszuwendungen, soweit nicht tariflich abgesichert,
- Werksverpflegung,
- Werkswohnungen,

- Wohnungsbeihilfen,
- Eigentumsförderung (Mitarbeiterdarlehen),
- Beratungsdienste und Unterstützungskassen,
- soziale Einrichtungen (z. B. Freizeit- und Sportförderung).

Bei der Definition der Personalzusatzkosten ist eine verwirrende Begriffsvielfalt entstanden (vgl. hierzu und zum folgenden *Hemmer* 1986). Diese hat im Wesentlichen zwei Ursachen:

- Unterschiede in der Abgrenzung der Arbeitskostenbestandteile, die der Arbeitgeber über den eigentlichen Lohn hinaus leistet sowie
- Heranziehung unterschiedlicher Bezugsbasen bei der Berechnung der Personalzusatzkosten-Quoten.

Zur Verdeutlichung der Unterschiede werden die Definitionen der Personalzusatzkosten diskutiert, wie sie jeweils von der *IG Druck und Papier,* dem *Statistischen Bundesamt* und dem *Institut der deutschen Wirtschaft* zugrunde gelegt werden.

Eine sehr enge Definition der Personalzusatzkosten nimmt die *IG Druck und Papier* vor, die hierunter lediglich die Aufwendungen für Vorsorgeeinrichtungen, also die Sozialversicherungsbeiträge der Arbeitgeber und sonstige Personalzusatzkosten, nämlich freiwillige betriebliche Leistungen, subsumiert. Als Bezugsbasis für die Ermittlung der relativen Personalkostenbelastung wird das Jahresbruttoeinkommen gewählt, in dem jedoch nach herrschender Meinung bereits wesentliche Personalzusatzkostenelemente enthalten sind.

So lehnt das *Statistische Bundesamt* die Verwendung der Bruttolöhne und -gehälter als Bezugsbasis ab und verwendet anstatt dessen die rechnerische Größe „Entgelt für geleistete Arbeit“. Dieses setzt sich bei den Arbeitern als Produkt aus Stundenlohn und tatsächlich geleisteter Arbeitszeit, bei den Angestellten aus dem Bruttogehalt ohne Vergütung arbeitsfreier Tage und ohne Sonderzahlungen zusammen. Die Personalzusatzkosten gliedert das *Statistische Bundesamt* in die vier Blöcke:

- Sonderzahlungen,
- Vergütung arbeitsfreier Tage,
- Aufwendungen für Vorsorgeeinrichtungen,
- sonstige Personalkosten.

Die Bezugsbasis für die Berechnung der relativen Personalzusatzkostenbelastung entspricht derjenigen der amtlichen Statistik. Die Personalzusatzkosten werden unterteilt in

- gesetzliche Personalzusatzkosten sowie
- tarifliche und betriebliche Personalzusatzkosten.

Diese Vorgehensweise ermöglicht eine verursachungsgerechte Zuordnung der Personalzusatzkosten.

Einen völlig anderen Ansatz wählt das *Institut für Mittelstandsforschung*, das die Differenz zwischen dem Gesamtaufwand des Unternehmens für die Arbeitnehmer und dem tatsächlich ausgezahlten Lohn untersucht. Hierbei umfassen die Personalzusatzkosten neben den von der amtlichen Statistik definierten Bestandteilen auch die persönlichen Abgaben des Arbeitnehmers, wie Lohnsteuer, Kirchensteuer und Sozialversicherungsbeiträge. Personalzusatzkosten stellen demnach sämtliche Aufwendungen dar, die der Arbeitgeber über das Nettolohneinkommen für geleistete Arbeit hinaus erbringen muss. Bezugsbasis für die Ermittlung der Personalzusatzkosten-Quote ist das Nettoeinkommen für geleistete Arbeit. Dieser Ansatz weist zwei Probleme auf. Zum einen kann der Begriff der Personalzusatzkosten nicht ohne weiteres auf die persönlichen Abgaben des Arbeitnehmers ausgedehnt werden. Zum zweiten haben die gewählte Steuerklasse und Änderungen des Steuersatzes unmittelbaren Einfluss auf das Niveau und das relative Gewicht der Personalzusatzkosten.

Mit der Personalzusatzkostenquote (Personalzusatzkosten in Euro/Personalkosten für geleistete Arbeit x 100 (Prozent)) wird das Verhältnis zwischen den Personalzusatzkosten und den Personalkosten für geleistete Arbeit gemessen. Als Ziel wird vielfach die Konstanthaltung der Personalzusatzkostenquote verfolgt. Bei der Interpretation der Entwicklung der Personalzusatzkosten sind als wesentliche Einflussgrößen die Beitragssätze und Beitragsbemessungsgrenzen der Sozialversicherungen, die tarifvertraglichen Leistungsverpflichtungen (zum Beispiel Urlaubsdauer), die Entwicklung des Krankenstandes sowie der Umfang der innerbetrieblichen Leistungszusagen zu untersuchen. Aus methodischen Gründen ist mit einer konstanten Zahl von Feiertagen zu rechnen, da kalenderbedingte Verschiebungen der variablen Feiertage die Personalzusatzkosten nach oben oder unten verschieben können. *Abb. 89* zeigt die Arbeitskostenstruktur im produzierenden Gewerbe in Deutschland im Jahr 2017. Hiernach betrug die Personalzusatzkostenquote 67,1 %.

3.9.2 Einflussfaktoren auf die Personalkostenplanung

Einflussfaktoren auf die Höhe der Personalkosten haben ihren Ursprung sowohl im unternehmensexternen Bereich, wie z. B. Tarifentwicklung und Sozialgesetzgebung, als auch im internen Bereich, wie z. B. die Mitarbeiterstruktur und das unternehmensinterne Sozialleistungssystem.

Seitens der Sozialgesetzgebung entstehen kostenwirksame Einflüsse durch den Beitragssatz bei der Renten-, Arbeitslosen- und Krankenversicherung sowie die Dynamik der Beitragsbemessungsgrenzen. Darüber hinaus können Änderungen des Rechnungszinsfußes bei Pensionsrückstellungen, periodisch notwendige Überprüfungen der Versorgungsbezüge im Rahmen des Betriebsrentengesetzes, Änderungen bei der Einbeziehung von Entgeltteilen in die So-

Entgelt für geleistete Arbeit (Direktentgelt)	75,8 %
+ Vergütung arbeitsfreier Tage (Urlaub, Krankheit, Feiertage)	17,1 %
+ Sonderzahlungen (fest vereinbarte Sonderzahlungen, Vermögensbildung)	7,1 %
= Bruttolohn und -gehalt	100,0 %
+ Sozialversicherungsbeiträge der Arbeitgeber	17,6 %
+ Betriebliche Altersversorgung	3,7 %
+ Sonstige Personalzusatzkosten	5,3 %
= Arbeitskosten insgesamt	126,6 %
Nachrichtlich: Personalzusatzkosten in Prozent des Entgelts für geleistete Arbeit	67,1 %

Abb. 89: Arbeitskosten im produzierenden Gewerbe (vgl. Institut der deutschen Wirtschaft 2018, S. 54)

zialversicherungspflicht sowie die Verabschiedung neuer oder die Novellierung bestehender Sozialgesetze von Einfluss auf die Höhe der Personalkosten sein.

Kostenwirksame Einflüsse der Tarifverträge gehen insbesondere von der Festlegung der Tariflöhne und der Arbeitszeiten aus. Da Zeitpunkt, Laufzeit und Prozentsatz der Gehaltsregulierung für außertarifliche Mitarbeiter und leitende Angestellte unabhängig von der Tarifentwicklung verlaufen, ist für diese Mitarbeiter eine gesonderte Rechnung durchzuführen.

Unternehmensinterne Einflussfaktoren auf die Höhe der Personalkosten umfassen im Einzelnen (vgl. *Bundesarbeitgeberverband Chemie* 1986, S. 63):

- veränderte Anzahl an Mitarbeitern (Personalabbau oder -aufbau),
- Änderung der Mitarbeiterstruktur (Qualifikationsstruktur, Altersstruktur, Verhältnis zwischen gewerblichen Arbeitnehmern, Tarifangestellten und außertariflichen Mitarbeitern, Einstufungsstruktur),
- Veränderungen des Angebots oder der Inanspruchnahme von freiwilligen betrieblichen Sozialleistungen.

Grundlage der Personalkostenplanung stellt das Mengengerüst der Personalbedarfsplanung dar. Neben dieser derivativen Personalkostenplanung werden vielfach im Rahmen der Unternehmensgesamtplanung auch Sollgrößen in Form von Kennzahlen vorgegeben, wie z. B. Personalkosten in Prozent des Umsatzes (Personalkosten in Euro/Umsatz in Euro x100 (%)) oder Personalkosten in Prozent der Wertschöpfung (Personalkosten in Euro/Wertschöpfung in Euro x100 (%)). Die letztgenannte Kennzahl ist ein Maß für den Beitrag des Personals an der Wertschöpfung. Durch die Wertschöpfung wird der Wertzuwachs erfasst, der durch die betriebliche Leistungserstellung – über die von außen bezogenen Vorleistungen hinaus – im Unternehmen selbst erzielt wird.

3.9.3 Kontrolle und Senkung der Personalkosten

Zwei Kennzahlen, die in den meisten Unternehmen für die Steuerung der Personalkosten herangezogen werden, sind die Personalkosten je Mitarbeiter und die Personalkosten je Stunde.

Die Personalkosten je Mitarbeiter (gesamte Personalkosten in Euro/Anzahl der Mitarbeiter) sind ein Maß für die Personalkostenbelastung des Unternehmens. Ein mögliches Ziel ist, dass die Personalkosten pro Mitarbeiter nicht stärker steigen als die Produktivität pro Mitarbeiter im vergleichbaren Zeitraum. Änderungen in der Höhe der Personalkosten pro Mitarbeiter lassen sich zurückzuführen auf Änderungen in der Höhe des Einkommens, der Höhe der Sozialabgaben, den Aufwendungen für Altersversorgung und Unterstützung, Strukturveränderungen bei den Tarif- und Mitarbeitergruppen sowie der Höhe der Vermögens- und Erfolgsbeteiligung.

Die Personalkosten je Stunde (gesamte Personalkosten in Euro/Anzahl der geleisteten Arbeitsstunden) ist häufig Gegenstand von internationalen Vergleichen und führt zum Ausweis von „Hochlohnstandorten“ und „Niedriglohnstandorten“. Isolierte Aussagen über die Personalkosten je Stunde sind hierbei allerdings wenig sinnvoll. Neben den Kosten ist auch die Produktivität an den verschiedenen Standorten zu berücksichtigen, die beispielsweise vom Ausbildungsstand der beschäftigten Arbeitnehmer und den eingesetzten Produktionstechniken beeinflusst wird.

Um die Entwicklung der Personalkosten zu kontrollieren, sind den tatsächlich angefallenen Personalkosten die Plankosten gegenüberzustellen und die Abweichungen zu ermitteln. Mit der Kostenkontrolle sollen Fehlentwicklungen frühzeitig aufgedeckt werden und Korrekturentscheidungen eingeleitet werden. Maßnahmen zur Senkung der Personalkosten umfassen:

- Personalabbau durch den Wegfall von Stellen (Nicht-Ersatz, Kündigung, Abfindungsangebote) und der Ersatz von Vollzeit- durch Teilzeitstellen,
- Änderung der Personalstruktur, indem bevorzugt jüngere, weniger qualifizierte Mitarbeiter eingesetzt und/oder interne Arbeitskräfte durch externe Arbeitnehmer ersetzt werden,
- Änderung des Vergütungssystems, indem die Regeln zur Eingruppierung verändert und außertarifliche Zulagen gekürzt oder verändert werden,
- Senkung der Zusatzkosten durch den Abbau geldwerter Vorteile und interner Personalzusatzleistungen sowie die Umwandlung von Zeitwertguthaben in Freizeit,
- zeitlich befristete Senkungen, die sich durch unbezahlten Urlaub, freiwillige Kürzungen der bezahlten Arbeitszeit und Kurzarbeit herbeiführen lassen.

3.10 Kennzahlen für den Mitarbeiterwert (Human Capital Management)

Die Bedeutung immaterieller Ressourcen und damit des intellektuellen Kapitals (Humankapital, Forschung und Entwicklung, Software, Marken etc.) hat in den letzten Jahrzehnten zugenommen. Das Human Capital ist Bestandteil dieses immateriellen Kapitals und repräsentiert einen wesentlichen Teil der Differenz zwischen Markt- und Buchwert von Unternehmen. *Abb. 90* verdeutlicht den Zusammenhang zwischen Unternehmenswert und Human Capital.

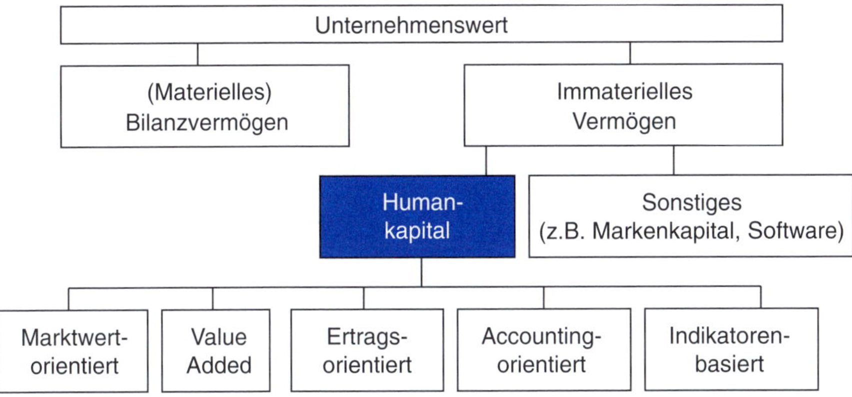

Abb. 90: Zusammenhang zwischen Unternehmenswert und Human Capital

Ein Human Capital Management kann unterschiedliche Schwerpunktbildungen aufweisen: Es kann eher auf „Human", eher auf „Capital" oder eher auf „Management" ausgerichtet sein (vgl. *Abb. 91*). Die nachfolgend dargestellten Ansätze beschränken sich auf den Capital-Fokus, also die Ermittlung eines in Geldeinheiten ausdrückbaren Wertes der Gesamtbelegschaft eines Unternehmens. Hierzu gibt es eine Vielzahl von Bewertungsansätzen, wobei sich fünf

	Human Capital Management als Bekenntnis	**Human Capital Bewertung als Zahl**	**Human Capital Optimierung als Aktivität**
Fokus	„Human ..."	„... Capital ..."	„... Management"
Trivialform	Plakatives Wertestatement ohne Konsequenz für das tägliche Handeln	Zum Beispiel „Aktienkurs · Aktienzahl / Mitarbeiterzahl"	Bloße Umbenennung von Personalarbeit oder Personalsoftware in „HCM"
Professionelle Form	Nachweisbare Verankerung der Mitarbeiterorientierung in der Unternehmenskultur	Unter anderem Berücksichtigung von Arbeitsmarkt und innerbetrieblicher Situation	Strategisch stimmige Realisierung relevanter Personalmanagementfelder

Abb. 91: Schwerpunktmäßige Ausrichtungen des Human Capital Management (vgl. Scholz 2004, S. 12)

HC-Bewertungsansatzklasse	HC-Bewertungsansatz
Marktwertorientierte Ansätze HC = f (Marktwert, Buchwert, ggf. Mitarbeiterzahl)	Markt-/Buchwert-Relation Markt-/Buchwert-Differenz Human Capital Market Value Investor-Assigned Market Value Tobin's q Marktwert/Mitarbeiter-Quotient Value Creation Index
Accounting-orienterte Ansätze HC = f (Personalaufwand, Abschreibungen)	Accounting For The Future Human Resource Accounting Entgeltbarwert-Ansatz Lernzeitbasierte Wissensbilanz
Indikatorenbasierte Ansätze HC = f (Indikatorenausprägungen)	Value Explorer Intangible Assets Monitor Intellectual Capital-Index Intellectual Capital Navigator Skandia Navigator Intellectual Capital-Audit IC-Rating Balanced Scorecard HR Scorecard Kennzahlenbasierte Wissensbilanz Employee-Value-Index Summenmodell des Humankapitals Humatics Human Asset Worth Human Capital Indikator Competence x Commitment Aries CIPD-Framework
Value Added-Ansätze HC = f (Outputgrößen, Inputgrößen)	Originärer Value Added Intellectual Coefficient Weiterentwickelter Value Added Intellectual Coefficient Market Value Added Economic Value Added Human Economic Value Added Workonomics Knowledge Capital Total Value Creation Kosten-Nutzen-Analyse
Ertragsorientierte Ansätze HC = f (Ertragsgrößen, Kapitalkostensatz)	Calculated Intangible Value ICM Model Human Capital Pricing Model ROI of Human Capital Knowledge Capital Scoreboard

Abb. 92: Ansätze der Human Capital-Bewertung (vgl. Scholz u. a. 2004)

Bewertungsansatzklassen unterscheiden lassen (vgl. *Abb. 92*). Die Vorteile einer Human Capital-Bewertung aus Sicht des Unternehmens, der Mitarbeiter und des Personalmanagements zeigt *Abb. 93* im Überblick.

Vorteile für die Unternehmen	Vorteile für die Mitarbeiter	Vorteile für das Personalmanagement
Verfügbarkeit einer spezifischen, verbindlichen Kenngröße für die Unternehmenssteuerung	Transparenz von unternehmensseitigen Personalmaßnahmen	Professionalisierungsschub durch Übernahme der Bewertungsaufgabe
Evaluierungsinstrument für Personalmanagemententscheidungen, beispielsweise Outsourcing oder Freisetzungsmaßnahmen	Schutz vor undifferenzierten, pauschalisierenden Diskussionen	Möglichkeit zur Verdeutlichung der strategischen Relevanz für das Unternehmen sowie des Wertschöpfungsbeitrages
Voraussetzung für ein Wettbewerbspositions-Management (Signalling, Employer Branding, Investor Relations)	Nutzung sich ergebender persönlicher Chancen (z.B. Personalentwicklung)	Signalisierung eines modernen Personalmanagements
Verfügbarkeit einer Basisgröße im Rahmen der Corporate Governance	Unternehmensweiter Gestaltungseinfluss über die Mitwirkung an Human Capital-Bewertungssystemen	Möglichkeit zum proaktiven Gestalten von Zukunftsherausforderungen (z.B. Demographie)

Abb. 93: Vorteile einer Human Capital-Bewertung (vgl. Scholz u.a. S. 253 ff.)

3.10.1 Marktwertorientierte Ansätze

Marktwertorientierte Ansätze orientieren sich primär an monetären Kenngrößen. Bei diesen werden Bewertungen auf Basis tatsächlicher, am Markt beobachteter oder beobachtbarer und erzielbarer Preise vorgenommen. Das Humankapital errechnet sich als Funktion von Marktwert und Buchwert sowie gegebenenfalls der Mitarbeiterzahl.

Unter dem Marktwert versteht man den Wert wie er sich aus der Börsenkapitalisierung ergibt. Der Buchwert eines Unternehmens entspricht dem Wert des Eigenkapitals zum selben Stichtag.

Zwei mögliche Formeln lauten:

$$\text{Human Capital} = \text{Marktwert} - \text{Buchwert} \qquad \text{(Markt-/Buchwert-Differenz)}$$

Bei positiver Differenz verfügt das Unternehmen über Humankapital.

$$\text{Human Capital} = \frac{\text{Aktienkurs} \times \text{Aktienzahl}}{\text{Mitarbeiterzahl}} \quad \text{(Marktwert/Mitarbeiter-Quotient)}$$

Der Ansatz ist insofern simplizistisch, als der Mehrwert ausschließlich auf das Humankapital zurückgeführt wird. Patente, Markenwert etc. werden als Einflussgrößen auf den Marktwert außen vor gelassen. Kritisch ist ferner die Heranziehung eines stichtagsbezogenen Marktwertes. Dies führt dazu, dass eine Reduzierung des Börsenwertes innerhalb von zwei Tagen eine signifikante

Verringerung des Humankapitals innerhalb von 48 Stunden nach sich zieht – obwohl an der Qualifikations- und Motivationsausprägung der Belegschaft keine Veränderungen aufgetreten sind.

3.10.2 Accounting-orientierte Ansätze

Bei den Accounting-orientierten Ansätzen werden Grundsätze der Rechnungslegung und Bilanzierung auf das Humankapital übertragen. Allgemeine Zielsetzung der in den 1970er-Jahren entwickelten Humanvermögensrechnung ist die Ermittlung einer Wertgröße für das im Unternehmen vorhandene Personal. Wesentliche Berechnungsgrundlagen sind die Personalaufwendungen sowie Abschreibungen.

Beim kostenanalytischen Ansatz wird versucht, die Kosten bestimmter personalwirtschaftlicher Maßnahmen zu erfassen und zu analysieren. Aussagekräftige Analysen der Personalkosten basieren auf deren zweckmäßiger Erfassung und Gliederung. Als Erfassungsquellen dienen insbesondere die Lohn- und Gehaltsabrechnung, die aktienrechtliche Gewinn- und Verlustrechnung, das interne Rechnungswesen sowie überbetriebliche Erhebungen (vgl. z. B. *Deutsche Gesellschaft für Personalführung* 1980). Im Rahmen der Personalkostenanalyse erfolgt eine Gliederung der Personalkosten nach den wichtigsten Personalkostenarten im Zeitverlauf sowie die Bildung von Beziehungszahlen, bei der die Personalkosten zu anderen betrieblichen Größen ins Verhältnis gesetzt werden (vgl. *Vogt* 1984, S. 861).

Im Vordergrund dieses Ansatzes steht also der Versuch, personalwirtschaftliche Sachverhalte als Kostenträger zu erfassen. Es wird beispielsweise nach den Lohn- und Gehaltskosten, den Kosten der Ausfallzeiten, der Sozial- oder Bildungseinrichtungen gefragt.

Grenzen des kostenanalytischen Ansatzes liegen vor allem in den eingesetzten Instrumenten und Verfahren der Kostenerfassung sowie im zugrunde liegenden Kostenbegriff (vgl. *Wunderer/Sailer* 1988, S. 322 f.).

Der Aufwand für die Gewinnung aussagekräftiger Personalkosten hängt insbesondere vom Entwicklungsstand des betrieblichen Rechnungswesens ab. Ziel ist es, möglichst detaillierte Analysen vornehmen zu können, ohne dass hierfür ein über das betriebliche Rechnungswesen hinausgehender, gesonderter Erfassungsaufwand erforderlich ist.

Der den Analysen zugrunde liegende Kostenbegriff determiniert die Höhe und Genauigkeit der erfassten Kosten. In der Regel werden lediglich die direkten, zahlungswirksamen Kosten erfasst, wie z. B. Teilnehmergebühren für Seminare, Kosten für Stellenanzeigen, bewerteter Zeiteinsatz für Bewerberinterviews, Mitarbeiterbeurteilungen etc. Nicht erfasst werden jedoch meist die bedeutsameren, aber auch schwieriger zu ermittelnden Opportunitätskosten. Hierunter fallen beispielsweise Kosten fehlender oder gestörter Leistungsmotivation (definiert als Differenz zwischen dem Beitrag eines Mitarbeiters zum Unternehmenserfolg, den er bei optimaler Motivation erbringen könnte und dem tatsächlich geleisteten Beitrag) und Kosten einer Stellenvakanz.

Insgesamt ist als wesentlicher Mangel des kostenanalytischen Ansatzes dessen einseitige Orientierung an den Kosten des Mitarbeiters festzuhalten.

Beim kostenanalytischen Ansatz werden die Personalkosten nach Kostenarten aufgeschlüsselt und als solche in der Gewinn- und Verlustrechnung der betreffenden Periode verbucht. Demgegenüber verfolgt der Ansatz des Human Resources Accounting eine Bewertung der für die Mitarbeiter anfallenden Kosten mithilfe der Investitionsrechnung, um so den Charakter des Personals als langfristig nutzbares Anlagegut zu erfassen. Für die Mitarbeiter wird ein Zeitwert berechnet, der sich in Abhängigkeit von ihrer maximalen „Nutzungsdauer", die von der Einstellung bis zum Erreichen der Altersgrenze reicht, und unter Berücksichtigung einer durchschnittlichen Fluktuationsrate ergibt. Für die einzelnen Mitarbeiter werden Konten eingerichtet, auf denen Ausgaben für die Mitarbeiter (z.B. Beschaffungs-, Einarbeitungs- und Weiterbildungskosten) aktiviert und abgeschrieben werden. Das in *Abb. 94* dargestellte Modell verdeutlicht diesen Ansatz (vgl. *Brummet* u.a. 1968).

Die Ergebnisse des Human Resources Accounting können Entscheidungshilfen liefern für die (vgl. *Lang* 1977, S. 34f.)

- Einstellungspolitik (Vergleich der erforderlichen Investitionsaufwendungen alternativer Bewerber),
- Entlassungspolitik (Bewertung der Fluktuationskosten),
- Personalentwicklungspolitik (Untersuchung der Frage, welcher Kandidat für eine Beförderung das Unternehmen bislang am meisten gekostet hat und an

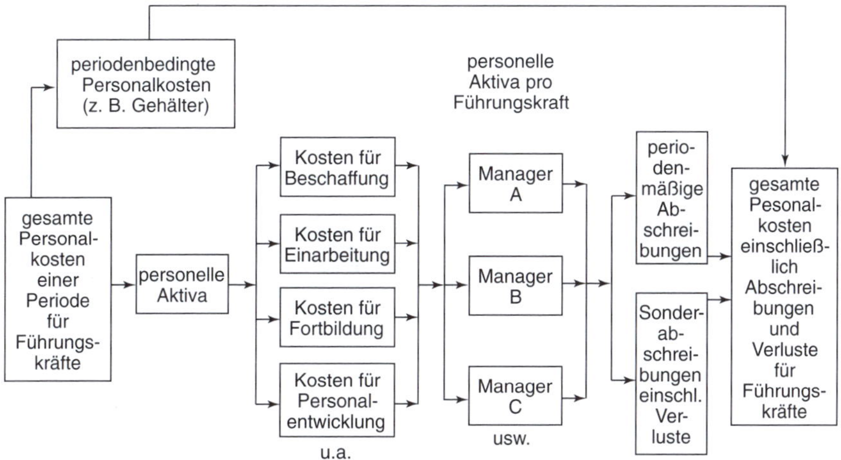

Abb. 94: Ansatz des Human Resources Accounting (vgl. Brummet u.a. 1968)

dessen Verbleib die Firma deshalb unter finanziellen Gesichtspunkten das größte Interesse hat) sowie die
- Selbstdarstellung der Leistungen des Personalwesens (z. B. durch Beantwortung folgender Frage: Wie viele personelle Aktiva konnte das Personalwesen durch externe Personalbeschaffung und Personalentwicklungsmaßnahmen hinzugewinnen?).

Dem Vorteil der quantitativen Bewertung personalwirtschaftlicher Aktivitäten stehen eine Reihe von Problemen gegenüber (vgl. *Berthel* 1979, S. 266 f.; *Lang* 1977, S. 35):

- Arbeitnehmer stellen kein Eigentum des Unternehmens dar. Es besteht die Gefahr, dass der Mitarbeiter im Rahmen des Human Resources Accounting zum Objekt degradiert wird. Durch eine entsprechende Informationspolitik sind daher negative psychologische Konsequenzen zu vermeiden.
- Die Beweisbarkeit der Wertansätze wird relativiert, da neben Vergangenheitswerten auch zukunftsorientierte, teilweise geschätzte Werte zum Ansatz gelangen. Es treten vielfältige Zurechnungsprobleme auf.

3.10.3 Indikatorenbasierte Ansätze

Bei den indikatorenbasierten Ansätzen wird das Humankapital als Funktion verschiedener Indikatorenausprägungen dargestellt. Die Quelle der Indikatoren, ihre Anzahl und ihre wissenschaftliche Absicherung sind in den verschiedenen Ansätzen sehr unterschiedlich. Die Indikatoren (= absolute oder relative Kennzahlen) können sich auf alle Ebenen des Unternehmens beziehen.

Einen relativ einfachen Ansatz stellt der Human Capital Indicator von Mercer dar, bei dem sieben Indikatoren als Parameter in die Berechnung einfließen. Diese umfassen „Ausbildungsgrad“, „Fortbildungsgrad“, „Vernetzungs- und Innovationsgrad“, „Fluktuationsrate“, „Entscheidungsstruktur“ und „Vergütungs-/Anreizsysteme“. Die Bewertung erfolgt auf einer Skala von eins (ungenügend) bis zehn (hervorragend).

Im Indikatoransatz von Ulrich wird der Wert des Personals als Produkt aus Leistungsfähigkeit und -bereitschaft ermittelt (vgl. *Abb. 95*).

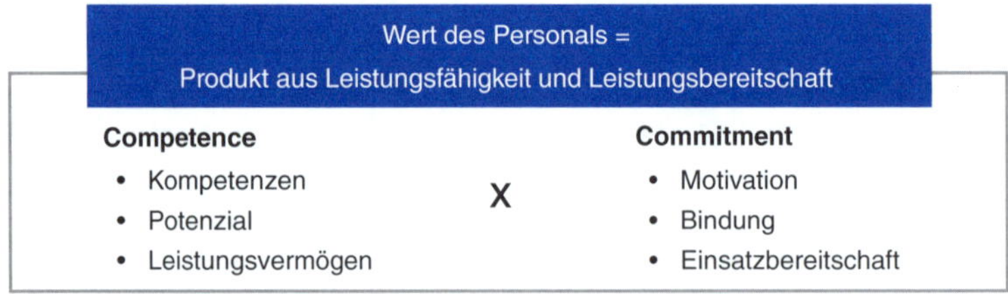

Abb. 95: Indikatoransatz Competence x Commitment (Ulrich 1998)

Sehr umfassend ist das Summenmodell von Wucknitz (2009). Seiner Meinung nach setzt sich Humankapital aus

- individuellem Humankapital (bezieht sich auf personenbezogene Faktoren),
- dynamischem Humankapital (bezieht sich auf Personalprozesse) und
- strukturellem Humankapital (bezieht sich auf Personalstrukturen) zusammen (vgl. *Abb. 96*).

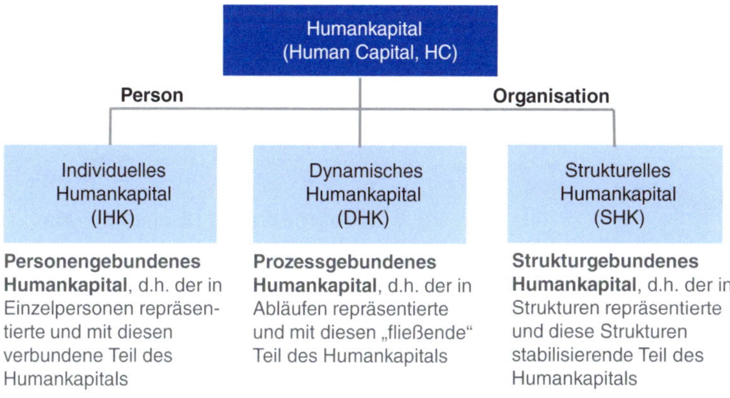

Abb. 96: Das Summenmodell des Humankapitals (Wucknitz 2009, S. 55)

Diesen Ausprägungen des Humankapitals werden zehn Werttreiber (Unternehmensumfeld, Unternehmensstruktur, Personalstruktur, Schlüsselkräfte, Führung, Teamprozesse, Personalmanagement, arbeitsrechtliche Regelungen, Personalkosten und Unternehmenskultur) zugeordnet, die in 36 Faktoren mit insgesamt 1000 Messgrößen unterteilt werden (vgl. *Abb. 97*). Das Humankapital ist abhängig von der Ausprägung der personellen Werttreiber. Jeder Werttreiber ist durch eine definierte Anzahl von Gestaltungselementen (= Faktoren) bestimmt und kann durch diese beschrieben und beeinflusst werden. Die Ermittlung der insgesamt 36 Faktoren im Werttreibermodell erfolgt durch Messgrößen, deren Anzahl pro Faktor – in Abhängigkeit von der Komplexität des Faktors – sehr groß sein kann. Sowohl die Anzahl der auszuwählenden Faktoren für die Ermittlung eines Werttreibers als auch die Anzahl der Messgrößen für die Berechnung eines Faktors sind flexibel entsprechend der jeweiligen Bewertungssituation anzupassen (vgl. *Wucknitz* 2009, S. 54 f.)

Generell weisen die indikatorenbasierten Ansätze einen relativ hohen Aufwand für die Ermittlung der Indikatoren auf. Bei manchen Ansätzen handelt es sich um komplexe Kennzahlensammlungen. Die Verknüpfung von monetären und nichtmonetären Indikatoren ist vielfach nicht gegeben. Auch bleibt vielfach offen, welche Indikatoren das Humankapital am besten beschreiben.

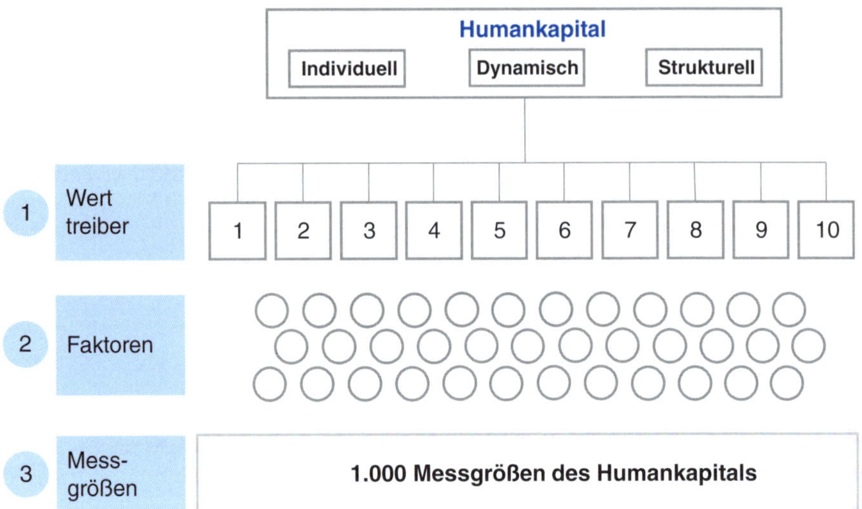

Abb. 97: Das 3-Ebenen-Prinzip der Personalbewertung (Wucknitz 2009, S. 54)

3.10.4 Value Added-Ansätze

Bei den Value Added-Ansätzen wird die Höhe des Humankapitals als die Differenz zwischen einem Output und einem Input, dem sogenannten Mehrwert (Value Added) definiert. Einer der bekanntesten Ansätze ist das Workonomics-Konzept der Boston Consulting Group.

Ziel von Workonomics ist es, das Personalmanagement auf die strategischen Erfordernisse auszurichten, um Wettbewerbsvorteile zu realisieren. Im Mittelpunkt von Workonomics steht dieselbe Wertbeitragsgröße wie beim kapitalorientierten Controlling. Kapital- und personalorientiertes Wertmanagement nehmen zwar eine unterschiedliche Sichtweise ein, basieren aber auf der gleichen Struktur.

Der Economic Value Added (EVA®[2]) bzw. der Cash Value Added (CVA) setzt sich aus den drei kapitalorientierten Kennzahlen Kapitalrendite (ROI), Kapitalkosten (KK) und investiertem Kapital (IK) zusammen. Durch Umformung (vgl. *Abb. 98*) gelangt man zu einem Ausdruck, der allein durch drei personalorientierte Kennzahlen, nämlich „Value added per Person“ (VAP), „Average Cost per Person“ (ACP) und „Anzahl Mitarbeiter“ (P) beschrieben wird. Die Spitzenkennzahl EVA/CVA kann einmal kapitalorientiert und einmal personalorientiert ausgedrückt werden (vgl. *Abb. 99*).

---

[2] EVA® ist eine eingetragene Marke von Stern Stewart & Co.

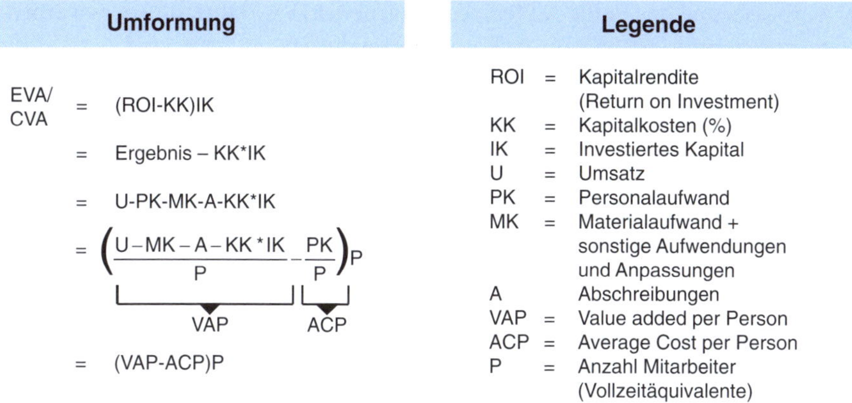

Abb. 98: Transformation der CVA-/EVA-Formel (The Boston Consulting Group)

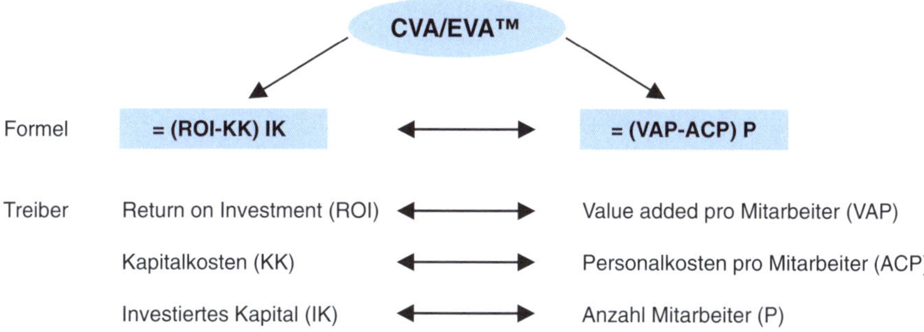

Abb. 99: Klassisches Wertmanagement und Workonomics im Vergleich (Strack 2002, S. 76)

Die „Leistungsfähigkeit“ der eingesetzten Resource wird in der Kapitalsicht über die Kapitalrendite (ROI) abgebildet. Das Pendant in der Personalsicht ist die Wertschöpfung pro Mitarbeiter (VAP). Während in der Kapitalsicht die Kosten der eingesetzten Resource durch die durchschnittlichen Kapitalkosten (KK) erfasst werden, werden in der Personalsicht die durchschnittlichen Personalkosten je Mitarbeiter (ACP) zugrunde gelegt. Die „Menge“ der eingesetzten Resource ist zum einen das investierte Kapital (IK), zum anderen die Anzahl der Mitarbeiter.

Die quantitativen Spitzenkennzahlen können als Ausgangsbasis für ein systematisches Wertschöpfungs-, Personalkosten- und Personalbestandscontrolling dienen. Beispielsweise kann der Personalbestand in Jobfamilien heruntergebrochen werden und damit eine qualitative Personalplanung an das Konzept gekoppelt werden.

Der Wert kann im Workonomics-Konzept gesteigert werden durch (vgl. *Strack* 2002, S. 77 f.):

- Verbesserung des Value Added pro Mitarbeiter (VAP) durch Prozessverbesserungen und Personalentwicklungsmaßnahmen.
- Profitables Wachstum der Beschäftigten, d. h. Wachstum bei einem VAP der über den ACP liegt. Eine mögliche Maßnahme ist die Einstellung von Mitarbeitern, deren potenzieller Value Added höher als ihre Personalkosten liegt.
- Senkung der Personalkosten, beispielsweise durch eine Produktionsverlagerung in Niedriglohnländer oder durch eine Reduzierung der Lohnnebenkosten.

3.10.5 Ertragsorientierte Ansätze

Auch die ertragsorientierten Ansätze weisen monetäre Kennzahlen aus. Diese werden berechnet, indem Rückflüsse für einen definierten Zeitraum ermittelt und anschließend auf den Nettogegenwartswert diskontiert werden. Als Basisformel liegt den ertragswertorientierten Ansätzen zugrunde:

$$\text{Humankapital} = \frac{\text{Ertragsgröße}}{\text{Kapitalkostensatz}}$$

Im Human Capital Pricing Model wird die Berechnung des Human Capital-Wertes wie folgt vorgenommen:

$$HC = E(R_i) =$$
$$r_f + (\mu_m - r_f)\beta_i =$$
$$r_f + (\mu_m - r_f)\frac{\text{cov}(R_i;R_m)}{\text{var}(R_m)}$$

Legende:

$E(R_i)$	=	Erwartungswert der Rendite des Humankapitalträgers i
i	=	Mitarbeiter
r_f	=	Risikoloser Zinssatz, der als Rendite interpretiert wird, die durch das unqualifizierte Humankapital erwirtschaftet wird
μ_m	=	Erwartungswert der Rendite der Gesamtheit an qualifizierten und unqualifizierten Mitarbeitern
β_i	=	Risikoaufschlag für einen qualifizierten, risikobehafteten Humankapitalträger

In der praktischen Anwendung stoßen die ertragsorientiereten Verfahren an ihre Grenzen, da die Quantifizierung einzelner Parameter und die Bereitstellung der Kalkulationsgrundlagen für die kapitalmarkttheoretischen Modelle oft schwierig ist.

Der Saarbrücker Formel (vgl. *Abb. 100*) liegt eine Kombination aus marktwert-, accounting-orientierten und indikatorenbasierten Bewertungsansätzen zugrunde. Über eine standardisierte Rechenlogik wird ein monetärer Humankapitalwert ausgewiesen. In der Saarbrücker Formel „finden sich die zentralen Wert- und Steuerungshebel der Personalarbeit:

1. Wertbasis mit der Mitarbeiterzahl als Mengenkomponente (FTE_i) und dem Marktgehalt als Preiskomponente (l_i).
2. Wertverlust als Aussage über die Erosion an Wissenssubstanz im Unternehmen, bestimmt durch den Koeffizienten aus Wissensrelevanz (w_i) und Betriebszugehörigkeit (b_i).
3. Wertkompensation als Ausgleich des Wertverlustes über Personalentwicklung (PE_i).
4. Wertänderung als Mehrung oder Minderung des Humankapitalwertes, realisiert durch die Mitarbeitermotivation (M_i), wozu die Leistungsbereitschaft (Commitment), das Arbeitsumfeld (Context) sowie das Wertrisiko durch die Abwanderungsneigung der Mitarbeiter (Retention) gehören.

Die sich ergebenden Werte werden über die Beschäftigungsgruppen i aufsummiert“ (*Scholz* u. a. 2008, S. 15).

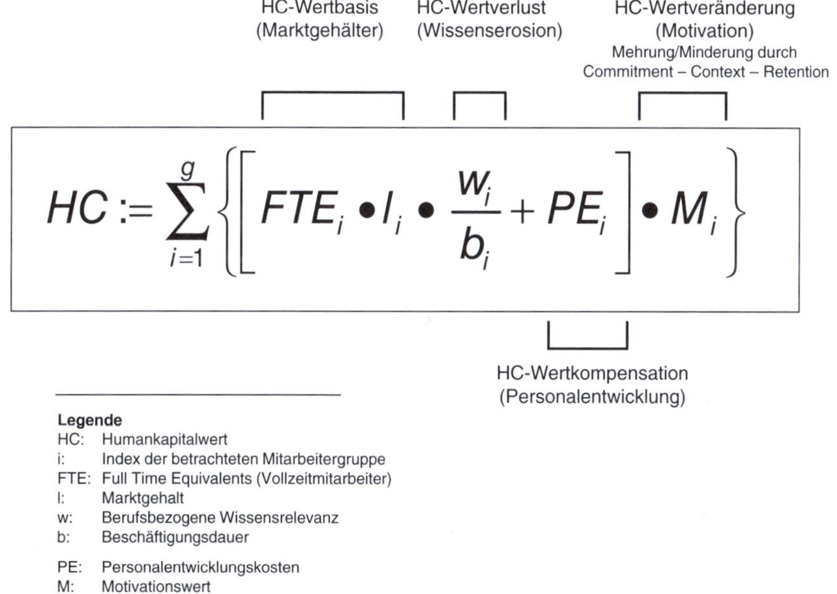

Abb. 100: Die Saarbrücker Formel (Scholz u. a. 2008, S. 15)

Kapitel 4
Instrumente des Personal-Controlling

4.1 Strategische Personalbestands- und bedarfsplanung

Das Konzept der strategischen Personalplanung (Strategic Workforce Management) hat das Ziel strategische Optionen auch aus Personalsicht umfassend zu bewerten und frühzeitig sicherzustellen, dass die Umsetzung von Geschäftsplänen mit den dafür benötigten Kompetenzen erfolgen kann. Dies setzt eine genaue Kenntnis der treibenden Kräfte in Markt, Wettbewerb und Technologie voraus. Als Anforderungen an den Personalbereich ergeben sich hieraus die Notwendigkeit zur qualitativen Ausrichtung, die Schaffung einer Langfristperspektive sowie die Fähigkeit zur Szenariobildung (vgl. *Sattelberger/Strack* 2009, S. 54).

Qualitative Ausrichtung: Ein wesentlicher Beitrag des Personalbereichs im Rahmen von Strategiediskussionen muss die explizite Identifikation und Analyse künftig benötigter Schlüsselkompetenzen sein. Diese lassen sich über eine Job-Cluster-Struktur abbilden. Derartige Strukturen müssen die Anforderungen der Geschäftsstrategie widerspiegeln und dürfen nicht eine Innensicht des Personalbereichs enthalten. Bisweilen fehlt aber auch eine klare Geschäftsstrategie, was durch die an ihre Grenzen stoßende Personalplanung aufgezeigt wird.

Schaffung einer Langfristperspektive: Um die Auswirkungen strategischer Optionen bzw. Pläne vollständig abzubilden, ist ein hinreichend langer Planungszeitraum zugrunde zu legen. Drei Jahre sind hierfür in der Regel zu kurz, da die Bereitstellung neuer Qualifikationen und die Umorientierung vorhandener Personalressourcen häufig mit langen Qualifizierungszeiten verbunden sind und einen entsprechenden Planungsvorlauf benötigen. Auch ermöglicht die Langfristperspektive eine klare Vorausschau auf Art und Umfang des gegebenenfalls erforderlichen Personalabbaus.

Szenariofähigkeit: Aufgrund des hohen Maßes an Unsicherheit bei der strategischen Planung werden häufig mehrere Szenarien in Abhängigkeit definierter Einflussgrößen analysiert und bewertet. Um die potenziellen Personalauswirkungen und -anforderungen zu diskutieren ist daher eine flexible, parametergestützte Simulationsmöglichkeit sehr hilfreich.

Das Konzept der strategischen Personalplanung verfolgt im Einzelnen folgende Ziele, um die oben genannten Anforderungen zu erfüllen:

- Wirksame Verzahnung von Unternehmensstrategie und Personalplanung
- Frühzeitiges Erkennen und aktives Gestalten von Kapazitätsrisiken
- Erhöhung der Reichweite und Effektivität von Personalmaßnahmen (Qualifizierungs-, Ausbildungs-, Beschaffungs- und Personalabbaustrategie)
- Steigerung des Wertbeitrages des Personalbereichs als strategischer Partner.

Das Konzept der Strategic Workforce Planning kann in folgenden fünf Schritten umgesetzt werden (vgl. *Sattelberger/Strack* 2009, S. 55 f.):

1. **Strategiebasierte Segmentierung**
   Im ersten Schritt gilt es, eine aussagekräftige Job-Cluster-Systematik zu entwickeln. Diese Systematik sollte die aus strategischer Sicht zu erwartenden Qualifikationsverschiebungen explizit abbilden, beispielsweise indem die Technologie-, Produkt- oder Marktdimension in die Clusterdefinition eingeführt werden. Damit aus der späteren Gap-Analyse konkrete Maßnahmen abgeleitet werden können, müssen die in den Clustern erfassten Personalbestände konkret adressierbar sein. Mitarbeiter, die Tätigkeiten mit ähnlichen Kernqualifikationen und Erfahrungen ausüben, gehören zu einer Jobfamilie.

2. **Bestandssimulation**
   Im Rahmen der Bestandssimulation wird die mittelfristige Wirkung von Alterung und Fluktuation (z. B. arbeitnehmerseitige Kündigungen, Rentenabgänge) je Job-Cluster ermittelt (vgl. *Abb. 101*). Es handelt sich um eine Personalbestandsprognose bei der verschiedene Szenarien unterstellt werden (z. B. keinerlei Personalmaßnahmen, Übernahme von Ausgebildeten, unterschiedliche Verrentungsszenarien). Diese Analyse liefert Hinweise, wo unausgewogene Altersstrukturen (z. B. ein Mangel an Nachwuchskräften) zu einer Verknappung der künftig verfügbaren eigenen Personalkapazität führen werden.

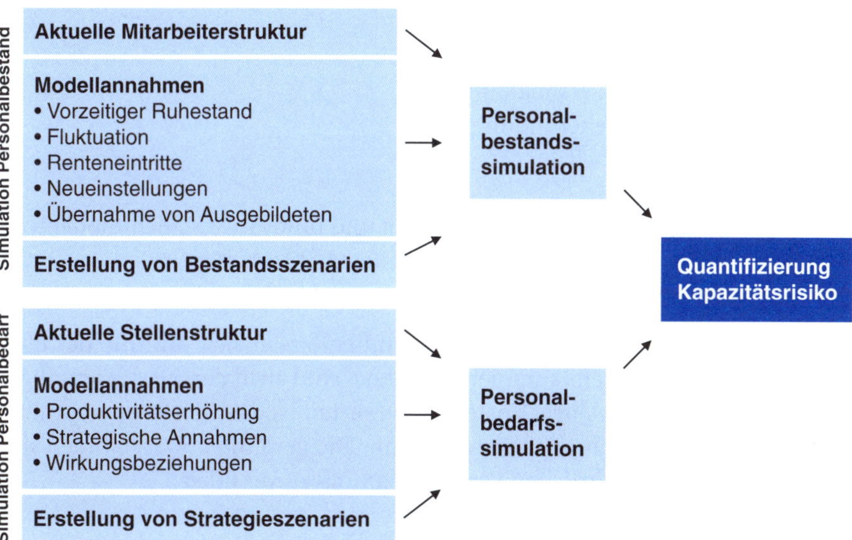

Abb. 101: Simulationsansatz zur Analyse des strategischen Kapazitätsrisikos (Arens u. a. 2007, S. 73)

3. **Bedarfsmodellierung**
   Im dritten Schritt werden die Personalbedarfe pro Job-Cluster anhand von Treibermodellen ermittelt, die langfristige Geschäfts- und Produktivitätsentwicklungen sowie Sensitivitäten und Szenarien abbilden (vgl. *Abb. 102*).

4. **Gap-Analyse**
   Die Ergebnisse der Bestands- und Bedarfssimulation fließen in eine Gap-Analyse, die für jedes Job-Cluster über den Planungszeitraum die Differenz zwischen Personalbedarf und -bestand ausweist. Das fiktive Beispiel einer Gap-Analyse in *Abb. 102* zeigt Kapazitätsrisiken in Form von Personalunterdeckungen und Personalüberhängen pro Job-Cluster. Der Bedarfs- und Bestandsabgleich ermöglicht eine Analyse der Über- und Unterdeckungen aus regionaler (Standorte) und funktionaler (Jobfamilien) Sicht. Es kann eine Risikobewertung vorgenommen werden, mit deren Hilfe beispielsweise kritische Lücken zwischen Personalbedarf und verfügbaren Kapazitäten bei besonders erfolgskritischen Funktionen identifiziert werden können. Mit der Gap-Analyse erhält man eine aussagefähige, quantitative Grundlage für die Ableitung gezielter Personalmaßnahmen.

5. **Ableitung von Personalmaßnahmen**
   Zum Ausgleich von Kapazitätsüber- und unterdeckungen kommen grundsätzlich sämtliche hierfür bekannten Personalmaßnahmen in Betracht:
   - Qualifizierung
   - Versetzung von Mitarbeitern aus Überhangsbereichen in Unterdeckungsbereiche
   - Ausbildung
   - Einstellungen
   - Verstärkung der Personalbindung
   - Schulung und Weiterbildung
   - Leih- und Zeitarbeit
   - Externe Vergabe
   - Präventives Gesundheitsmanagement und innovative Schichtmodelle zur Sicherstellung der Schichtfähigkeit älterer Mitarbeiter
   - Personalabbau.

   Die Wirkungen der einzelnen Maßnahmen lassen sich mithilfe des oben beschriebenen Modells simulieren. Hierbei sind auch die mit der jeweiligen Maßnahme verbundenen Kosten zu bewerten, sodass der kostenoptimale Maßnahmenmix gefunden werden kann. Die gewählten Maßnahmen sind schließlich in der jährlichen Personalplanung zu verankern.

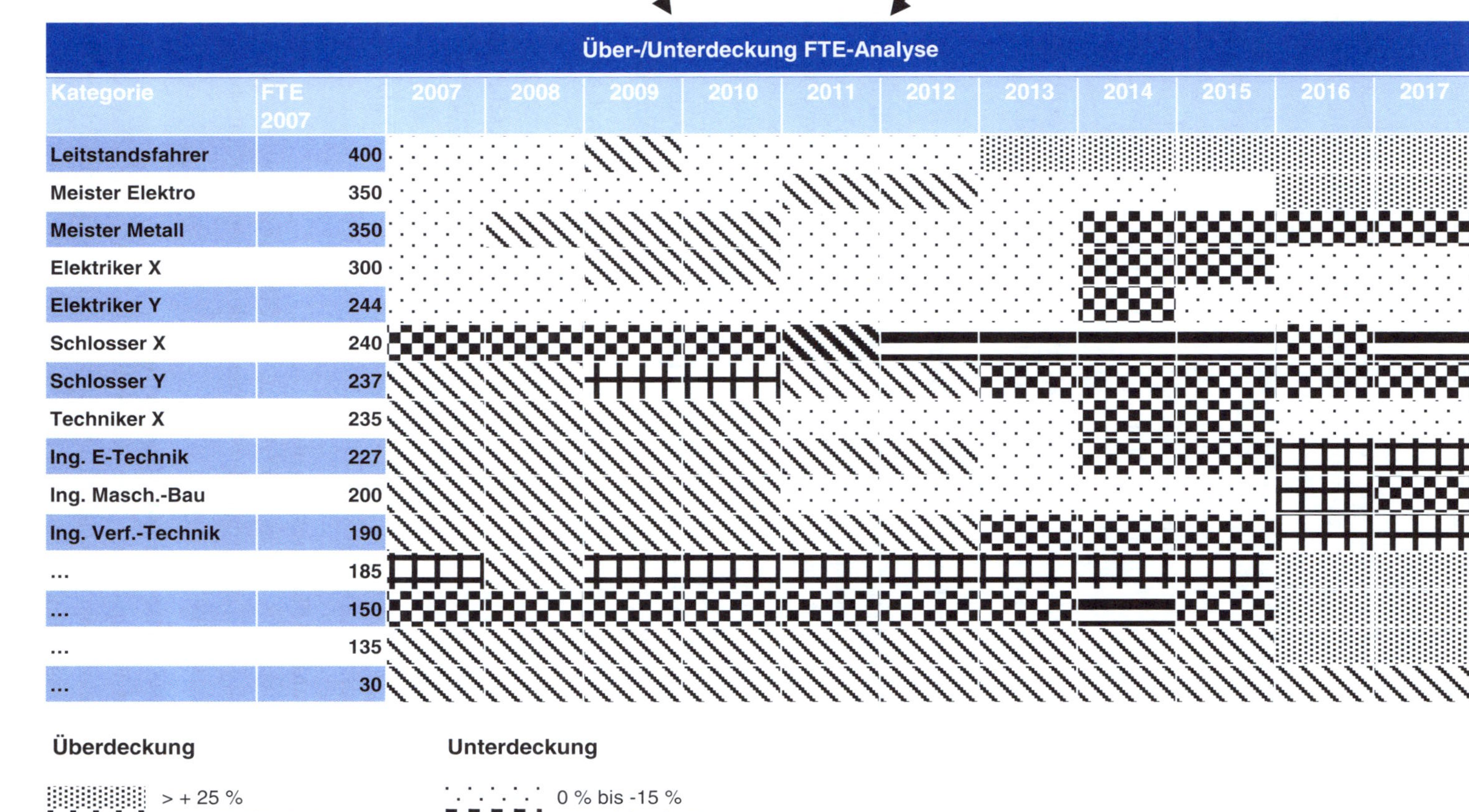

Abb. 102: Identifikation von Kapazitätsrisiken (Arens u. a.2007, S. 74)

4.2 Personal-Portfolios

Portfolios als Instrumente des Personal-Controlling sind Hilfsmittel zur hochverdichteten Darstellung personalwirtschaftlicher Sachverhalte, insbesondere im Rahmen der strategischen Planung. Personal-Portfolios weisen zwei Dimensionen auf. Sie sind meist in vier Felder eingeteilt und jedes Feld hat eine bildhafte Beschreibung. Die beiden Dimensionen beinhalten entweder einen Ist-Zustand und einen Plan- oder potenziellen Zustand oder eine personalwirtschaftliche und eine geschäftsstrategische Dimension. In Abhängigkeit vom gewählten Portfolio lassen sich die jeweiligen personalwirtschaftlichen Dimensionen mit einer oder mehreren Kennzahlen bewerten.

Im Folgenden sollen exemplarisch das Human-Ressourcen-Portfolio, das Manager-Portfolio und das Mitarbeiter-Portfolio vorgestellt werden.

4.2.1 Human-Ressourcen-Portfolio

Unter einem Human-Ressourcen-Portfolio wird die vereinfachte optische Darstellung des aktuellen (Ist-Portfolio) und des geplanten Mitarbeiter-Potenzials verstanden. Hierzu werden die Personal-Ressourcen in einer zweidimensionalen Matrix positioniert. Im nachfolgend vorgestellten Human-Ressourcen-Portfolio werden die Human-Ressourcen einzelner strategischer Geschäftsbereiche eines Unternehmens dargestellt (eine andere Analysemöglichkeit wäre z. B. der Vergleich des eigenen Human-Ressourcen-Portfolio mit dem des stärksten Wettbewerbers oder der gesamten Branche). Human-Ressourcen-Portfolios dienen dazu,

- Stärken und Schwächen in der Mitarbeiterstruktur rechtzeitig zu identifizieren
- personalinduzierte Chancen und Risiken aufzudecken
- zielgerichtete Strategien für die einzelnen Strategischen Geschäftseinheiten zu entwickeln, ohne hierbei jedoch das Gesamtunternehmen aus den Augen zu verlieren.

Folgende Phasen liegen der Human-Ressourcen-Portfolio-Analyse zugrunde (vgl. *Thiess* u. a. 1986):

1. **Auswahl der Planungseinheiten**
   Hier wird das Aggregationsniveau der Planungs- bzw. Analyseeinheiten festgelegt: ganze Länder oder Tochtergesellschaften, Geschäftsbereiche, Mitarbeitergruppen etc.

2. **Analyse des Ist-Zustandes (Ist-Portfolio)**
   Im Ist-Portfolio (vgl. *Abb. 103*, wobei die Größe der Kreise die jeweilige Größe der Geschäftseinheit ausdrückt) werden die gegenwertigen Positionen abgetragen, und zwar anhand der Achsen

- Angestrebte, zukünftige Bedeutung der Planungseinheit, in denen die Mitarbeiter tätig sind bzw. tätig sein werden.
- Augenblickliche Personalqualität im Hinblick auf die künftigen Anforderungsmerkmale an die Mitarbeiter der jeweiligen Planungseinheiten (z. B. Technologie-Know-how, Serviceorientierung, Marketing-Know-how, Teamfähigkeit etc.). Die Daten können durch Expertenbefragung, Rückgriff auf Personalbeurteilungen oder Selbstbeurteilungen der Mitarbeiter gewonnen werden.

3. **Planung des Soll-Zustandes (Ziel-Portfolio)**
   Ausgehend von der im Ist-Portfolio dargestellten Situation wird im dritten Schritt ein Ziel-Portfolio erstellt, das die am Ende der Planungsphase angestrebte Konstellation der Planungseinheiten enthält, die sich mit den Erfordernissen der Unternehmensstrategie deckt. Anhand des Ziel-Portfolios ist zu prüfen, ob und inwieweit durch die personelle Situation die Umsetzung der Unternehmensziele und -strategien unterstützt wird bzw. gefährdet ist. Hierzu kann ein direkter visueller Vergleich von Human-Ressourcen-Portfolio und Produkt-Markt-Portfolio vorgenommen werden. Für den Fall signifikanter Abweichungen muss überlegt werden, ob Modifikationen der

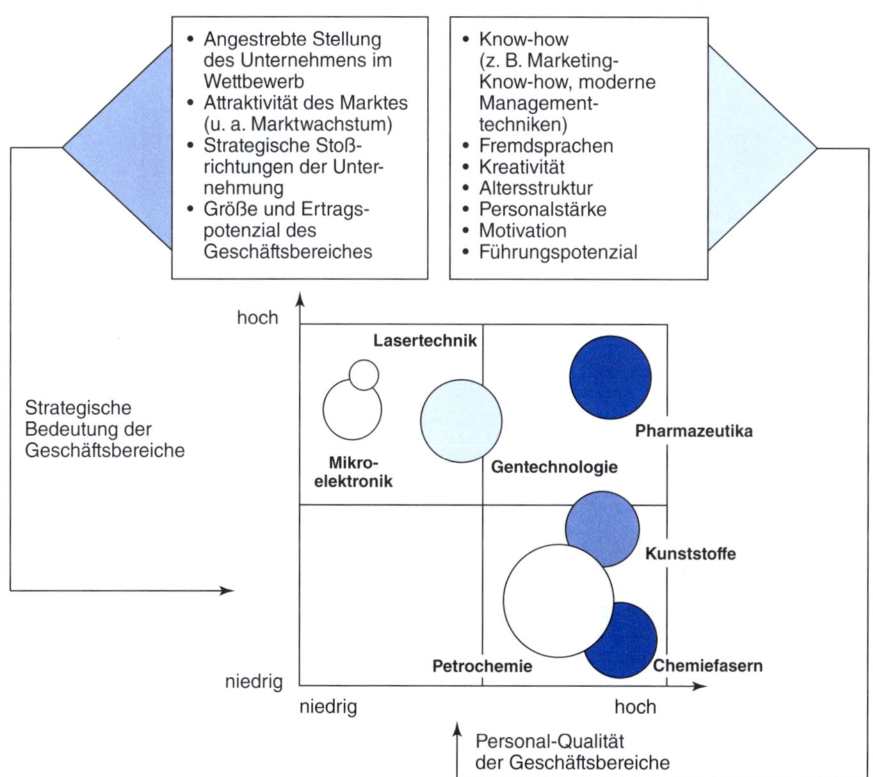

Abb. 103: Ist-Human-Ressourcen-Portfolio (Thiess u. a. 1986, S. 20)

Strategie erforderlich sind bzw. inwieweit die Humanressourcen an die Strategie angepasst werden können.

4. **Planung personalpolitischer Strategien und Maßnahmen**
   Entsprechend der jeweiligen Positionierung der Geschäftsbereiche im Human-Ressourcen-Portfolio dienen folgende Normstrategien als Diskussionsbasis (vgl. *Abb. 104*):

- Wachstumsstrategie: Erhöhung der Personalquantität/-qualität in angestammten Tätigkeitsfeldern
- Diversifikationsstrategie: Personalaufbau in neuen Tätigkeitsfeldern
- Konsolidierungsstrategie: Halten bzw. in Grenzen leichter Ausbau der Personalqualität bei gleichzeitiger Suche nach Rationalisierungspotenzialen
- Eliminierungsstrategie: Abbau von Personal.

In einem weiteren Schritt können dann unter Berücksichtigung unternehmensinterner und -externer Einflussfaktoren konkrete Personalmaßnahmen geplant werden.

5. **Realisation und Kontrolle**
   Zur Kontrolle des Zielerreichungsgrades kann (spätestens) am Ende des Planungszeitraums wieder ein Ist-Portfolio erstellt und mit dem Ziel-Portfolio verglichen werden.

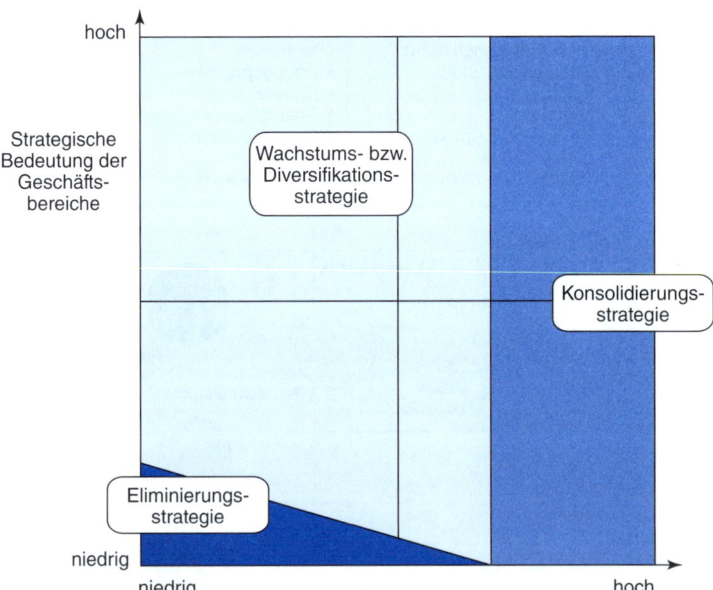

Abb. 104: Normstrategien im Rahmen der Human-Ressourcen-Portfolio-Analyse (Thiess u. a. 1986, S. 24)

4.2.2 Manager-Portfolio

Das Manager-Portfolio dient der Positionierung von Führungskräften und berücksichtigt, dass je nach Lebenszyklusphase und Wettbewerbsposition eines Geschäftsfeldes andere Anforderungen an die Führungskräfte gestellt werden (vgl. *Laukamm* 1985). So geht es in der Entstehungsphase eines Geschäftsbereichs im Marketing vor allem darum, Produkte zu entwickeln, einen neuen Markt aufzubauen, neue Vertriebswege zu erschließen, Widerstände im eigenen Unternehmen zu überwinden und vergleichsweise hohe Risiken zu tragen. In der Wachstumsphase geht es darum, das Wachstum in den Griff zu bekommen und gute Ausgangspositionen auszubauen oder zu verteidigen. In der Reifephase wird von Führungskräften gefordert, das Geschäft zu stabilisieren und zu konsolidieren sowie gegebenenfalls Rationalisierungsmaßnahmen durchzuführen. In der Altersphase von Gechäftsfeldern ist ein hohes Maß an Kostenbewusstsein gefordert sowie die Fähigkeit, notleidende Geschäfte zu sanieren oder den Rückzug aus schrumpfenden Märkten durchzuführen.

Entsprechend den unterschiedlichen Fähigkeitsschwerpunkten, die in den einzelnen Lebenszyklusphasen des Geschäftes und der Marktposition erwartet werden, unterscheidet Laukamm vier Managertypen: Entrepreneure, Verteidiger, Verwalter und Sanierer (vgl. *Abb. 105*).

Zur Erstellung und Nutzung des Manager-Portfolios im Rahmen der strategischen Personalplanung bietet sich folgendes Vorgehen an:

- Einordnung der derzeitigen und geplanten Positionen der Geschäftsbereiche in das Portfolio-Raster (auf der Grundlage der strategischen Unternehmensplanung)

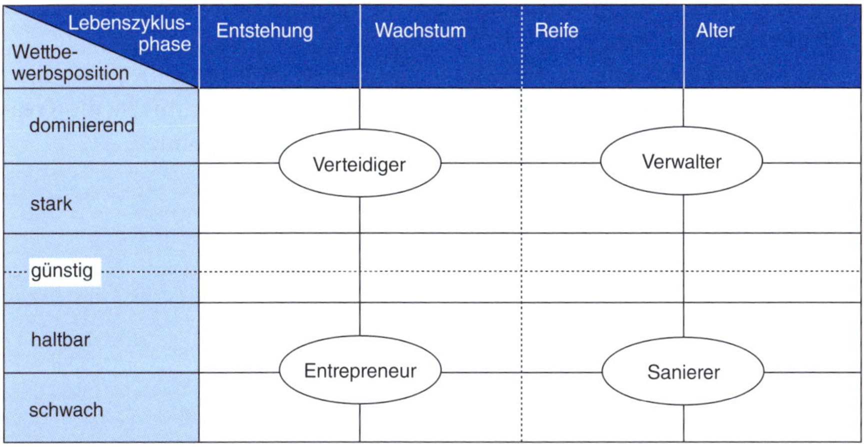

Lebenszyklusphase / Wettbewerbsposition	Entstehung	Wachstum	Reife	Alter
dominierend	Verteidiger		Verwalter	
stark				
günstig				
haltbar	Entrepreneur		Sanierer	
schwach				

Abb. 105: Die strategische Positionierung von Managertypen (Laukamm 1985, S. 274)

- Beurteilung der Führungskräfte und deren Einordnung in die vier Managerkategorien
- Kennzeichnung der Geschäftsbereiche hinsichtlich des derzeit verantwortlichen Managertyps
- Anstellen von Überlegungen, bei welchen Geschäftsbereichen eine Neubesetzung der Führungsposition zweckmäßig erscheint und wann diese erfolgen soll.

Da eine Führungskraft in der Regel nicht der optimale Managertyp für alle Phasen eines Geschäftes sein wird, bietet sich – insbesondere in Großunternehmen – eine Rotation von Führungskräften zwischen einzelnen Geschäftsbereichen an.

Zur Beurteilung des Manager-Portfolios ist festzuhalten, dass ein hochqualifizierter Manager zumindest in einem gewissen Rahmen Fähigkeiten aufweisen sollte, die es ihm ermöglichen, in mehreren Phasen des Produkt-Lebenszyklus zu operieren. Eine zu häufige Umsetzung, je nach Geschäftsphase, kann sich negativ auf das Klima im Unternehmen auswirken. Diese wird in den meisten Fällen ohnehin an den vorhandenen personellen Ressourcen scheitern.

4.2.3 Mitarbeiter-Portfolio

Das Mitarbeiter-Portfolio ist ein Instrument zur zukunftsorientierten Mitarbeiterbeurteilung, das Leistungsbewertung und Potenzialbeurteilung miteinander kombiniert (vgl. *Fopp* 1982) (vgl. *Abb. 106*).

Die beiden Achsen der Matrix umfassen

- die aktuelle Leistungsfähigkeit der beurteilten Mitarbeiter, die eingestuft werden kann anhand der Kriterien Grad der Zielerreichung, Erfüllung der in der Stellenbeschreibung festgelegten Aufgaben sowie gegebenenfalls der Führungsqualitäten,
- das zukünftige Potenzial der Mitarbeiter für dessen Messung die Flexibilität, die Teamfähigkeit, die Beherrschung von Management-Techniken, die Kreativität und die Sprachkenntnisse herangezogen werden können.

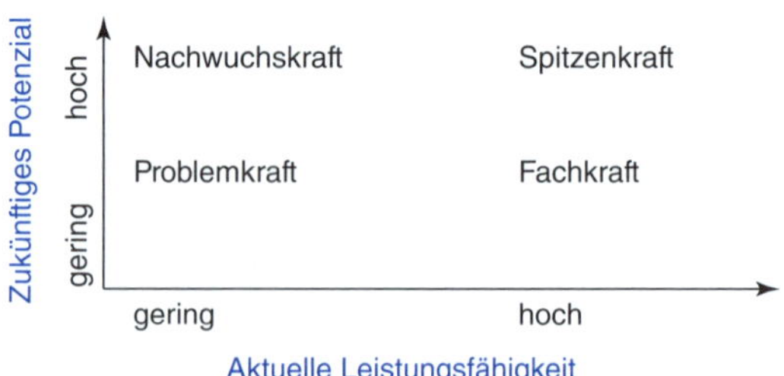

Abb. 106: Das Mitarbeiter-Portfolio (vgl. Fopp 1982, S. 334)

Die Positionierung der einzelnen Mitarbeiter im Ist-Portfolio lässt erkennen, ob das Unternehmen über ein ausgewogenes Mitarbeiter-Team verfügt. Im nächsten Schritt ist die Frage zu beantworten, welche Maßnahmen erforderlich sind, um die Mitarbeiter-Konstellation zu erhalten, die für die Erfüllung der künftigen Aufgaben erforderlich ist: Sind genügend Nachwuchskräfte vorhanden? Wie viele Spitzenkräfte werden benötigt? Welche Nachwuchskräfte sollen zu Spitzenkräften aufgebaut werden? Welche Maßnahmen können bezüglich der Problemkräfte ergriffen werden?

Als Diskussionsbasis schlägt *Fopp* folgende Normstrategien für die einzelnen Mitarbeiterkategorien vor:

- Nachwuchskraft: Aufbauen
- Spitzenkraft: Ausbauen
- Fachkraft: Ernten
- Problemkraft: Abbauen.

4.3 Mitarbeiterbefragung

Mitarbeiterbefragungen werden seit über 40 Jahren mit großem Erfolg als strategisches Führungsinstrument eingesetzt. Sie bieten die Möglichkeit, Mitarbeiter direkt zu befragen. „Unter einer Mitarbeiterbefragung – synonyme Begriffe sind z. B. Betriebsklimaanalysen, betriebliche Meinungsumfragen, Mitarbeiterzufriedenheitsanalysen, innerbetriebliche Einstellungsforschung, attitude/employee surveys, Mitarbeiterfeedback – wird überwiegend verstanden:

- Ein Instrument der partizipativen Führung und Zusammenarbeit, mit dem
- im Auftrag der Unternehmensleitung (...),
- im Dialog mit den Arbeitnehmervertretungen,
- durch den Einsatz von standardisierten und/oder teilstandardisierten Fragebögen (ergänzt durch (teil-)strukturierte Interviews),
- anonym und auf freiwilliger Basis,
- direkt bei allen Mitarbeitern (oder einer repräsentativen Stichprobe) oder bei bestimmten Zielgruppen,
- unter Beachtung methodischer, organisatorischer und rechtlicher Rahmenbedingungen,
- online oder auf dem schriftlichen Weg,
- Informationen über Einstellungen, Erwartungen, Bedürfnisse und Änderungsvorschläge der Mitarbeiter,
- bezogen auf bestimmte Bereiche der betrieblichen Arbeitswelt und/oder der Umwelt gewonnen werden,
- um daraus möglichst konkrete Hinweise auf betriebliche Stärken und Schwächen zu erlangen,

- deren Ursachen im Dialog zwischen Mitarbeitern und Führungskräften sowie der Unternehmensleitung zu klären sind,
- um gemeinsam daraus konkrete Veränderungsprozesse im Rahmen des Change Management zu planen, abzustimmen, zu realisieren und
- deren Erfolgswirksamkeit zu evaluieren,
- um letztendlich im Rahmen einer lernenden Organisation und im Prozess des lebenslangen Lernens gemeinsam zu einer höheren Arbeits- und Lebenszufriedenheit sowie zu einer höheren unternehmensrelevanten Leistung und Arbeitgeberattraktivität zu gelangen" (*Domsch/Ladwig* 2013, S. 11f.).

Ziele

Mitarbeiterbefragungen bedienen vier Ziele für jeweils unterschiedliche Zielgruppen: Sie sind für die Mitarbeiter ein Mitgestaltungsinstrument zur gezielten Verbesserung der Arbeitsbedingungen, für das Management ein strategisches Steuerungsinstrument im Performance Management, ein Messinstrument zur Analyse der Unternehmenskultur und für Führungskräfte ein Entwicklungsinstrument (vgl. hierzu *Mönninghoff* 2013, S. 368f.). Mitarbeiter können im Rahmen der Mitarbeiterbefragung anonym Missstände kommunizieren, aber auch angeben, womit sie sehr zufrieden sind. Anhand der Ergebnisse werden Verbesserungsbedarfe und Erfolge transparent gemacht. Im Idealfall erhalten die Mitarbeiter durch die Folgeprozesse auf der Teamebene die Möglichkeit, ihr direktes Arbeitsumfeld aktiv mit zu entwickeln. Werden die Befragungsergebnisse im Dialog zwischen Geschäftsleitungen, Führungskräften, Mitarbeitern und Betriebsräten aktiv diskutiert, stellt dieser Prozess einen wesentlichen Baustein eines partizipativen Führungsstils dar. Auf diese Art lassen sich Arbeitsprozesse, Arbeitsbedingungen und Informationsflüsse regelmäßig durch die Mitarbeiter kritisch betrachten und gezielt optimieren. In der Folgebefragung lassen sich dann die umgesetzten Maßnahmen und Verbesserungen gegenüber der vorangegangenen Befragung evaluieren.

Zweites Ziel der Mitarbeiterbefragung ist die strategische Steuerung durch gezielte Impulse des Management. Das Topmanagement kann die Ergebnisse im Hinblick auf das Leistungsmanagement betrachten und sehen, ob die notwendigen Bedingungen für Leistung und Zufriedenheit der Mitarbeiter gegeben sind. Ergibt sich beispielsweise anhand der Befragungsergebnisse, dass bestimmte Bedingungen verbessert werden müssen, so können gezielt Maßnahmen für den jeweiligen Verantwortungsbereich eingeleitet oder strategische Stoßrichtungen vorgegeben werden.

Zum dritten dient die Mitarbeiterbefragung als Analyseinstrument. Mit den Befragungsdaten können Stellhebel für den Unternehmenserfolg identifiziert warden. So analysiert Bertelsmann beispielsweise die Daten der Mtarbeiterbefragung zusammen mit wirtschaftlichen Kennzahlen. Mit den Ergebnissen dieser Linkage-Analysen wurde nachgewiesen, dass partnerschaftliche

Führung mit einer hohen Mitarbeiteridentifikation einhergeht. Eine hohe Identifikation wiederum führt zu positivem Mitarbeiterverhalten (gemessen mit geringer Fluktuation und geringen Krankenquoten) und wirtschaftlichem Erfolg. Obwohl Führung nicht der einzige Faktor ist, der die Identifikation und den wirtschaftlichen Erfolg beeinflusst, legen die Ergebnisse der Mitarbeiterbefragungen bei Bertelsmann nahe, dass Unternehmenskultur ein wichtiger Faktor für den Unternehmenserfolg ist (vgl. *Mönninghoff* 2013, S. 379).

Ein viertes Ziel von Mitarbeiterbefragungen ist die Entwicklung der Führungskräfte. Die Mitarbeiterbefragung lässt sich so einsetzen, dass im Unternehmen die Führungsqualität langfristig gesichert und stetig entwickelt wird. So kann beispielsweise den Führungskräften durch die Fragen kommuniziert werden, was von ihnen als Führungskraft erwartet wird. Die Ergebnisberichte liefern den Führungskräften umfangreiches Feedback zu ihrer Führungsleistung und damit Ansatzpunkte, wo sie ihre Führungskompetenzen gezielt optimieren können. Außerdem lässt sich in der Mitarbeiterbefragung die Führungsqualität in einem Unternehmen messen. Dieses Ergebnis der Mitarbeiterbefragung lässt sich nutzen, um Führungskräfte mit kritischen Ergebnissen gezielt zu unterstützen und die Führungsqualität so langfristig zu stärken.

Gestaltungsformen

Für die Gestaltung von Mitarbeiterbefragungen bestehen eine Vielzahl von alternativen Ausprägungsmöglichkeiten. Einen Überblick über die möglichen Gestaltungsformen gibt *Abb. 107.* Welche Ausprägungen letztendlich im konkreten Einsatzfall gewählt werden, richtet sich primär nach den Zielen der Befragung und deren möglichen Operationalisierung, nach den Zielgruppen sowie nach dem Reifegrad der Unternehmenskultur und ihrer Mitglieder. In der Praxis haben sich insbesondere die schriftliche, anonym durchgeführte, strukturierte und standardisierte Befragung durchgesetzt. Darüber hinaus werden mehrheitlich Online-Befragungen genutzt und neuere Informations- und Kommunikationstechniken für die Ergebnisdarstellung und -diskussion eingesetzt.

Kennzahlen

Mitarbeiterbefragungen stellen eine wissenschaftliche Methode der empirischen Sozialforschung dar. Durch die Erfassung der Realität sollen in enger Verbindung zu einer zugrunde liegenden Theorie empirisch belegte Aussagen gewonnen werden. An ein wissenschaftliches Instrument empirischer Forschung sind strenge meßtheoretische und methodische Anforderungen zu stellen. Um diese Anforderungen vollständig zu erfüllen, fällt unter Umständen ein hoher Vorbereitungsaufwand an. Da der Anwender in der betrieblichen Praxis in der Regel den Zielkonflikt zwischen Kosten und Qualität des Instruments auflösen muss, ist es häufig notwendig, einen Kompromiss zu

<table>
<tr><th>Beschreibungs-merkmale (Auswahl)</th><th colspan="12">Ausprägungen (Auswahl)</th></tr>
<tr><td>Ziel</td><td colspan="3">Allgemeine Zufriedenheitsmessung/ Betriebsklimaanalyse</td><td colspan="3">Einsatz als TQM-Instrument</td><td colspan="3">Benutzung für Organisationsentwicklung</td><td colspan="3">Integration in strategisches Management (z.B. Balanced Scorecard-Modul)</td></tr>
<tr><td>Initiative</td><td colspan="3">Unternehmensleitung/ Personalbereich</td><td colspan="3">Arbeitnehmervertretung</td><td colspan="6">Unternehmensleitung, Personalbereich und Arbeitnehmervertretung gemeinsam</td></tr>
<tr><td>Einbindung</td><td colspan="6">Nur Mitarbeiterbefragung</td><td colspan="6">In eine umfassende Situationsanalyse integriert (z.B. Mitarbeiter-befragung, Kunden- und Lieferantenbefragung)</td></tr>
<tr><td>Inhalt</td><td colspan="6">Umfassende Mitarbeiterbefragung</td><td colspan="6">Spezielle Befragung (z.B. zur Arbeitszeitflexibilisierung)</td></tr>
<tr><td>Verbindlichkeit</td><td colspan="6">Freiwilliger Einsatz</td><td colspan="6">Vom Unternehmen vorgeschrieben/ umfassend initiiert</td></tr>
<tr><td>Erfassung der Information</td><td colspan="3">Schriftlich (per Fragebogen)</td><td colspan="3">Mündlich (per Interview/ Gespräche/Workshops)</td><td colspan="3">Teils schriftlich/ teils mündlich</td><td colspan="3">Online</td></tr>
<tr><td>Bezug zum Führungs-bereich</td><td colspan="3">Direkter Vorgesetzter</td><td colspan="3">Direkter und nächsthöherer Vorgesetzter</td><td colspan="3">Bestimmte Zielgruppen aus dem Vorgesetztenbereich</td><td colspan="3">Management insgesamt</td></tr>
<tr><td>Anonymität</td><td colspan="4">Ohne Namensangabe und demographische Variablen</td><td colspan="4">Freiwillige Angaben von demographischen Variablen (z.B. Alter/Geschlecht)</td><td colspan="4">Mit Namensangabe</td></tr>
<tr><td>Standardisie-rung</td><td colspan="4">Vollständig standardisiert</td><td colspan="4">Teilstandardisiert</td><td colspan="4">Nur freie Antworten</td></tr>
<tr><td>Häufigkeit</td><td colspan="4">Einmalig</td><td colspan="4">Regelmäßig (z.B. im Verbund mit 360°-Feedback)</td><td colspan="4">Fallweise (z.B. 12 Monate nach organisa-torischen Veränderungen)</td></tr>
<tr><td>Richtung</td><td colspan="6">Einschätzungen nur durch die Mitarbeiter (einseitig)</td><td colspan="6">Auch Einschätzung der Mitarbeiter durch Vorgesetzte (zweiseitige Formen)</td></tr>
<tr><td>Feedback</td><td colspan="4">Ergebnisse nur an Unternehmensleitung/ Führungskräfte/Personalbereich</td><td colspan="4">Gesamtergebnisse an alle, Bereichsergebnisse nur an den jeweiligen Bereich</td><td colspan="4">Völlige Transparenz aller Ergebnisse/ internes Benchmarking</td></tr>
<tr><td>Reichweite</td><td colspan="6">Befragung nur im nationalen Bereich</td><td colspan="6">Internationale Befragung in allen Unternehmensbereichen/Gesellschaften</td></tr>
</table>

Abb. 107: Alternative Formen von Mitarbeiterbefragungen (Domsch/Ladwig 2013, S. 14f.)

schließen. Zu den wesentlichen methodischen Anforderungen an eine Mitarbeiterbefragung gehören die Forderungen nach Reliabilität (Zuverlässigkeit), Validität (Gültigkeit), Objektivität, Relevanz und Trennschärfe. Als Methoden zur Auswertung von Mitarbeiterbefragungen stehen unter anderem zur Verfügung: Faktorenanalyse, (multiple) Regressionsanalyse, (multiple) Diskriminanzanalyse, mehrdimensionale Skalierung und Clusteranalyse (vgl. *Domsch/Ladwig* 2013, S. 15 f.).

Als Hilfsmittel in der Datenauswertung und -darstellung werden im Rahmen von Mitarbeiterbefragungen häufig Indizes herangezogen. Dies ist insbesondere dann sinnvoll, wenn Einzelindikatoren alleine nicht ausreichen, einen Sachverhalt zu messen bzw. zu beschreiben. So kann beispielsweise eine einzelne Frage zum Thema „Feedbackverhalten einer Führungskraft" nicht herangezogen werden, um „Führung" in seiner Mehrdimensionalität hinreichend zu beschreiben. Als Hilfsmittel kann ein Führungsindex gebildet werden, der mehrere Fragen zum Thema Führung subsumiert. Voraussetzung ist, dass dem Index immer auch eine Vorschrift zur quantitativen Reproduzierbarkeit der Größe (sowohl Messung als auch Berechnung) zugrunde liegt. Die Vorteile eines Indexwertes liegen einerseits in seiner guten Sichtbarkeit (Kommunikationsfunktion) und andererseits in seiner Stabilität (Meßfunktion) im Sinne der Vermeidung von Fehlschlüssen und Messfehlern bei der Nutzung von Einzelfragen. Zur Ergebnisdarstellung von Mitarbeiterbefragungen finden sich in der Praxis häufig folgende Indizes:

- Zufriedenheits-Index mit dem Fokus auf Fragen, die die klassische Arbeitszufriedenheit messen.
- Engagement-Index mit dem Fokus auf Fragen, die das mehrdimensionale Konstrukt des Mitarbeiterengagements aus Teilfacetten wie Zufriedenheit, Bindung, Identifikation oder Commitment zusammensetzen.
- Bindungs-Index mit dem Fokus auf Fragen, die die Bleibebereitschaft von Mitarbeitern beschreiben.
- Führungs-Index mit dem Fokus auf Fragen, die die Führungsarbeit bzw. -qualität beschreiben.
- Gesundheits-Index mit dem Fokus auf Fragen, die die Arbeitsfähigkeit und Belastungsfreiheit ausdrücken.

Inhalte

Der konkrete Inhalt einer Mitarbeiterbefragung ist auf Basis der angestrebten Befragungsziele festzulegen. Bei breit angelegten Befragungen resultiert naturgemäß ein relativ großer Umfang des Fragebogens, da ein möglichst breites Spektrum aller relevanten Variablen, die die Arbeitsqualität und -organisation beeinflussen, erfasst wird (vgl. *Abb. 108*). Der Umfang des Fragebogens wird allerdings begrenzt durch die Bereitschaft der Befragten, (zu) lange Fragebögen auszufüllen und die mit zunehmendem Umfang des Fragebogens steigenden

Kosten der Befragung und Auswertungen. Bei umfassenden Mitarbeiterbefragungen sollte der Umfang bei maximal ca. 60 Fragen liegen, die in 30–40 Minuten beantwortet werden können (vgl. *Domsch/Ladwig* 2013, S. 16).

Lfd. Nr.	Kernbereiche	Fragen zum jeweiligen Kernbereich (standardisiert/katalogartig/skaliert/offen)
1	Tätigkeit/ Arbeitsorganisation	• Arbeitsbereich • Art der Tätigkeit • Art der Arbeitsorganisation • Arbeitsbelastung • Eigene Veränderungsvorschläge
2	Arbeitsbedingungen	• Umweltbedingungen (Klima, Beleuchtung, Lärm) • Arbeitsplatzgestaltung • Arbeitszeitgestaltung • Eigene Veränderungsvorschläge
3	Entgelt und Sozialleistungen	• Höhe des Entgelts im Vergleich zur Leistung, zu Kollegen, zu anderen Unternehmen • Bedeutung der zusätzlichen Sozialleistungen • Veränderungsvorschläge zu einzelnen Sozialleistungen
4	Kommunikation/ Information	• Informationen über das Gesamtunternehmen • Informationen über die Arbeit i. e. S. • Informationsquellen, -medien, -wege • Gewünschte Zusatzinformationen/veränderte Informationswege • Eigene Veränderungsvorschläge
5	Zusammenarbeit	• Zusammenarbeit mit unmittelbaren Kollegen • Zusammenarbeit mit anderen Abteilungen/internen Dienstleistern • Zusammenarbeit mit Gesamtunternehmen • Eigene Veränderungsvorschläge
6	Möglichkeit zur Umsetzung eigener Leistungsfähigkeit und Leistungsbereitschaft	• Eignungs- und neigungsadäquater Arbeitseinsatz • Entfaltungsmöglichkeiten • Wichtigkeit der Arbeit • Eigene Veränderungsvorschläge
7	Weiterbildung/Entwicklungsmöglichkeiten	• Weiterbildungsangebot • Möglichkeiten der Nutzung • Schwierigkeiten bei Nutzung • Möglichkeiten und Hindernisse des Aufstiegs • Eigene Veränderungsvorschläge
8	Vorgesetztenverhalten/ Beziehung zum Vorgesetzten	• Fachliche Fähigkeiten des Vorgesetzten, Informationsverhalten, Motivation, Berücksichtigung der eigenen Meinung, Gerechtigkeit, Hilfe bei beruflichen und privaten Schwierigkeiten • Eigene Veränderungsvorschläge
9	Unternehmen	• Einschätzung der Sicherheit des eigenen Arbeitsplatzes, der Beschäftigung im Unternehmen • Gesamtzufriedenheit mit der Arbeit beim Unternehmen • Allgemeines Ansehen des Unternehmens beim Befragten, beim Kunden, in der Gesellschaft • Eigene Veränderungsvorschläge
10	Statistik	• Alter, Geschlecht, Betriebszugehörigkeit, Einkommensform, Einkommenshöhe, Arbeitszeitform • Mitarbeitergruppe/Hierarchieebene

Abb. 108: Inhalte einer umfassenden Mitarbeiterbefragung (Domsch/Ladwig 2013, S. 17f.)

Ablaufplanung und Kommunikation

Bei Mitarbeiterbefragungen handelt es sich in der Regel um größere, aufwändige Projekte, die einen detaillierten Ablaufplan erfordern. Das Gesamtprojekt einer Befragung gliedert sich in die drei Phasen:

1. Planung mit den Teilphasen Zieldiskussion, Entscheidung über Projektteam und Grobkonzept sowie Detailkonzept (Fragebogen, Information der Führungskräfte und Arbeitnehmervertretungen, Pretests).
2. Durchführung mit den Teilphasen Marketing (Sicherstellung eines hohen Bekanntheitsgrades und hoher Rücklaufquoten), Befragung (Verteilung des Fragebogens) und Ergebnisdarstellung (Auswertung der Fragebögen, Aufbereitung und Bewertung der Ergebnisse).
3. Umsetzung mit den Teilphasen Aktionspläne (Erstellung konkreter Aktionspläne und Entscheidungen über durchzuführende Maßnahmen), Realisierung (Realisierung von Maßnahmen und Einleitung von Veränderungsprozessen, Information über Zielerreichung) und Erfolgskontrolle.

Der Erfolg einer Mitarbeiterbefragung hängt entscheidend davon ab, dass diese mit gezielten Kommunikationsmaßnahmen intensiv begleitet wird. Insbesondere müssen umfangreiche Informationen über Ziele, Inhalte, Ablauf und Zuständigkeiten der Mitarbeiterbefragungen und die Maßnahmen, die die Anonymität gewährleisten, kommuniziert werden. Außerdem muss Vertrauen aufgebaut werden, dass nach der Mitarbeiterbefragung die als notwendig angesehenen Änderungen durchgeführt werden. In *Abb. 109* sind konkrete, praxisrelevante Beispiele für Kommunikationsmaßnahmen enthalten, die sich auf die dargestellten Phasen des Gesamtprojektes beziehen.

Folgeprozesse

Der tatsächliche und nachhaltige Nutzen einer Mitarbeiterbefragung entscheidet sich in den Folgeprozessen. Üblich ist hier ein Top down-Vorgehen, bei dem ausgehend von der Geschäftsleitung nach Durchsicht der Gesamtergebnisse die Folgeprozesse definiert und anschließend in den nächsten Führungsebenen kaskadiert werden. Dieser Kommunikationsprozess orientiert sich an den Zielen der Befragung und sollte sich auf relevante Themenfelder fokussieren, die sich aus den Befragungsergebnissen ableiten lassen. Einen beispielhaften Zeitplan für Folgeaktionen enthält *Abb. 110*. Da nicht alle Themen in derselben Breite kommuniziert und diskutiert werden können, sind Themenfelder zu priorisieren. Ansatzpunkte zur Priorisierung von Fragekomplexen oder nach Bereichen können sein:

- Strategiebezug (wo gibt es die größten Abweichungen zur verfolgten Strategie?),
- die schlechtesten Zustimmungswerte (wo gibt es die größten Verbesserungspotenziale?) und

Mitarbeiterbefragung Beispiele für Kommunikationsmaßnahmen	
I.	**Phase „Planung"** • Entwicklung eines Logos/Namens für die Befragung (Corporate Identity, Wiedererkennungseffekt) • Generelle Informationen über Ziele, Ablauf, Zeitrahmen, Verantwortliche (z.B. Sitzungen, Hauszeitung, Intranet etc.) • Diskussionsveranstaltungen (z.B. Vorstand, Führungskräfte, Betriebsrat etc.) • Brief des Vorstandes/Betriebsrates an alle Mitarbeiter • Verteilung von Werbemitteln (z.B. Plakataktion, Infofolder etc.) • Artikel/Interviews in der Hauszeitung bzw. Sondernummer • Einrichtung einer Hotline
II.	**Phase „Durchführung"** • „Start-Schuss" • Aktuelle, wechselnde Plakate • Informationsstand mit Projektgruppenmitgliedern, Führungskräften • Intranet/Chat-Room • Impulse/Give-aways (z.B. Flüstertüte, Kugelschreiber, Vergissmeinnicht etc.) • Countdown Aktionen (z.B. Nachricht über Rücklaufquoten/Rücklaufbarometer) • Last-Minute Aktionen
III.	**Phase „Umsetzung"** • Erste Trendmeldung als Ein-Seiten-Mailing (Intranet) • Präsentationen (Vorstand, Führungskräfte, Betriebsrat) • „Ergebnisbroschüre Gesamt" an alle • Einzel-Präsentationen und -Informationen in den Auswertungseinheiten • Diskussion der Ergebnisse in den Auswertungs-/Organisationseinheiten und Veröffentlichung von Vorhaben der einzelnen Organisationseinheiten • Fortlaufende Berichterstattung über weiteren Ablauf und Umsetzungsfortschritte (Hauszeitschrift, Intranet und Chat-Room etc.) • Abschließende Evaluierung, Berichterstattung, Veröffentlichung weiterer Schritte

Abb. 109: Kommunikationsmaßnahmen im Rahmen einer Mitarbeiterbefragung (Domsch/Ladwig 2013, S. 23)

- Veränderungen zur Vorbefragung (wo haben sich die Zustimmungswerte am deutlichsten verschlechtert oder verbessert?).

Für die Folgeprozesse sind folgende Regeln zu empfehlen: Alle Mitarbeiter erhalten die Ergebnisse der Befragung. Alle Teams erhalten ihre spezifischen Ergebnisse im Vergleich zu übergeordneten Einheiten. Die Geschäftsführung definiert allgemeine Handlungsfelder. Schwächen, die von untergeordneten Einheiten nicht gelöst werden können, werden eskaliert.

Für das Design und und die Verfolgung der Folgeprozesse ist außerdem wichtig (vgl. *Nürnberg* 2017, S. 94 f.): Die Ziele der Folgeprozesse müssen klar kommuniziert werden und unternehmensweit konsistent sein. Die Geschäftsführung muss persönlich und glaubhaft hinter den angestoßenen Maßnahmen stehen. Es sollte eine Konzentration auf die wirklich wichtigen Themen stattfinden. Die Folgeprozesse müssen zur Kultur des Unternehmens passen. Alle relevanten Stakeholder, insbesondere Betriebsrat, sind umfassend einzubinden. Durch ein Monitoring ist die Nachhaltigkeit der eingeleiteten Maßnahmen sicherzustellen.

Zielgruppe	Zeitpunkt nach Befragungsende	Ziele und Themen
Unternehmens-leitung	1–2 Wochen	Zusammenfassung,; erste Auffälligkeiten und Analysen; Highlights und Lowlights; wichtige Zusammenhänge (noch keine formale Analyse); Beteiligung insgesamt und nach Unternehmensbereichen.
Betriebsrat	3–6 Wochen	Formale Präsentation der wichtigsten Punkte und Interpretationen; Diskussion und gemeinsame Entwicklung von Schwerpunktbereichen zur Kommunikation an die Mitarbeiter und zur weiteren Analyse (1–2 Stunden einschließlich Diskussion)
Oberes Management	3–6 Wochen	Formale Präsentation der wichtigsten Punkte und Interpretationen (Fokus auf Kurzpräsentation (maximal 15 Minuten))
Mittleres Management	4–8 Wochen	Individuelle Reports pro Managementbereich, welche spezifische Ergebnisse zeigen und im Vergleich bewerten; Grundlage für die Planung von Follow-up-Aktionen (2–3 Stunden einschließlich Planung und Zusammenfassung/Protokollierung)
Alle Mitarbeiter	4–16 Wochen	Zusammenfassung der Teilnahmequoten und der wichtigsten Ergebnisse; Übersicht über alle Antworten; Darstellung der besten und der schlechtesten Ergebnisse; Darstellung der vom Management (und ggf. dem Betriebsrat) ausgewählten Schwerpunktbereiche für die Verbesserungen im Nachgang (Follow-up)

Abb. 110: Rollout-Plan für Folgemaßnahmen (Nürnberg 2017, S. 93 f.)

4.4 Balanced Scorecard

4.4.1 Konzept und Beurteilung der Balanced Scorecard

Die Defizite bei der Umsetzung von Strategien in konkrete Aktionen (Strategieimplementierung) einerseits sowie eine einseitige Finanz- und Vergangenheitsorientierung traditioneller Kennzahlensysteme andererseits waren die wesentlichen Ursachen für die Entwicklung der Balanced Scorecard (vgl. *Abb. 111*). Diese wurde Anfang der 1990er-Jahre in einem Forschungsprojekt unter der Leitung von *Robert S. Kaplan* und *David P. Norton* erarbeitet.

Kaplan und *Norton* bezeichnen ihr Kennzahlensystem als ausgewogen („balanced"), weil die Unternehmensleistung aus vier verschiedenen Perspektiven geplant und gesteuert wird (vgl. *Kaplan/Norton* 1992):

Finanzielle Perspektive: Die finanzwirtschaftlichen Kennzahlen informieren darüber, ob die Implementierung der Strategie zur Ergebnisverbesserung führt. Typische Kennzahlen der finanziellen Perspektive sind die erzielte Gesamtka-

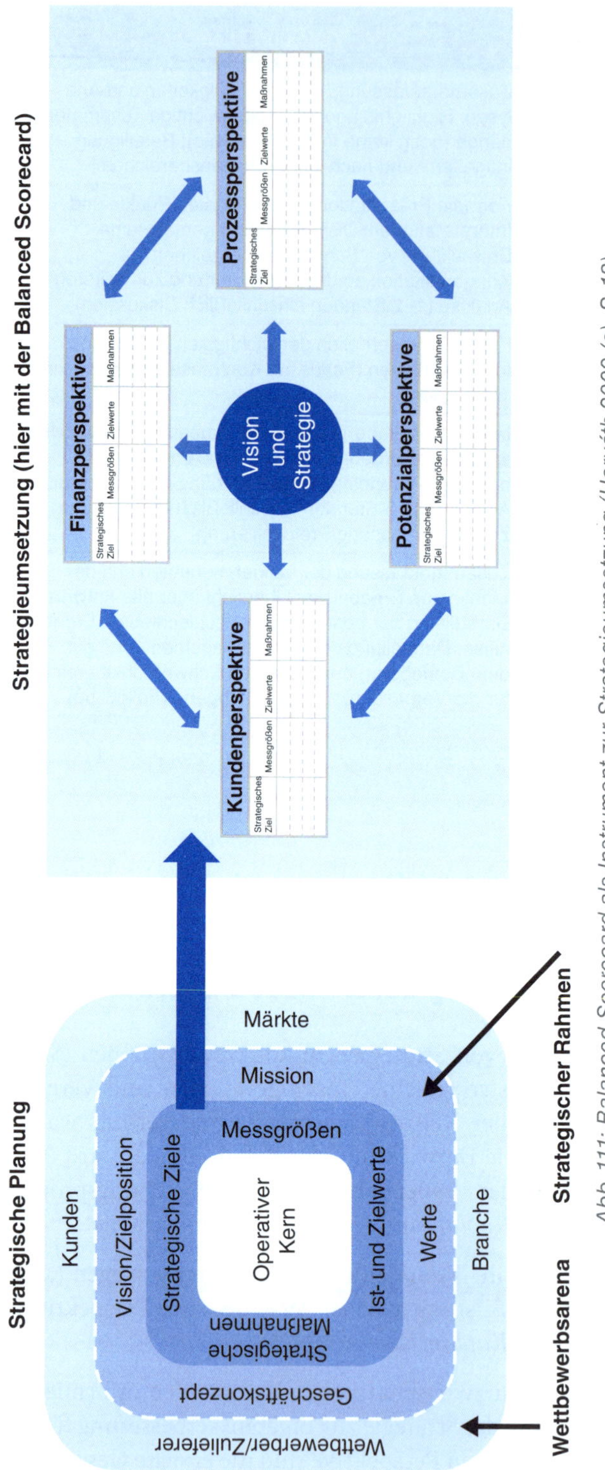

Abb. 111: Balanced Scorecard als Instrument zur Strategieumsetzung (Horváth 2009 (c), S. 13)

pitalrendite und die Entwicklung des Unternehmenswertes. Den finanziellen Kennzahlen kommt dabei eine Doppelrolle zu (vgl. *Weber/Schäffer* 1998, S. 3): Zum einen geben sie die von einer Strategie erwartete finanzielle Leistung an. Zum anderen stellen sie die Endziele für die übrigen Perspektiven der Balanced Scorecard dar. Grundsätzlich sollen die Kennzahlen der Kunden, internen Prozess- sowie Lern- und Wachstumsperspektive über Ursache-Wirkungs-Beziehungen mit den finanziellen Zielen verknüpft sein.

Kundenperspektive: Aufgabe der Kundenperspektive ist es, die strategischen Ziele des Unternehmens bezüglich der bearbeiteten Kunden- und Marktsegmente darzustellen. Für die identifizierten Kunden- und Marktsegmente sind Kennzahlen, Zielvorgaben und Maßnahmen zu erarbeiten.

Interne Prozessperspektive: Im Rahmen der internen Prozessperspektive werden diejenigen Prozesse abgebildet, die wesentlichen Einfluss auf die Erreichung der finanziellen und kundenbezogenen Ziele haben. Es gilt die Frage zu beantworten, was unternehmensintern getan werden muss, um die Kundenerwartungen zu erfüllen und gleichzeitig den finanziellen Erfolg des Unternehmens sicherzustellen. Typische Kennzahlen sind Durchlaufzeiten, Qualität oder Produktivität.

Lern- und Wachstumsperspektive: Die vierte und letzte Perspektive der Balanced Scorecard umfasst Ziele und Kennzahlen zur Förderung einer lernenden und sich entwickelnden Organisation. Die Lern- und Wachstumsperspektive beschreibt die Infrastruktur, die erforderlich ist, um die drei vorgenannten Perspektiven zu erreichen, aber auch um die Notwendigkeit von Investitionen in die Zukunft zu betonen.

Als wesentliche Vorteile der Balanced Scorecard sind zu nennen (vgl. *Kaplan/Norton* 1997, S. 10 ff.) (vgl. *Abb. 112*):

- Die Entwicklung einer Balanced Scorecard trägt zur Klärung und zum Konsens bezüglich der strategischen Ziele bei.
- Die Balanced Scorecard soll die einheitliche Zielausrichung der Mitarbeiter im Unternehmen unterstützen. Dies erfolgt mithilfe folgender drei Mechanismen: Kommunikations- und Weiterbildungsprogramme, Verknüpfung der Balanced Scorecard mit Zielen für Teams und einzelne Handlungsträger sowie die Verknüpfung mit Anreizsystemen.
- Der Ausrichtung der personellen, finanziellen und materiellen Ressourcen auf die Unternehmensstrategie dienen vier Elemente: das Formulieren von ehrgeizigen Zielen, das Identifizieren und Fokussieren strategischer Initiativen, das Identifizieren kritischer unternehmensweiter Initiativen sowie deren Verknüpfung mit der jährlichen Ressourcenallokation und Budgetierung.
- Mit der Balanced Scorecard soll die Rückkopplung zwischen Strategieformulierung und -implementierung sichergestellt werden, um so den strategischen Lernprozess zu fördern.

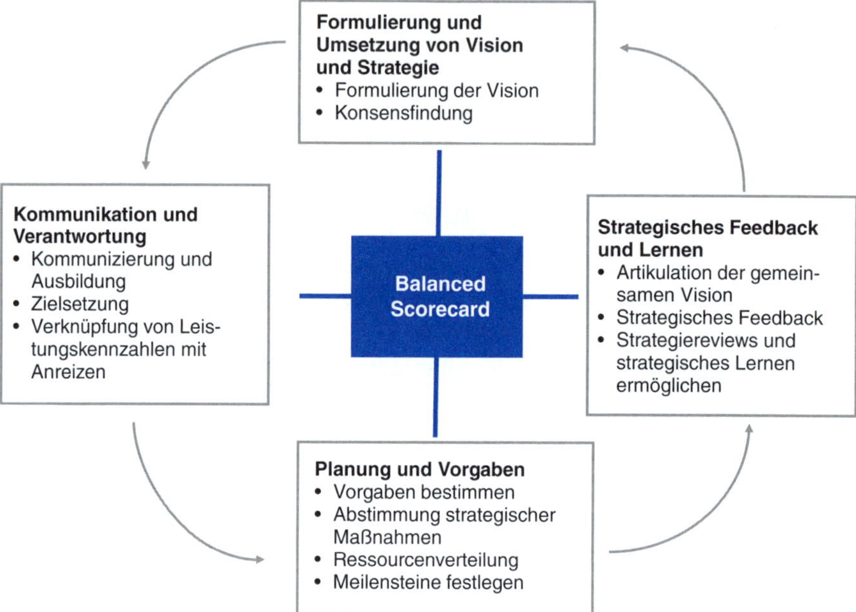

Abb. 112: Die Balanced Scorecard als strategischer Handlungsrahmen (Kaplan/Norton 1997, S. 10)

Das Konzept der Balanced Scorecard kann auf verschiedenen Ebenen der Strategieentwicklung und -umsetzung eingesetzt werden, nämlich auf der Ebene der Unternehmensstrategie, der Geschäftsbereichsstrategie, der Funktionalstrategie (z. B. Personalstrategie) und der Subfunktionsstrategie (vgl. *Abb. 113*).

4.4.2 Balanced Scorecard im Personalbereich

Anwendungsvoraussetzungen

Prinzipiell gilt eine Organisationseinheit dann als geeignet für den Einsatz der Balanced Scorecard, wenn drei Voraussetzungen erfüllt werden (vgl. *Kaplan/Norton* 1997, S. 290 f.):

- Die Organisationseinheit verfügt über eine eigene Strategie bzw. diese kann entwickelt werden.
- Die Aktivitäten der Organisationseinheit umfassen eine vollständige Wertkette.
- Für die Organisationseinheit existieren Kennzahlen in der geforderten Art und Anzahl bzw. können entwickelt werden.

Diese Voraussetzungen sowie die daraus abgeleiteten konkreten Anforderungen an die Personalabteilung sind in *Abb. 114* dargestellt. Die sehr anspruchsvollen Kriterien, insbesondere die Strategieorientierung der Personalarbeit und

Abb. 113: Einsatz der Balanced Scorecard in den einzelnen Managementebenen (Ackermann 2000, S. 14)

die Betrachtung der Personalarbeit als Wertkette, werden sicherlich nicht von jeder Personalabteilung erfüllt. Die genannten drei Voraussetzungen werden im Folgenden für die Personalabteilung konkretisiert.

Die Balanced Scorecard stellt eine Brückenfunktion zwischen Strategie und operativer Umsetzung dar. Unabdingbare Voraussetzung für die Anwendung der Balanced Scorecard im Personalbereich ist deshalb die Existenz einer umsetzbaren Strategie. Hierbei muss der Inhalt der Personalstrategie so präzise formuliert sein, dass eine Umsetzung in Maßnahmen möglich ist. Darüber hinaus muss eine umfassende Personalstrategie als verbindlicher Rahmen für die gesamte Personalarbeit vorliegen.

Ackermann (2000, S. 53) unterscheidet folgende vier typische Ausgangssituationen bezüglich des (Nicht)Vorhandenseins einer Personalstrategie:

- Fall 1: Es liegt eine vollständig und präzise formulierte Personalstrategie vor, die unmittelbar in Aktionen umgesetzt werden kann. Eine direkte Übernahme der Personalstrategie in eine BSC-Personal ist möglich.
- Fall 2: Es liegt eine unvollständig und unpräzise formulierte Personalstrategie in verschiedenen Strategiepapieren und anderen Dokumenten (z. B. Führungsgrundsätze, Leitlinien der Personalarbeit) vor. Eine Übernahme der Personalstrategie in die BSC-Personal ist erst nach Neuformulierung und Ergänzung der Vorhandenen möglich.
- Fall 3: Die Personalstrategie ist weder formuliert noch dokumentiert, aber in Form ungeschriebener Grundsätze und Regeln akzeptiert.

Voraussetzungen (Eignungs-kriterien)	Typische Fragestellungen	Abgeleitete Forderungen an Personalabteilung
1. Eigene Strategie der Organisations-einheit	(1) Benötigt die Organisationseinheit eine Strategie, um ihre Mission erfüllen zu können? (2) Kann für die Organisationseinheit eine eigene Strategie formuliert werden?	• Notwendigkeit einer strategischen Orientierung der Personalarbeit erkennen; • Personalstrategien explizit formulieren; • Personalstrategien umsetzen;
2. Organisations-einheit als Wertkette	(3) Erstrecken sich die Aktivitäten der Organisationseinheit über eine vollständige Wertkette mit Innovation, Produktion, Marketing, Vertrieb und Service? (4) Hat die Organisationseinheit ihre eigenen Produkte und Kunden? (5) Hat die Organisationseinheit ihr eigenes Marketing, eigene Vertriebswege und eigene Produktionsstätten?	• Personalarbeit als ganzheitlichen Wertschöpfungsprozess mit differenzierten Wertaktivitäten verstehen und organisieren; • Personaldienstleistungen als Produkte definieren; • Interne und externe, aktuelle und potenzielle Kunden identifizieren; • Kundenorientiertes Produktdesign und effizientes Marketing als Voraussetzungen für erfolgreiche Personalarbeit erkennen;
3. Kennzahlen der Organisa-tionseinheit	(6) Ist es möglich, für die Organisationseinheit charakteristische finanzielle Leistungskennzahlen zu bilden (finanzielle Perspektive)? (7) Ist es möglich, für die Organisationseinheit charakteristische nicht finanzielle Leistungskennzahlen für die Perspektiven „Prozesse", „Kunden" und „Lernen und Entwicklung" zu bilden?	• Finanzielle Leistungskennzahlen bilden/überarbeiten; • Nicht-finanzielle Leistungskennzahlen bilden/überarbeiten

Abb. 114: Kriterienkatalog zur BSC-Eignungsprüfung der Personalabteilung (vgl. Kaplan/Norton 1997, S. 290 f.)

- Fall 4: Eine Personalstrategie ist nicht vorhanden bzw. nicht wahrgenommen. In diesem Fall ist erst eine Strategie zu erarbeiten.

In der Praxis ist der Fall 1 nur in einer relativ kleinen Zahl von fortschrittlichen und innovativen Unternehmen anzutreffen. In der Regel ist zunächst eine Vervollständigung, Überarbeitung oder gar erst Erarbeitung der Personalstrategie erforderlich.

Als zweite Anwendungsvoraussetzung der BSC-Personal wird gefordert, dass die Personalabteilung die Charakteristika einer vollständigen Wertkette aufweist. Hintergrund dieser Forderung ist das oben beschriebene Merkmal der Balanced Scorecard, dass bei der Umsetzung der Strategie in Aktionen mehrere Perspektiven (Finanz-, Kunden-, Prozess- und Lernperspektive) berücksichtigt werden sollen. Im Idealfall weist die Personalabteilung die Eigenschaften eines Unternehmens im Unternehmen auf, weist die vier genannten Perspektiven auf und gestaltet diese Perspektiven bzw. kann sie mitgestalten (vgl. *Ackermann* 2000, S. 56). Mithilfe des Wertketten-Ansatzes lässt sich dieser Sachverhalt detailliert beschreiben.

Eine Wertkette dient der Gliederung des Unternehmens in strategisch relevante Aktivitäten (Wertaktivitäten), die miteinander verbunden sind (vgl. *Porter* 1985). Bei Entwurf und Gestaltung einer Wertkette steht die Frage im Mittelpunkt, wie die einzelnen Aktivitäten Wert schaffen und was deren Kosten determiniert. Jedes Unternehmen verfügt in der Regel über eine spezifische Wertkette. Bei Anordnung und Kombination der Aktivitäten gibt es einen großen Spielraum. *Abb. 115* zeigt das Standardmodell der Wertkette. Folgt man dieser Darstellung, so ist zunächst zu bezweifeln, dass die Personalabteilung und ihre Aktivitäten eine eigene Wertkette bilden. Dies entspricht dem Selbstverständnis vieler Personalabteilungen.

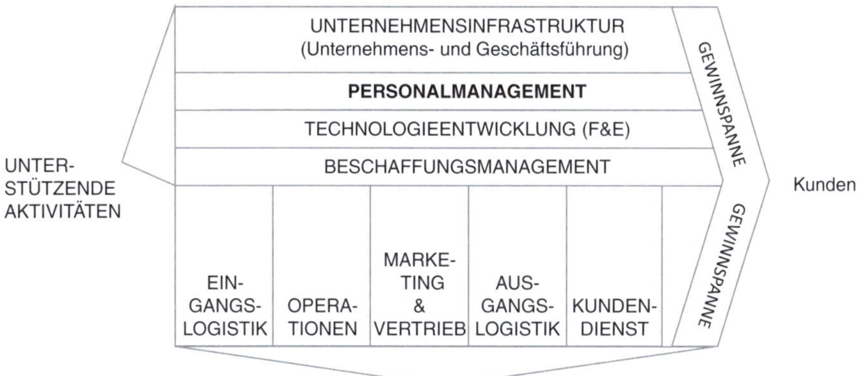

Abb. 115: Standardmodell der Wertkette (vgl. Porter 1985)

Kaplan und *Norton* (1997, S. 92 f.) haben ein modifiziertes Wertketten-Modell vorgelegt, das sich von Porters Standardmodell wie folgt unterscheidet:

- Reduzierung der Wertkette auf drei Wertaktivitäten bzw. Hauptprozesse: Innovationsprozess (bestehend aus der Marktidentifizierung und Schaffung des Dienstleistungsangebotes), Betriebsprozess (bestehend aus der Dienstleistungserstellung und Auslieferung an den Kunden) und Kundendienstprozess.

- Hervorhebung der Kundenperspektive, beginnend mit der Identifikation der Kundenwünsche über die konsequente und immer wieder neue Ausrichtung aller internen Prozesse auf Kundenwünsche bis zur Befriedigung der Kundenanforderungen.
- Hervorhebung der Lern- und Entwicklungsperspektive, die vor allem auf den Innovationsprozess abzielt.

Bezüglich der nicht explizit aufgeführten Finanzperspektive wird unterstellt, dass alle Prozesse letztendlich der Erreichung finanzieller Ziele dienen.

Überträgt man die Merkmale der *Kaplan/Norton*-Wertkette auf die Personalabteilung, so werden von dieser Kundenorientierung, Innovation und Prozessoptimierung gefordert. Je nach Entwicklungsstand der Personalabteilung lassen sich drei unterschiedliche Typen unterscheiden, die ohne Einschränkung (Profitcenter Personal), grundsätzlich (Als-ob-Profitcenter Personal) oder nicht für den Einsatz der BSC-Personal geeignet sind (vgl. *Ackermann* 2000, S. 60 f.). Die Merkmale dieser drei unterschiedlichen Entwicklungsstände der Personalabteilung und ihre jeweilige BSC-Eignung enthält *Abb. 116*.

Im jeweiligen Einzelfall ist zu analysieren, welchem Prototyp die betrachtete Personalabteilung am nächsten kommt und zugeordnet werden kann.

Die dritte Anwendungsvoraussetzung für die BSC-Eignung des Personalbereichs ist das Vorhandensein von relevanten Personalkennzahlen. Erforderlich sind in diesem Zusammenhang Angaben zu

- Zielinhalten (was soll erreicht werden?),
- Zielmessung (durch welche Kennzahlen sollen die Ziele gemessen werden?),
- Zielausmaß (wie viel soll erreicht werden?).

Aus den in Kapitel 3 vorgestellten Kennzahlen können die für den betrachteten Einsatzfall geeigneten Kennzahlen herausgefiltert werden. Neben hard fact-Kennzahlen finden in der BSC-Personal vielfach auch soft fact-Kennzahlen Verwendung, wie z. B.

- Kundenzufriedenheit mit den Dienstleistungen der Personalabteilung (→ Kundenperspektive)
- Dienstleistungsqualität der Personalabteilung aus Kundensicht (→ Kundenperspektive)
- Mitarbeiterzufriedenheit bzw. Betriebsklima (→ Lern- und Entwicklungsperspektive).

Beispiel für das kundenorientierte Personalmanagement

Ursprünglich wurde die Balanced Scorecard für die Steuerung strategischer Geschäftseinheiten konzipiert. Der Personalbereich stellt im Unterschied hierzu eine unterstützende Service- und Dienstleistungseinheit mit eigenen strate-

Typ von Personalabteilung	Merkmale	BSC-Eignung
Profitcenter Personal	• Profitcenter • Selbst finanzierend • Dienstleistunden für unternehmensinterne und -externe Kunden • Agieren auf dem Markt • Streben dauerhafte Wettbewerbsvorteile an	Ohne Einschränkung BSC-geeignet
Als-ob-Profitcenter Personal	• Costcenter • Finanzierung über Umlagen • Ausschließlich unternehmensinterne Kunden • Ständiger Vergleich mit unternehmensexternen Dienstleistern • Streben nach bestem Nutzen-/Kostenverhältnis	Grundsätzlich BSC-geeignet
Personalverwaltung	• Rein ausführend • Enge Vorgaben und Richtlinien • Hohe Standardisierung der Betriebsprozesse • Bestenfalls Versorgung der Bedarfsträger • Letztlich keine Wahlmöglichkeit für die Bedarfsträger	Nicht oder weniger BSC-geeignet

Abb. 116: Entwicklungsstände der Personalabteilung und ihre BSC-Eignung (vgl. Ackermann 2000, S. 60 f.)

gischen Aufgaben dar. Um den Besonderheiten des Personalmanagement Rechnung zu tragen lassen sich die von *Kaplan/Norton* vorgeschlagenen Sichtweisen wie folgt modifizieren (vgl. *Tonnesen* 2000, S. 91 ff.):

- Wirtschaftlichkeitsperspektive = Messung des Beitrags zum finanziellen Erfolg bzw. der wirtschaftlichen Leistungsfähigkeit
- Mitarbeiterperspektive, die die Arbeits- und Führungssituation als wesentliche Einflussfaktoren der Mitarbeiterzufriedenheit berücksichtigt.
- Qualitätsperspektive, die der Messung der Qualität im Personalbereich dient.
- Wissens- und Lernperspektive, mit der die Grundlagen für die künftige Entwicklung des Unternehmens berücksichtigt werden.

Abb. 117 zeigt exemplarisch wie eine Balanced Scorecard für das kundenorientierte Personalmanagement aufgebaut sein könnte.

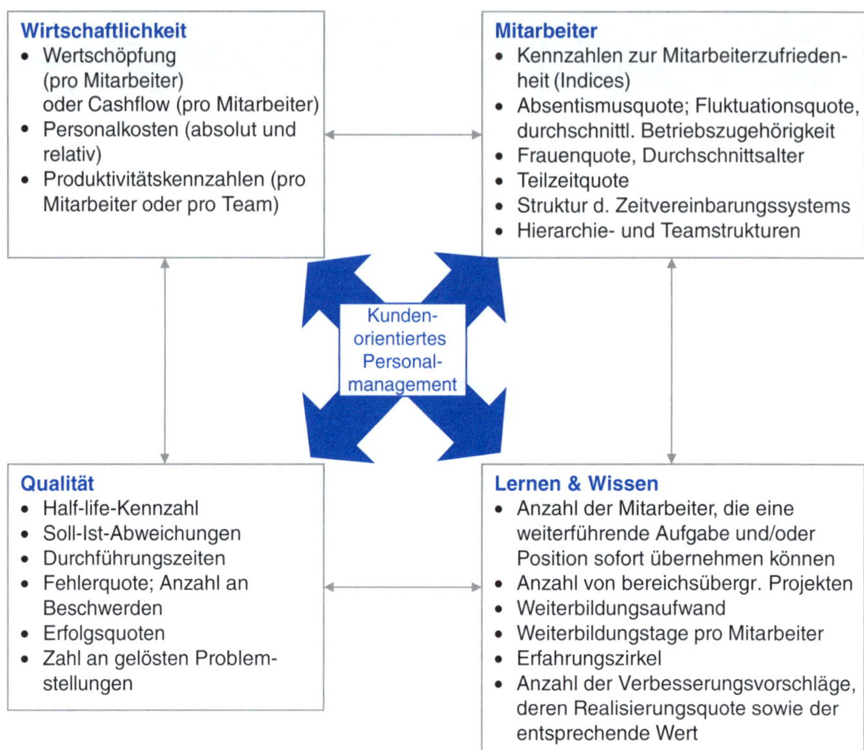

Abb. 117: Balanced Scorecord für ein kundenorientiertes Personalmanagement (Tonnesen 2000, S. 97)

4.4.3 Führungs-Scorecard

Eine spezielle Variante der Balanced Scorecard stellt die Führungs-Scorecard (FSC) dar. Als Führungsinstrument soll die FSC den Führungskräften ermöglichen, Ziele und Führungsgrundsätze transparent zu machen, sie unternehmensweit zu kommunizieren sowie die notwendigen Handlungsstrategien abzuleiten (vgl. hierzu und zum folgenden *Bühner/Akitürk* 2000, S. 44 ff.). Als Grundidee liegt der Führungs-Scorecard zugrunde, zwischen den verschiedenen Dimensionen der Mitarbeiterführung einen Zusammenhang herzustellen. Dieser soll es dem Unternehmen ermöglichen, einen permanenten Verbesserungsprozess zu starten und voranzutreiben. Die vier Perspektiven der Führungs-Scorecard (Marktorientierung, Zielorientierung, Mitarbeiterorientierung sowie Verbesserungs- und Lernfähigkeit) sollen in einem ausgewogenen Verhältnis einander zugeordnet werden. Hierbei soll durch die Konzentration auf wenige, aber für eine effektive Mitarbeiterführung wichtige Kennzahlen eine Informationsflut verhindert werden.

Die Erstellung einer Führungs-Scorecard erfolgt in vier Schritten:

1. Bestimmung der Anforderungen der vier Perspektiven an die Mitarbeiterführung (vgl. *Abb. 118*).
2. Übersetzung der Anforderungen in quantifizierbare Größen, mit denen sich die Mitarbeiterführung steuern lässt (siehe Beispiele in *Abb. 118*).
3. Festlegen von konkreten Zielwerten
4. Bestimmung der Aktivitäten, mit denen die festgesetzten Zielgrößen erreicht werden können.

Markt

Strategisches Ziel: Führung muss Anforderungen des Marktes berücksichtigen

Messgrößen:
- Anteil an Führungskräften, die Kundenansprüche kennen
- Kundenreaktionszeit
- Zahl der Benchmarkbesuche
- Aufwand für Kundendienst-Schulungen

Mitarbeiter

Strategisches Ziel: Mitarbeiterorientierung

Messgrößen:
- Anteil an Mitarbeitern, die sich für das Unternehmen einsetzen
- Zahl der Bereiche mit Visualisierung
- Zahl der Mitarbeitergespräche
- Zahl der Mitarbeiter in Gruppenarbeit
- Versetzungsgesuche je Führungskraft/Abteilung

Unternehmensleitung

Strategisches Ziel: Führung muss Anforderungen der Unternehmensleitung berücksichtigen

Messgrößen:
- Anteil an Führungskräften, die strategisch denken und handeln
- Anteil an Führungskräften mit schriftlich fixierter Zielvereinbarung
- Fluktuationsquote
- Zahl der beförderten Mitarbeiter je Führungskraft

Verbesserung und Lernfähigkeit

Strategisches Ziel: Veränderungsbereitschaft im Unternehmen steigern

Messgrößen:
- Anteil an Führungskräften, die selbst Schulungen durchführen
- Zahl der Schulungstage
- Zunahme der Zahl an umgesetzten Verbesserungsvorschlägen je Mitarbeiter pro Jahr
- Veränderungen der Half-Life-Time

Abb. 118: Führungs-Scorecard (Bühner/Akitürk 2000, S. 47)

4.5 Benchmarking

Ursprung und Definition des Benchmarking

Der Ursprung des Benchmarking liegt im Logistikbereich. Anfang der 1980er-Jahre verglich der Kopiergerätehersteller *Xerox Corp* seine Versand- und Lagerfunktionen mit denen des Sportartikelherstellers *L. L. Bean*. Hieraus ergaben sich für Xerox Anstöße zu gravierenden Verbesserungen im Logistikbereich, beispielsweise durch die Einführung von Barcode-Techniken.

Unter Benchmarking versteht man eine objektive, vergleichende Bewertung von organisatorischen Strukturen, Abläufen, Kosten und Technologien auf der Basis von Indikatoren, die sich aus der direkten Analyse von Daten und Informationen aus demselben Unternehmen, aus konkurrierenden oder aus branchenfremden Unternehmen ergeben (vgl. *Berens* 1997, S. 61).

Beim Benchmarking soll aus den Verfahren und Prozessen, die der Beste anwendet, gelernt werden, um anschließend die besten Praktiken in modifizierter, für das eigene Unternehmen geeigneter Form zu übertragen oder direkt zu kopieren. Die im Rahmen der Analyse erhobenen Bestwerte werden als Benchmarks bezeichnet, die Lücke zwischen der eigenen Ausgangssituation und dem Benchmark als Gap (vgl. *Abb. 119*).

Nach der vertieften Analyse und dem Prozessvergleich mit einem oder mehreren „besten Partnern" gilt es durch geeignete Maßnahmen die Lücke zu schließen (vgl. Sprungfunktion in *Abb. 119*). Die Übernahme bester Praktiken stellt

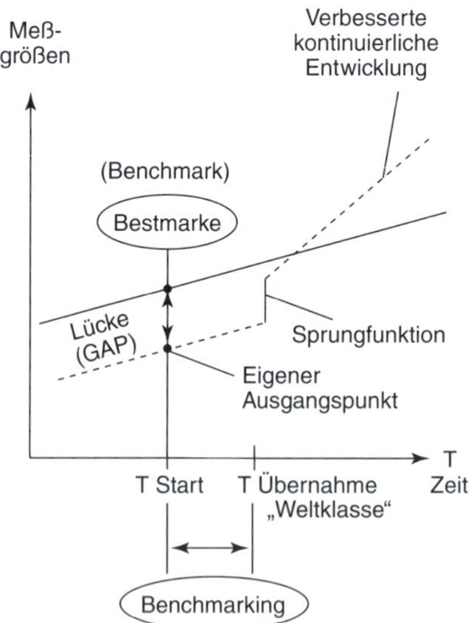

Abb. 119: Benchmarking: Sprungfunktion und kontinuierliche Entwicklung (Sänger 1997, S. 64)

oft auch ein Durchbrechen von Paradigmen dar. Auch hieran anschließend muss eine kontinuierliche Verbesserung der eigenen Prozesse und Verfahren erfolgen (vgl. *Sänger* 1996, S. 62 f.).

Merkmale des Benchmarking

Benchmarking ist durch folgende zentrale Merkmale gekennzeichnet (vgl. *Berens* 1997, S. 61):

- Prozessorientierung: Im Rahmen des Benchmarking sollen Betriebsprozesse identifiziert, definiert, mittels relevanter Messgrößen quantifiziert, verglichen und verbessert werden.
- Kontinuität: Benchmarking sollte nicht einmalig stattfinden, sondern einen kontinuierlichen Prozess der Selbsterneuerung und -verbesserung darstellen.
- Partnerschaft: Ohne eine Informationsbereitschaft und Offenheit aller beteiligten Parteien (sei es unternehmensintern oder -extern) ist der Nutzen des Benchmarking begrenzt, wenn nicht gar ganz in Frage gestellt. Die sich vergleichenden Einheiten sollten sich als Partner sehen, die im Rahmen ihrer Zusammenarbeit Informationen über gemeinsame Prozesse austauschen.
- Maßgrößen: Die Aussagefähigkeit der Ergebnisse und deren Akzeptanz hängt in hohem Maße von der Festlegung geeigneter Maßgrößen und deren einheitlicher Erfassung für sämtliche Schlüsselaktivitäten ab.
- Ganzheitlichkeit: Benchmarking lässt sich in allen Teilbereichen des Unternehmens anwenden. Betrachtungsgegenstand sollten nicht isolierte Einzelfunktionen sein, sondern die gesamte Ablaufkette zusammengehöriger Tätigkeiten.

Arten des Benchmarking

Benchmarking-Projekte lassen sich nach unterschiedlichen Kriterien differenzieren (vgl. *Abb. 120*):

- Was soll verglichen werden? (Benchmarkingobjekte)
- Wofür soll der Vergleich verwendet werden? (Benchmarkingziele)
- Mit wem soll verglichen werden? (Benchmarkingpartner)
- Durch wen werden die Benchmarking Parameter erhoben? (Erhebungsform)
- Werden die Daten durch Interviews oder durch Unterlagenanalyse erhoben? (Erhebungsmethodik)
- Wie werden die gewonnenen Ergebnisse aufbereitet? (Aufbereitungsform)

Mögliche Vergleichsobjekte sind Produkte, Funktionen und Prozesse. Gegenstand des Personal-Benchmarking sind vor allem der Vergleich von Personalfunktionen bzw. der Personalabteilung als Organisationseinheit sowie die spezifischen Personalprozesse. Beim Benchmarking der Personalfunktion werden Strukturdaten ermittelt, die die Größe und Ausgestaltung der Personalabteilung darstellen. Auf dieser Grundlage lassen sich Kennzahlen entwickeln, mit denen sich die Personalabteilungen unterschiedlicher Unternehmen ver-

<table>
<tr><th>Benchmarking-Parameter</th><th colspan="60">Ausprägung der Parameter</th></tr>
<tr><td rowspan="2">Leistungsobjekt</td><td colspan="15">Produkte</td><td colspan="15">Methoden</td><td colspan="15">Funktionen</td><td colspan="15">Prozesse</td></tr>
<tr><td colspan="15">Aufgaben</td><td colspan="15">Unternehmen</td><td colspan="15">Dienstleistungen</td><td colspan="15">Strategien</td></tr>
<tr><td>Leistungs-dimension</td><td colspan="12">Kosten</td><td colspan="12">Qualität</td><td colspan="12">Zeit</td><td colspan="12">Kundenzufriedenheit</td><td colspan="12">Andere</td></tr>
<tr><td>Benchmarking-Partner</td><td colspan="15">Internes Benchmarking</td><td colspan="15">Konkurrenten</td><td colspan="15">Gleiche Branche</td><td colspan="15">Andere Branche</td></tr>
<tr><td>Erhebungs-form</td><td colspan="20">Fremderhebung/Neutrale Stelle</td><td colspan="20">Fremderhebung
Beteiligte</td><td colspan="20">Eigenerhebung</td></tr>
<tr><td>Erhebungs-methodik</td><td colspan="20">Interview/Vor-Ort-Analyse</td><td colspan="20">Indirekt
– interne Unterlagen –</td><td colspan="20">Indirekt
– externe Unterlagen –</td></tr>
<tr><td>Aufbereitungs-form</td><td colspan="20">Offene Darstellung</td><td colspan="20">Verdeckte Darstellung</td><td colspan="20">Statistiken/
Verbandsauswertungen</td></tr>
</table>

Abb. 120: Morphologischer Kasten zur Einordnung von Benchmarkingprojekten (Gleich 2001, S. 173)

gleichen lassen (z. B. Mitarbeiter der Personalabteilung pro 100 Beschäftigte). Zum Benchmarking von Personalprozessen werden Daten über personalwirtschaftliche Prozesse wie beispielsweise die Personalbeschaffung oder die Personalabrechnung erhoben.

Ziele, die ein Unternehmen bei Anwendung des Instrumentes Benchmarking verfolgt, können sein: Kostenreduzierung in der Personalabteilung, Beschleunigung der Prozesse oder Qualitätsverbesserung bei den Arbeitsergebnissen. Eine andere Differenzierung fragt nach den Anlässen des Benchmarking, die unter anderem umfassen:

- Die Diagnose von Leistungsabweichungen dient dem Aufdecken von Lücken im Vergleich zu anderen Unternehmen.
- Bei geplanten Reorganisationsmaßnahmen kann das Personal-Benchmarking zur Identifikation der richtigen Ansatzpunkte für Maßnahmen genutzt werden.
- Im Rahmen von Neuimplementierungen können Benchmarking-Daten anderer Unternehmen Hinweise zur Ausgestaltung und Dimensionierung des Implementierungsvorhabens liefern.

Eine eindeutige Zieldefinition sollte jedem Benchmarking-Prozess vorausgehen, da sie für die Auswahl der Vergleichsobjekte und die Ergebnisbeurteilung unabdingbar ist.

Die Unterscheidung nach dem gewählten Vergleichspartner, ist für die Konzeption und den Erfolg des Projektes ebenfalls von entscheidender Bedeutung (vgl. *Camp* 1994, S. 302).

Internes Benchmarking beinhaltet unternehmensinterne Vergleiche zur Ermittlung der internen „Best Practice“, z. B. von Sparten, Werken, Personalabteilungen etc. Aufgrund des unmittelbaren Datenzugriffs stellt sich die Datensammlung in diesem Fall verhältnismäßig einfach dar und es können in relativ kurzer Zeit Ergebnisse erzielt werden. Außerdem erleichtert das interne Benchmarking den Einstieg in diese Methodik und den Lernprozess. Je stärker allerdings die in den Vergleich einbezogenen Einheiten in der Vergangenheit zentral geführt wurden und Abläufe, Methoden und Techniken aufeinander abgestimmt wurden, desto unergiebiger stellt sich das Benchmarking dar. In kleinen und mittleren Unternehmen fehlt unter Umständen von vornherein die Möglichkeit zum internen Benchmarking.

Externes Benchmarking beinhaltet alle Formen des Vergleichs mit fremden Unternehmen. Diese können direkte Wettbewerber, andere Unternehmen aus der gleichen Branche oder Unternehmen aus anderen Branchen sein.

Beim wettbewerbsorientierten Benchmarking dient als Vergleichsunternehmen ein direkter Wettbewerber, der für seine hervorragenden Leistungen (Branchen-„Best Practice“) bekannt ist. Aufgrund der Zugehörigkeit zur selben Branche und der oft hohen Ähnlichkeit in der Wertschöpfungsstruktur, sind die erhobenen Daten vielfach gut vergleichbar. Die Motivation von Wettbewerbern, sich gegenseitig zu vergleichen, kann darin bestehen, dass ein Unternehmen kaum der Beste in der gesamten Prozesskette ist, sondern meist jeder der Beteiligten bessere Praktiken kennenlernt. Allerdings treten oft erhebliche Probleme beim Austausch von Informationen zwischen unmittelbaren Konkurrenten auf.

Funktionales Benchmarking bezieht sich auf den Vergleich bestimmter Faktoren bzw. Prozesse, wie zum Beispiel die Personalbeschaffung oder die Personalabrechnung von Unternehmen aus verschiedenen Industriezweigen. Die Bereitschaft potenzieller Vergleichspartner, ein Benchmarking durchzuführen, ist aufgrund der nicht vorhandenen unmittelbaren Konkurrenzsituation in der Regel höher als beim wettbewerbsorientierten Benchmarking. Die zugrunde liegende Idee ist, Spitzenleistungen überall zu suchen, wo immer sie auch gefunden werden können. Deshalb verspricht das funktionale Benchmarking das größte Potenzial für Leistungssteigerungen.

In *Abb. 121* werden die Formen des Benchmarking anhand des Anspruchsniveaus strukturiert.

Ablauf des Benchmarking

Jedes Benchmarking-Projekt durchläuft eine Reihe bestimmter Schritte, die sich folgenden fünf **Phasen** zuordnen lassen (vgl. *Leibfried/McNair* 1995, S. 72) (vgl. *Abb. 122*):

1. Identifikation des Kernproblems
2. Interne Ermittlung der Leistungs-Grundlinie und Informationssammlung
3. Externe Informationssammlung
4. Analyse der Informationen und Vergleich der Ergebnisse
5. Implementierung von Veränderungen bei den gegenwärtigen Verfahren.

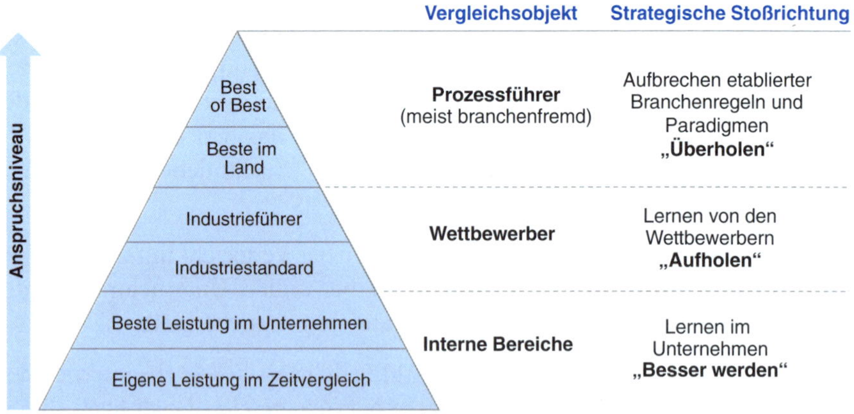

Abb. 121: Benchmarking-Ansätze

Kernproblem identifizieren	Interne Daten sammeln	Externe Daten sammeln	Analyse	Änderungen implementieren
Input:				
Problem – Kundenbedürfnisse nicht erfüllt – Leistungslücke – Problembereiche – Strategischer Vorteil	Überblick über Verfahren Gegenwärtige Messkriterien Potenzielle treibende Kräfte und externe Organisationen	Benchmarking-Fragebogen	Benchmarking-Daten vergleichen, Unterschiede feststellen	Plan zur Implementierung Probleme
Output:				
Definierter Benchmarking-Bereich Überblick über zentrales Verfahren, dem das Benchmarking gilt Ausgewählte Messkriterien für Leistung Potenzielle treibende Kräfte und externe Organisationen identifizieren	Verfahrensflussdiagramm Treibende Kräfte bewerten Benchmarking Zielunternehmen Kurzfristige operative Verbesserungen Benchmarking-Fragebogen	Externe Firma/Firmen Analyseverfahren, Leistung und Messkriterien	Lücke Verbesserungen/ Chancen für Neuentwicklung der Verfahren Neue – Abläufe – Politik – Prozeduren Plan zur Implementierung Vorrangige Probleme	Plan zum Schließen der Lücke Aktionen zum Schließen der Lücke Benchmarking neu gewichten Zusätzliche Analysen/ Benchmarking, um Probleme zu lösen

Abb. 122: Ablauf des Benchmarking (Leibfried/McNair 1995, S. 56)

Benchmarking am Beispiel der Personalabrechnung

Der Prozess „Personalabrechnung" umfasst alle zur Erstellung der Lohn- und Gehaltsabrechnung erforderlichen Aktivitäten. Er beginnt mit der Dateneingabe der Bewegungsdaten für den jeweiligen Abrechnungslauf und endet mit dem Versand der Abrechnungen an die Mitarbeiter. Zur Prozessbeurteilung können verschiedene Kennzahlen herangezogen werden, die die Produktivität, die Kosten, die Qualität und die Dauer des Prozesses widerspiegeln (vgl. *Abb. 123*). Die in der *Abb. 123* enthaltenen Werte beziehen sich auf eine im 1. Halbjahr 2000 bei 101 deutschen Unternehmen durchgeführten Erhebung von *PricewaterhouseCoopers Unternehmensberatung* (PwC), wobei sich die Daten auf das Geschäftsjahr 1999 beziehen.

Alle Unternehmen	Ø	1. Quartil	Median	3. Quartil
Anzahl Abrechnungen für aktive Mitarbeiter pro Jahr je FTE Personalabrechnung	5.553	3.519	5.053	7.246
Gesamtkosten pro Abrechnung für aktive Mitarbeiter in Euro	31,35	18,69	25,61	47,98
Anteil der fehlerhaft ausgegebenen Personalabrechnungen an allen Personal-abrechnungen in %	0,41	0,10	0,27	0,61
Dauer des Abrechnungs-laufes in Tagen	4,65	2,0	3,0	5,25

Abb. 123: Benchmarking der Personalabrechnung (vgl. PwC 2000, S. 51)

Die erste Kennzahl liefert Aussagen zur Produktivität der mit dem Abrechnungsprozess beschäftigten Mitarbeiter. Im Umkehrschluss kann man hieraus auch die durchschnittliche Personalkapazitätsbindung für eine bestimmte Anzahl von Abrechnungen ermitteln. Die Gesamtkosten pro Abrechnung setzten sich aus den Personal-, den IT- und den sonstigen Kosten zusammen. Die dritte Kennzahl zeigt den Anteil der fehlerhaften Personalabrechnungen (für aktive Mitarbeiter) an der Gesamtzahl aller Personalabrechnungen. Aussagen über die Dauer des gesamten Personalabrechnungsprozesses liefert die letzte Kennzahl.

4.6 Prozesskostenrechnung

Als eines der wichtigsten Instrumente eines prozessorientierten Personal-Controlling liefert die Prozesskostenrechnung die Grundlage für die Identifikation der Personalprozesse, die Planung und Kontrolle der Personalkosten sowie die (strategische) Kalkulation der Kosten der personalwirtschaftlichen Aktivitäten.

Mit der Prozesskostenrechnung werden insbesondere die folgenden Ziele verfolgt (vgl. *Franz* 1996, S. 631):

- Übertragung des im Fertigungsbereich bereits seit Langem etablierten Bezugsgrößendenkens auf die indirekten Bereiche, um Gemeinkosten fundierter durchleuchten und verrechnen zu können. Voraussetzung hierfür ist, dass Maße für die in den Kostenstellen erbrachten Leistungen definiert werden können. Kosten der Personalabteilung werden nicht mehr als Gemeinkosten angesehen und über Zuschlagsätze verteilt.
- Darstellung der Kosten von Vorgängen bzw. Prozessen. Letztere stellen Verknüpfungen sachlich zusammenhängender Tätigkeiten dar, die häufig in verschiedenen Kostenstellen erbracht werden. Die Kenntnis der kosten-

stellenübergreifenden Hauptkosteneinflussgrößen liefert vielfach wertvolle Anregungen für Rationalisierungsmaßnahmen mit teilweise strategischer Bedeutung. Die Transparenz der Prozesskosten ist daneben ein sinnvoller Ansatzpunkt für den Vergleich mit anderen Unternehmen (Benchmarking).
- Verbesserung der Aussagefähigkeit der Kalkulation gegenüber der primär auf wertmäßigen Bezugsgrößen basierenden traditionellen Kalkulationstechnik. Da die Kalkulationsverbesserung auf die weitgehend fixen Gemeinkosten abzielt, kann nicht das Verursachungsprinzip, wohl aber das Beanspruchungsprinzip angewandt werden.

Der Aufbau der Prozesskostenrechnung vollzieht sich in folgenden Schritten (vgl. *Horváth/Mayer* 1989, S. 216 ff.) (vgl. *Abb. 124*):

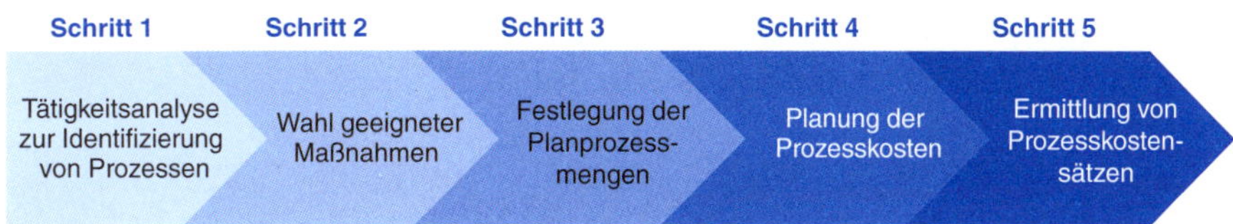

Abb. 124: Aufbau der Prozesskostenrechnung

Schritt 1: Tätigkeitsanalyse zur Identifizierung von Prozessen

Zunächst sind die Bereiche abzugrenzen, die Gegenstand einer Prozesskostenrechnung sein sollen.

Mithilfe von Interviews und/oder schriftlicher Erhebung (Fragebogen) werden die in den einzelnen Bereichen durchgeführten Aktivitäten bei den jeweiligen Kostenstellenleitern erhoben. Alternativ kann auch auf vorhandene Unterlagen oder aktuell durchgeführte Analysen zurückgegriffen werden. Ein Vorgang auf einer Kostenstelle, durch den Produktionsfaktoren verzehrt werden, wird als Aktivität (auch: Transaktion, Teilprozess, Tätigkeit) bezeichnet, beispielsweise Erstellung von Arbeitsverträgen. In der Regel werden mehrere Teilprozesse in einer Kostenstelle durchgeführt. Pro Kostenstelle nur einen Teilprozess zu definieren ist wenig sinnvoll. In diesem Fall muss entweder eine sehr feine Kostenstellenaufteilung vorliegen oder aber die Aktivitäten der Kostenstelle werden nur unvollständig wiedergegeben. Die ermittelten Aktivitäten lassen sich in Form einer Prozessliste zusamenfassen, wie sie exemplarisch in der ersten Spalte von *Abb. 125* enthalten ist.

Schritt 2: Wahl geeigneter Maßgrößen

Die Maßgrößen zur Quantifizierung des Outputs eines Prozesses sind im zweiten Schritt festzulegen. Die Prozesse sind daraufhin zu analysieren, ob sie sich mengenvariabel verhalten, d. h. abhängig sind von dem in der Kostenstelle zu erbringenden Leistungsvolumen (sog. leistungsmengeninduzierte Prozesse). Prozesse, die unabhängig vom Leistungsvolumen anfallen (z. B.

Führungsaufgaben) werden als leistungsmengenneutrale Prozesse bezeichnet (vgl. *Horváth/Mayer* 1989, S. 216). Für die leistungsmengeninduzierten Prozesse sind Maßgrößen zu finden, die eine mengenmäßige Quantifizierung der Prozesse erlauben. Für leistungsmengenneutrale Prozesse sind keine Maßgrößen erforderlich. Diese Bezugsgrößen (auch Kostentreiber bzw. cost driver genannt) sollten folgende Anforderungen erfüllen (vgl. *Cooper* 1989, S. 42):

- einfache Ableitbarkeit aus den verfügbaren Informationsquellen
- Proportionalität zur Ressourcenbeanspruchung
- Durchschaubarkeit und Verständlichkeit.

Die Bestimmung geeigneter Kostentreiber hängt von den unternehmensspezifischen Gegebenheiten ab. Die Auswahl ist Voraussetzung für eine wirksame Wirtschaftlichkeitskontrolle, eine verursachungsgerechte Kalkulation und eine verbesserte Gemeinkostenplanung (vgl. *Coenenberg/Fischer* 1991, S. 28). Beispiele für Maßgrößen enthält Spalte 2 in *Abb. 125.*

(1)		(2)	(3)	(4)	(5a)	(5b)	(5c)
Aktivität		Maßgrößen	Planprozessmengen	Plankosten (€)	Prozesskostensatz (€) lmi	Umlagesatz (€) (lmn)	Gesamtprozesskostensatz (€)
Bestätigung von Bewerbungseingängen	lmi	Anzahl der Bestätigungen	1.200	300.000,–	250,–	21,27	271,27
Bewerbungsgespräch	lmi	Anzahl der Gespräche	3.500	70.000,–	20,–	1,70	21,70
Psychologische Tests	lmi	Anzahl der Tests	100	100.000,–	1.000,–	85,10	1.085,10
Abteilung leiten	lmn	–	–	40.000,–	–	–	–

Abb. 125: Prozesskostenrechnung

Schritt 3: Festlegung der Plan-Prozessmengen

Für alle leistungsmengeninduzierten Prozesse sind die in einer Periode zu realisierenden Einheiten der Bezugsgröße zu planen (vgl. Spalte 3 in *Abb. 125).* Hierin spiegelt sich die Höhe des Prozessniveaus, die Prozessmenge, wider.

Schritt 4: Bestimmung der Prozesskosten

Auf Basis der Plan-Prozessmengen müssen nunmehr die hierfür benötigten Personal- und Sachmittel (Input) ermittelt werden, die das Kostenvolumen der einzelnen Prozesse bestimmen. Während es in der Einführungsphase der Prozesskostenrechnung ausreichend sein kann, auf die Ist- oder Normalkosten zurückzugreifen, ist im Hinblick auf Kostenvorgaben und -kontrollen eine analytische Kostenplanung anzustreben (vgl. Spalte 4 in *Abb. 125*).

Schritt 5: Ermittlung von Prozesskostensätzen

Die Kosten, die mit der Ausführung bzw. Inanspruchnahme eines Prozesses verbunden sind, werden mithilfe des sogenannten Prozesskostensatzes angegeben. Man erhält den Prozesskostensatz, indem man die jeweiligen Prozesskosten (siehe Schritt 4) durch die zugehörigen Plan-Prozessmengen (siehe Schritt 3) dividiert:

$$\text{Prozesskostensatz} = \frac{\text{Prozesskosten}}{\text{Prozessmenge}} \left(\text{Euro je Maßeinheit}\right)$$

Erfolgt die interne Verrechnung der Gemeinkosten über die in Anspruch genommenen Prozesse (vgl. Spalte 5 a in *Abb. 125*), werden die durch die leistungsmengenneutralen Prozesse verursachten Kosten nicht berücksichtigt. In Abhängigkeit vom Rechnungszweck kann es aber auch sinnvoll sein, die Kosten der leistungsmengenneutralen Prozesse ebenfalls weiterzuverrechnen. Die Umlage der leistungsmengenneutralen Prozesskosten kann proportional zur Höhe der leistungsmengeninduzierten Prozesskostensätze vorgenommen werden:

$$\text{Umlagesatz} = \frac{\text{Leistungsmengenneutrale Prozesskosten}}{\text{Plankosten der leistungsmengeninduzierten Prozesse}} \times \text{Prozesskostensatz}$$

Für jeden leistungsmengeninduzierten Prozess einer Kostenstelle lässt sich somit ein Prozesskostensatz (Spalte 5 a in *Abb. 125*, ein Umlagesatz (Spalte 5 b in *Abb. 125*) und ein Gesamtprozesskostensatz (vgl. Spalte 5 c in *Abb. 125*) ermitteln (vgl. *Horváth/Mayer* 1989, S. 217).

Die in den bisherigen Schritten 1–5 ermittelten Prozesskostensätze können nun im Rahmen der Kostenträgerstückrechnung (Kalkulation) und Kostenträgerzeitrechnung verwendet werden.

Die Verwendung von Prozesskostensätzen im Rahmen der Kostenträgerzeitrechnung liefert verbesserte betriebliche Steuerungsinformationen. Über die Prozesskostensätze lässt sich eine Produktivitätsmessung vornehmen, wodurch das Funktionscontrolling in den verschiedenen Wertschöpfungsstufen wirkungsvoll unterstützt wird (vgl. *Coenenberg/Fischer* 1991, S. 29):

$$\text{Prozesskostensatz} = \frac{\text{Prozesskosten}}{\text{Prozessmenge}} = \frac{\text{Input}}{\text{Output}} = \frac{1}{\text{Produktivität}}$$

Es lassen sich einerseits Ansatzpunkte zur kostenstellenübergreifenden Optimierung der Prozessstruktur identifizieren. Andererseits liefern Zeitreihen von Produktivitätskennzahlen oft Hinweise auf Rationalisierungspotenziale bzw. informieren über die bereits realisierten Verbesserungen bei der Abwicklung von Aktivitäten. Daneben lässt sich mit dem Zeitvergleich auch kontrollieren, wie schnell produktivitätserhöhende Maßnahmen umgesetzt werden (vgl. *Abb. 126*).

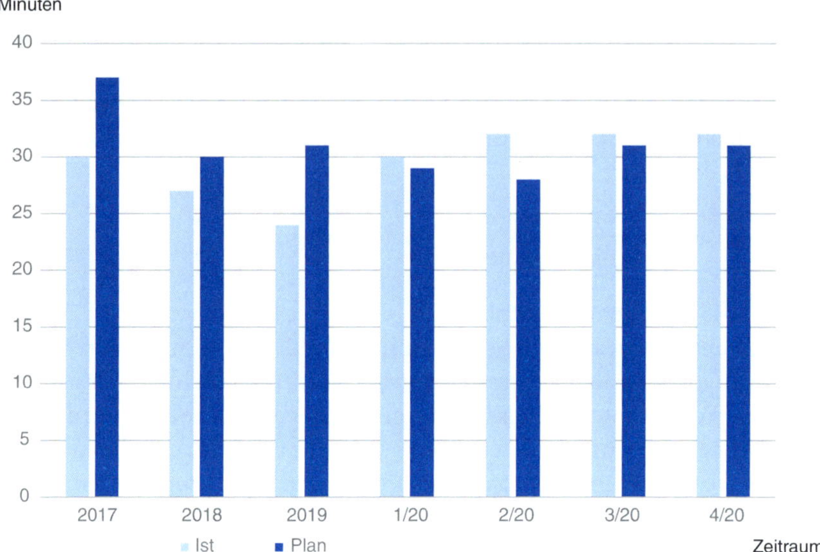

Abb. 126: Entwicklung der Zeitstandards je Personalabrechnung

Die Leistungsstandards („Standards of Performance“) müssen eindeutig definiert, einfach erfassbar und wirtschaftlich kontrollierbar sein. Im Einzelnen sind von der laufenden (in der Regel monatlichen) Kontrolle der repetitiven Gemeinkostenfunktionen folgende Vorteile zu erwarten (vgl. *Wäscher* 1992, S. 178):

- systematische Auslastung der Gemeinkostenstellen hinsichtlich der repetitiven Tätigkeiten,
- häufig erstmalige Definition der Kapazität eines Gemeinkostenbereichs hinsichtlich seiner repetitiven Tätigkeiten, wodurch sich Personalplanungen etc. versachlichen lassen,
- frühzeitige Information über Verschiebungen der Arbeitsbelastung durch Veränderung der Mengengerüste,
- Erkennen von Trends durch Mehr-Perioden-Vergleiche,
- präzise Darstellung der Notwendigkeit einer Personalanpassung in einzelnen Kostenstellen.

Aufgabe eines aktiven Gemeinkosten-Managements ist es in diesem Zusammenhang auch, Erfahrungskurveneffekte zu realisieren. Strukturelle Veränderungen sowie Technologiesprünge, wie sie z. B. durch den Einsatz neuer Informations- und Kommunikationstechniken ausgelöst werden können, sollten sich – messbar – in Produktivitätsverbesserungen des Gemeinkostenbereiches niederschlagen.

4.7 Gemeinkosten-Wertanalyse und Zero-Base-Budgeting

Zur Steuerung und Verbesserung der in Abschnitt 3.3.1 vorgestellten Produktivitätskennzahlen im Gemeinkostenbereich wurden spezielle Analyse- und Planungstechniken entwickelt.

Im Gegensatz zu den direkt produktiven Arbeitsbereichen ist eine exakte, objektive Messung der Personalproduktivität in den Gemeinkostenbereichen vielfach nicht möglich, da inhaltlich und qualitativ sehr unterschiedliche und quantitativ nur unzureichend messbare Leistungen erbracht werden. Dies gilt besonders für solche Arbeitsbereiche, die überwiegend beratende, konzeptionelle oder kreative Leistungen erbringen. In diesen Fällen lässt sich die Personalproduktivität lediglich indirekt und subjektiv beurteilen.

Trotz der bestehenden Messprobleme müssen sich Führungskräfte angesichts rasch steigender Personalkosten und der zunehmenden Bedeutung beratender, konzeptioneller und kreativer Aufgaben auch – oder gerade – im Gemeinkostenbereich um einen möglichst effizienten Personaleinsatz bemühen. Die Frage, ob der Nutzen der erbrachten Leistungen in einem angemessenen Verhältnis zu deren Kosten steht, ist deshalb auch im Gemeinkostenbereich immer wieder neu zu stellen. Aus dieser generellen Fragestellung leiten sich Fragen ab wie:

- Lassen sich die Arbeitsorganisation oder die Arbeitsabläufe verbessern?
- In welche neuen Technologien, z.B. im Bereich der Bürokommunikation, sollte investiert werden? Wie können diese Technologien im Gemeinkostenbereich am wirkungsvollsten genutzt werden? Welche organisatorischen und personellen Veränderungen sind dazu erforderlich?
- Gibt es Aufgaben, für deren Erfüllung ein geringeres Leistungsniveau als bisher ausreicht? Ist eine Personal- oder Mittelumverteilung von weniger wichtigen zu wichtigeren Aufgaben sinnvoll und möglich?
- Können andere Unternehmen bestimmte Aufgaben kostengünstiger oder besser erfüllen?

Die Erarbeitung und Umsetzung von Maßnahmen zur Produktivitätssteigerung im Gemeinkostenbereich ist häufig eine sehr komplexe und arbeitsintensive Aufgabe.

Es ist deshalb sinnvoll, die zur Produktivitäts- und Effizienzsteigerung im Gemeinkostenbereich entwickelten speziellen Analyse- und Planungstechniken heranzuziehen.

Am bekanntesten sind die *Gemeinkosten-Wertanalyse* und das *Zero Base Budgeting.*

Ziel der **Gemeinkosten-Wertanalyse** (GWA) ist es, nicht notwendige Leistungen nicht mehr zu erstellen.

Die Gemeinkosten-Wertanalyse besteht aus vier Schritten:

1. Ermittlung der Leistungsbeziehungen und Schätzung der Kosten
   Nach der Festlegung der Untersuchungseinheiten, die in aller Regel mit bestehenden Kostenstellen im Gemeinkostenbereich übereinstimmen, gibt jeder Kostenstellenleiter an:
   - welche Leistungen seine Stelle für welche Leistungsempfänger erbringt und
   - welche Leistungen die Kostenstelle von anderen Kostenstellen zur Erfüllung ihrer Aufgaben in Anspruch nimmt.

   Anschließend werden die Kosten aller erstellten und bezogenen Leistungen angegeben und mit dem Nutzen der erbrachten Leistungen verglichen.

2. Entwicklung von Ideen für ein verbessertes Kosten-Nutzen-Verhältnis
   Die Linienführungskräfte werden aufgefordert, für Leistungen mit schlechtem Kosten-Nutzen-Verhältnis Ideen zur Kosteneinsparung zu entwickeln. Hierbei gilt als Vorgabe eine Kosteneinsparung von 40 Prozent. Dieses sehr anspruchsvolle Ziel wird gesetzt, um auch unkonventionelle Ideen zu provozieren. Als zulässige Einsparungsideen gelten Vorschläge
   - zur Beschränkung von Leistungen ohne Nutzenminderung oder
   - zur effizienteren Leistungserstellung.

3. Bewertung der Ideen
   Die Realisierbarkeit aller Einsparungsideen wird anhand von Wirtschaftlichkeits- und Risikokriterien geprüft. Dabei werden mögliche negative Konsequenzen ebenfalls berücksichtigt.

4. Auswahl und Realisation konkreter Maßnahmen
   Die realisierbaren Ideen werden zu Aktionsprogrammen zusammengestellt und zur Verabschiedung an die oberste Führungsebene weitergereicht. Die beschlossenen Maßnahmen sollten von denjenigen Führungskräften umgesetzt werden, die die Einsparungsvorschläge konzipiert haben.

Grundgedanke des **Zero-Base-Budgeting** (ZBB) ist, dass die Notwendigkeit sämtlicher Aktivitäten im Gemeinkostenbereich neu begründet werden muss – als ob das Unternehmen „auf der grünen Wiese" neu geplant werden sollte.

Das Zero-Base-Budgeting verfolgt drei Ziele:

- Es sollen nur solche Leistungen erstellt werden, die für das Unternehmen wichtig sind.
- Nicht oder nicht mehr benötigte Leistungen sind abzubauen.
- Leistungen, die bisher nicht oder nicht in ausreichendem Umfang erbracht wurden, sollen zukünftig in verstärktem Umfang erbracht werden.

Die Analyse erfolgt in acht Stufen:

1. Festlegung der Unternehmensziele und des Untersuchungsumfangs
   - Zunächst werden die strategischen und operativen Unternehmensziele bestimmt.
   - Anschließend wird festgelegt, welche Funktionsbereiche untersucht werden sollen.
2. Funktionsanalyse
   Auf der Grundlage der gegebenen Unternehmensziele werden die Leistungen und Aktivitäten aller ausgewählten Funktionen analysiert.
3. Brainstorming
   Alle Funktionen werden kritisch durchdacht. Zu jeder Funktion werden folgende Fragen beantwortet:
   - In welchem Umfang ist die Funktion notwendig?
   - Könnte die Funktion auf andere Weise wirtschaftlicher erfüllt werden?
4. Bildung von Leistungsniveaus
   Für jede Funktion werden in der Regel drei Leistungsniveaus und damit verbunden eingesetzte Mittel und Mitarbeiter festgelegt:
   - Leistungsniveau 1 beschreibt das Arbeitsergebnis, mit dem gerade noch eine sinnvolle Leistung erbracht werden kann.
   - Leistungsniveau 2 umfasst zusätzliche wünschenswerte Arbeitsergebnisse.
   - Leistungsniveau 3 beinhaltet alle noch nicht im Niveau 2 enthaltenen wünschenswerten Arbeitsergebnisse.
5. Erarbeiten von Entscheidungspaketen
   Jedes Entscheidungspaket beschreibt jeweils ein Leistungsniveau einer Funktion, die Vorteile dieses Niveaus und die Auswirkungen dieses Leistungsniveaus auf andere Funktionsbereiche.
6. Rangordnung
   Nutzen und Kosten eines jeden Entscheidungspaketes werden mit den Nutzen und Kosten aller anderen Entscheidungspakete verglichen und nach ihrer Bedeutung für die Erreichung des Unternehmensziels geordnet.
7. Budget-Schnitt
   Die Leistungsniveaus aller Funktionen werden durch die insgesamt verfügbaren Mittel festgelegt. Die Mittel werden der Reihe nach den Entscheidungspaketen zugeteilt, bis der letzte verfügbare Euro verbraucht ist.
   Dort wird der „Budget-Schnitt" gezogen.
   Für weitere Leistungen stehen keine Mittel zur Verfügung.
8. Maßnahmenplanung und -realisation
   Die notwendigen Veränderungen müssen in konkrete, nachvollziehbare und kontrollierbare Maßnahmen umgewandelt und dann realisiert werden.

Die beiden Verfahren lassen sich wie folgt beurteilen:

- Beide Konzepte sind in der Praxis erprobt und versprechen mit einiger Sicherheit erhebliche Produktivitätssteigerungen im Gemeinkostenbereich.
- Zero-Base-Budgeting ist theoretisch umfassender und hat eine stärkere strategische Orientierung als die Gemeinkostenwertanalyse, erfordert jedoch auch höhere personelle Kapazitäten.
- Anwendungsberichte aus Unternehmen zeigen, dass in Einzelfällen beide Verfahren parallel in Unternehmen eingesetzt werden.

4.8 Personal-Risikomanagement

Personalrisiken

Risiken sind unerwartete Ereignisse und mögliche Entwicklungen, die sich negativ auf die Erreichung von gesetzten Zielen und Erwartungen auswirken. Die Einschätzung von Risiken erfolgt auf Basis von (vgl. *Windmöller* 2003) Informationen über die aktuelle und künftige Situation, Erwartungen und Zielsetzungen des Beurteilers sowie subjektiven Beurteilungsmaßstäben (Risikobereitschaft).

Aufgrund der Unsicherheit zukünftiger Entwicklungen ist jede unternehmerische Betätigung mit Chancen und Risiken verbunden. Es stellt deshalb nicht das Eingehen von Risiken ein Problem dar, sondern das unkontrollierte Vorhandensein und das Nichtbeherrschen von Risiken. Die erfolgreichsten Unternehmen sind diejenigen, die ihre Chancen am besten wahrnehmen und ihre Risiken am besten im Griff haben.

Zwei der ersten Beiträge im Bereich Personal-Risikomanagement stammen von *Ackermann* (1999) und *Kobi* und beinhalten u. a. Strukturierungsansätze für die Erfassung von Personalrisiken. *Kobi* (2002, S. 17) unterscheidet in seinem Personal-Risikomanagementansatz vier Risikogruppen, sogenannte Hauptfelder: das Engpassrisiko, das Anpassungsrisiko, das Austrittsrisiko und das Motivationsrisiko. In einer Veröffentlichung von *Weller/Ebert* (2012, S. 16) wird diese Risikopalette um einen fünften Bereich, das Loyalitätsrisiko, erweitert. *Kobi* (2012, S. 21) nennt dieses Risiko Integritätsrisiko. Im Einzelnen sind die fünf Risikofelder im Grundmodell von Kobi wie folgt definiert:

- Als Engpassrisiko wird das Risiko fehlender Leistungsträger bzw. Bewerber bezeichnet (zum Beispiel aufgrund mangelnder Arbeitgeberattraktivität, unklarem Employer Branding oder nicht marktgerechter Vergütung).
- Das Austrittsrisiko beschreibt das Risiko des Mitarbeiterverlustes (zum Beispiel aufgrund unzureichender Mitarbeiterbindung).

- Das Anpassungsrisiko ist durch falsch qualifizierte Mitarbeiter gekennzeichnet.
- Das Motivationsrisiko umfasst die Zurückhaltung von Leistungen (zum Beispiel bei demotivierten oder ausgebrannten Mitarbeitern sowie fehlender Förderung der Chancengleichheit oder kultureller Vielfalt).
- Das Integritätsrisiko ist gekennzeichnet durch nicht integer und loyal handelnde Mitarbeiter.

Gesetzliche und regulatorische Anforderungen

Das Personal-Risikomanagement wird für Unternehmen vor dem Hintergrund gesetzlicher und regulatorischer Anforderungen immer bedeutsamer. Hiernach sind Unternehmen gehalten, sich regelmäßig mit den unternehmensspezifischen Einflussfaktoren und Risiken auseinanderzusetzen. Wesentliche Gesetze und Vorschriften setzen die Rahmenbedingungen für das personelle Risikomanagement (vgl. *Abb. 127*):

- Gesetz zur Kontrolle und Transparenz im Unternehmensbereich (KonTraG) mit dem 1998 eine gesetzliche Basis für das Risikomanagement in Unternehmen geschaffen wurde.

Abb. 127: Gesetzliche und vergleichbare Rahmenbedingungen für das Personal-Risikomanagement (Wucknitz 2012, S. 68)

- Handelsgesetzbuch (HGB), Aktiengesetz (AktG) und International Financial Reporting Standards (IFRS).
- Anforderungen gemäß Prüfstandards des Instituts der Wirtschaftsprüfer (IdW PS340), die den Einbezug sämtlicher Funktionsbereiche und Prozesse beim Aufbau eines Überwachungssystems vorsehen.
- Deutscher Corporate Governance Kodex (DCGK).
- Sarbanes-Oxley-Act für in den USA börsennotierte Unternehmen.
- Basel II- und Basel III-Standards (speziell für Banken). Im Regelwerk Basel III, das im Jahr 2010 veröffentlicht wurde, liegt besonderes Augenmerk auf den Grundsätzen der Unternehmensführung. Als Forderungen im Hinblick auf das Personalmanagement wird eine nachhaltige Höherqualifizierung und Weiterbildung sowie ein höheres Augenmerk auf die Mitglieder der Leitungs- und Aufsichtsgremien verlangt. Darüber hinaus wurden neue Überprüfungsmechanismen für Vergütungssysteme in das Regelwerk für Risikomanagement aufgenommen.

Personal-Risikomanagement-Prozess

Führende Unternehmen zeichnen sich dadurch aus, dass sie Personal-Risikomanagement nicht nur als gesetzliche Verpflichtung, sondern als Stellhebel zur Erreichung der Unternehmensziele verstehen und deshalb die Personalrisiken aktiv steuern. Der personelle Risikomanagement-Prozess umfasst folgende fünf Phasen (vgl. *Abb. 128*):

- Festlegung der Personalrisikopolitik und -strategie,
- Identifikation der wesentlichen personellen Risiken,
- Messung des Personalrisikos,
- Personalrisikobewertung,
- Risikosteuerung und Überwachung.

Personalrisikopolitik und -strategie

Den Startpunkt für den Personal-Risikomanagement Prozess bilden die Personalrisikopolitik und -strategie. Im Rahmen der Personalrisikopolitik werden die Verantwortlichkeiten und Verhaltensregeln festgelegt. Sie ist in die allgemeine Unternehmens- und Risikopolitik einzubetten und sollte sich aus ihr ableiten. Darüber hinaus bildet die Personalrisikopolitik die Basis für die Personalrisikokultur und gibt die Art der Risikohandhabung vor. Die Personalrisikostrategie stellt die Grundlage für den gesamten Personal-Risikomanagement-Prozess dar. Im Rahmen der unternehmensspezifischen Ausgestaltung der Personalrisikostrategie wird das angestrebte Verhältnis von Chancen und Risiken bestimmt und festgelegt, welche Personalrisiken maximal eingegangen werden dürfen. Außerdem werden Grundsätze für die Risikoprävention und die anzuwendenden Methoden vorgegeben.

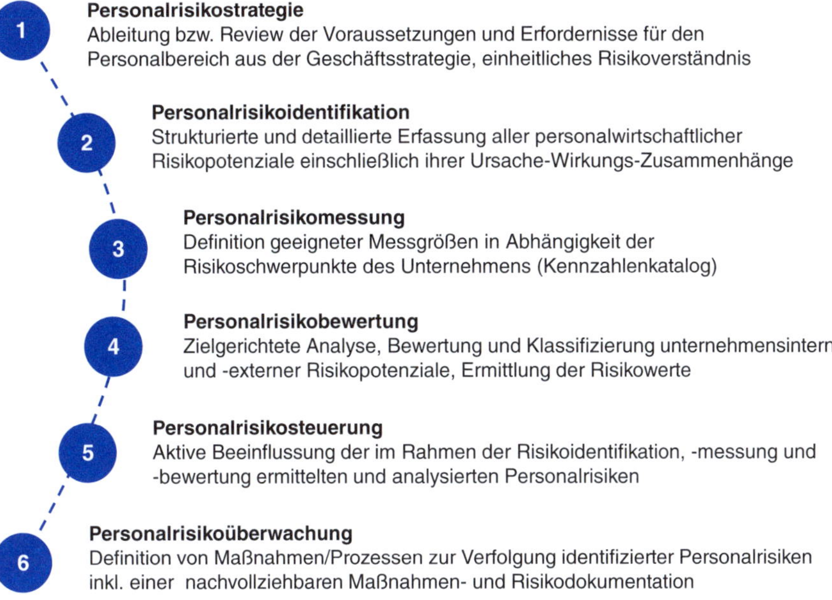

Abb. 128: Personal-Risikomanagement-Prozess (vgl. Fabig-Grychtol 2014, S. 8)

Die Zielsetzung des Risikomanagements besteht nicht zwingend darin, die Personalrisiken zu minimieren. Vielmehr ist eine Optimierung des Risikoprofils anzustreben, das von den strategischen Vorgaben und der Risikobereitschaft bestimmt wird. Im klassischen Risikomanagement werden üblicherweise fünf verschiedene Risikostrategien unterschieden, die sich auch auf das Personal-Risikomanagement übertragen lassen: Risikovermeidung, Risikoverminderung, Risikobegrenzung, Risikoüberwachung und Risikoakzeptanz.

Je nach Risikoart können die Risikostrategie und die Bereitschaft, Risiken einzugehen, unterschiedlich ausfallen.

Die **Nutzeneffekte** einer Personalrisikostrategie liegen insbesondere in einer

- Risikominimierung durch die Gewährleistung gesetzlich konformer Personalprozesse,
- Erweiterung der Gestaltungsspielräume durch eine proaktive Auslegung der externen Anforderungen und internen Richtlinien,
- Sicherstellung effektiver und effizienter Prozesse durch die unternehmensweite Verankerung personalrelevanter Themen,
- Steigerung des positiven Unternehmensimages durch eine compliance-orientierte Personalfunktion.

Die **Aufgaben des Personal-Risikomanagers** im Rahmen der Entwicklung und Ausgestaltung der Personalrisikostrategie umfassen:

- „Ableitung und Review der Voraussetzungen und Erfordernisse für den Personalbereich aus der Geschäftsstrategie unter Berücksichtigung von Prognosen und Planungen zu externen Arbeitsmarkttrends, interner Belegschaftsstruktur, internen Einstellungs- und Fluktuationstrends und Ruhestandsprojektionen,
- Berücksichtigung der Entwicklungen zu Anforderungen an Wissen und Fähigkeiten, Arbeitsprozesse und -inhalte etc.,
- Betrachtung der Relevanz bedeutender Megatrends wie demografische Entwicklung, Globalisierung, Flexibilisierung der Arbeit, neue Organisationsformen der Arbeit etc. für das Unternehmen,
- Bestimmung der erforderlichen Ressourcen, Benennung der Voraussetzungen, Aufzeigen möglicher HR-Risikofelder, Unterstützung bei der Durchführung von Gap-/Motivations-/Treiber-Analysen,
- Mitwirkung bei der Formulierung der personalrisikopolitischen Grundsätze und der Veröffentlichung innerhalb des Unternehmens durch geeignete Medien,
- Koordination des Dokumentationsprozesses für die anzuwendende Risikomethodik und den Risikomanagementprozess in einem Handbuch Personalrisikostrategie“ (*Fabig-Grychtol* 2014.S. 11).

Risikoidentifikation

Zur Identifikation der Personalrisiken bietet es sich an, die Risikoanalyse entlang der Personalmanagement-Prozesse durchzuführen (vgl. *Abb. 8* im ersten Kapitel). Hierbei sind u. a. folgende Fragen zu beantworten:

- Welche Risiken löst eine unzureichende Prozessqualität aus?
- Welche Risiken sind mit einer fehlenden Prozesstreue in der Umsetzung oder in der Anwendung prozessrelevanter Instrumente verbunden?
- Welche Risiken resultieren aus dem Nichtvorhandensein von weiteren Teilprozessen oder wichtige Prozesselemente?
- Welche Risiken können auftreten, wenn zwar die Prozesse vorhanden sind, jedoch die damit angestrebten Ergebnisse nicht erzielt werden?

Als Orientierungshilfe bei der Risikoidentifikation können Risikokataloge oder Checklisten herangezogen werden, die jedoch keinen Anspruch auf Vollständigkeit erheben können. Vielmehr muss jedes Unternehmen neben den allgemeinen personalbezogenen Prozessrisiken die unternehmensspezifischen Personalrisiken identifizieren. Eine vollständige Risikoidentifikation erfordert, dass sich der Personalbereich mit der Risikosituation aus mehreren Blickwinkeln auseinandersetzt, nämlich:

- Risiken für und durch Personal: Hier geht es um Risiken, die mit dem Arbeitseinsatz und der Beschäftigung von Menschen im Wertschöpfungsprozess verbunden sind.

- Risiken für und durch das Personalmanagement: Hier geht es um Risiken im Zusammenhang mit Entscheidungen des Personalmanagements über das Personal bzw. die Erreichung personalwirtschaftlicher Ziele.

Anhand des Grundmodells von Kobi lässt sich für die fünf Risikofelder Engpass-, Austritts-, Anpassungs-, Motivations- und Integritätsrisiken exemplarisch der in *Abb. 129* dargestellte Risikokatalog darstellen.

Nach der Identifikation der Personalrisiken gilt es, diese zu systematisieren und in Risikocluster einzuordnen sowie nach einer einheitlichen Struktur zu dokumentieren. Kernelemente der Dokumentation sind der zugrunde liegende Personalprozess, eine Prozessbeschreibung, das übergeordnete Risikocluster, die Risikobezeichnung, die Risikodefinition/-beschreibung, die Risikoursache und der Risikoverantwortliche.

Die Aufgaben des Personalrisikomanagers im Zusammenhang mit der Personalrisikoidentifikation umfassen:

- „Beschreibung/Analyse der externen und internen Anforderungen an HR-Prozesse und HR-Systeme (zum Beispiel compliance-konforme Personalprozesse) entlang der Personalmanagementprozesse,
- Identifikation, Systematisierung und Erfassung von HR-Risiken: Risikobezeichnung, -definition/-beschreibung, Risikoursache, Risikoverantwortlicher,
- Zuordnung zu einem Risikocluster (Risikoart: Engpass-/Austritts-/Anpassungs-/Motivations-/Integritätsrisiko),
- Dokumentation der Ergebnisse des Risikoidentifikationsprozesses" (*Fabig-Grychtol* 2014, S. 17).

Personalrisikomessung

An die vollständige Risikoidentifikation schließt sich die Personalrisikomessung an. Einen wesentlichen Beitrag zur Personalrisikomessung leisten Kennzahlen. In Abhängigkeit der Risikoschwerpunkte des jeweiligen Unternehmens reichen aber Kennzahlen allein als Messgrößen nicht aus. Ergänzend zu den quantitativen Messgrößen sind auch qualitative Indikatoren und Standards heranzuziehen. Die Daten hierfür können zum Beispiel aus Mitarbeiterbefragungen (vgl. Abschnitt 4.3), Veröffentlichungen des Statistischen Bundesamtes, Demografieanalysen, Untersuchungen zur Altersstruktur im Unternehmen, Zeitreihen über wesentliche Leistungskennzahlen und Analysen zum Employer Branding gewonnen werden.

Beispielhaft sind nachfolgend für das Engpaßrisiko quantitative Messgrößen, Indikatoren und Standards aufgeführt:

- Kennzahlen: Belegschaftsstruktur, Anteil interne Besetzung von Führungspositionen, Potenzialträgerquote, Verhältnis Potenzialkandidaten zu erwar-

Engpassrisiken	Austrittsrisiken	Anpassungsrisiken
Bedarfslücken • Keine oder nicht ausreichende fundierte quantitative und qualitative Personalplanung • Keine Transparenz über Zielgruppen und Engpässe • Ungünstige Zusammensetzung des Personalstamms • Über- und Unterbestände an Mitarbeitern • Fehlende Mitarbeiter in kritischen Zielgruppen **Potenziallücken** • Schwierige Besetzung von Schlüsselpositionen • Ungenügende Nutzung und Entwicklung von Schlüsselpersonen/Potenzialen • Fehlende Stellvertreter und potenzielle Nachfolger in wichtigen Funktionen • Unsorgfältiger Einführungsprozess • Fehlende Entwicklung von Potenzialen **Rekrutierungsrisiko** • Fehlende/unklare Personalmarketingkonzepte • Mangelnde Arbeitgeberattraktivität • Keine wettbewerbsfähigen individualisierten Anstellungsbedingungen • Unklares Employer Branding • Unprofessioneller Rekrutierungsprozess • Viele Fehlbesetzungen	**Austritte von Leistungsträgern und Schlüsselpersonen** • Keine fundierte Kenntnis über die Gefährdung wichtiger Mitarbeitergruppen • Fehlende Austrittsanalyse • Viele gefährdete Leistungsträger und Schlüsselpersonen **Retention Management** • Fehlendes Retention Management • Keine Maßnahmen zur Steuerung der Mitarbeiterbindung **Arbeitgeberleistungen** • Keine marktgerechten Anstellungsbedingungen • Keine marktgerechte Vergütung • Ungenügende Leistungs- und Zielorientierung **Sonstige Austrittrisiken** • Wissensverluste durch Austritte	**Personalentwicklung** • Wenig fokussierte Personalentwicklungsangebote • Keine praxis- und umsetzungsorientierte Weiterbildung • Fehlende Zeit für Weiterbildung • Keine systematische Reflexion im Unternehmen • Fehlendes Wissensmanagement **Unternehmenskultur** • Nicht adäquate Unternehmenskultur • Mangelnde Identifikation mit Strategie und Unternehmenskultur • Geringe Veränderungs- und Lernbereitschaft der Mitarbeiter und Führungskräfte **Arbeitsmarktfähigkeit/Flexibilität** • Unflexible Mitarbeiter/ungenügende Arbeitsmarktfähigkeit • Imagerisiko bei Personalfreisetzungen

Abb. 129: Risikokatalog zur Identifikation von Personalrisiken (Fabig-Grychtol 2014, S. 14)

teten Vakanzen, durchschnittliche Dauer des Einstellprozesses, Anteil der Mitarbeiter, die im ersten Jahr wieder austreten
- Qualitative Indikatoren: Zufriedenheit neuer Mitarbeiter nach Probezeitablauf
- Standards: Existenz einer quantitativen und qualitativen Personalplanung, Existenz einer Nachfolgeplanung, Anteil Nachfolgen, die der Planung entsprechen, Einhaltung Rekrutierungsstandards.

Zu den wesentlichen Aufgaben des Personalrisikomanagers in Zusammenhang mit der Personalrisikomessung gehören:

- „Definition eines Sets an geeigneten Kennzahlen in Abhängigkeit der Risikoschwerpunkte des Unternehmens, weiterer qualitativer Elemente, Standards und Indikatoren (z. B. Ergebnisse von Kunden- und Mitarbeiterbefragungen) in Zusammenarbeit mit dem Personalcontrolling
- Auswahl einer überschaubaren und dennoch alle Risikobereiche abdeckenden Anzahl erfolgsentscheidender Messgrößen und Indikatoren (Kriterien z. B. HR-Strategieorientierung, Aussagekraft, Beeinflussbarkeit)
- Festlegung des beherrschbaren Risikos (Abwägung Chance/Risiko)
- Dokumentation der qualitativen und quantitativen Messgrößen und Indikatoren" (*Fabig-Grychtol* 2014, S. 22).

Personalrisikobewertung

Auf Basis eines einheitlichen Risikoverständnisses erfolgen im nächsten Schritt die Bewertung der Personalrisiken. Die identifizierten Personalrisiken müssen bezüglich ihrer Relevanz, Eintrittswahrscheinlichkeit und potenziellen Auswirkungen auf den Unternehmenserfolg bewertet werden:

- Risikorelevanz: Es ist einzuschätzen, welche Risiken als wesentlich einzustufen sind, wobei sich folgende fünf Stufen unterscheiden lassen:
  - unbedeutende Risiken: Risiken, die den Unternehmenserfolg nicht oder nicht wesentlich beeinflussen
  - mittlere Risiken: Risiken, die den Unternehmenserfolg spürbar beeinflussen
  - bedeutende Risiken: Risiken, die den Unternehmenserfolg stark beeinflussen
  - schwerwiegende Risiken: Risiken, die den Unternehmenserfolg erheblich beeinflussen
  - bestandsgefährdende Risiken: Risiken, die mit sehr hoher Wahrscheinlichkeit den Unternehmenserfolg beeinträchtigen oder gefährden.
- Eintrittswahrscheinlichkeit: Mit der Eintrittswahrscheinlichkeit wird der statistische Erwartungswert bzw. die geschätzte Wahrscheinlichkeit für das Eintreten eines bestimmten Ereignisses in einem bestimmten Zeitraum in der Zukunft ausgedrückt.

- Potenzielle Auswirkungen/Schadenshöhe: rechnerischer oder geschätzter Wert bei Eintreten eines bestimmten Ereignisses in einem bestimmten Zeitraum in der Zukunft.

Es gilt der Grundsatz, dass ein Unternehmen auf der Grundlage eines Gesamtrisikoprofils sicherstellen muss, dass die wesentlichen Risiken des Unternehmens laufend abgedeckt sind und damit die Risikotragfähigkeit gegeben ist.

Das Ergebnis der Personalrisikobewertung ist ein Risikoportfolio, das die Notwendigkeit der Steuerungsmaßnahmen verdeutlicht (vgl. *Abb. 130*). Im Risikoportfolio mit den beiden Achsen „Eintrittswahrscheinlichkeit" und „Schadenshöhe" lassen sich drei unterschiedliche kritische Bereiche unterscheiden, die jeweils die Notwendigkeit unterschiedlicher Risikosteuerungsansätze nach sich ziehen:

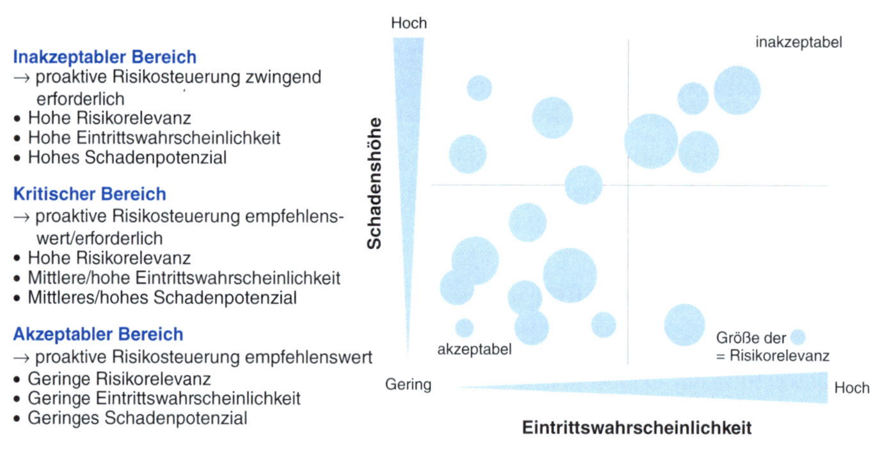

Abb. 130: Risikoportfolio (Fabig-Grychtol 2014, S. 24)

- inakzeptabler Bereich, der durch eine hohe Risikorelevanz, eine hohe Eintrittswahrscheinlichkeit und hohes Schadenspotenzial gekennzeichnet ist. Hier ist eine proaktive Risikosteuerung zwingend erforderlich.
- Kritischer Bereich, der hohe Risikorelevanz bei mittlerer bis hoher Eintrittswahrscheinlichkeit sowie mittlerem bis hohen Schadenpotenzial gekennzeichnet ist. Hier ist eine proaktive Risikosteuerung empfehlenswert bzw. erforderlich.
- Akzeptabler Bereich, der eine geringe Risikorelevanz, eine geringe Eintrittswahrscheinlichkeit und geringes Schadenpotenzial aufweist. Hier ist eine proaktive Risikosteuerung empfehlenswert.

Die Aufgaben des Personalrisikomanagers im Rahmen der Risikobewertung beziehen sich auf

- „Herstellen/Definition eines einheitlichen Risikoverständnisses im Sinne eines unternehmensweit integrierten Risikomanagements,

- Bewertung der Personalrisiken bezüglich ihrer Risikorelevanz, ihrer Eintrittswahrscheinlichkeit und ihren potenziellen Auswirkungen auf die Wertschöpfung und den nachhaltigen Unternehmenserfolg,
- Erstellung einer Risikorelevanzmatrix, Evaluation der Kernrisiken und der Kostentreiber (Risikoportfolio),
- Dokumentation der vorgenommenen Risikoklassifizierung inkl. faktenorientierter Begründung zur Bewertung" (*Fabig-Grychtol* 2014, S. 26).

Risikosteuerung

In der Risikosteuerung geht es darum, die im Rahmen der Risikoidentifikation, -messung und -bewertung ermittelten und bewerteten Personalrisiken aktiv zu beeinflussen und das Personalrisikoprofil zu optimieren. Hierzu gilt es, Handlungsalternativen zu erarbeiten, Maßnahmen einzuleiten, Instrumente zu entwickeln und Prozesse zu definieren. Die Ansatzpunkte hierzu sind vielfältiger Natur. Für jedes Einzelrisiko ist zu entscheiden, ob es im Abgleich mit der eingangs definierten Personalrisikostrategie vermieden, reduziert oder bewusst eingegangen werden soll. Eine erfolgreiche Begegnung der Personalrisiken setzt nachhaltige Lösungen voraus, die alle relevanten personalwirtschaftlichen Bereiche abdecken. In der Praxis werden deshalb meistens mehrere Risikosteuerungsmaßnahmen zu einem Bündel zusammengefasst. Nur wenn mehrere Aktivitäten und Instrumente miteinander verknüpft werden, können sie ihre Wirkung voll entfalten. Mögliche Ansatzpunkte zur Risikosteuerung werden exemplarisch in *Abb. 131* gezeigt.

Risiko	Ziel	Mögliche Ansatzpunkte
Austrittrisiko	Stärkung der Mitarbeiterbindung	Verbesserung der Führungsqualität
	Bindung von Schlüsselpersonen	Gezieltes Retention Programm
Engpassrisiko	Systematisierung der Personalplanung	Strategische Personalplanung und gezielte Nachfolgeplanung
	Kompetenzausbau in wichtigen Funktionen	Einführung einer Expertenlaufbahn
Anpassungsrisiko	Verbesserung der Führungsqualität	Einführung eines 360°-Feedback-Prozesses
	Stärkung der Unternehmenskultur	Entwicklung von Leitlinien für Führung und Zusammenarbeit
Motivationsrisiko	Erhöhung der Mitarbeiterzufriedenheit	Mitarbeiterbefragung und Führungskraftentwicklung
	Erhöhung der Leistungsmotivation	Optimierung des Performance Management

Abb. 131: Ansatzpunkte zur Risikosteuerung (Fabig-Grychtol 2014, S. 27)

Die Aufgaben des Personalrisikomanagers im Rahmen der Personalrisikosteuerung umfassen:

- „Für die im Rahmen der Risikoidentifikation, -messung und -bewertung ermittelten und analysierten Personalrisiken sind Handlungsoptionen zu erarbeiten, Maßnahmen aufzusetzen, Instrumente zu entwickeln und Prozesse zu definieren.

- Beschreibung des Ist- und Ziel-Zustands der jeweiligen Maßnahme sowie Festlegung eines Ziel-Datums und Maßnahmenverantwortlichen
- Dokumentation der Risikosteuerungsmaßnahmen inkl. erwartetes Ergebnis" (*Fabig-Grychtol* 2014, Seite 32).

Risikoüberwachung

Im letzten Schritt, der Risikoüberwachung, werden Maßnahmen, Instrumente und Prozesse zur Überprüfung der Risikoentwicklung und der Wirksamkeit der eingeleiteten Aktivitäten definiert. Hierdurch soll sichergestellt werden, dass Maßnahmen nachgebessert, neue Instrumente eingeführt oder Prozessoptimierungen vorgenommen werden, sofern das geplante Ergebnis nicht erzielt wurde. Gängige Instrumente für die Erfolgskontrolle sind die Analyse der Veränderungen des Risikoportfolios, Zeit- oder Soll-Ist-Vergleiche von Risikomessgrößen und der erzielten Ergebnisse aus umgesetzten Maßnahmen, laufende Ursachen-Wirkungsanalysen und eine differenzierte Risiko-Berichterstattung.

Entsprechend den Anforderungen des KonTraG müssen die Elemente des Risikomanagementprozesses, die risikopolitischen Grundsätze, die Aufbau- und Ablauforganisation sowie die festgelegten Risikogrenzen für interne und externe Adressaten nachvollziehbar dokumentiert werden. Das gilt damit analog auch für alle entscheidungsrelevanten Daten sowie die identifizierten, bewerteten und mit Maßnahmen hinterlegten Personalrisiken. Es gilt, geeignete Dokumentationsformen und -verfahren festzulegen. Dies erfolgt in der Personalrisiko- und Systemdokumentation. Ein sogenanntes Personalrisikomanagement-Handbuch fasst die zentralen Aspekte zusammen.

Im Rahmen der Risikoberichterstattung werden die Stakeholder regelmäßig auch über Personalrisiken informiert, die die Geschäftsentwicklung und den Grad der Zielerreichung maßgeblich beeinflussen könnten. Innerhalb des Personalbereichs dient das laufende Personalrisiko-Reporting als Informationsmedium und als Arbeitsmittel zur Erfüllung der Aufgaben.

Die Aufgaben des HR-Risikomanagers im Rahmen der Personalrisikoüberwachung umfassen:

- „Nachhalten von Maßnahmen/Prozessen zur Verfolgung identifizierter Personalrisiken,
- Implementierung geeigneter Instrumente zur Erfolgskontrolle definierter Maßnahmen,
- Erhebung, Analyse und laufendes Reporting von Risikokennzahlen,
- Personalrisikoberichterstattung,
- Überwachung und Kontrolle der Risiko- und Maßnahmendokumentation" (*Fabig-Grychtol* 2014, S. 38).

4.9 People Analytics

Big Data und Advanced Analytics

Durch die zunehmende Digitalisierung der gesamten Wertschöpfungskette nimmt nicht nur das zu verarbeitende Datenvolumen exponentiell zu, auch die Geschwindigkeit, mit der Daten verarbeitet werden können, wächst rasant. Die wirtschaftliche Bedeutung von Daten wird inzwischen so groß eingeschätzt, dass sie neben Arbeitskraft, Ressourcen und Kapital als vierter Produktionsfaktor gesehen werden. Seit ein paar Jahren ist auch der Begriff „Big Data" in aller Munde, wobei Big Data zunächst nichts anderes als große Datenmengen bedeutet. Neben den klassischen Stammdaten bzw. Nukleusdaten (zum Beispiel Personalstammdaten) sind umfangreiche „Community-Daten" (wie zum Beispiel Social Media-Daten) verfügbar. Diese Daten aus dem Unternehmensumfeld sind oft von höherer Unschärfe und Vielfalt. Im originären Sinne sind mit Big Data Datenmengen gemeint, die zu groß oder zu komplex sind oder sich zu schnell ändern, als dass sie mit klassischen Methoden der Datenverarbeitung ausgewertet werden können. In einem Forschungsbericht aus dem Jahre 2001 wurde das mit Big Data verbundene Datenverarbeitungsproblem erstmals durch die drei V für Volume, Variety und Velocity beschrieben (vgl. *Laney* 2001). Um die Nutzenpotenziale, die mit der Anwendung intelligenter Analyseverfahren auf die großen Datenmengen erschlossen werden, zu berücksichtigen, ist als weiteres Merkmal noch ein viertes V für Value hinzuzufügen (vgl. *Feld* u. a. 2014, S. 366). Diese vier Vs werden in *Abb. 132* erläutert.

Neben der Verfügbarkeit von immer mehr Daten, die genutzt werden können, haben sich in den letzten Jahren immer leistungsstärkere Datenanalysemöglichkeiten entwickelt (Advanced Analytics). Echtzeitverarbeitung für immer größere Datenmengen wird durch weiterentwickelte Datenbanktechnologien (siehe hierzu Abschnitt 6.4) möglich. Hierdurch wird auch der Einsatz von multivariaten Statistikmethoden zum Erkennen von Zusammenhängen, Simulationsverfahren sowie Data-, Text-, Prozess-, Web- und Media-Mining-Verfahren zur automatisierten Mustererkennung zunehmend attraktiver (vgl. *Wickel-Kirsch/Petry* 2019, S. 15).

People Analytics

Betrachtet man die Nutzung von Daten im Personalwesen, so hat sich diese stetig über mehrere Stufen hinweg entwickelt und in jeder evolutionären Stufe ermöglichte der umfangreichere Einsatz an Daten und IT höhere Wertbeiträge. Im Wesentlichen lassen sich folgende Entwicklungsstufen unterscheiden (vgl. *Abb. 133*):

- Erfahrungs- oder intuitionsbasierte Entscheidungsfindung
- HR-Reporting

Facette	Erläuterung
Datenmenge (Volume)	Immer mehr Organisationen und Unternehmen verfügen über gigantische Datenberge, die von einigen Terabytes bis hin zu Größenordnungen von Petabytes führen. Unternehmen sind oft mit einer riesigen Zahl von Datensätzen, Dateien und Messdaten konfrontiert.
Datenvielfalt (Variety)	Unternehmen haben sich mit einer zunehmenden Vielfalt von Datenquellen und Datenformaten auseinanderzusetzen. Aus immer mehr Quellen liegen Daten unterschiedlicher Art vor, die sich grob in unstrukturierte, semistrukturierte und strukturierte Daten gruppieren lassen. Gelegentlich wird auch von polystrukturierten Daten gesprochen. Die unternehmensinternen Daten werden zunehmend durch externe Daten ergänzt, beispielsweise aus sozialen Netzwerken. Bei den externen Daten sind z.B. Autoren oder Wahrheitsgehalt nicht immer klar, was zu ungenauen Ergebnissen bei der Datenanalyse führen kann.
Geschwindigkeit (Velocity)	Riesige Datenmengen müssen immer schneller ausgewertet werden, nicht selten in Echtzeit. Die Verarbeitungsgeschwindigkeit hat mit dem Datenwachstum Schritt zu halten. Damit sind folgende Herausforderungen verbunden: Analysen großer Datenmengen mit Antworten im Sekundenbereich, Datenverarbeitung in Echtzeit, Datengenerierung und Übertragung in hoher Geschwindigkeit.
Analytics (Value)	Analytics umfasst die Methoden zur möglichst automatisierten Erkennung und Nutzung von Mustern, Zusammenhängen und Bedeutungen. Zum Einsatz kommen u.a. statistische Verfahren, Vorhersagemodelle, Optimierungsalgorithmen, Data Mining, Text- und Bildanalytik. Bisherige Datenanalyse-Verfahren werden dadurch erheblich erweitert. Im Vordergrund stehen die Geschwindigkeit der Analyse (Realtime, Near-Realtime) und gleichzeitig die einfache Anwendbarkeit, ein ausschlaggebender Faktor beim Einsatz von analytischen Methoden in vielen Unternehmensbereichen.

Abb. 132: Facetten von Big Data (BITKOM 2012, S. 21)

- HR-Controlling: Kennzahlen, Dashboards und externe Benchmarks
- Strategische Analyse/Predictive Analytics/People Analytics

People Analytics umfaßt die Verknüpfung und Nutzung von multiplen Unternehmens- und Personaldaten auf Basis IT-gestützter Datenanalysen. Das zentrale Ziel von People Analytics besteht darin, Personalentscheidungen analytischer und stärker faktenbasiert, d.h. auf der Basis von Wissen zu treffen (evidenzbasiertes Personalmanagement). Hierfür sind deskriptive (was ist und was war?), explanative (warum ist/war das so?), prädikative (wie wird es?) und präskriptive (was sollte/könnte man tun?) Informationen erforderlich (vgl. *Abb. 134*).

Anwendungsbeispiele

Die Anwendungsmöglichkeiten von People Analytics erstrecken sich auf alle Personalmanagementfunktionen:

- Im Rahmen der Personalbeschaffung liefern die umfangreichen Daten im World Wide Web Hinweise darauf, wer für eine Stelle fachlich geeignet und mit hoher Wahrscheinlichkeit auch wechselbereit ist. Dies kann als gute Basis für ein Active Sourcing dienen.
- In der Personaleinsatzplanung spart die Bank of America durch eine evidenzbasierte Optimierung der Pausenzeiten im Callcenter jährlich 15 Mio. US-Dollar (vgl. *Reindl/Krügl* 2017, S. 37 ff.).
- Anhand der Analyse von Mitarbeiterfluktuationen konnten Xerox, Facebook und Google erkennen, welches die entscheidenden Einflußfaktoren von Kündigungen sind und entsprechend gegensteuern (vgl. *Härzke* 2017, S. 49).

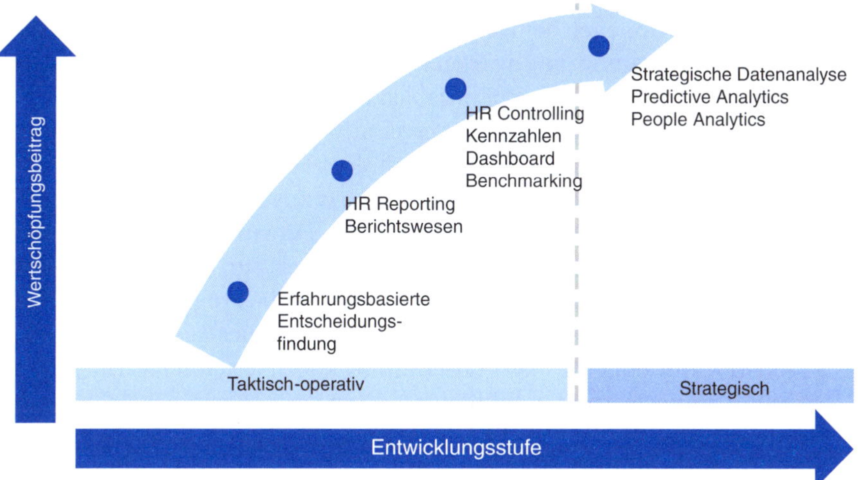

Abb. 133: Die Entwicklung der Datenorientierung im Personalwesen (vgl. Smith 2013, S. 12)

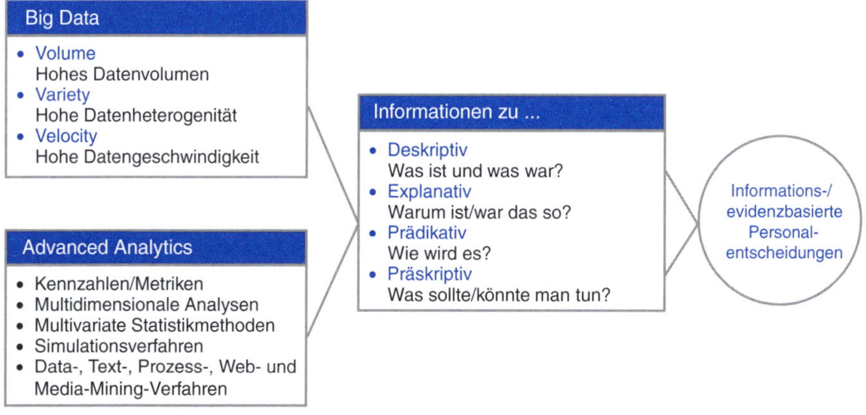

Abb. 134: Evidenzbasierte Personalentscheidungen mit People Analytics (vgl. Jäger/Petry 2018, S. 45)

- Die Nestlé-Gruppe hat 2014 ein globales People Analytics-Team aufgebaut, das sich ab 2016 u. a. mit folgenden Fragen beschäftigte: Wie kann gute Führung gemessen werden? Was sind die Merkmale einer guten Führungskraft? Welchen Einfluß hat eine gute Führungskraft? Wie trägt Führung zum ökonomischen Erfolg bei?

  Zur Messung der Führungsqualität jeder Führungskraft wurde der People Manager Effectiveness Index (PMEI) entwickelt. Dieser setzt sich aus 13 Fragen zusammen. Der Index zeigt auf, welche Verhaltensweisen und -muster der Führungskraft einen positiven Einfluß auf Enablement, Performance, Entwicklung und Mitarbeiterbindung haben. In einem weiteren Projekt wurde der PMEI-Index für 700 globale Führungskräfte aus allen Ländern und Geschäftseinheiten der Nestlé-Gruppe ermittelt und anschließend mithilfe deskriptiver und multivariater Analysen die Beziehungen zwischen PMEI und relevanten Ergebnisvariablen analysiert. In dieser globalen Studie konnte aufgezeigt werden, dass es signifikante statistische Beziehungen zwischen guter Führung (gemessen mit dem PMEI) und Kennzahlen zur Geschäfts- und Ergebnisentwicklung, zur Innovation, Gender Diversity, Mitarbeiterentwicklung, Positionierung von Führungskräften mit einem hohen PMEI in der Nachfolgeplanung und auch zur Mitarbeiterbindung gibt. Mit diesen Erkenntnissen werden bei Nestlé die Programme und Maßnahmen zur Führungskräfteentwicklung passgenauer ausgerichtet. Unter anderem wurde ein Führungskräftetraining konzipiert, um Führungskräfte gezielt in erfolgsrelevanten Verhaltensweisen weiterzuentwickeln, in denen sie niedrig bewertet wurden (vgl. hierzu *Büchsenschuss* u. a. 2017).

Einführung von People Analytics

Zur Einführung von People Analytics kann das People Analytics-Prozessmodell herangezogen werden, das drei Projektphasen vorsieht (vgl. *Reindl/Krügl* 2017, S. 126 ff.) (vgl. *Abb. 135*):

- **Qualitative Phase:** Hier geht es darum, (1.) die Problemstellung konkret zu definieren (so einfach und konkret wie möglich, am besten in einem Satz; ohne die Lösung schon vorwegzunehmen; möglichst als offene Frage oder Themenstellung formulieren), (2.) Informationen zu sammeln und den Gesamtzusammenhang zu verstehen (Ziel ist es, Faktoren zu identifizieren, die das Problem beeinflussen oder damit zusammenhängen), (3.) konkrete testbare Hypothesen zu bilden.
- **Quantitative Phase**: Im Schritt 4 wird das eigentliche Untersuchungsdesign entwickelt und die Datenbasis für die Analyse geschaffen. Hierzu gehören die folgenden Teilschritte: Datenverständnis entwickeln (Sichtung der zur Verfügung stehenden Daten, Datenarten und Datenquellen), Datenschutzregelungen festlegen, Daten sammeln, Daten vorbereiten und Datenqualität prüfen, geeignete Analyseverfahren auswählen sowie Testen des Analysever-

fahrens an einem überschaubaren Datensatz. Schritt 5 umfasst die Datenanalyse mit dem Gesamtdatensatz und die Bewertung der Ergebnisqualität. Mit der Analyse werden die in Schritt 3 gebildeten Hypothesen entweder widerlegt oder bestätigt. Im Rückgriff auf die Erkenntnisse aus Schritt 2 und 3 werden sodann die Analyseergebnisse im Kontext der Unternehmensrealität interpretiert (sind die Ergebnisse sinnvoll? Falls nein, welche Ergebnisse sind besonders überraschend? Wie können sie erklärbar sein? Leiten sich hieraus möglicherweise weitere Fragestellungen für Datenanalysen ab? Was bedeuten die Ergebnisse für die tägliche Arbeit?).

- **Umsetzungsphase:** in dieser Phase geht es um 6. die Visualisierung, d. h. die Untersuchungsergebnisse sind mit einfachen und klaren Botschaften so anschaulich und gut erfassbar wie möglich aufzubereiten. 7. die Umsetzung im Unternehmen, indem Handlungsempfehlungen zusammengestellt werden, die die Grundlage für Veränderungsprozesse im Unternehmen darstellen und 8. die Evaluation der Ergebnisse eines Umsetzungsprojektes, um so Erkenntnisse für zukünftige People Analytics-Vorhaben zu gewinnen.

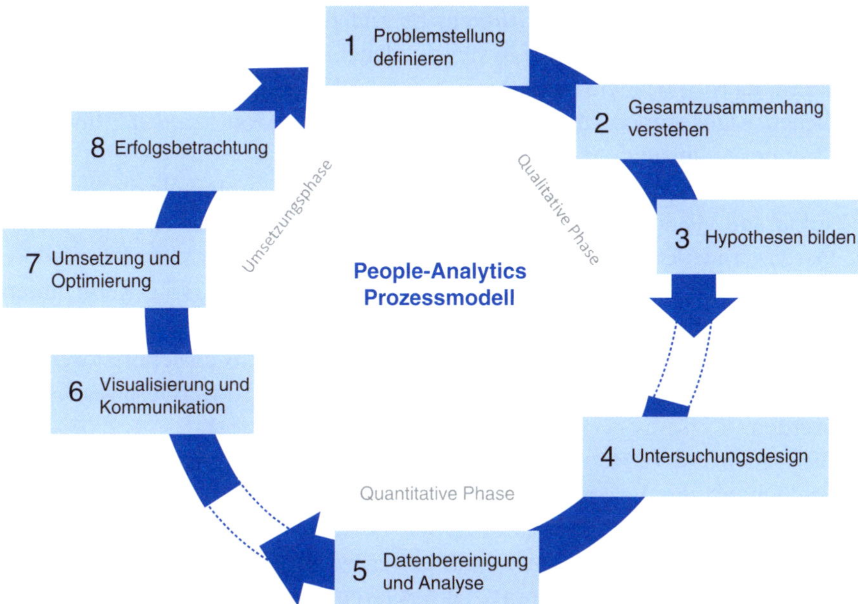

Abb. 135: Das People Analytics-Prozessmodell (Reindl/Krügl 2017, S. 126)

Erfolgsfaktoren bei der Implementierung

Bei der Implementierung von People Analytics stellen die sechs Dimensionen Daten, Methoden, Wirkung und Prozesse, Organisation, IT-Systeme und Implementierung die wesentlichen Erfolgsfaktoren dar (vgl. *Abb. 136*). Im Einzelnen gilt es, folgende Punkte zu berücksichtigen (vgl. *Schlatter* u. a. 2020, Seite 61 ff.):

- **Datenverfügbarkeit:** Es gilt zum einen, interne Daten in umfangreicher Form für People Analytics Projekte zur Verfügung zu stellen. Dies kann insbesondere in großen Konzernen aufgrund von vertraulichen Personaldaten und den damit verbundenen Berechtigungsproblemen eine Herausforderung darstellen. Durch den Aufbau von Prototypen mit kleineren Datenteilmengen lässt sich hier gegebenenfalls der Anspruch auf eine umfangreiche Datenbereitstellung rechtfertigen. Zum anderen kann die Verfügbarkeit von externen Daten hilfreich sein. Hier ist jeweils zu prüfen, ob verfügbare externe Daten die Ergebnisqualität verbessern. Da im Rahmen des World Wide Web und der Social Media immer mehr externe, personalrelevante Daten produziert und verfügbar gemacht werden, werden externe Daten jedoch auch im Personalbereich immer wichtiger.
- **Datenqualität:** Schlechte Datenqualität kann People Analytics-Projekte aufgrund der erforderlichen Transformations- und Säuberungsleistungen wesentlich verzögern. Deswegen sollte eine hohe Datenqualität immer ein Anliegen jedes Personalbereichs sein, da sie ein Erfolgsfaktor für eine Vielzahl von potenziellen Analytics Anwendungsfällen sein wird.
- **Testen verschiedener Algorithmen:** Es gibt nicht den einen Algorithmus, welcher akkurate Prognosen in verschiedenen Anwendungsfällen generieren kann. Es wird deshalb empfohlen, mit einer Kombination von unterschiedlichen Algorithmen zu experimentieren, um das Modell mit der höchsten Prognosegüte zu identifizieren.
- **Erklärende Visualisierungen:** Nur, wenn analytische Modelle die Resultate erklärend visualisieren können, weisen sie einen gewissen Grad an Transparenz und Verständlichkeit auf. Hilfreich kann hierfür zum Beispiel der Dashboardansatz sein, mithilfe dessen einerseits statistische Kennzahlen wie Prognosegüte oder Signifikanzniveau dargestellt werden können, andererseits aber auch Details zu einzelnen Einflussfaktoren geliefert werden. Hierdurch kann Transparenz und Vertrauen bei den Anwendern geschaffen werden.
- **Vertrauen und Verständnis:** Die People Analytics-Projektteams sind schlussendlich auf das Vertrauen und Verständnis der Anspruchsgruppen angewiesen, um mit den vorgeschlagenen Lösungen erfolgreich zu sein. Die Faktoren Vertrauen und Verständnis werden von einer Reihe anderer hier beschriebene Erfolgsfaktoren (z.B. erklärende Visualisierung oder Übergangsperiode) beeinflusst.
- **Übergangsphase:** Oftmals ist es schwierig, Anspruchsgruppen im Unternehmen zu überzeugen, dass ein neuer, evidenzgetriebener Ansatz die bisherigen manuellen Instrumente im Personalbereich ersetzen kann. Hier kann eine klar definierte Übergangsperiode helfen, in der die neuen, systemgetriebenen Prognosen parallel zu den alten Prozessen laufen. So wird Vertrauen in Ergebnisse herbeigeführt. Sobald das nötige Vertrauen vorhanden ist, kann der bisherige Prozess reduziert oder abgeschafft werden.

- **Internes analytisches Know-how:** der Aufbau von internem Wissen im Bereich Data Science und Analytics ist die Grundlage, sich vertieft mit People Analytics auseinanderzusetzen. Mitarbeiter im Personalbereich sollten sich mit solchen Projekten vertieft auseinandersetzen, damit sie befähigt werden, die Brücke zu den Data Scientists zu schlagen und zukünftig die Rolle als Business Partner einzunehmen.
- **Unterstützende organisationale Kultur:** Generell spielt die Unternehmenskultur eine bedeutende Rolle im Digitalisierungsprozess. Unternehmen, die proaktiv die Bedeutung und die Chancen der digitalen Transformation für die Mitarbeiter kommunizieren, schaffen eine Kultur, die Veränderungen unterstützt, anstatt diese zu behindern.
- **Nutzerfreundliches Tool:** Die richtige Softwareauswahl kann die Umsetzung und Integration von People Analytics stark fördern. So hat sich gezeigt, dass Self Service Tools die Nutzer dazu bringen, sich umfassend mit den zugrunde liegenden Daten und Analytics-Techniken zu beschäftigen. Hierdurch wird das Verständnis für solche Lösungen gefördert.
- **Integration in die IT-Landschaft:** die Integration von People Analytics-Lösungen in die bestehende IT-Landschaft ermöglicht einfachen Zugriff auf verschiedene interne Datenquellen. Außerdem können die Resultate in einem zentralen Data Warehouse (vgl. Abschnitt 6.4.2) gespeichert werden, um sie weiteren Nutzern im Unternehmen verfügbar zu machen.
- **Topmanagement-Support:** Die digitale Transformation muss aktiv vom Topmanagement getrieben werden. Es ist deshalb hilfreich, wenn ein Implementierungsprojekt in jeder Projektphase prominent unterstützt wird. Vor allem beim Rollout einer Lösung auf das gesamte Unternehmen ist die Unterstützung des Topmanagement essenziell.
- **Change Management:** Die erforderlichen Change Management-Maßnahmen sind bei der Einführung von People Analytics-Lösungen sorgfältig auszuwählen und auf das Projekt abzustimmen, um die Akzeptanz der Anspruchsgruppen zu ermöglichen. Hierbei sollten in jeder Projektphase die wichtigsten Stakeholder aktiv involviert werden, um so die verschiedenen Anforderungen aufnehmen und direkt auf Sorgen und Probleme eingehen zu können.
- **Agiler Ansatz:** Agile Ansätze oder zumindest Elemente davon können bei analytischen Anwendungen sehr fruchtbar sein. So kann ein kleines Projektteam mittels Prototyping in der Scrum-Methode schnell erste Erfolge verzeichnen. Insbesondere das Experimentieren mit verschiedenen Datenquellen und unterschiedlichen statistischen Methoden kann auch mit wenigen Ressourcen zielführend sein.

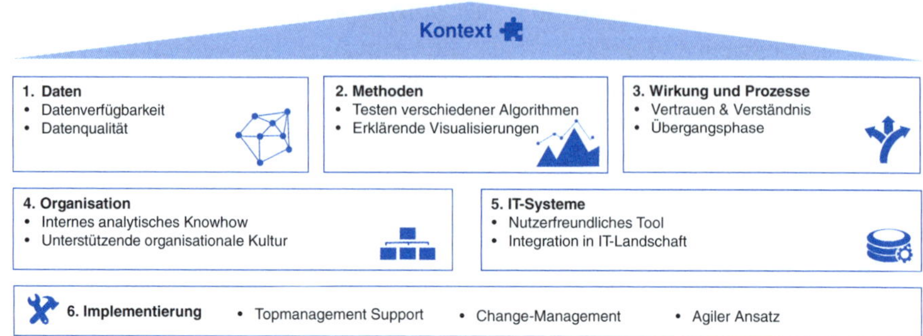

Abb. 136: Erfolgsfaktoren bei der Implementierung von People Analytics (Schlatter u. a. 2020, S. 61)

4.10 Internes Reporting

Die wesentlichen Gestaltungsmerkmale des Personal-Berichtswesens umfassen (vgl. *Stoklossa* 2009, S. 535 f.):

- **Berichtsmerkmale:** Ausgangspunkt für die Gestaltung des Berichtswesens ist der Berichtszweck, an dem sich alle übrigen Merkmale orientieren. Mögliche Berichtszwecke sind die Information über Ereignisse, die Entscheidungsvorbereitung, die Kontrolle von Prozessen oder die Auslösung von Aktivitäten. Neben dem funktionalen Merkmal werden darüber hinaus inhaltliche, formale, zeitliche und personale Berichtsmerkmale unterschieden werden (vgl. *Abb. 137*).
- **Berichtstypen:** Es lassen sich Standard-, Abweichungs- und Bedarfsberichte unterscheiden (vgl. *Abb. 138*).

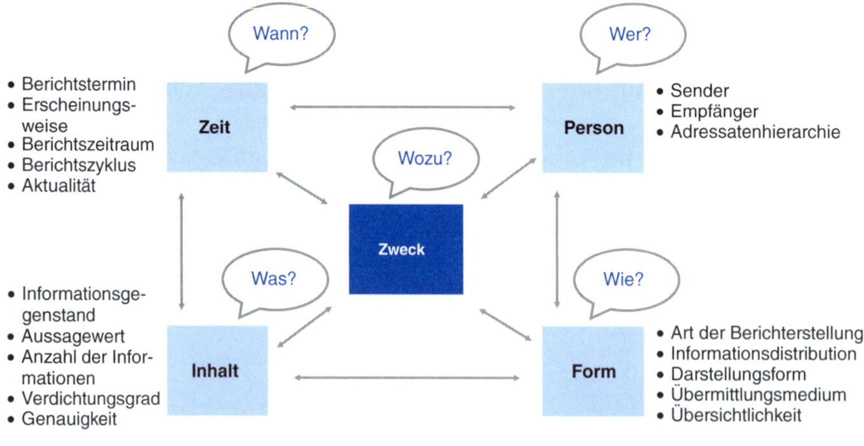

Abb. 137: Merkmale zur Gestaltung von Berichten (vgl. Koch 1994, S. 59)

Abb. 138: Berichtstypen (vgl. Küpper 2008, S. 195f.)

- **Berichtssysteme:** Je nach Intensität der IT-Unterstützung und der Beteiligung des Berichtsempfängers an der Erstellung des Berichts lassen sich generator- und benutzeraktive Berichtssysteme sowie Dialogsysteme unterscheiden.

4.10.1 Prinzipien für die Gestaltung eines Reportingsystems

Bei der Gestaltung eines Reportingsystems für das Personal-Controlling sollten folgende Prinzipien zur Anwendung gelangen:

- Konzentration auf Schlüsselgrößen
  Die Auswahl der in ein Berichtssystem aufzunehmenden Kennzahlen hat sich im Sinne einer ABC-Analyse auf die wichtigsten Werte zu konzentrieren. Besonders hohe Priorität kommt hierbei denjenigen Kennzahlen zu, die den Erfolg der Personalarbeit am besten abzubilden vermögen.
- Interne und externe Orientierung
  Der Grad der Personaldeckung, die Weiterbildungstage per Mitarbeiter, Personalkosten etc. sind wichtige interne Führungszahlen, aber Frühwarngrößen, Arbeitsmarktdaten, der Erfüllungsgrad bei den Haupterfolgsfaktoren, usw. werden im Personal-Controlling zunehmend wichtiger.
- Pyramidenförmiger Aufbau
  Der pyramidenförmige Aufbau des Zahlenwerks muss sicherstellen, dass die benötigten Informationen für alle Teilbereiche eines Unternehmens nach relevanten regionalen und/oder organisatorischen Einheiten und/oder nach strategischen Geschäftsfeldern, vor allem aber nach persönlichen Verantwortungsbereichen von Führungskräften gegliedert sind, sodass notwendige gezielte Führungs- und Steuerungsmaßnahmen schnell identifiziert, entwickelt und durchgeführt werden können.

- Jede Kennzahl hat ihren Verantwortlichen
  Die Ursachen von Soll-/Ist-Abweichungen müssen bis auf eine sinnvolle Detailebene verfolgbar und erklärbar sein; sie sollen einer verantwortlichen Führungskraft zugerechnet werden können.
- Handlungsorientierung
  Die effiziente Nutzung eines Controlling- und Berichtssystems setzt voraus, dass die auffälligen Berichtsinhalte besprochen werden. In diesen Sitzungen sind die erforderlichen Gegensteuerungsmaßnahmen zu planen und zu verabschieden. Darüber hinaus kann der für bestimmte Kennzahlen persönlich Verantwortliche bereits nach Erhalt der Information agieren.
- Verknüpfung mit der Planung
  Berichtsinhalte sollten dort, wo sinnvoll und erforderlich Führungsmaßnahmen (von Bestätigung bis Gegensteuerung) auslösen. Die Möglichkeit, Handlungsbedarf zu erkennen, setzt voraus, dass man die Ist-Werte an Plan-Werten spiegeln kann.
- Aktualität
  Eine der Hauptfunktionen des Personal-Controlling, nämlich die frühzeitige Einleitung von Gegensteuerungsmaßnahmen bei Soll-/Ist-Abweichungen, setzt eine hohe Aktualität der erforderlichen Berichte voraus. Konkret bedeutet Aktualität, dass Monatszahlen spätestens am 5. Werktag des Folgemonats verfügbar sein müssen. Aktualität ist entscheidender als die Genauigkeit bis zur letzten Stelle hinter dem Komma. Gewisse strategische Kennzahlen können auch vier Wochen später nachgeführt werden.
- Lesbarkeit und Klarheit
  Die Berichtsformate sollen einfach lesbar und weitgehend systematisch, logisch und gleichbleibend (auch für unterschiedliche Betätigungsfelder) aufgebaut sein, graphische und symbolische Unterstützungen sind wünschenswert. Zur „Sauberkeit" eines Berichtssystems gehört auch der Verzicht auf die Angabe von Centbeträgen sowie von Prozent-Angaben bis auf zwei Stellen hinter dem Komma.
  Bis zu einem gewissen Grad muss ein geeignetes Berichtssystem standardmäßige Analysen vorwegnehmen.
- Kontinuität
  Durch die monatliche Darstellung auf einem Jahresblatt gewinnt das Berichtssystem den Charakter eines kontinuierlichen, rollierenden Plan-/Ist-Vergleichs.
  Gleichbleibende Definitionen bei der Ermittlung der Kennzahlen helfen, unnötige Diskussionen über „Systembrüche" und das Zustandekommen von Zahlen zu vermeiden.
- Zukunftsorientierung
  Durch die permanente Beobachtung der Entwicklung von Frühwarnindikatoren sind geschäftsspezifische externe Chancen und Gefahren für die künftige Ertragskraft frühzeitig zu identifizieren. Mehrmals im Jahr ist

eine Jahresendvorschau (Hochrechnung) sinnvoll, auch insbesondere im Hinblick auf die anstehende Planung des Folgejahres.

4.10.2 Einheitliche Definitionen und Strukturen

Ein leistungsfähiges Personal-Controlling setzt zwingend voraus, dass unternehmenseinheitliche Regeln für das Controlling existieren und angewandt werden. Dieses Regelwerk muss einerseits den Informationsanforderungen der Unternehmensführung und Personalleitung genügen. Andererseits muss es so flexibel gestaltet sein, dass es in den Tochtergesellschaften, Sparten bzw. Geschäftsfeldern sinnvoll eingesetzt werden kann.

Klare Regeln und abgestimmte Grundsätze

- vereinfachen und fördern die Kommunikation zwischen den Führungslinien,
- sichern gemeinsame Planungsgrundlagen und die Validität der Information,
- helfen unnötige Rückfragen und Abstimmprozesse vermeiden und
- fördern damit eine schnelle Verdichtung der Information.

Die inhaltliche Definition der Rechenwerke stellt zusammen mit der Organisations- und Führungsstruktur den Rahmen für die Gestaltung der Kommunikations- und Informationssysteme dar. Damit dem Personal-Controlling nicht nur einheitlich definierte Informationen zur Verfügung stehen, sondern auch schnell, mit dem gewünschten Detaillierungsgrad, wirtschaftlich und sicher, ist es sinnvoll, dass den dezentralen Einheiten IT-Systeme zur Verfügung gestellt werden. Diese sollten über definierte Schnittstellen den elektronischen Datenaustausch mit der Muttergesellschaft ermöglichen und somit den Postweg und die Doppeleingabe von Daten überflüssig machen. Durch den Einsatz einheitlicher Systeme und moderner Datenübertragungssysteme gelangen die Berichte zur Steuerung der Beteiligungen schneller und damit noch aktueller an die Zentrale. Auch bei weltweit verstreuten Beteiligungen kann in multinationalen Konzernen durch ein entsprechendes Kommunikationsnetz zu jeder Zeit agiert und reagiert werden.

4.10.3 Präsentation der Ergebnisse des Personal-Controlling

Die Ermittlung von Kennzahlen mündet in ein mehr oder weniger umfangreiches Zahlenwerk. Um die Ergebnisse für die jeweilige Zielgruppe transparenter zu machen und damit die Lesbarkeit von Auswertungen zu erhöhen, empfiehlt sich die Umsetzung der Tabellen, Statistiken oder Computerausdrucke (Listen) in grafische Darstellungen. Diese sollen sich auf wesentliche Ergebnisse konzentrieren und quantitative Informationen effektiv darstellen. Abweichungen sollen für den Adressaten sofort ersichtlich sein (vgl. *Mülder/Schmitz* 1986, S. 112).

Um die Auswahl einer geeigneten Darstellungsform sicherzustellen, sind die folgenden drei Fragen zu beantworten (vgl. *Zelazny* 1986):

- Welche Aussage soll getroffen werden?
- Welche Art von Vergleich wird angestellt?
- Welche Darstellungsform eignet sich am besten für den zugrunde liegenden Vergleichstyp?

Grundtypen von Vergleichen

Im Rahmen der Beantwortung der zweiten Frage kommen fünf Grundtypen von Vergleichen in Frage, nämlich ein Strukturvergleich, ein Rangfolgevergleich, ein Zeitreihenvergleich, ein Häufigkeitsvergleich oder ein Korrelationsvergleich.

Strukturvergleich

Der Strukturvergleich zielt darauf ab, den Anteil einzelner Elemente an einer Gesamtheit zum Ausdruck zu bringen. Zum Beispiel:

- Fast die Hälfte der Mitarbeiter sind Facharbeiter.
- Von den gesamten Personalaufwendungen des Unternehmens entfallen 40 % auf Personalnebenkosten.

Rangfolgevergleich

Beim Rangfolgevergleich werden die Untersuchungsobjekte bewertend gegenübergestellt. Es wird danach gefragt, ob sie kleiner, gleich oder größer sind als andere. Zum Beispiel:

- Bei der Krankheitsquote liegt das Unternehmen innerhalb der Branche an fünfter Stelle.
- Die Unfallquote von Werk A liegt über der von Werk B und C.
- Die Leitungsspanne auf der Meisterebene ist in allen Abteilungen etwa gleich hoch.

Zeitreihenvergleich

Der Zeitreihenvergleich gibt die Veränderung der betrachteten Werte über die Zeit an (Anstieg, Rückgang oder Stagnation), wobei als Raster in der Regel Tages-, Wochen-, Monats-, Quartals- oder Jahreszeiträume zugrunde gelegt werden. Zum Beispiel:

- Die Arbeitsproduktivität ist seit Januar kontinuierlich gestiegen.
- Der Krankenstand ist in den letzten beiden Quartalen stark gesunken.

- Die Beteiligungsquote beim betrieblichen Ideenmanagement war in den vergangenen drei Jahren starken Schwankungen ausgesetzt.

Häufigkeitsvergleich

Beim Häufigkeitsvergleich interessiert, wie oft ein bestimmtes Objekt in verschiedenen, aufeinander folgenden Größenklassen enthalten ist. Zum Beispiel:

- Die meisten Überstunden fallen im Juli an.
- 60 % der Mitarbeiter sind zwischen zehn und 20 Jahren im Unternehmen.
- 75 % der Auszubildenden haben die Abschlussprüfung mit Note 1 oder 2 bestanden.

Korrelationsvergleich

Mithilfe des Korrelationsvergleiches wird untersucht, ob zwischen zwei Variablen ein Zusammenhang besteht oder nicht. Zum Beispiel:

- Mit zunehmender Dauer der Betriebszugehörigkeit sinkt die Fluktuationsquote.
- Der Altersversorgungsanspruch der Mitarbeiter steigt mit ihrem Einkommen.
- Es lässt sich kein Zusammenhang zwischen den einzelnen Werksstandorten und der Fluktuationsquote ermitteln.

Auswahl einer effektiven Darstellung

Im nächsten Schritt ist nun die Darstellungsform auszuwählen, mit der die beabsichtigte Aussage („Botschaft") und der zugrunde liegende Vergleichstyp am besten kommuniziert und visualisiert werden können.

Aus der Vielfalt der möglichen visuellen Darstellungsmöglichkeiten lassen sich im Kern ein Dutzend verschiedener Formen identifizieren, die primär zur Anwendung kommen (vgl. hierzu und zum folgenden *Nussbaumer Knaflic* 2017, S. 32 ff.) (vgl. *Abb. 139*):

- einfacher Text
- Tabellen
- Heatmap
- Punkte: Streudiagramm
- Linien: Linien- und Steigungsdiagramm
- Balken: Vertikales Balkendiagramm, gestapeltes vertikales Balkendiagramm, Wasserfalldiagramm, horizontales Balkendiagramm, gestapeltes horiziontales Balkendiagramm
- Flächendiagramm.

Sollen nur ein oder zwei Zahlen mitgeteilt werden, kann ein einfacher Text die wirkungsvollste Art der Kommunikation sein. Die zu kommunizierende

Zahl wird so prominent wie möglich gezeigt und durch einige unterstützende Ausführungen erläutert. Die Darstellung von ein oder zwei Zahlen in einer Tabelle oder einem Diagramm kann irreführend sein und die Zahlen können ihre Wirkkraft verlieren.

Tabellen werden mit dem verbalen System des Menschen aufgenommen, sie werden gelesen. Sie eignen sich für die Kommunikation mit einem gemischten Publikum, in dem jeder die Zeile sucht, die für ihn interessant ist. In den Fällen, in denen verschiedene Maßeinheiten kommuniziert werden müssen, eignen sich Tabellen in der Regel besser als Diagramme. Bei der Gestaltung von Tabellen ist darauf zu achten, dass die Darstellung in den Hintergrund rückt und die Daten im Zentrum stehen.

Die Heatmap stellt einen Spezialfall der Tabelle dar. Diese bietet die Möglichkeit gleichzeitig die Details in einer Tabelle zu zeigen und visuelle Hinweise zu geben. Bei der Heatmap werden Daten in tabellarischer Form dargestellt, wobei statt (oder zusätzlich zu den) Zahlen gefärbte Zellen verwendet werden, die die relative Menge der Zahlen anzeigen. Durch die farbliche Kennzeichnung der

91 %

Einfacher Text

	A	B	C
Kategorie 1	15%	22%	42%
Kategorie 2	40%	36%	20%
Kategorie 3	35%	17%	34%
Kategorie 4	30%	29%	26%
Kategorie 5	55%	30%	58%
Kategorie 6	11%	25%	49%

Tabelle

	A	B	C
Kategorie 1	15%	22%	42%
Kategorie 2	40%	36%	20%
Kategorie 3	35%	17%	34%
Kategorie 4	30%	29%	26%
Kategorie 5	55%	30%	58%
Kategorie 6	11%	25%	49%

Heatmap

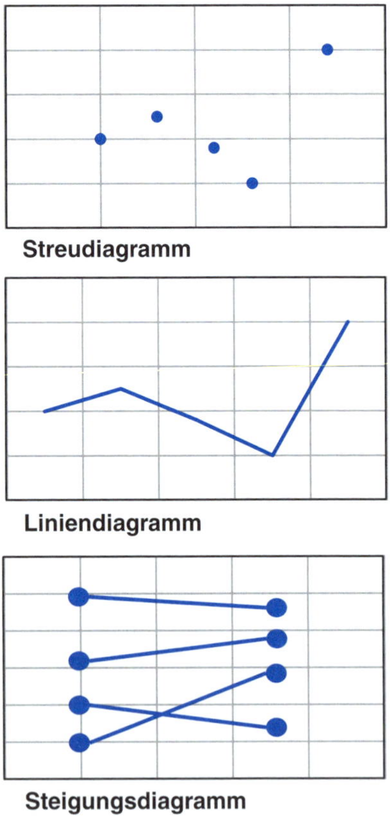

Streudiagramm

Liniendiagramm

Steigungsdiagramm

Abb. 139: Wesentliche Darstellungsformen (Nussbaumer Knaflic 2017, S. 31 f.)

Zellen entstehen visuelle Hinweise, die es dem Betrachter ermöglichen, die potenziell interessanten Punkte schneller zu finden.

Diagramme werden vom visuellen System des Menschen wahrgenommen, das Informationen schneller verarbeiten kann. Folglich werden mit einem gut gestalteten Diagramm Informationen in der Regel schneller vermittelt als mit einer gut gestalteten Tabelle. Mit vier Kategorien von Diagrammen (Punkte, Linien, Balken und Flächen) lassen sich die meisten Sachverhalte gut darstellen.

Streudiagramme eignen sich, um die Beziehung zwischen zwei Sachverhalten zu zeigen, weil die Daten gleichzeitig auf der horizontalen x-Achse und der vertikalen y-Achse codiert werden können. So kann gezeigt werden, ob zwischen den beiden Sachverhalten eine Beziehung besteht oder nicht (Korrelationsvergleich).

Liniendiagramme werden oft herangezogen, um fortlaufende Daten darzustellen (Zeitreihenvergleich). Die einzelnen Werte (Punkte) werden durch eine Linie verbunden, sodass eine Verbindung zwischen den Punkten gezeigt wer-

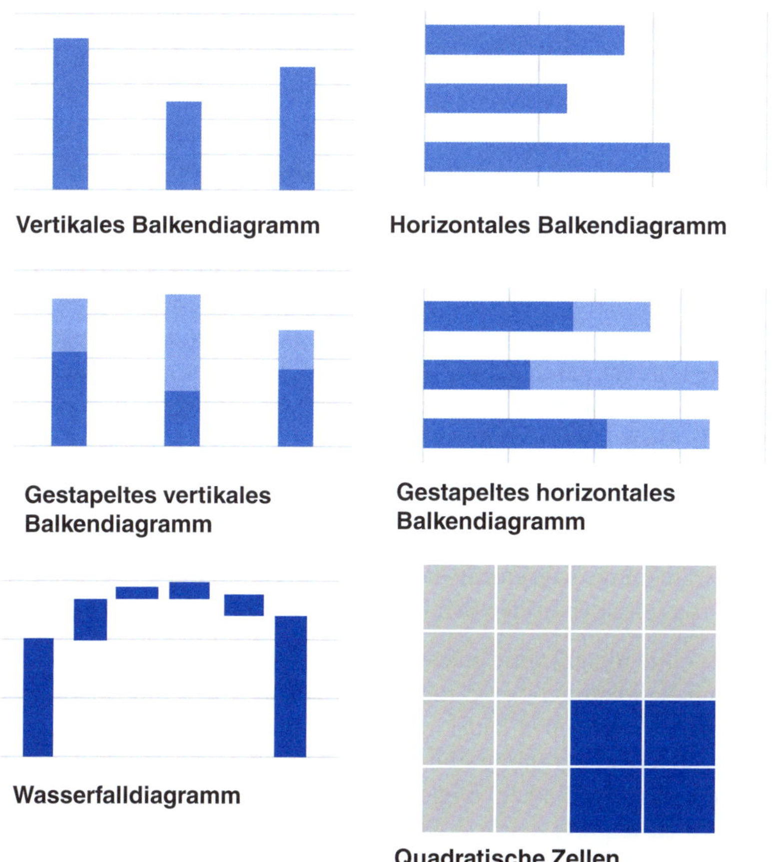

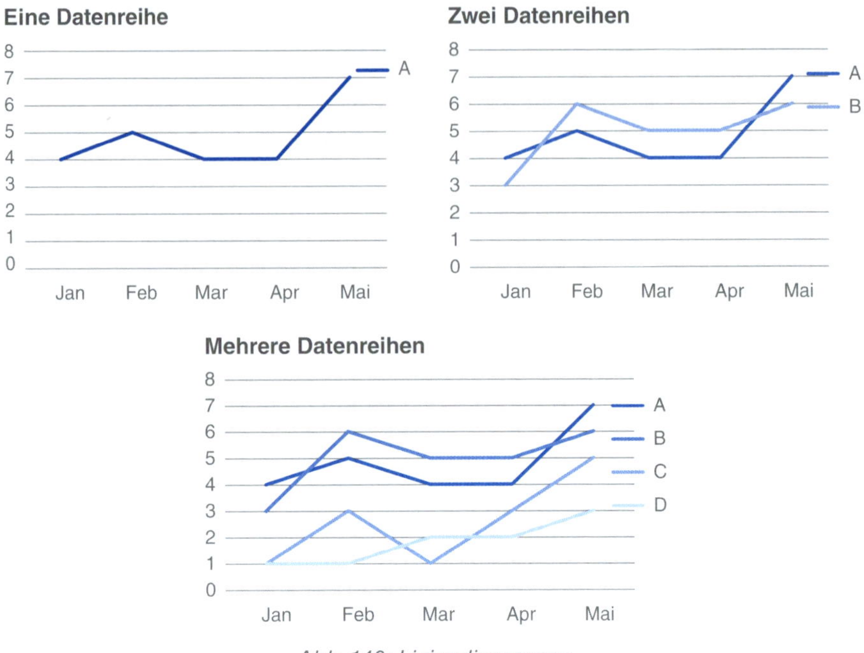

Abb. 140: Liniendiagramme

den kann. Die beiden häufigsten Formen sind das Liniendiagramm und das Steigungsdiagramm. Mit dem Liniendiagramm können eine einzelne Datenreihe, zwei Datenreihen oder mehrere Datenreihen gezeigt werden (vgl. *Abb. 140*). Auf der horizontalen x-Achse des Liniendiagramms wird die Zeit aufgetragen, wobei auf gleichbleibend große Intervalle geachtet werden sollte. Steigungsdiagramme eignen sich dann, wenn zwei Zeiträume oder Vergleichszeitpunkte gegeben sind und die relative Zu- oder Abnahme in verschiedenen Kategorien zwischen zwei Datenpunkten gezeigt werden soll. In Steigungsdiagrammen können viele Informationen erfaßt werden. Neben den absoluten Werten (den Punkten) verdeutlichen die verbindenden Linien intuitiv eine Zunahme oder Abnahme. An Grenzen stößt die Aussagekraft eines Steigungsdiagramms, wenn sich (zu) viele der Linien überschneiden. *Abb. 141* verdeutlicht, wie die Ergebnisse einer Befragung zur Mitarbeiterzufriedenheit in zwei Folgejahren mithilfe eines Steigungsdiagramms dargestellt werden können. Die relative Veränderung zwischen den beiden Befragungen läßt sich visuell sofort erfassen.

Während sich Liniendiagramme gut eignen, um Daten im zeitlichen Verlauf zu zeigen, sind Balkendiagramme für die Darstellung von Informationen, die in verschiedenen Gruppen kategorisiert sind, prädestiniert (z. B. Häufigkeitsvergleich). Balkendiagramme sind für den Betrachter leicht lesbar. Dieser kann die Endpunkte der Balken vergleichen und so schnell erfassen, welche Kategorie am höchsten und welche am niedrigsten ist und wie groß die Unterschiede zwischen den Kategorien sind. Balkendiagramme sollten immer eine

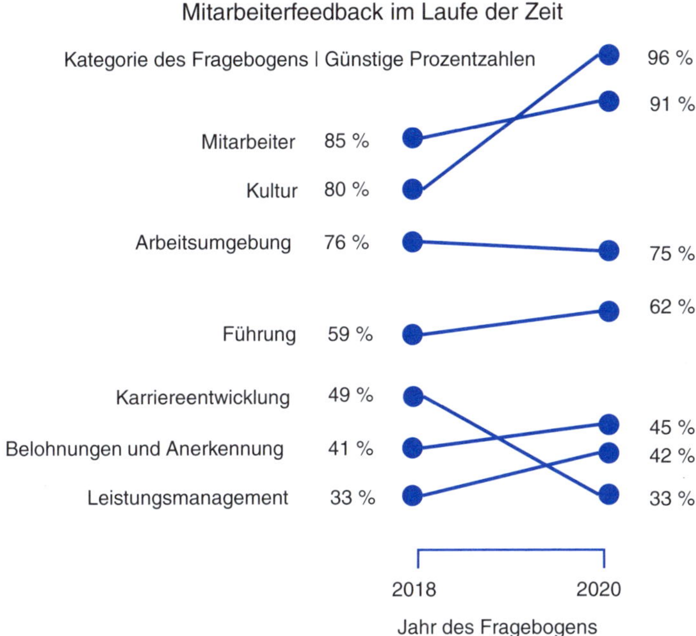

Abb. 141: Steigungsdiagramm (vgl. Nussbaumer Knaflic 2017, S. 41)

Grundlinie bei Null haben (wo die x-Achse bei Null die y-Achse kreuzt), um die relativen Endpunkte der Balken direkt miteinander vergleichen zu können. Je nach konkreter Aufgabenstellung für die Datenvisualisierung, eignen sich jeweils verschiedene Formen von Balkendiagrammen am besten. Die Standardversion des Balkendiagramms ist das vertikale Balkendiagramm, bei dem – wie beim Liniendiagramm – ein Wert, zwei Werte oder mehrere Werte abgebildet werden können. Bei mehreren Datenwerten wird es aber schwieriger, sich auf einen davon zu konzentrieren und die Daten zu verstehen. Gestapelte vertikale Balkendiagramme ermöglichen, zum einen Gesamtwerte in verschiedenen Kategorien zu vergleichen und zum anderen, auch die verschiedenen Teile einer bestimmten Kategorie zu zeigen. Allerdings gestaltet sich der Vergleich der Daten oft schwer, weil man (außer für die erste Wertegruppe, die sich direkt über der x-Achse befindet) keine gemeinsame Grundlinie mehr hat.

Mit einem Wasserfalldiagramm läßt sich ein Ausgangspunkt, Zunahmen und Abnahmen und der daraus resultierende Endpunkt anschaulich darstellen. *Abb. 142* veranschaulicht diese Vorgehensweise an einem Beispiel.

Beim horizontalen Balkendiagramm wird die vertikale Version seitlich gekippt. Das horizontale Balkendiagramm ist sehr leicht zu lesen. Es ist besonders dann nützlich, wenn die Kategorien lange Bezeichnungen aufweisen, da der Text von links nach rechts geschrieben wird, so wie die meisten Menschen lesen. Es sind die Darstellung von einem Datenwert, zwei Datenwerten oder mehreren Daten-

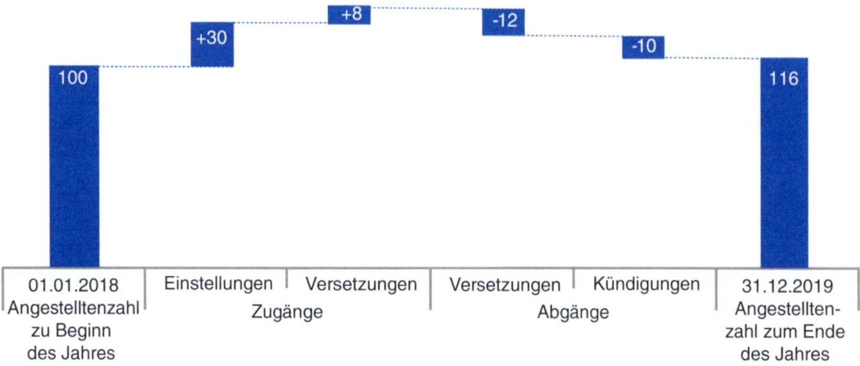

Abb. 142: Wasserfalldiagramm (vgl. Nussbaumer Knaflic 2017, S. 48)

werten möglich (z. B. Struktur- und Rangfolgevergleich). Mit dem gestapelten horizontalen Balkendiagramm können eine Gesamtmenge in verschiedenen Kategorien und gleichzeitig die Werte der einzelnen Teilausprägungen gezeigt werden. Das Diagramm läßt sich so strukturieren, dass es Gesamtwerte zeigt oder die Werte auf hundert Prozent summiert werden.

Wenn Zahlen mit ganz unterschiedlichem Wert darzustellen sind, kann ein Flächendiagramm die geeignete Darstellungsform sein. Die beiden Dimensionen, die man zur Verfügung hat, wenn man ein Quadrat benutzt (das sowohl Breite als Höhe hat, im Unterschied zu einem Balken der nur Höhe oder Breite hat) ermöglichen eine kompaktere Darstellung als in nur einer Dimension. *Abb. 143* mit einem Beispiel zur Auswertung von Bewerbungsgesprächen verdeutlicht dies.

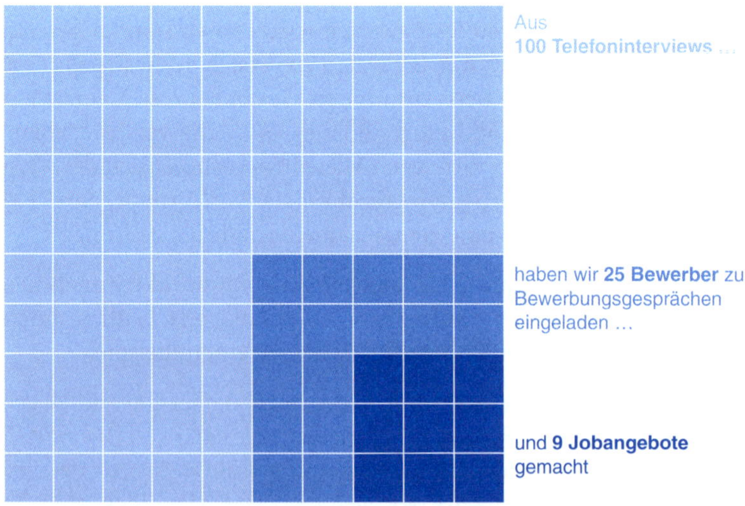

Abb. 143: Flächendiagramm (vgl. Nussbaumer Knaflic 2017, S. 51)

Dashboard als Umsetzungsvariante

Ein Dashboard (engl. Armaturenbrett) ermöglicht, die relevanten Informationen der HR-Funktion übersichtlich und auf einen Blick darzustellen. Es sollte einfach lesbar sein, umfaßt nicht mehr als die Größe einer Seite und erlaubt über Visualisierungen ein schnelles Erkennen von Trends, Abweichungen oder Ineffizienzen.

Das operative HR-Dashboard in *Abb. 144* enthält exemplarisch neben den Mitarbeiterzahlen und den Personalkosten auch auf einen Blick aktuelle HR-Informationen und einen aktuellen Projektstatus. Außerdem werden Ein- und Austritte dargestellt, die zugrunde liegenden Austrittsgründe von Mitarbeitern erläutert, das Rekrutierungsportfolio dargestellt und Altersstrukturen analysiert. Für eine Reihe von Kennzahlen im Personalbereich ist keine Echtzeit-Information erforderlich, sondern eine monatliche Auswertung ausreichend.

Für die Gestaltung eines Dashboards haben sich folgende Leitlinien bewährt (vgl. *Graf* u. a. 2016; S. 662):

- Verwendung einer überschaubaren Anzahl von grafischen Abbildungen, um den Bildschirm nicht zu „überladen", d. h. je nach Bildschirmgröße (Desktop, Laptop, mobile) sollte eine Beschränkung auf drei bis maximal zehn Elemente erfolgen.
- Klare Definition der im Dashboard verwendeten Kennzahlen.
- Definition von Visualisierungsstandards im Unternehmen, um eine einfache Interpretation eines Dashboards auf allen Ebenen zu ermöglichen.

4.11 Externes Human Capital Reporting (HCR10)

In den bisherigen Ausführungen wurde der Fokus des Personal-Controlling auf die interne Unternehmenssteuerung gelegt. Diese Perspektive soll nachfolgend auf die externe Berichterstattung erweitert werden.

Analysiert man die von Unternehmen extern veröffentlichten Informationen über Personalthemen, so zeigt sich ein hohes Maß an Inkonsistenz und Unverbindlichkeit. Häufig umfasst der Mitarbeiterteil von Geschäftsberichten lediglich zwei Seiten mit allgemein gehaltenem Text und wenigen Kennzahlen. Wichtige, zukunftsorientierte Personalthemen werden nicht auf breiter Basis und von allen Unternehmen aufgegriffen. Im Ergebnis sind deshalb eine Intransparenz der Berichterstattung, eine fehlende Vergleichbarkeit zu Vorjahren und zu anderen Unternehmen, eine Nutzung der Personalberichterstattung als Marketinginstrument und die Nichtbehandlung von Tabuthemen zu konstatieren (vgl. *Scholz/Sattelberger* 2012, S. 4).

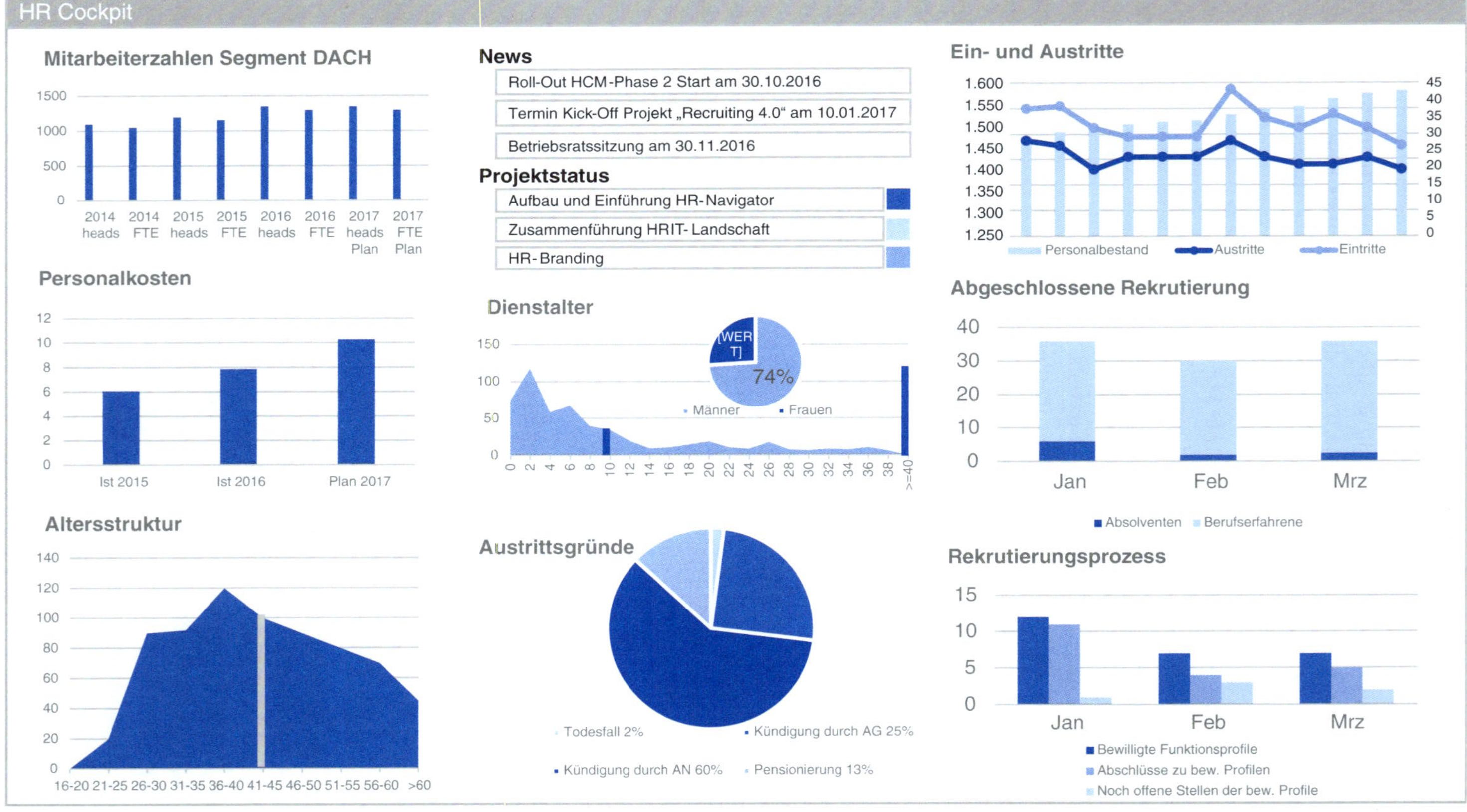

Abb. 144: Dashboard für den HR-Bereich (Graf u. a. 2016, S. 662)

Demgegenüber steht aber das Bedürfnis zahlreicher Interessengruppen an substanziellen Informationen über das Human Capital:

- Wirtschaftsprüfer möchten einen genauen Einblick in die Leistungsfähigkeit der von ihnen geprüften Unternehmen erhalten.
- Eigenkapitalgeber möchten über möglichst umfassende Kenntnisse über das Ertragspotenzial und das Risiko ihres Kapitaleinsatzes verfügen – und das über das gesetzliche Minimum hinaus.
- Banken beziehen bei ihrer Kreditvergabeentscheidung zunehmend auch die Beurteilung der immateriellen Vermögenswerte ein.
- Kunden und Lieferanten wollen sich über die Zuverlässigkeit und Nachhaltigkeit ihrer Partner informieren.
- Unternehmensanalysten legen bei ihren Ratingentscheidungen auch andere als finanzielle Kriterien zugrunde und sind von daher an einem aussagekräftigen und quantitativen Human Capital Reporting interessiert.
- Bewerber wünschen Informationen zu Karrierechancen und Arbeitgeberimage.

Da ein einheitlicher, allgemeingültiger Standard zur externen Personalberichterstattung im Jahre 2010 nicht vorhanden war, haben Scholz/Sattelberger (2012) einen Standardisierungsvorschlag für das Human Capital Reporting, den HCR 10 – benannt nach dem Jahr seiner Entstehung – entwickelt und veröffentlicht. Ziel war es, hiermit Struktur und Konstanz in das Human Capital Reporting zu bringen. Bei der inhaltlichen Ausgestaltung eines standardisierten HC-Reporting wurden unter anderem folgende Leitplanken zugrunde gelegt:

- Wertneutrale Berichterstattung: HCR10 zielt auf die Schaffung von Transparenz und deshalb ausschließlich auf eine wertneutrale Berichterstattung. Aufgezeigt werden soll, welche Ressourcen im Unternehmen existieren, welche Aktivitäten durchgeführt werden, zu welchen Potenzialen sie führen und welche Werte sich verändern. HCR10 trifft keine Aussagen über gute oder schlechte Personalarbeit und ist somit lediglich eine Vorstufe zu einer Bewertung des Human Capital (vgl. *Scholz/Sattelberger* 2012, S. 8).
- Primär externes, branchenübergreifendes Reporting: Unternehmensinternes Reporting dient der Unternehmenssteuerung und erfordert regelmäßig umfangreiche Datengrundlagen. Der Anspruch, einen Standard für das interne HCR zur Unternehmenssteuerung zu definieren wäre von vornherein zum Scheitern verurteilt, da jedes Unternehmen in einem spezifischen Umfeld agiert und deshalb die unternehmensspezifische Strategie zu beachten ist. Dies gilt nicht für das externe Reporting. Auch wenn die Personalarbeit branchen- und unternehmensspezifisch divergiert, so kann doch für alle Branchen und Unternehmen dasselbe Grundraster verwendet werden. Überzeugende Argumente für branchenspezifische externe Reportingsysteme lassen sich nicht wirklich identifizieren (vgl. *O'Donnel* u. a. 2009). Hinzu kommt, dass eine Standardisierung auch deshalb erforderlich erscheint,

um den Ansprüchen der größen- und branchenunabhängigen Zielgruppen gerecht zu werden.

- Unabhängigkeit von der Betriebsgröße: HCR10 soll alle Berichterstattungsverantwortlichen in publizitätspflichtigen Unternehmen ansprechen. Zu letzteren gehören nach den Regelungen von § 325 HGB Kapitalgesellschaften, also neben Aktiengesellschaften auch GmbHs. Auch mittelständische Unternehmen müssen sich gegenüber Kapitalgebern, Kunden, Lieferanten und (potenziellen) Mitarbeitern präsentieren. Deshalb sind mit dem Human Capital Reporting alle Unternehmen angesprochen, die zumindest einen Geschäftsbericht veröffentlichen (vgl. *Scholz/ Sattelberger* 2012, S. 9).
- Beschränkung auf wenige, wichtige Kennzahlen: Nach dem Grundsatz „weniger ist manchmal mehr" beschränkt sich der HCR10-Standard auf wenige wichtige Kennzahlen. Hierdurch soll unter Zeit- und Kostengesichtspunkten eine praktikable, von jedem publizitätspflichtigen Unternehmen umsetzbare Berichterstattung konzipiert werden. Zudem enthält HCR10 keine Informationen über strategische Wettbewerbsvorteile (vgl. *Scholz/Sattelberger* 2012, S. 9f.).

Nach Auffassung von *Scholz/Sattelberger* (2012, S. 51) sind im Human Capital Reporting folgende sieben Reportingbereiche abzudecken, um aussagekräftig und mit einer angemessenen Transparenz über die Ressource Personal zu berichten:

(1) Die Personalkosten, die als Investition in das Human Capital des Unternehmens einen wesentlichen Teil der Ausgaben des Unternehmens ausmachen.
(2) Mit dem Mengengerüst werden die zahlenmäßige Bedeutung und das Leistungspotenzial der Mitarbeiterressourcen im Unternehmen aufgezeigt.
(3) Die Personalstruktur vermittelt Einblick in die Verschiedenheit der Mitarbeiter und ermöglicht damit Rückschlüsse auf die Offenheit und Flexibilität sowie die Unternehmenskultur.
(4) Die Aus- und Weiterbildung stellt ein wichtiges Element bezüglich des Wissensmanagements im Unternehmen dar. Mithilfe der Kennzahlen dieses Bereichs lassen sich sowohl der Gewinn an Wissen als auch der Verbleib und die Weiterentwicklung im Unternehmen darstellen.
(5) Die Mitarbeitermotivation als einer der entscheidendsten Wettbewerbsfaktoren von Unternehmen ist ein wichtiges Element bei der Bestimmung des Human Capital. Um Investoren bei ihren Prognosen zu unterstützen, sollte deshalb über die Motivation der Mitarbeiter berichtet werden.
(6) Das Arbeitsumfeld bildet eine wichtige Grundlage für angenehmes Arbeiten und die Motivation der Mitarbeiter. Demzufolge sind Aussagen zur Work-Life-Balance sowie zum Arbeitsschutz wichtige Eckdaten dieses Reportingbereichs.
(7) Der Personalertrag stellt das Ergebnis der Arbeitsleistung und Kreativität der Mitarbeiter dar. Auf Basis der unter (1) getätigten Investitionen wird ein Output erzielt, der im Human Capital Reporting gewürdigt werden sollte.

Abb. 145 enthält das maximal anzustrebende Berichtsspektrum des HCR10, also

- alle wünschenswerten Kennzahlen,
- die Muss-Kennzahlen im Sinne von Pflichtkennzahlen für den personalbezogenen Teil des Geschäftsberichts (Kennzeichnung durch #-Kennzahlen),
- die Pflicht-Kennzahlen eines Personal-/Nachhaltigkeitsberichts. Zusätzlich zu den #-Kennzahlen, die alle auch *-Kennzahlen sind, müssen in das erweiterte Platzangebot von Personal-/Nachhaltigkeitsberichten weitere sehr aussagekräftige Kennzahlen aufgenommen werden. Diese sind im HCR10 enthalten.
- Kann-Kennzahlen, die in *Abb. 145* weder mit # noch mit * gekennzeichnet sind.

Der HCR10 ist in die sieben oben beschriebenen Reportingbereiche gegliedert (Spalte 1). Spalte 2 umfasst die den Reportingbereichen zugeordneten Kennzahlen. In Spalte 3 und 4 folgen die Einstufung in # (Pflichtkennzahlen Geschäftsbericht), * (Pflichtkennzahl Personal-/Nachhaltigkeitsbericht) und Kann-Kennzahlen (ohne weitere Kennzeichnung).

Eine Berichterstattung lediglich auf Ebene des Gesamtunternehmens führt gerade bei größeren Unternehmen zu einer informationsvernichtenden Nivellierung. Ziel des HCR10 ist deshalb eine gruppenbezogene Aufschlüsselung einer Kennzahl nach strategisch relevanten Einheiten, wie beispielsweise Regionen, Unternehmensbereichen, Joblevel, Geschlecht oder Alter. Eine Vorgabe, welcher Gruppenbezug hergestellt werden soll, erfolgt im HCR10 nicht. Der Mehrjahresvergleich von Kennzahlen soll sicherstellen, dass die Wertentwicklung jeder Kennzahl transparent wird. Scholz/Sattelberger (2012, S. 53) postulieren mindestens eine Dreijahresübersicht und begründen dies damit, dass

- der Mehrjahresvergleich Hinweise auf Nachhaltigkeit liefert und
- er Veränderungen und damit Charakteristika der gelebten Personalstrategie aufzeigt.

Eine Kennzahl lässt sich in drei verschiedenen Detaillierungsgraden berichten und zwar als „Zahl“, „Vektor“ oder „Matrix“. Da im Übergang von „Zahl“ zu „Vektor“ und von „Vektor“ zu „Matrix“ die Informationsqualität zunimmt, wird im HCR10 von drei Reportingstufen gesprochen (vgl. *Scholz/Sattelberger* 2012, S. 56f.):

- Stufe 1: eine „Zahl“
  In der niedrigsten Stufe des Reporting wird die jeweilige Kennzahl lediglich für das Berichtsjahr präsentiert ohne weiteren Zeitbezug und ohne Gruppenbezug. Beispielsweise wird das Durchschnittsalter im gesamten Unternehmen für das Berichtsjahr dargestellt.

	Kennzahl	Geschäfts-bericht	Personal-/Nachhaltig-keitsbericht
Personalkosten	Personalaufwand gesamt	#	☆
	Anteil Personalaufwand am Gesamtaufwand		☆
	Personalaufwand je FTE		☆
	Personalzusatzkosten		☆
	Total Workforce Costs		☆
	External Workforce Costs	#	☆
	EWC je Gruppe (z.B. nach Consulter, Contractor, Leih-/Zeitarbeiter)		☆
	Personalkostenstruktur		
	Erklärung der Aufwandsentwicklungen		
Mengengerüst	Mitarbeiterzahl Köpfe	#	☆
	Mitarbeiterzahl FTE	#	☆
	External Workforce		
	Teilzeitquote (in Köpfen)	#	☆
	FTE Zugänge		☆
	Anteil unbefristeter Verträge		☆
	Anteil (un)befristeter Verträge an Einstellungen		
	Beschäftigungsstruktur (Tarif, AT, etc.)		
Personalstruktur	Geschlechterverteilung	#	☆
	Behindertenquote		☆
	Altersstruktur	#	☆
	Durchschnittsalter		☆
	Betriebszugehörigkeit/Dienstalter		☆
	Joblevel		☆
	Jobfamily (Abteilung)		
	Qualifikationsstruktur		
	Führungsspanne		
	Nationalität		☆
Aus- und Weiterbildung	Teilnehmerzahl Weiterbildung	#	☆
	Teilnehmertage oder -stunden Weiterbildung	#	☆
	Anzahl Weiterbildungsseminare		
	Zufriedenheit mit Training		
	Gesamtausgaben Weiterbildung		☆
	Ausgaben Weiterbildung je Mitarbeiter		☆
	Teilnehmerzahl Talentmanagement		
	Nachfolgemanagement		
	Nutzung E-Learning		
	Weiterbildungskonzept		
	Auszubildendenzahl		☆
	Ausbildungsquote	#	☆
	Übernahmen		☆
	Übernahmequote		☆
	Ausgaben Ausbildung/Einstieg		
	Ausgaben Ausbildung/Einstieg je Mitarbeiter		
	Ausbildungskonzept		
	Wissensmanagement		☆
Motivation	Arbeitgeberimage		
	Mitarbeiterbefragung Grundlagen		☆
	Beteiligungsquote		☆
	Ergebnisse		☆
	Zufriedenheitsquote		☆
	Commitment-Index	#	☆
	Bonusprogramme		
	Fluktuationsquote		☆

	Ungesteuerte Fluktuationsquote (arbeitnehmerseitige Kündigung)	#	☆
	Austrittsgründe		☆
	Disziplinarverfahren		
Arbeitsumfeld	Nutzung Kinderbetreuung		
	Arbeitszeitmodelle (Definition, Alters-/Eltern-/sonstige Teilzeit)		
	Vorsorgeprogramme		
	Gesundheitsquote	#	☆
	Fehlzeiten		☆
	Abwesenheitsgründe		☆
	Unfallhäufigkeit		
	Unfallbelastung		
	Arbeitsschutzschulungen		☆
Personalertrag	Umsatz pro Mitarbeiter		☆
	EBITDA pro Mitarbeiter		
	Personalaufwandsquote		
	Total Workforce Aufwandsquote		☆
	Human Capital ROI		☆
	Verbesserungsvorschläge		☆
	Einsparung aus Vorschlägen		☆
	Patente		

Pflichtkennzahl für Geschäftsberichte

☆ Pflichtkennzahl für Personal-/Nachhaltigkeitsberichte

Abb. 145: HCR10-Inhalt: Pflicht- und Kann-Kennzahlen (Scholz/Sattelberger 2012, S. 54f.)

- Stufe 2: ein „Vektor“ (Gruppen- oder Zeitbezug)
  In Stufe 2 wird die Zustandsangabe von Stufe 1 um eine Dimension zu einem Vektor erweitert. Stufe 2 umfasst die Aufschlüsselung nach dem Zeitbezug oder nach dem Gruppenbezug. Eine Form der Umsetzung der Reportingstufe 2 erfolgt durch die Darstellung einer Kennzahl mindestens im Dreijahresvergleich, also zum Beispiel durch Angabe des Durchschnittsalters im Gesamtunternehmen für das Berichtsjahr und die beiden davorliegenden Jahre. Eine andere Form der Umsetzung stellt die gruppenbezogene Aufgliederung nach Unternehmensbereichen, Regionen oder dem Geschlecht dar, also beispielsweise durch die Angabe des Durchschnittsalters der Belegschaft in allen Ländern, in denen ein Unternehmen tätig ist.
- Stufe 3: eine „Matrix“ (Gruppen- und Zeitbezug)
  Das anzustrebende Mindestlevel des HCR10 stellt die dritte Stufe dar, die eine umfassende und aussagekräftige Darstellung einer Kennzahl beinhaltet. Es erfolgt eine Erweiterung von Stufe 2 durch eine tiefere Aufschlüsselung. Über jede Kennzahl soll in Form einer Matrix mehrdimensional berichtet werden. Dementsprechend erfordert die Berichterstattung in Stufe 3 die Aufgliederung einer Kennzahl nach dem Zeitbezug und dem Gruppenbezug. In Fortführung der oben genannten Beispiele gilt es dann, das Durchschnittsalter sowohl für ein Mindestzeitraum von drei Jahren als auch jeweils in der Aufschlüsselung nach Geschlechtern darzustellen.

Die Zuordnung der Unternehmensberichterstattung zu den drei Reportingstufen lässt sich der *Abb. 146* entnehmen. Hierbei wurde aus pragmatischen Gründen beim Zeitbezug noch eine Zwischenstufe (0,5 Stufe) eingeführt. Hintergrund ist, dass der Vergleich mit dem Vorjahr zwar nicht die „optimale" Reportingform ist, aber zumindest besser als der völlige Verzicht auf ein Vergleichsjahr.

Eine Zahl	Gruppenbezug	Zeitbezug		Reportingstufe
		2 Jahre	3 Jahre	
✓	–	–	–	Stufe 1
✓	–	✓	–	Stufe 1,5
✓	–	–	✓	Stufe 2
✓	✓	–	–	Stufe 2
✓	✓	✓	–	Stufe 2,5
✓	✓	✓	✓	**Stufe 3**

Abb. 146: Reportingstufen des HCR10 mit Stufe 3 als anzustrebender Standard (Scholz/Sattelberger 2012, S. 59)

HCR10 definiert ein Mindestniveau an Reportingumfang, um die Anforderungen an ein Human Capital Reporting aufzuzeigen, das für eine aussagekräftige Berichterstattung als erforderlich angesehen wird: Werden alle (13) #-Kennzahlen in Stufe 3 berichtet, ist der HCR10-Standard für Geschäftsberichte erfüllt. Werden alle (45) *-Kennzahlen in Stufe 3 berichtet, ist der HCR10-Standard für den Personal-/Nachhaltigkeitsbericht erfüllt. Mit den erforderlichen Kennzahlen und notwendigen Detaillierungsgraden (Reportingstufen) sind nunmehr die Mindestanforderungen des HCR10 an das Human Capital Reporting sowohl in quantitativer als auch in qualitativer Hinsicht eindeutig definiert.

Kapitel 5

Personal-Kennzahlen in der Praxis

Vier Praxisbeispiele aus unterschiedlichen Branchen (Automobilzulieferindustrie, Versicherung, Banken sowie Metall- und Elektroindustrie) sollen nachfolgend die konkrete Implementierung von Personal-Kennzahlen verdeutlichen.

5.1 Die Personal-Kennzahlen in einem Unternehmen der Automobilzulieferindustrie

Abb. 147 stellt das bei einem Konzern der Automobilzulieferindustrie mit mehreren Milliarden Euro Umsatz entwickelte Personal-Kennzahlen-System dar. Bei der Strukturierung des Kennzahlensystems wurden als personalpolitische Oberziele zugrunde gelegt:

- Begrenzung des Personalaufwandes,
- Leistungssteigerung der Mitarbeiter,
- Rentabilitätsverbesserung von Investitionen (durch personelle Maßnahmen),
- Sicherung der Arbeitsplätze und Wahrnehmung sozialer Verantwortung.

Diese Oberziele reflektieren den in dieser Branche herrschenden hohen Kostendruck und die hohe Kapitalintensität. Gleichzeitig bekennt sich das betrachtete Unternehmen zu seiner (historisch gewachsenen) hohen sozialen Verantwortung.

(1) Begrenzung des Personalaufwandes

In Abhängigkeit von den Leistungszielen des Unternehmens wird im Rahmen der Jahresplanung die Steigerung des gesamten Personalaufwandes in Abhängigkeit von der Tarifentwicklung festgelegt. Zentrale Maßnahmen zur Begrenzung des Personalaufwandes sind:

- Rationalisierung zur Vermeidung von (überhöhtem) Personalaufbau,
- der Einsatz analytischer Kennzahlensysteme zur Beurteilung von Stellenanforderungen,
- die Definition und Regelung der Überstundenpolitik,
- die Effizienzsteigerung der Personalbeschaffung durch Optimierung der Beschaffungsabläufe und Werbeerfolgskontrolle,
- das Konstanthalten von Zusatzleistungen bei gleichzeitiger Steigerung der Effizienz vorhandener Zusatzleistungen,
- die Senkung der Fluktuationsrate durch intensive Personalbetreuung, Einführungs- und Einarbeitungsprogramme für neu eingetretene Mitarbeiter sowie
- die Gewährleistung einer hohen Übereinstimmung zwischen Qualifikation und Anforderungsprofil.

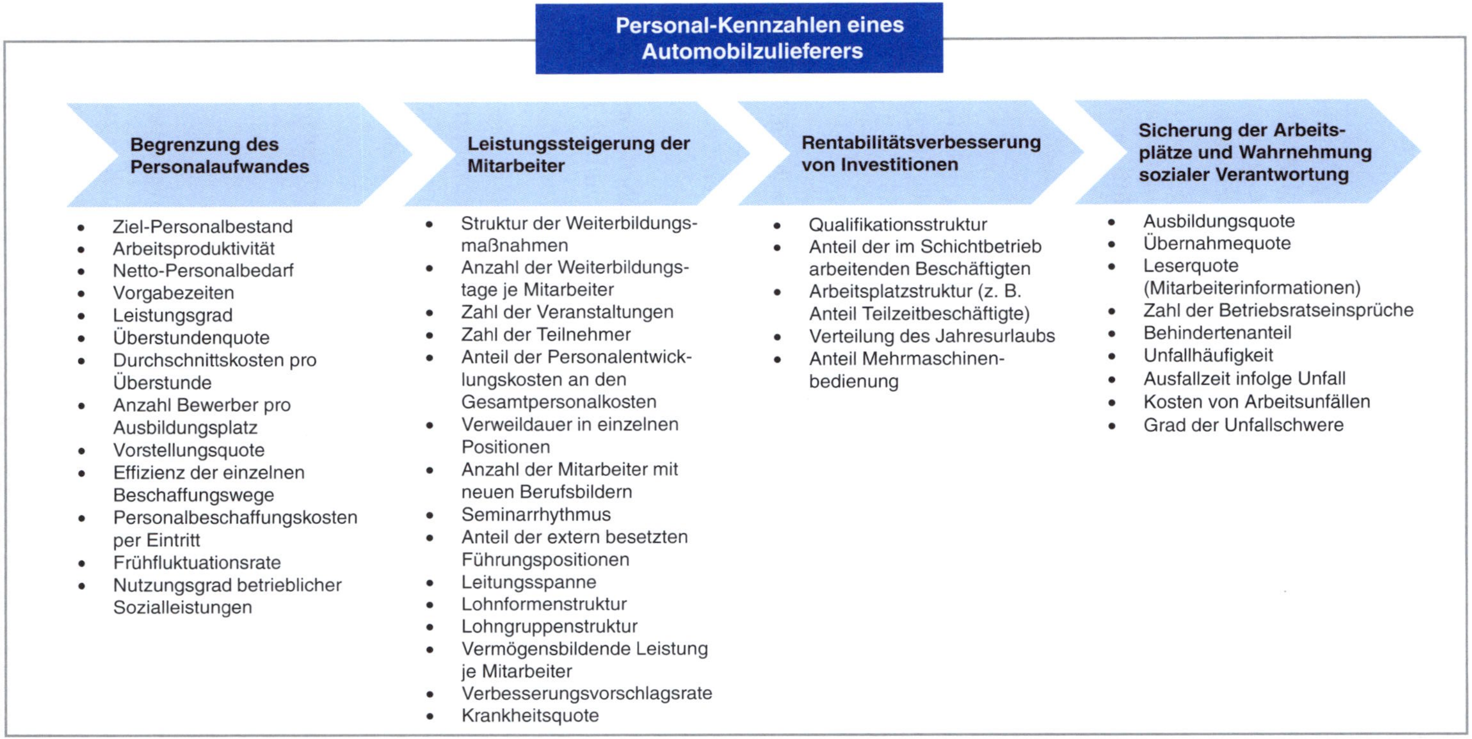

Personal-Kennzahlen eines Automobilzulieferers

Begrenzung des Personalaufwandes

- Ziel-Personalbestand
- Arbeitsproduktivität
- Netto-Personalbedarf
- Vorgabezeiten
- Leistungsgrad
- Überstundenquote
- Durchschnittskosten pro Überstunde
- Anzahl Bewerber pro Ausbildungsplatz
- Vorstellungsquote
- Effizienz der einzelnen Beschaffungswege
- Personalbeschaffungskosten per Eintritt
- Frühfluktuationsrate
- Nutzungsgrad betrieblicher Sozialleistungen

Leistungssteigerung der Mitarbeiter

- Struktur der Weiterbildungsmaßnahmen
- Anzahl der Weiterbildungstage je Mitarbeiter
- Zahl der Veranstaltungen
- Zahl der Teilnehmer
- Anteil der Personalentwicklungskosten an den Gesamtpersonalkosten
- Verweildauer in einzelnen Positionen
- Anzahl der Mitarbeiter mit neuen Berufsbildern
- Seminarrhythmus
- Anteil der extern besetzten Führungspositionen
- Leitungsspanne
- Lohnformenstruktur
- Lohngruppenstruktur
- Vermögensbildende Leistung je Mitarbeiter
- Verbesserungsvorschlagsrate
- Krankheitsquote

Rentabilitätsverbesserung von Investitionen

- Qualifikationsstruktur
- Anteil der im Schichtbetrieb arbeitenden Beschäftigten
- Arbeitsplatzstruktur (z. B. Anteil Teilzeitbeschäftigte)
- Verteilung des Jahresurlaubs
- Anteil Mehrmaschinenbedienung

Sicherung der Arbeitsplätze und Wahrnehmung sozialer Verantwortung

- Ausbildungsquote
- Übernahmequote
- Leserquote (Mitarbeiterinformationen)
- Zahl der Betriebsratseinsprüche
- Behindertenanteil
- Unfallhäufigkeit
- Ausfallzeit infolge Unfall
- Kosten von Arbeitsunfällen
- Grad der Unfallschwere

Abb. 147: Personal-Kennzahlen eines Automobilzulieferers

(2) Leistungssteigerung der Mitarbeiter

Zur Leistungssteigerung der Mitarbeiter sind im Einzelnen folgende Maßnahmen zu bewerten und durchzuführen:

- Verbesserung der Fähigkeiten durch Höherqualifizierung, Weiterbildung, Anlernprogramme, Job-Rotation, die Schaffung neuer Berufsbilder mit entsprechenden Ausbildungsplätzen sowie die Intensivierung der Weiterbildung der Führungskräfte im Hinblick auf das Führungsverhalten
- Verbesserung der Motivation durch konsequentes Anbieten von Aufstiegsmöglichkeiten für eigene Mitarbeiter, optimale Gestaltung der Führungsstrukturen, Einsatz eines umfangreichen Instrumentariums zur Partizipation der Mitarbeiter bei der Arbeitsgestaltung
- Optimierung der Arbeitsstrukturen durch Job-enlargement und Job-enrichment
- Sicherstellung optimaler ergonomischer Bedingungen
- Einsatz leistungsfördernder Entlohnungssysteme durch die Bereinigung bestehender Entlohnungsstrukturen, die Verringerung der Stillstandszeiten in der Produktion durch Prämierungssysteme und die Beteiligung der Mitarbeiter am Unternehmenserfolg
- die Förderung des Ideenmanagements
- Senkung der Fehlzeiten durch gezielte Fehlzeitenüberwachung, Senkung der Unfallquote und der berufsbedingten Erkrankungen, Verbesserung der medizinischen Betreuung und die Schaffung mitarbeitergerechter Produktionsstrukturen.

Eine Auswahl von Kennzahlen soll im Folgenden verdeutlichen, wie im Rahmen des Personal-Controlling Steuerungsgrößen für die genannten Maßnahmen abgeleitet werden können (vgl. hierzu auch *Abb. 148*).

(3) Rentabilitätsverbeserung von Investitionen

Die zunehmende Kapitalintensität der Arbeitsplätze bei gleichzeitiger Verkürzung der indiviuellen Arbeitszeit der Mitarbeiter verstärkt zur Sicherstellung der internationalen Wettbewerbsfähigkeit den Druck, Anlagen und Gebäude intensiv zu nutzen. Ansatzpunkte hierzu liefern insbesondere

- die Entkoppelung der Arbeitszeit von der Betriebszeit durch entsprechende Arbeitszeitmodelle,
- der Mehr-Schichtbetrieb, aber auch
- die Sicherstellung einer optimalen Qualifikationsstruktur.

(4) Sicherung der Arbeitsplätze und Wahrnehmung sozialer Verantwortung

Die langfristige Sicherung der Arbeitsplätze ist sicherzustellen zum einen durch eine maßvolle quantitative Personalpolitik und zum anderen durch die Gestaltung der Personalstruktur im Hinblick auf die Qualifikations- und Altersstruktur.

Operative Ziele	Maßnahmen (Beispiele)	Angestrebte Ergebnisse (Kennzahlen)
1. Verbesserung der Fähigkeiten	• Höherqualifizierung • Weiterbildung	• Anzahl der Maßnahmen • Anzahl der Mitarbeiter • Je Mitarbeiter im Schnitt 4 Tage pro Jahr
	• Job-Rotation	• Jährlich mindestens 7 % Wechsel zwischen den Ressorts bzw. Linie/Stab
	• Schaffung neuer Berufsbilder	• Zahl der Mitarbeiter, die entsprechend den neuen Berufsbildern eingesetzt werden
	• Seminare zum Thema „Führungsverhalten“	• 100 % der Abteilungsleiter müssen „Grundkurs Führen“ besucht haben
2. Verbesserung der Motivation	• Konsequente Besetzung offener Führungspositionen mit eigenen Mitarbeitern	• Maximal 10 % extern besetzen
	• Optimierung der Führungsstrukturen	• Reduzierung der Leitungsspanne
	• Einsatz von Partizipations-methoden (z.B. Lernstatt)	• Anzahl der Veranstaltungen • Anzahl der Teilnehmer
3. Verbesserung der ergonomischen Situation	• Abbau von Belastungsspitzen • Gestaltung der Arbeitsplätze • Erstellung von Planungsrichtlinien	• Überstundenquote • Neugestaltung von 50 % der Bildschirmarbeitsplätze
4. Leistungsfördernde Entgeltsysteme	• Bereinigung der vorhandenen Entlohnungsstrukturen	• Leistungslohn nur bei einem Anteil von mindestens 75 % beeinflussbarer Verrichtungszeiten
	• Verstärkung Prämiensystem	• Prämienentlohnung für 90 % der Mitarbeiter in Fertigungsinseln

Abb. 148: Operative Personalplanung am Beispiel des Ziels „Leistungssteigerung der Mitarbeiter“

5.2 Die Personal-Kennzahlen in einem Versicherungsunternehmen

In einem deutschen Versicherungskonzern werden die Zusammenhänge der personalwirtschaftlichen Kennzahlen untereinander bzw. zum Unternehmensergebnis in der in *Abb. 149* enthaltenen Struktur dargestellt. Auszüge aus dem Personalberichtswesen dieses Unternehmens enthält *Abb. 150.*

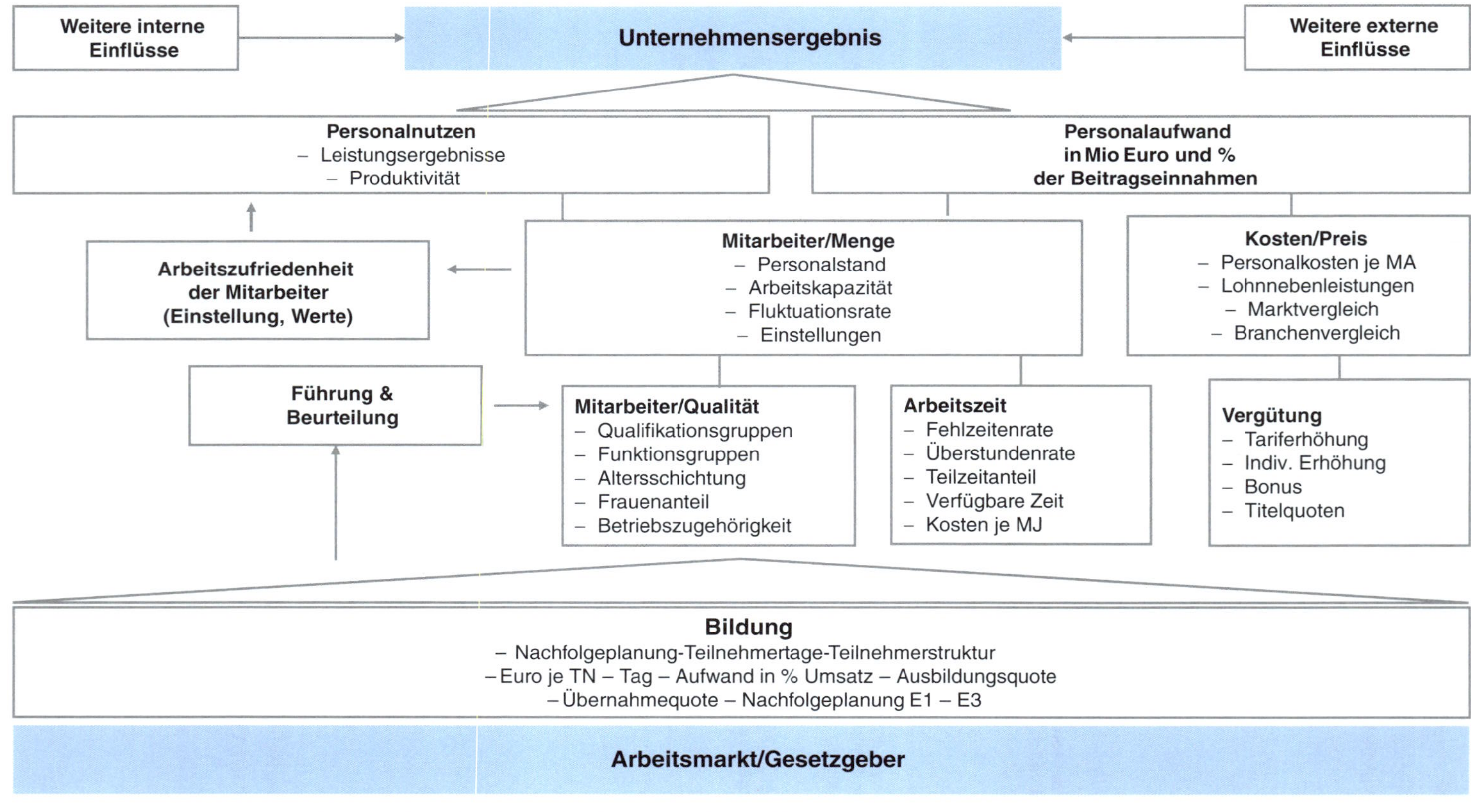

Abb. 149: Personalwirtschaftliche Zusammenhänge bei einer Versicherung (vgl. Hoppe 1998)

Personal-Controlling: Kennzahlen (Auswahl)

Kennzahl	Definition	VJ	GJ	Abw. abs.	Abw. %
Personalaufwand					
Aufwand in Mio Euro	Gehalt + Zusatzleistungen nach Stat. Bundesamt, Erhebung gem. AGV-Schema				
in % der Beitragseinnahme	Personalkostensatz gem. AGV-Definition				
Versicherungswirtschaft/Benchmark					
Mitarbeiter (Anzahl)					
Personalstand	Stand Dezember, alle Mitarbeiter				
Arbeitskapazität	Mitarbeiter-Jahre im Jahresdurchschnitt				
Personalstand Innendienst	Stand Dezember, Mitarbeiter Innendienst				
Fluktuationsrate ID	lt. AGV Definition Arbeitnehmer, Stammpersonal				
Fluktuationsrate AD	lt. AGV-Definition				
Einstellungen ID	alle AN				
Einstellungen AD	alle AN				
Mitarbeiter (Qualität, in % MA)					
Leitende Angestellte	gem. Titel: Direktor-Prokurist				
Tarifangestellte	Tarifgeltung gem. Tarifvertrag				
Frauenanteil ID					
Hochschulabschluss ID	Universitäts- oder FHS-Abschluss				
Versicherungskaufleute ID	Berufs-Ausbildung als VK				
Führungskräfte ID	Alle Ebenen				
Durchschnittsalter ID	Stammpersonal + Azubis				
Betriebszugehörigkeit ID	ohne Aushilfen				
Kosten je Mitarbeiter					
Personalkosten je MA in Euro	MA ohne Vorstände, Azubis, gem. Stat. BA, Erfassung gem. AGV				
Zusatzleistungen je MA in Euro	Gesetzliche, tarifliche & betr. Leistungen				
Zusatzleistungen in % Direktentgelt					
TEuro/MA Vers. wirtsch.	gem. AGV				
Variable Kosten je MJ in TEuro	L&G+ Sozialabg./durchschn. MJ/Verfügbarkeit				

Abb. 150: Kennzahlen im Personal-Controlling einer Versicherung (Teil 1) (vgl. Hoppe 1998)

Definition		VJ	GJ	Abw.
Vergütung				
Löhne & Gehälter Mio Euro	gem. Ausweis Geschäftsbericht			
– darin Bonus LA Mio Euro				
– darin Erfolgsbeteiligung LA Mio Euro				
– darin Tariferhöhung ID	kalkulatorische Kosten der Tariferhöhung (effektiv)			
– darin individuelle Steigerung	kalkulatorisch			
Soziale Abgaben	gem. Geschäftsbericht			
Durchschnittsgehalt (Monat) ID	VZ-Mitarbeiter ohne Aushilfen, Ausbildung			
Durchschnittsgehalt (Monat) AD	Feste + variable Bezüge			
Titelmix (Kostenfaktor)	in % der Maximalkosten der Titelträger (ohne Vorstand)			
Titelträger in % Mitarbeiter	bezogen auf alle Mitarbeiter			
Arbeitszeit (Innendienst)				
Mehrarbeit in MJ	Anzahl Stunden/7,6 h/190 Arb.tage (Produktivtage)			
Fehlzeiten in MJ	Krankheit, nur GAZ-TN, 1 MJ = 190 Tage			
Verfügbarkeit in %	derzeit: MA ./. alle Ausfallzeiten (TZ, Urlaub, Krankh., etc.) besser: Vertragliche Arbeitszeit ./. Ausfallzeiten			
Teilzeitquote in %	TZ/alle MA			
Bildung				
Bildungsaufwand in Mio Euro	Summe aller Kostenstellen & -arten			
Bildungsaufwand in % L&G	bezogen auf L&G lt. Geschäftsbericht			
Vertriebsschulungen AD	ADA und Vertreter, Teilnehmer, Teilnehmer-Tage, Euro je TN-Tag			
Weiterbildung ID	ID-Angestellte, Teilnehmer, Teilnehmer-Tage, Euro je TN-Tag			
Führungskräftequalifizierung	FK ID + AD, Teilnehmer, TN-Tage, Euro je TN-TAG			
Gesamtausbildungsquote (ID+AD)	alle in Ausbildung befindl. MA/ alle sozverspfl. Mitarbeiter, per Dez. (Stat. BA)			

Abb. 150: Kennzahlen im Personal-Controlling einer Versicherung (Teil 2) (vgl. Hoppe 1998)

5.3 Data Warehouse im Personal-Controlling einer Bank

Am Beispiel der Einführung eines Data Warehouse für das Personalwesen der *DG Bank*, Frankfurt sollen im folgenden Ziele und Nutzen dieses Konzeptes für das Personal-Controlling verdeutlicht werden.

Die *DG Bank* ist eine genossenschaftlich organisierte Universalbank, die im Jahr 2000 ungefähr 12.000 Mitarbeiter beschäftigte, wobei sich das nachfolgend vorgestellte Projekt auf ca. 6.000 Mitarbeiter bezieht.

Ausgangssituation: Vor der Einführung eines integrierten Informationssystems und eines Data Warehouse wurden die ca. 50 personalwirtschaftlichen Kennzahlen und Auswertungen sowie ca. 25 Personalstatistiken wie folgt generiert (vgl. *Carius/Heilig* 2000, S. 2):

- Programme auf dem Hostsystem lieferten Listen als Auswertungsgrundlage.
- Diese Listen wurden manuell in ein Tabellenkalkulationsprogramm (Lotus 123) eingegeben bzw. von diesem verarbeitet.
- Anschließend wurden die produzierten Statistiken und Berichte monatlich in Papierform verteilt und archiviert.
- Die benötigten Basisdaten stammten aus unterschiedlichen Datenquellen: einer Hostanwendung für die Gehaltsabrechnung, einem Seminarprogramm, einem Bewerbertool, einem System für die Erfassung von An- und Abwesenheitszeiten sowie einem internen Planungs- und Berichtstool.

Mit den vorhandenen Systemen konnten aus Personalcontrolling-Sicht nicht alle Bereiche ausgewertet werden. Beispielsweise fehlten Auswertungen zu den Fehlzeiten, zur Bewerberadministration und zur Seminarbeschickung.

Als wesentliche Nachteile dieser Host-/PC-Lösung sind zu nennen (vgl. *Carius/Heilig* 2000, S. 3):

- Endanwenderunfreundlich, da die Systeme unflexibel sind und nur mit Spezialkenntnissen verändert werden können
- Zeitaufwendig und statisch, da das gesamte Host-Programm ohne einschränkende Selektion läuft
- Kostenintensiv bei neuen Anforderungen, da diese zusätzlichen Programmieraufwand erfordern
- Keine zeitnahen „ad hoc"-Auswertungen möglich
- Keine bzw. unzureichende Möglichkeiten zur graphischen Aufbereitung
- Zusätzlicher Interpretationsaufwand für steuerungsrelevante personalwirtschaftliche Aussagen und für aussagefähige Kennzahlen.

Im Rahmen der unternehmensweiten Einführung des Standard-Personalsystems SAP R/3 HR (Human Resources) wurden in einem Teilprojekt auch die Anforderungen des Personalcontrolling realisiert. Die Zielsetzungen des Personalcontrolling für das zu realisierende IT-gestützte Informationssystem lauteten (vgl. *Carius/Heilig* 2000, S. 4 f.):

- 1:1 Umsetzung der Personalcontrolling-Anforderungen als Teilmodul der operativen SAP HR-Implementierung.
- Übernahme der 50 Kennzahlen und Auswertungen, Erweiterung auf ca. 70 Kennzahlen
- Übernahme der existierenden Personalstatistiken und Erweiterung um neue, bislang nicht ausgewertete Anwendungsfelder
- Automatisierung der Schnittstelle zum Planungs- und Berichtswesen auf Basis gleicher Daten
- Aufbau einer Szenariotechnik
- Schaffung einer möglichst eigenständigen Auswertungsplattform ohne Beeinflussung des operativen Betriebs
- Beseitigung von Redundanzen und Aufbau einer integrierten Auswertungsumgebung
- Umstellung auf papierloses Berichtswesen sowie elektronische Datendokumentation
- Ausdehnung der Auswertungsmöglichkeiten auf neue Felder zur Gewinnung weiterer Steuerungsindikatoren
- Graphische Darstellung der Berichtsinhalte
- Schaffung einer eigenen Auswertungsumgebung und Nutzbarmachung für Führungskräfte und Mitarbeitervertreter
- Sicherstellung identischer Datenstände und Konservierung für Zeitreihenvergleiche.

Einen Überblick über die eingeführten Teilmodule des integrierten Personalsystems gibt *Abb. 151.*

Für das Personal-Controlling wurden im Rahmen der Data Warehouse-Einführung folgende sechs Komponenten implementiert:

- Personaladministration: Analyse von demografischen Daten sowie Personalbewegungs- und -strukturdaten
- Personalstatistik zur Analyse der Personalbestände
- Personalkosten-/Lohnartenauswertung zur Analyse der Kosten- und Aufwandsarten
- Zeitwirtschaft zur Analyse der An- und Abwesenheitszeiten sowie Zeitkontingente
- Bewerbermanagement zur Analyse der Akquisitionsaktivitäten
- Veranstaltungsmanagement.

Abb. 151: Das Data Warehouse als vollständig integriertes personalwirtschaftliches Anwendungs- und Auswertungssystem (Carius/Heilig 2000, S. 5)

Die in *Abb. 152* für jede dieser Komponenten dargestellten Kennzahlen bzw. Analysen geben nur einen Auszug der insgesamt realisierten bzw. möglichen Kennzahlen und Auswertungen wieder.

Wie gestaltete sich das Vorgehen bei der Einführung des Data Warehouse für das Personalcontrolling im Einzelnen? Der Projektablauf umfasste im Wesentlichen die folgenden Phasen (vgl. *Carius/Heilig* 2000, S. 19 ff.):

1. Sammeln und Analyse der Kundenanforderungen
2. Installation und Aktivieren des Business Content
   - Aktivieren der Business Content-Komponenten im HR-System mithilfe von Extraktoren. Extraktoren sind Funktionsbausteine im Quellsystem, die die notwendigen Informationen aus der jeweiligen Applikation zu bestimmten Stichtagen selektieren.
   - Aktivieren der InfoCubes im Data Warehouse. InfoCubes sind zentrale Datenbehälter im Data Warehouse, in denen sich alle relevanten Kennzahlen und Merkmale zu einem betriebswirtschaftlichen Sachverhalt wiederfinden.
   - Aktivieren der Informationsobjekte im Data Warehouse.
   - Aktivieren der vordefinierten Auswertungen, die die Software enthält.
3. Abgleich der Anforderungen mit dem Business Content
   Hier wurde der vom Softwarehersteller standardmäßig gelieferte Inhalt des Data Warehouse mit den bankspezifischen Anforderungen verglichen. Die fehlenden Inhalte wurden ermittelt und definiert.

4. Implementierung der Deltas zwischen 1. und 2.
   Gegenstand der vierten Phase waren die Erweiterung der Extraktoren und der Fortschreibungsregeln sowie die Erstellung von berechneten Kennzahlen.

5. Produktivbetrieb vorbereiten
   In dieser Phase standen das erstmalige Laden der Daten, das Prüfen der Datenkonsistenz und der Datenqualität sowie die Übergabe der Systemlandschaft in den Produktivbetrieb im Mittelpunkt.

Der gesamte Einführungsaufwand (ohne Hardware- und Softwarekosten) belief sich auf 280 Manntage, wovon 150 Tage auf die einführende Bank entfielen und 130 Tage auf den IT-Berater. Die gesamte Projektlaufzeit, von der Erstellung des Fachkonzeptes bis zum Produktivbetrieb aller Komponenten betrug ca. 12 Monate, wobei die erste Komponente (siehe Personaladministration in *Abb. 152*) ungefähr sechs Monate nach Projektstart produktiv gesetzt wurde.

Nach der Data Warehouse-Einführung sind im Personalcontrolling ca. 100 Kennzahlen verfügbar, wobei dieser Umfang jederzeit dynamisch erweiterbar ist. Es stehen 120 teilweise mehrdimensionale flexible Auswertungselemente zur Verfügung. Als Endanwender greifen nicht nur die Mitarbeiter des Personalcontrolling auf das System zu, sondern auch die Personalfachkräfte für die Mitarbeiterbetreuung und -entwicklung. Geplant ist der direkte Zugriff durch die Führungskräfte und den Betriebsrat. Daten sind sofort, d.h. ohne manuelle Übernahme in Tabellenkalkulationsformat (Exel) verfügbar und können entsprechend den Anforderungen des Benutzers analysiert werden. Zusammenfassend sind als Vorteile zu nennen (vgl. *Carius/Heilig* 2000, S. 7 und 16):

- Beliebige, teilweise mehrdimensionale Auswertungen können im Personalcontrolling und von den Fachabteilungen selbst erstellt werden. Es steht ein flexibles, nach der Datenextraktion, von der operativen Basis unabhängiges Reportingtool zur Verfügung (1:1-Datenspiegelung).
- Zeitnahe Auswertungen sind möglich, da die Daten zu beliebigen Zeitpunkten geladen werden können.
- Neue Anforderungen können schnell und kostengünstig abgebildet werden, indem Merkmale und Kennzahlen kombiniert werden. 90 % der erforderlichen Auswertungen können damit von der Fachabteilung Personal selbst erstellt und gepflegt werden.
- Auswertungen nach Hierarchien und verschiedenen Strukturen sind beliebig darstellbar.
- Es ist ein konsistenter Datenbestand mit Historienbildung über fünf Jahre verfügbar.
- Führungskräfte können die wichtigsten Kennzahlen direkt verfolgen.
- Der Betriebsrat wird elektronisch mit allen mitbestimmungsrelevanten Informationen versorgt und kann diese selbst auswerten.

Komponenten des Data Warehouse	Kennzahlen/Auswertungen
Personaladministration (Analyse demografischer Daten, Personalbewegungs- und Personalstrukturdaten)	• Mitarbeiteranzahl Vollzeit- und Kapazitätsbezogen • Anzahl Ein- und Austritte, Versetzungen, Umsetzungen • Fluktuation nach Austrittsgründen, Zugehörigkeitsdauer (inkl. Frühfluktuation) • Altersstruktur • Führungskräftestruktur • Teilzeitauswertungen • Tarif- und AT-Mitarbeiteranalysen
Personalstatistik (Analyse der Personalbestände, Organisationsmanagement)	• Ist-Stellen Anzahl • Anzahl Soll-Stellen • Soll-Ist-Vergleich • Anzahl befristete Stellen • Bewertung von Aushilfs- und Leiharbeitskapazitäten
Gehaltsabrechnung (Analyse der Kosten- und Aufwandsarten)	• Auswertung aller aufwandsrelevanten Lohnarten • Strukturierte Personalkostenanalyse • Auswertung der Sonderzahlungen und -zuwendungen • Personalnebenkostenanalyse • Auswertung von Mehrarbeitsvergütungen (nach Kosten und Stundenanzahl)
Zeitwirtschaft (Analyse der An- und Abwesenheitszeiten, Zeitkontingente)	• Kontingentsbetrachtung (Entwicklung Urlaube, Langzeitsalden) • Bewertung der erforderlichen Rückstellungen auf Basis der Kontingentsveränderungen • Differenzierte Zeitauswertungen • Krankheitsquote • Überstundenquote • Fehlzeitenanalyse • Auswertungen zu AZO-Verstößen
Bewerbermanagement (Analyse der Akquisitionsaktivitäten)	• Anzahl Bewerber und Bewerbungen • Anzahl angenommene/abgelehnte Verträge • Anzahl interne/externe Bewerber • Auswertungen zum Bewerberstatus • Analyse interne Bewerber

Abb. 152: Komponenten eines Data Warehouse für das Personal-Controlling (vgl. Carius/Heilig 2000)

Nach der Einführung des Data Warehouse stehen dem Personalcontrolling wieder 80 % der Arbeitszeit zur Verfügung, um die Daten zu analysieren, zu bewerten und entsprechende Steuerungsmaßnahmen abzuleiten. Lediglich 20 % der Arbeitszeit wird für das Sammeln der Daten und die Qualitätsprüfung aufgewendet.

5.4 Demografie-Management und -Controlling in der Metall- und Elektroindustrie

Die demografische Entwicklung in der deutschen Bevölkerung führt dazu, dass eine erhebliche Zahl älterer Arbeitnehmer aus dem Berufsleben ausscheiden und eine sinkende Zahl von jüngeren Berufseinsteigern in das Arbeitsleben eintreten wird. Damit sinkt insgesamt das Angebot an Arbeitnehmern, die den Unternehmen zur Verfügung stehen werden. Die Auswirkungen des demografischen Wandels lassen sich bereits in vielen Unternehmen in Form des zunehmenden Fachkräftemangels und des zunehmenden Durchschnittsalters der Belegschaft beobachten. Weitere Herausforderungen für das Personalmanagement ergeben sich durch die heterogenen Wertvorstellungen in den verschiedenen Altersgruppen der Belegschaft.

Das Personalmanagement muss sich auf eine Belegschaft einstellen, die altersmäßig sehr heterogen zusammengesetzt ist. Diese neue Perspektive eines nachhaltigen Personalmanagements wird Demografie-Management genannt. Demografie-Management ist keine neue personalwirtschaftliche Funktion, sondern zielt auf eine altersgruppenspezifische Betrachtung des Personals ab. Es geht darum, die verschiedenen Altersgruppen als eigenständige Zielgruppen wahrzunehmen und differenziert zu behandeln. Damit berücksichtigt das Personalmanagement, dass Menschen in verschiedenen Alterskategorien unterschiedliche Bedürfnisse, Kompetenzen und Potenziale aufweisen (vgl. *Zaugg* 2012, S. 338). Es kann beispielsweise zwischen folgenden vier Phasen bzw. Altersgruppen differenziert werden (vgl. *Abb. 153*): Einführung (unter 30 Jahre), Entwicklung (30–45 Jahre), Leistung (46–60 Jahre) und Transfer (über 60 Jahre). Diese Einteilung dient lediglich der groben Typisierung und ist daher simplifizierend. Die Grenzen zwischen den Alterskategorien sind fließend und auch die Merkmalsausprägungen in einer Kategorie können sehr verschieden sein.

Es ist sinnvoll, im Rahmen der strategischen Personalmanagement folgende Aspekte zu behandeln (vgl. *Zaugg* 2012, S. 343):

- Identifikation und Prüfung wichtiger Demografietrends,
- explizite Verankerung des Demografie-Management in der Personalpolitik,
- Kulturmaßnahmen und Sensibilisierung aller Altersgruppen,
- Analyse altersspezifischer Fragestellungen in Mitarbeiterbefragungen,
- Diversity Management.

Der Fachkräftemangel einerseits und alternde Belegschaften andererseits machen ein nachhaltiges Handeln von Unternehmen und Mitarbeitern notwendig. Ein Teilgebiet soll nachfolgend näher betrachtet werden. In einem zweijährigen Modellprojekt Demografie-Management für die bayerische Metall- und

Entwicklungs-phasen der Mitarbeitenden	Einführung	Entwicklung	Leistung	Transfer
Mitarbeiter-kategorie	Junior oder Career-Starter	Professional	Experienced Professional	Senior Professional
Alterskategorien	Unter 30 Jahre	30 bis 45 Jahre	46 bis 60 Jahre	Über 60 Jahre
Beschreibungen	Mitarbeitende, die in das Berufsleben einsteigen, Wissen aufbauen und Erfahrungen sammeln.	Mitarbeitende, die ihr Tätigkeitsfeld gut kennen, sich weiterentwickeln (Laufbahn) und eine hohe Leistung erbringen.	Mitarbeitende, die an ihrer Zielposition angekommen sind und sich umfangreiches Wissen erworben haben. Gesundheit und Life Domain Balance gewinnen an Bedeutung. Es kann sich auch um Wiedereinsteiger handeln.	Mitarbeitende, die ihr Wissen und ihre Erfahrungen weitergeben sowie für Spezialaufgaben zur Verfügung stehen.

Abb. 153: Demografie-Management Modell: Alterskategorien (Zaugg 2012, S. 341)

Elektroindustrie wurden zahlreiche Maßnahmen entwickelt, um alternde Belegschaften gesund und leistungsfähig zu erhalten. Wesentliche Teilziele des Projektes waren (vgl. *bayme/vbm* 2014, S. 2):

- Identifikation alterskritischer Faktoren und Ableitung notwendiger Handlungsstrategien,
- Vermeidung von Qualifikationslücken und Erfüllung steigender Anforderungen an Innovation und Flexibilität,
- Schaffung von Voraussetzungen, um Handlungskompetenzen einzusetzen und Potenziale zu entfalten,
- Förderung von Motivation und Eigenverantwortung (Verhaltensprävention),
- Motivationsaufbau zu längeren Lebensarbeitszeiten, Abbau von Vorruhestandsdenken und Förderung von lebenslangem Lernen.

Als mögliche Handlungsfelder eines systematischen Demografie-Management-Konzepts wurden die Personalrekrutierung, die Gestaltung von Arbeitsplätzen (Ergonomie), die Arbeitsorganisation, gezielte gesundheitsfördernde Maßnahmen, ein Bewusstseins- und Einstellungswandel bei Führungskräften und Mitarbeitern sowie das Thema Kompetenzentwicklung identifiziert (vgl. *Abb. 154*).

Um den Umsetzungserfolg der im Rahmen des Demografie-Management verabschiedeten Maßnahmen zu evaluieren, wurden im Projekt eine Reihe von Kennzahlen entwickelt, die sich auf die sechs Handlungsfelder des Demografie-Management beziehen (vgl. *Abb. 155*).

Personalrekrutierung
- Personalbedarfsplanung
- Rekrutierungsspektrum unter Berücksichtigung der Demografie
- Entgelt-Niveau/Befristung
- Ausbildung
- Kontakte mit Hochschulen/Schulen

Arbeitsgestaltung Produktion
- Ergonomische Bewertung
- Arbeitsplatzgestaltung/Greifräume/Bedienergonomie
- Physische Belastung (manuelle Tätigkeiten/Lastenhandhabung)
- Informationen
- Arbeitsumgebung/-umwelt
- Neue Technik und Alter
- Arbeitszeitgestaltung (Schicht-/Nachtarbeit/Pausen)
- Demografieorientierter Mitarbeitereinsatz

Arbeitsgestaltung Office
- Ergonomische Bewertung (Bildschirmarbeitsplätze)
- Arbeitsplatzgestaltung
- Psychische Belastung
- Demografieorientierter Mitarbeitereinsatz

Gesundheitsmanagement
- Gesundheitserhaltung und -förderung/Prävention
- Arbeitsschutz/Arbeitsschutzmanagement
- Motivation/Mitarbeiterbeteiligung
- Medizinische Vorsorge/Früherkennung/Gesundheitsberatung
- Krankenstand/Fehlzeitenmanagement

Unternehmenskultur/Führung
- Integration von demografischen Aspekten in der Unternehmenskultur
- Sensibilisierung der Führungskräfte hinsichtlich Demografie
- Sensibilisierung der Mitarbeiter hinsichtlich Demografie

Qualifizierung/Kompetenz
- Kompetenz/Qualifizierung Älterer
- Qualifizierungsplanung
- Erfahrungswissen
- Beseitigung von Barrieren für Ältere

Abb. 154: Handlungsfelder eines systematischen Demografie-Management (bayme/vbm 2014, S. 3)

Personalrekrutierung
- Die Fluktuationsrate um XX Prozent senken, erhalten, Steigerung auf max. XX Prozent
- Anhebung des durchschnittlichen Austrittsalters von XY Jahre auf XY Jahre
- Verringerung der Fluktuation bei der Altersgruppe XY oder allgemein; Erhöhung der durchschnittlichen Verweildauer im Unternehmen
- Hochschul- und Schulkooperationen von x Prozent auf x Prozent im Jahr XXXX erhöhen
- Vereinbarung von XX Prozent Einstellungsgesprächen mit Bewerbern 50plus
- Einstellung von X Mitarbeitern 50plus (Achtung ggf. Relevanz von AGG §§ 8 und 10)
- Die Ausbildungsquote von X Prozent im Jahr XXXX auf X Prozent im Jahr XXXX erhöhen
- XX Kindergartenplätze bei YY anbieten
- Erhöhung der Bekanntheit und Attraktivität als Arbeitgeber von xx auf xx (gemessen z.B. an der Anzahl und Qualität initiativer Bewerbungen)
- Erhöhung der Anzahl flexibel einsetzbarer Mitarbeiter um XX Prozent

Arbeitsgestaltung Produktion
- Rotation von XX Mitarbeitern auf XX Mitarbeiter erhöhen
- Ergonomische Arbeitsplätze von XX Prozent auf XX Prozent erhöhen
- XX Arbeitsplätze ergonomisch bewerten (z.B. mit der Leitmerkmalmethode)
- „Rote" Arbeitsplätze um XX Prozent reduzieren auf „gelb" oder „grün" (LMM/Ergo-Check) bis TT.MM.JJJJ
- XX Prozent aller Arbeitsplätze sind ergonomisch bewertet
- XX Prozent aller Arbeitsplätze erreichen die Ergonomiebewertung XY (z.B. grün, < xx Punkte)
- Die Nachtschichtarbeitszeit um XX Prozent/XX h bis TT.MM.JJJJ reduzieren

Arbeitsgestaltung Office
- Durchführung eines Gesundheitszirkels mit Mitarbeitern aus dem Office Bereich xy mal im Jahr
- Erarbeitung von mindestens XX Vorschlägen im Jahr XXXX zur Verbesserung der Arbeitssituation im Office-Bereich

Unternehmenskultur/Führung
- Steigerung der Mitarbeiterzufriedenheit um XX Prozent
- Vorgesetzten-Bewertung um XX Punkte bis TT.MM.JJJJ verbessern
- Jährliches Durchführen am TT.MM.JJJJ des DemografieChecks zum Abgleich der Zielerreichung

Gesundheitsmanagement
- Gesundheitsquote/Fehlzeitenquote XX Prozent um XX Prozent steigern, erhalten, maximal reduzieren in JJJJ
- Krankenstand direkter und indirekter Mitarbeiter
- Bereichsauswertung nach Krankheiten
- XX Arbeitsunfälle in JJJJ bis TT.MM.JJJJ auf um XX senken (Unfallhäufigkeit, -schwere reduzieren)
- Durchführung von X Gesundheitszirkeln mit Mitarbeitern aus den Bereichen Produktion und Office
- Die psychische Belastung von dysfunktionaler Belastung im Jahr XXXX zu funktionaler Belastung im Jahr XXXX reduzieren
- Den WAI (Work Ability Index) um XX Punkte bis TT.MM.JJJJ steigern
- XX Maßnahmen zur gesunden Ernährung durchführen
- XX Mal die „bewegte Pause" in Abteilung/Schicht YY in JJJJ anbieten
- Verringerung des vorzeitigen Berufsaustritts auf Grund gesundheitlicher Beeinträchtigung um XY Prozent
- XX Gesundheitschecks bis TT.MM.JJJJ durchführen
- Bei der Gesundheitsbewertung im Rahmen eines regelmäßigen Gesundheitschecks (z.B. Blutdruck, Stoffwechsel (Blutzucker, Cholesterin), Gewicht, Rauchen, Alkohol, Stress, Ausdauersport, Impfung, Teilnahme an privaten Vorsorgeuntersuchungen) eine um XX geringere Gesamtpunktzahl bis TT.MM.JJJJ erzielen
- Durchführung einer Informationsveranstaltung zum Thema XY mit XX Teilnehmer
- Auf XX BEM-Fälle im Jahr JJJJ reduzieren

Qualifizierung/Kompetenz
- XX Weiterbildungen zum Thema XX im Jahr JJJJ durchführen
- Kompetenzprofile für XX Schlüsselfunktionen bis TT.MM.JJJJ erstellen (Fachkompetenzen)
- Wissensdatenbank mit XX Einträgen bis TT.MM.JJJJ erstellen
- XX Mitarbeiter im Ruhestand als Berater/Mentoren zurückgewinnen
- Beteiligung von XX Mitarbeitern über XX Jahren an betrieblicher Fortbildung
- Mitarbeiter über XX Jahren haben einen Ausbildungserfolg in Höhe von XX Prozent

Abb. 155: Kennzahlen für das Demografie-Management (bayme/vbm 2014, S. 54–56)

Kapitel 6
Implementierung von Personal-Kennzahlen

Die bei der Implementierung von Personal-Kennzahlen zu berücksichtigenden Aspekte stellt *Abb. 156* im Überblick dar.

Ziel

Planung, Bewertung und Steuerung personalwirtschaftlicher Maßnahmen zur Optimierung des Leistungsbeitrages Personal

Inhalte	**Strukturen**	**Kennzahlen**	**Vergleich**
Bedingungs-Zielgrößen: Personalstand Personalstruktur Personalbedarf Personalbeschaffung und -entwicklung Personal- und Sozialaufwand Erstattungen Betriebskrankenkasse Altersversorgung Wertschöpfung/Nutzen	Gesellschaften Arbeitgeber Führungsstruktur Standorte Länder	Wirkungszusammenhänge Relationen von Inhalten Definitionen	Ziel/Soll/Plan/Ist – operativ – strategisch Zeitreihen Abweichungsanalyse mit Aussagen Branchendaten Marktdaten
>> Inhaltsgliederung	>> Personalstatistik	>> Verbandsdefinition	
Grundlagen	**Datenbasis**	**Technik**	**Erfassung**
Definitionen einheitlich nach: Arbeitsrecht Handelsrecht Tarifrecht Betr. Regelsystem	Datenelemente (Schlüsselzahlen) Wertebereich der Datenelemente	Verteilte Datenbank Auswertungs-DB/Data Warehouse Anwendungen nach Standard Schnittstellen	Buchung Erhebung Methodik Genauigkeitserfordernis Quantitativ Qualitativ
	>> Datenverzeichnis	>> IT-Konzept	
Dokumentation			

Adressaten

Vorstand, Fachfunktionen, Mitarbeiter, verbundene Unternehmen

Aufsichtsräte, Aktionäre, AN-Vertretungen, Tarifpartner

Verbände, Behörden

Abb. 156: Aspekte der Implementierung von Personal-Kennzahlen (vgl. Hoppe 1998)

6.1 Entwicklung eines individuellen Kennzahlenkataloges

Um eine effiziente Arbeit mit den personalwirtschaflichen Kennzahlen zu gewährleisten, müssen diese den individuellen Bedürfnissen des einzelnen Unternehmens entsprechen. Faktoren wie die Unternehmens- bzw. Geschäftsfeldstrategie, die Qualifikationsstruktur der Mitarbeiter, die Größe des Unternehmens, die Situation auf den unternehmensspezifischen Teilarbeitsmärkten, Personalintensität des Unternehmens usw. gehen mit sehr unterschiedlichen Anforderungen an das personalwirtschaftliche Kennzahlensystem einher. Die Entwicklung eines „maßgeschneiderten" Kennzahlenkataloges kann dabei sowohl auf einer Auswahl der hier vorgeschlagenen Einzelkennzahlen als auch auf der Ergänzung um weitere Kennzahlen basieren. Gestaltungsspielräume bestehen ferner bezüglich der Gliederung der einzelnen Kennzahlen sowie bei der Festlegung der Erhebungszeitpunkte bzw. -räume (vgl. *Grochla* u. a. 1983, S. 74).

Die Entwicklung eines unternehmensindividuellen Kennzahlenkataloges ist durch die in *Abb. 157* dargestellten Stufen gekennzeichnet. Welche Fragen bei der Auswahl der zum Einsatz gelangenden personalwirtschaftlichen Kennzahlen zu beantworten sind, enthält die in *Abb. 158* wiedergegebene Checkliste.

6.2 Aufgaben und Steuerungsebenen des Personal-Controllers

Die Aufgaben des Personal-Controllers beziehen sich auf die Gestaltung des Personal-Informationsmanagements, die Mitwirkung bei der Personalplanung, die Durchführung der Personalkontrolle sowie die Unterstützung bei der Steuerung der Personalarbeit (vgl. hierzu *Abb. 159*).

Bezüglich der Steuerungsebenen des Personal-Controlling ist zwischen drei Fokusfeldern zu differenzieren (vgl. *Abb. 160*):

- Effizienz: Werden die geplanten Maßnahmen konsequent umgesetzt?
- Effektivität: Werden die mit den geplanten Maßnahmen verfolgten Ziele und Effekte tatsächlich erreicht?
- Unternehmenserfolg: Wird der wirtschaftliche Erfolg der Organisation langfristig und nachweisbar gefördert?

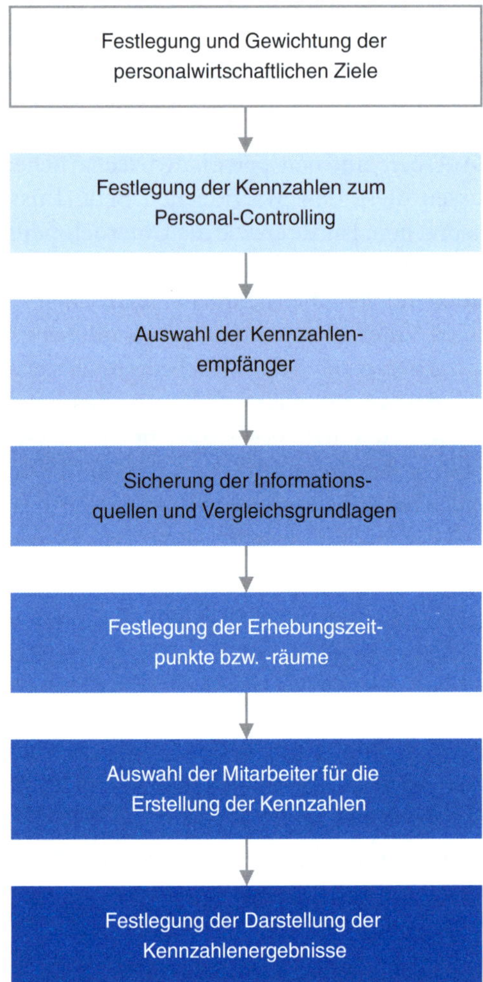

Abb. 157: Entwicklung eines individuellen Kennzahlenkataloges (vgl. Grochla u. a. 1983, S. 78)

Verfügbarkeit
- Sind die für die Kennzahl benötigten aktuellen Daten intern verfügbar?
- Sind die benötigten Vergangenheitsdaten zwecks Zeitvergleich intern verfügbar?
- Ist die Verfügbarkeit unmittelbar gegeben oder erst über zusätzliche Berechnungen möglich?
- Sind die benötigten Plandaten zwecks Soll-ist-Vergleich intern verfügbar?
- Sind die Vergleichsdaten aus anderen Unternehmen bzw. von Verbänden zwecks Betriebsvergleich verfügbar?

Aufwand/Nutzen
- Welcher zeitliche Aufwand ist mit der Kennzahlenermittlung verbunden?
- Welche Kosten sind mit der Ermittlung unmittelbar verbunden?
- Welche Kosten sind mit der Schaffung der Voraussetzung zur Ermittlung der Kennzahl verbunden?
- Welche Probleme oder Rationalisierungsreserven werden in dem durch die Kennzahl abgebildeten Bereich vermutet?
- Wie viele Kennzahlen bestehen bereits für die Abbildung des entsprechenden Bereichs?
- Welche Widerstände werden bei den Betroffenen hinsichtlich der Kennzahlenanwendung vermutet?

Eignung
- Wie gut bildet die Kennzahl den betreffenden Bereich bzw. die Situation ab?
- Welche Bedeutung kommt dem durch die Kennzahl abgebildeten Bereich oder Ziel zu?
- Welche Fehlerquellen existieren bei der Kennzahlenermittlung?
- In welchem Maße lässt die Kennzahl eine eindeutige Interpretation zu?
- Existieren bereits Erfahrungen der Mitarbeiter des Unternehmens hinsichtlich der Kennzahl?
- Existiert die Kennzahl in vergleichbaren Unternehmen?

Zweck
- Soll die Kennzahl zur Steuerung und/oder zur Analyse dienen?
- Soll die Kennzahl für die Unternehmensleitung und/oder für die einzelnen Aufgabenbereiche bereitgestellt werden?
- Zu welchem Analysezweck soll die Kennzahl dienen (Strukturanalyse, Beobachtung von Entwicklungen, Schwachstellen-/Wirtschaftlichkeitsanalyse, Erfolgsmessung/Leistungsbeurteilung)?
- Soll die Kennzahl weiter gegliedert werden (z. B. nach Verantwortungsbereichen, Mitarbeitern)?
- Soll die Kennzahl regelmäßig/periodisch oder fallweise/periodisch ermittelt werden?
- Wie oft (monatlich, quartalsweise, halbjährlich, jährlich) soll die Kennzahl ermittelt werden?

Organisation
- Welche Mitarbeiter sollen die Kennzahl ermitteln?
- Aus welchen Informationsquellen sollen die Kennzahlen ermittelt werden?
- Wer soll die Kennzahlenergebnisse auswerten?
- Wem sollen die Ergebnisse weitergeleitet werden?
- Wie sollen die Ergebnisse dokumentiert werden?
- Wer ist für die Einhaltung der Kennzahlenwerte verantwortlich?

Abb. 158: Checkliste zur Gestaltung eines individuellen Kennzahlenkatalogs (Grochla u. a. 1983, S. 80)

1. Gestaltung und Durchführung des Personal-Informationsmanagements
- Entwicklung eines Personal-Informationssystems
- Analyse und Interpretation vorhandener Informationen im Hinblick auf personalpolitische Ziele
- Koordination von Informationsbedarf und -verwendung im Personalwesen (Vermeidung von Zahlenfriedhöfen)
- Informationsvermittlung an funktionale Stellen des Personalbereichs und übrige Stellen im Unternehmen sowie externe Einrichtungen (z.B. Arbeitsämter, Verbände)

2. Mitwirkung bei der Personalplanung
- Gewährleistung eines einheitlichen, formalisierten Systems der Personalplanung
- Aufbereitung von Analyseergebnissen für die Fixierung personalpolitischer Ziele
- Systematische Ermittlung von Personalanforderungen aus Strategie, Trends und Szenarien
- Erarbeitung personalpolitischer Ziele
- Koordination des Zielbildungsprozesses im Bereich des betrieblichen Personalwesens
- Vorschläge für Personalstrategien, Ziele und Maßnahmen
- Überprüfung von Planungsprämissen und Plänen im Hinblick auf die Übereinstimmung mit den jeweiligen Zielen
- Ermittlung des optimalen Personalplanes
- Vernetzung von Personalplanung und Unternehmensplanung
- Weiterentwicklung von Personalplanungsmethoden, insbesondere auf dem Gebiet der computergestützten Planung

3. Durchführung der Personalkontrolle
- Ermittlung von Ist-Größen
- Feststellung von Zielerreichungsgraden durch unternehmensinterne Vergleiche, wie Soll-Ist-Vergleich, Abteilungsvergleich und Zeitreihenvergleich
- Analyse von Abweichungsursachen
- Erarbeitung von Vorschlägen für Korrekturmaßnahmen
- Durchführung unternehmensexterner Vergleiche

4. Unterstützung der Personalsteuerung
- Initiieren von Maßnahmen zur Sicherung der Personalziel-Erreichung
- Aktive Beeinflussung der Personalarbeit im Personalbereich und in der Linie
- Förderung einer kontinuierlichen Erneuerung der Personalarbeit

Abb. 159: Aufgaben des Personal-Controllers (vgl. Lingenfelder/Thomas 1986 (b), S. 3)

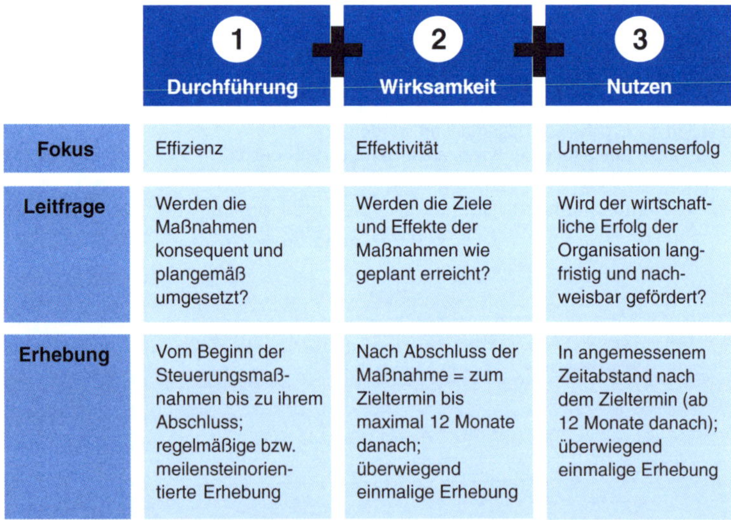

	1 Durchführung	2 Wirksamkeit	3 Nutzen
Fokus	Effizienz	Effektivität	Unternehmenserfolg
Leitfrage	Werden die Maßnahmen konsequent und plangemäß umgesetzt?	Werden die Ziele und Effekte der Maßnahmen wie geplant erreicht?	Wird der wirtschaftliche Erfolg der Organisation langfristig und nachweisbar gefördert?
Erhebung	Vom Beginn der Steuerungsmaßnahmen bis zu ihrem Abschluss; regelmäßige bzw. meilensteinorientierte Erhebung	Nach Abschluss der Maßnahme = zum Zieltermin bis maximal 12 Monate danach; überwiegend einmalige Erhebung	In angemessenem Zeitabstand nach dem Zieltermin (ab 12 Monate danach); überwiegend einmalige Erhebung

Abb. 160: Die Steuerungsebenen des Personal-Controlling (Wucknitz 2012, S. 14)

6.3 Organisation des Personal-Controlling

Der Erfolg einer Controlling-Konzeption wird nicht schon allein dadurch gewährleistet, dass der Aufgabenbereich des Controllers den situativen Verhältnissen entsprechend definiert und klar fixiert wird. Ebenso wichtig ist eine eindeutige und problemgerechte Lösung der organisatorischen Fragen. Wird darauf verzichtet oder wird eine ungeeignete Lösungsvariante gewählt, so dürfte der Zielerreichungsgrad oft nicht den hohen Erwartungen entsprechen, die normalerweise mit der Verwirklichung einer Controlling-Konzeption verbunden sind (vgl. *Baumgartner* 1980, S. 123).

6.3.1 Einflussfaktoren auf die organisatorische Gestaltung

Als wesentliche Einflussfaktoren auf die organisatorische Gestaltung des Personal-Controlling sind zu nennen (vgl. *Hahn* 1978):

- Der Innovationsbedarf hinsichtlich der Verbesserung des Planungs-, Kontroll- und Informationssystems, der vor allem dann erheblich ist, wenn ein Controllingsystem neu eingeführt werden soll. Mit zunehmendem Innovationsbedarf steigt die Notwendigkeit, den Controller an hoher hierarchischer Stelle anzusiedeln.
- Die Arbeitsteilung innerhalb der Unternehmung, die mit zunehmender Unternehmensgröße wächst. Dadurch steigt der Koordinationsbedarf und die Notwendigkeit der Einrichtung einer Abteilung „Personal-Controlling". Während es in kleineren Unternehmen oft noch möglich ist, dass der Unternehmer selbst über eine von ihm beauftragte Person die Aufgaben des Personal-Controllers wahrnimmt, wird in einer Großunternehmung in der Regel eine eigene Personal-Controlling-Abteilung erforderlich, die je nach Größe des Unternehmens aus mehreren Gruppen bestehen kann.
- Ein weiterer Einflussfaktor, der mit der Unternehmensgröße in engem Zusammenhang steht, ist in der Komplexität der zu lösenden Probleme zu sehen. Mit zunehmender Komplexität nimmt auch die Bedeutung des Controllers zu. Dementsprechend sollte seine Stellung in der Unternehmenshierarchie ausgestaltet sein.
- Die Art der Ausübung der Controllingaufgabe hängt von den im Unternehmen praktizierten Führungsgrundsätzen ab.
- Schließlich hat auch die Aufbauorganisation des Unternehmens (z. B. funktional oder divisional) entscheidenden Einfluss auf die organisatorische Einordnung und Gestaltung des Personal-Controlling.

6.3.2 Gestaltungsvariablen

Stab oder Linie?

Sowohl in der Theorie als auch in der Praxis wird häufig über die Frage nach der organisatorischen Charakteristik der Controllerfunktion nachgedacht. Es geht hierbei um die Alternative, ob der Controller ein Stabs- oder ein Linienmitarbeiter ist.

Eine Stabsstelle in reiner Form lässt sich als permanente Leitungshilfsstelle, deren Inhaber, ohne über Anweisungsbefugnisse zu verfügen, Beratungs- und Dienstleistungsaufgaben wahrnimmt, definieren. Eine Stabsstelle kann sowohl einer Instanz als auch mehreren Instanzen zur Verfügung stehen.

Wirft man einen Blick in die Praxis, so ist offensichtlich, dass nur wenige „Stabsstellen" nach der genannten Definition auch wirklich eine Stabsstelle darstellen. Insbesondere die fehlende Anordnungsbefugnis muss relativiert werden. Somit verliert die Unterscheidung von Stab und Linie an praktischer Bedeutung.

Dies äußert sich auch in der zunehmenden Verbreitung der sogenannten zentralen Dienststellen, die auch als zentrale Abteilungen oder Zentralstellen bezeichnet werden. Bei ihnen handelt es sich um Leitungshilfsstellen, die permanent über begrenzte funktionale Autorität verfügen. Dadurch können sie selbstständig genau bestimmte Aufgaben für die gesamte Unternehmung lösen. Beispiele für solche zentralen Dienststellen bzw. Zentralabteilungen sind oft die Personal- und die IT-Abteilung, teilweise aber auch die Controlling-Abteilung (vgl. *Baumgartner* 1980, S. 125). Trotz der gerade aufgezeigten Problematik soll nun im Folgenden versucht werden, eine Antwort auf die eingangs gestellte Frage zu geben, ob es sich bei der Tätigkeit des Controllers um eine Stabs- oder eine Linienstelle handelt. Die in der Literatur oft zu findende Aussage, dass es sich bei der Stelle des Controllers um eine typische Stabsstelle handelt (vgl. z. B. *Littmann* 1974) wird den vielfältigen Aufgaben des Controllers keineswegs gerecht. Vielmehr muss man in einer differenzierten Betrachtungsweise zu dem Ergebnis kommen, dass der Controller sowohl Stabs- als auch Linienaufgaben wahrnimmt.

Zusammenfassend lässt sich festhalten, dass eine matrixartige Verflechtung zwischen dem Controller und den Leitungsstellen der Linie besteht. Diese Verflechtung wird verstärkt durch das funktionale Weisungsrecht für einzelne, eng umschriebene Fälle (vgl. *Baumgartner* 1980, S. 127).

Zentral oder dezentral?

Um die Controlling-Idee weitestmöglich durchzusetzen, fand in der Vergangenheit eine zunehmende Verbreitung des dezentralen Controlling statt. Hierbei kommt es zur Ernennung spezifischer Controller für die wichtigsten Funktionsbereiche. Derartige Funktionsbereichs-Controller werden in der

Regel direkt dem jeweiligen Funktionschef zugeordnet. Problematisch ist, wem der Personal-Controller disziplinarisch und fachlich zu unterstellen ist. Die jeweiligen Vor- und Nachteile einer disziplinarischen Zuordnung des Personalcontrolling zum Unternehmens-Controlling bzw. Personalwesen enthält *Abb. 161*. Als erfolgreiches organisatorisches Konzept findet man in der Praxis häufig die fachliche und disziplinarische Unterstellung des Personal-Controllers unter den Personalverantwortlichen vor, wobei jedoch dem Zentral-Controller

- ein generelles Informationsrecht in Controllingfragen,
- Entscheidungsbefugnisse bei der System- und Verfahrensfestlegung des Controlling,
- Mitentscheidungsrechte bei speziellen Sachfragen, insbesondere der Auswahl des Personal-Controllers,

eingeräumt werden (vgl. *Hahn* 1988, S. 19 f.).

Fachliche Unterstellung beim / Disziplinarische Unterstellung beim		Unternehmens-Controlling	Personalwesen
Personalwesen	+	– Personal-Controlling ist integriert – Personal-Controlling partizipiert von beiden Bereichen – Uneingeschränkter Zugriff auf alle Unternehmensinformationen – Grundlagen aus einem Guss	– Aufgaben von Unternehmens-Controlling sind auf System und Administration beschränkt, Personal fühlt sich nicht „fremd“-kontrolliert, kann eigene Ziele besser verfolgen, Besonderheiten intensiver berücksichtigen – Interessenkonflikte deutlich geringer
	-	– Konfliktpotenzial zwischen den beiden Bereichen kann ansteigen – Problem der unterschiedlichen Prioritäten und Interessenlagen	– Einheitliche Leitung des Unternehmens-Controlling ist nicht mehr gegeben – Eigen-(Selbst-) Kontrolle des Personal-Controlling ist nicht mehr gegeben/möglich, daraus Akzeptanzproblematik
Unternehmens-Controlling	+	– Personal-Controlling ist „unabhängig“ von der Personalabteilung – Unternehmens-Controlling erhält umfassendere (Gesamt-)Verantwortung (Planung) – Stärkung für Personal-Controlling dann, wenn direktere Anbindung an Unternehmensleitung erwünscht ist.	– Interessen beider Bereiche werden besser verbunden – Personal-Controlling hat die intensiveren Personalkenntnisse und das fachspezifischere Wissen – Personalwesen kann seine eigenen Interessen besser wahren (inhaltlich, Zugriff)
	-	– Personal-Controlling kann zum Fremdkörper im Unternehmens-Controlling werden – Besonderheiten von Personal werden nicht ausreichend berücksichtigt – Möglicherweise stärkere Betonung von Hardfacts (Kosten kontra Personal)	– Konfliktpotenzial zwischen beiden Bereichen kann steigen – Abstimmungs- und Informationsprobleme (Systeme, Aussagen etc.) – Eigene Entwicklungen an Unternehmens-Controlling vorbei

Abb. 161: Organisatorische Einordnung des Personal-Controlling

Liegen die erforderlichen personellen Voraussetzungen vor, so lässt sich durch die Organisation des dezentralen Controlling die Qualität der Planung, Steuerung und Kontrolle erheblich verbessern. Gleichzeitig dürfen jedoch nicht die Gefahren der personellen Überbesetzung und der Verselbständigung von Funktionsbereichen ohne ausreichende Koordination übersehen werden. Diese lassen sich jedoch bei hoher Fachautorität des Zentral-Controllers sowie einem guten Klima der Zusammenarbeit vermeiden.

6.4 Business Intelligence-Infrastruktur

6.4.1 Business Intelligence

Eine Schlüsselrolle bei der Umsetzung des Personal-Controlling kommt der IT-Infrastruktur zu. Die in der Regel in zahlreichen, heterogenen Quellsystemen vorgehaltenen Basisdaten müssen zunächst in geeigneter Form bereitgestellt werden, um anschließend die benötigten Informationen (Kennzahlen) generieren und analysieren zu können. Es muß hierfür eine entsprechende Business Intelligence-Infrastruktur aufgebaut und unterhalten werden.

Business Intelligence (BI) ist ein Sammelbegriff für Techniken zur Konsolidierung, Bereitstellung und Analyse von Daten zum Zwecke der Entscheidungsunterstützung. Diese Werkzeuge dienen zur besseren Einsicht in das eigene Geschäft und damit zum besseren Verständnis in die Mechanismen relevanter Wirkungsketten. BI stellt eine begriffliche Klammer dar, die eine Vielzahl unterschiedlicher Ansätze zur Analyse geschäftsrelevanter Daten zu bündeln versucht. Die Vielzahl der Facetten und Definitionsansätze von BI läßt sich *Abb. 162* entnehmen, wobei die einzelnen Ansätze entsprechend einem engen, analyseorientierten und einem weitem BI-Verständnis anhand des Prozessschwerpunktes (Datenbereitstellung oder -auswertung) und der Orientierung (Technik oder Anwendung) eingeordnet werden.

Eine moderne IT-Infrastruktur für Business Intelligence verfügt über eine Reihe von Werkzeugen, um aus der großen Menge und verschiedenen Arten unternehmensrelevanter Daten die benötigten, relevanten Daten zu ziehen. Zu diesen Werkzeugen gehören Data Warehouses und Data Marts, Hadoop, In-Memory-Computing und Analytics-Plattformen:

- Data Warehouses sind Datenbanken mit Abfrage- und Berichtswesen, die Daten speichern, die aus verschiedenen betrieblichen Systemen extrahiert wurden und für Analysen und Managementberichte zusammengeführt und aufbereitet werden. Aufgrund der breiten Anwendung und Bedeutung im Personal-Controlling werden Data Warehouses im folgenden Abschnitt ausführlicher behandelt.

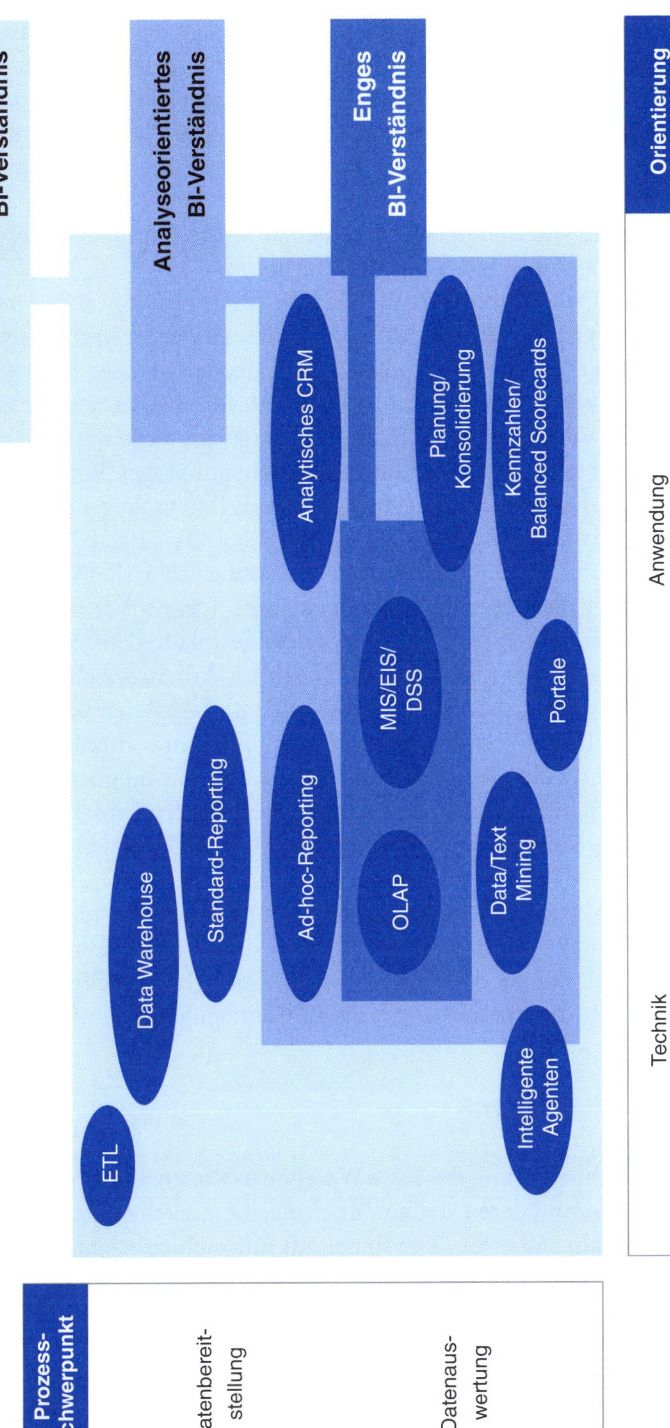

Abb. 162: BI-Verständnis (Chamoni 2018, S. 9)

- Data Marts sind Datenbanken, die eine Teilmenge des Data Warehouse enthalten. In ihnen wird ein spezieller Teil der Unternehmensdaten für bestimmte Funktionsbereiche oder Benutzergruppen aufbereitet und gespeichert. Es können beispielsweise Data Marts für das Personal-Controlling eingerichtet werden. Data Marts weisen in der Regel Zeit- und Kostenvorteile gegenüber unternehmensweiten Data Warehouses auf. Zu viele Data Marts können allerdings zu Managementproblemen sowie zu großer Komplexität und damit einhergehenden Zusatzkosten führen.
- Hadoop, ein Open-Source-Software-Framework, wird von Unternehmen zur Verarbeitung sehr großer Mengen strukturierter Transaktionsdaten, unstrukturierter Daten (wie Audio- und Videodaten) oder semistrukturierter Daten (wie z. B. Facebook- oder Twitter-Feeds) verwandt. Ein Big Data-Problem wird in mehrere Teilaufgaben zerlegt, diese werden zur Verarbeitung auf Hunderte oder Tausende kostengünstiger Rechnerknoten verteilt und das Ergebnis wird in einen kleineren Datensatz gepackt, der sich leichter analysieren läßt.
- Beim In-Memory-Computing wird der Arbeitsspeicher (RAM) des Computers zum Speichern der Daten herangezogen (gegenüber traditionellen Datenbank-Managementsystemen, die hierfür Festplattenlaufwerke verwenden). Der Nutzer kann direkt auf die Daten im Arbeitsspeicher zugreifen und vermeidet so Engpässe, die beim Abrufen und Auslesen von Daten aus einer herkömmlichen Festplattendatenbank üblich sind. Hierdurch werden auch die Antwortzeiten deutlich reduziert. Es ist sogar möglich, bei der In-Memory-Verarbeitung sehr große Datenmengen, die den Umfang eines Data Mart oder eines kleinen Data Warehouse aufweisen, komplett im Speicher zu halten.
- Highspeed-Analytics-Plattformen basieren auf relationalen und nicht-relationalen Datenbanktechniken. Sie verfügen über vorkonfigurierte Hardware-Software-Systeme, die speziell für die Abfrageverarbeitung und Datenanalyse sowie die Auswertung großer Datenmengen optimiert sind.

6.4.2 Data Warehouses

Auslöser für die Entwicklung des Data Warehouse-Konzeptes waren die enormen Datenmengen und deren stetige Zunahme, die Zersplitterung dieser Daten in einer Vielzahl isolierter IT-Systeme mit unterschiedlichen technischen Formaten und die bisweilen nicht übereinstimmende Kennung derselben betriebswirtschaftlichen Sachverhalte. Ein Data Warehouse ist eine relationale Datenbank, die für Analysen und Abfragen konzipiert ist. Im Data Warehouse werden mehrere Datenquellen integriert und so ein zentraler Zugang zu den heterogenen, verteilten Informationen angestrebt (vgl. *Mertens* u. a. 1996, S. 72). Auf dieser Basis lassen sich dann große Datenmengen analysieren.

In einem Data Warehouse werden die Daten aus den Anwendungssystemen sowie externe Datenbestände zusammengeführt. Die operativen Anwendungssysteme und das Data Warehouse sind separate Systeme und in der Regel lose gekoppelt, d.h. die Aktualisierung der Datenbank erfolgt nicht unmittelbar bei der Verbuchung eines Geschäftsvorfalls, sondern periodisch (täglich, wöchentlich oder monatlich). Zur Datengewinnung werden Transformationsprogramme eingesetzt, die die Daten aus den operativen Systemen bzw. deren Datenbasen sammeln und konsolidieren. Hierzu findet ein sogenannter Extract-Transform-Load-(ETL)-Prozess statt:

- Extraktion relevanter Daten aus den Quellen,
- Transformation der extrahierten Daten in das Schema des Data Warehouse,
- Laden der transformierten Daten in das Data Warehouse.

Abb. 163 stellt den Aufbau eines Data Warehouse schematisch dar.

Die eigentliche Datenbasis des Data Warehouse enthält die Daten auf unterschiedlichen Aggregationsstufen. Im Idealfall sind die Daten multidimensional organisiert, d.h., dass die Daten in Abhängigkeit von der Unternehmensstruktur (z.B. Geschäftsbereiche), von der Produktstruktur, von der Kundenstruktur, vom zeitlichen Anfall (z.B. Monat), von der betriebswirtschaftlichen Kenngröße (z.B. Bestand) oder von der Ausprägung (z.B. Ist- oder Plan-Wert) abgerufen werden können. Es findet sowohl eine vertikale Integration der Daten über verschiedene Hierarchieebenen als auch eine horizontale Integration der Daten über verschiedene inner- oder außerbetriebliche Funktionen statt.

Zur Sicherstellung möglichst korrekter und konsistenter Daten wird angestrebt, fehlerhafte Datensätze bei der Datenübernahme auszufiltern. Außerdem müssen unterschiedliche Datenformate und betriebswirtschaftliche Schlüssel, wie etwa Personalnummern und Lohnarten vereinheitlicht werden. Hierzu sind bereits entsprechende Software-Werkzeuge verfügbar. Diese Programme generieren außerdem sogenannten Meta-Daten, in denen der Inhalt des Data-Warehouse, die Datenquellen sowie Transformations- und Verdichtungsregeln beschrieben werden. Vergleicht man ein Data Warehouse mit operativen IT-Systemen, so ergeben sich die in *Abb. 164* aufgeführten Unterschiede.

Ein Data Warehouse verfügt darüber hinaus über Analysewerkzeuge. Hierzu zählen insbesondere:

- OLAP-Werkzeuge (OLAP = Online Analytical Processing), die eine Datenanalyse auf der Grundlage multidimensionaler Werkzeuge ermöglichen. Die Navigation in multi-dimensionalen Datenstrukturen kann auf Basis unterschiedlicher gängiger Operationen erfolgen:
  1. Slice: Herausschneiden einzelner Scheiben, Schichten oder kleiner Würfel aus dem Datenraum.

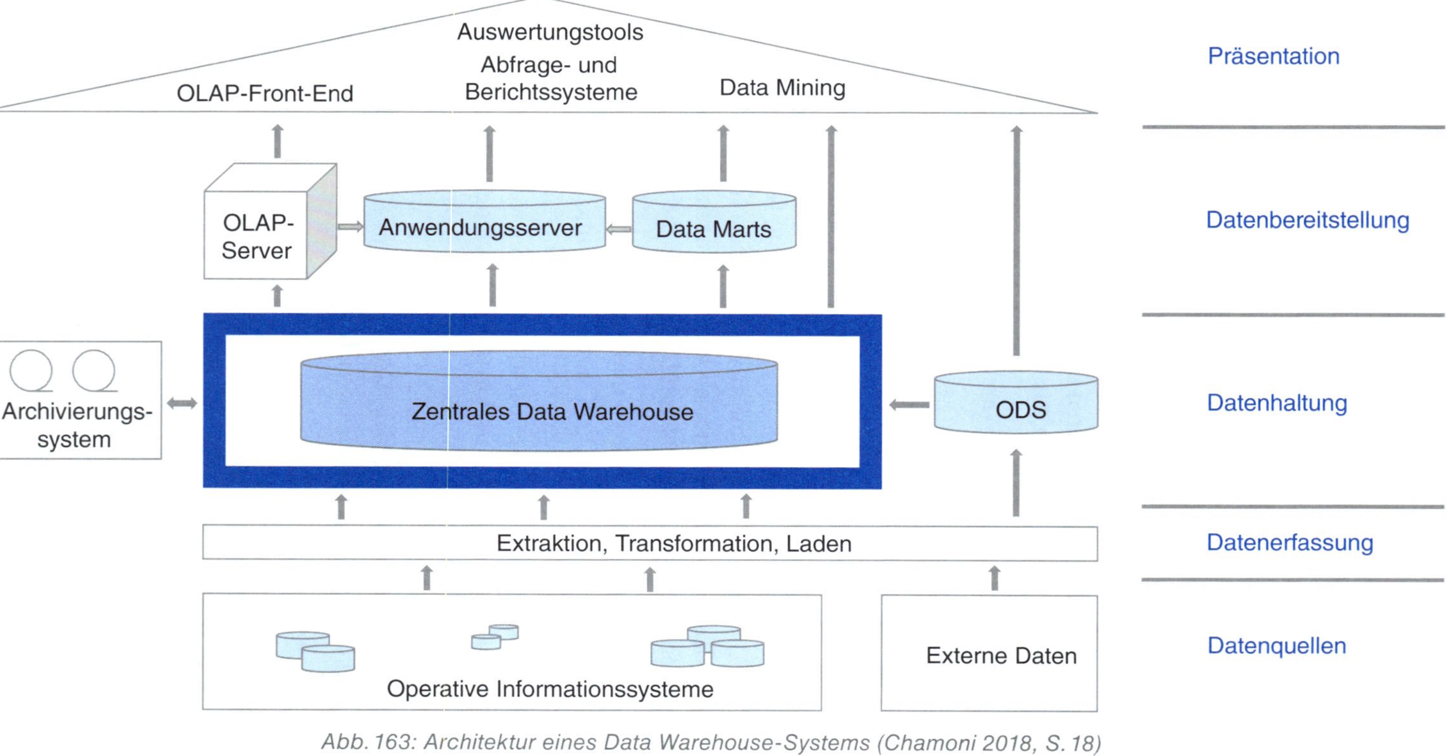

Abb. 163: Architektur eines Data Warehouse-Systems (Chamoni 2018, S. 18)

2. Rotation: Der Datenwürfel wird um seine eigenen Achsen gedreht. Durch die Drehung erhält der Anwender unterschiedliche Sichten auf einen Datenwürfel.
3. Drill-Down: Untersuchen der Daten in einem feineren Detaillierungsgrad innerhalb der Hierarchie einer Dimension (Untersuchen von Detaildaten).
4. Roll-up: Untersuchen der Daten in einem gröberen Detaillierungsgrad innerhalb der Hierarchie einer Dimension (Analyse aggregierter Werte).

- GIS (Geographische Informationssysteme), die Daten in ihrer geographischen Ausprägung darstellen. Hiermit können beispielsweise Personalverteilungen anschaulich dargestellt werden.
- Mining-Werkzeuge, die darauf ausgerichtet sind, noch unbekannte Zusammenhänge innerhalb der Unternehmensdaten zu identifizieren. Bei Mining-Werkzeugen handelt es sich um datenbankbasierte Verfahren, die unter Anwendung von Methoden der Statistik und Künstlichen Intelligenz selbstständig Annahmen generieren, überprüfen und entsprechende Ergebnisse präsentieren. Zielsetzungen des Data Mining sind die Klassifikation (Zuordnung in vordefinierte Klassen), das Clustering (Einteilung in Klassen gemäß einem Ähnlichkeitsmaß) und das Entdecken von Abhängigkeiten (Abhängigkeitsbeziehungen von Attributsausprägungen).
- Statistikprogramme, die statistische Auswertungen der Daten (z. B. Regressionsanalysen) ermöglichen.

Charakteristika	Operative IT-Systeme	Data Warehouse
Änderungen	Sehr viele, kleine Transaktionen	Nur durch Ladevorgänge
Zugriffsform	Lesend, schreibend	Lesend
DB-Größe	Gigabytes	Gigabytes bis Terabytes
Aktualität	Jederzeit aktuell	Historisch
Dateninhalte	Prozess-orientiert	Nach Aufgabenbereichen
Datenstrukturen	Redundanzfrei	Mit Redundanzen
Nutzungsintensität	Gleichbleibend	Schwankend
Abfragen	Statisch, vorhersehbar	Dynamisch
Daten-Quellen	Intern	Intern und extern

Abb. 164: Charakteristika von operativen IT-Systemen und Data Warehouses (Chamoni 2018, S. 20)

6.4.3 Architekturintegration von Finanz- und HR-Systemen

Bei der Gestaltung der Berichtsstrukturen sind zum einen die unterschiedlichen Sichtweisen zwischen Finanz- und Personalbereich und zum anderen die unterschiedlichen Perspektiven des Personal-Controlling selbst zu berücksichtigen. Die Personalsteuerung erfolgt – ebenso wie die Steuerung der Finanzfunktion – auf verschiedenen Organisationsebenen eines Unternehmens und mit unterschiedlichem Detaillierungsgrad. Hierbei nehmen die verantwortlichen Stelleninhaber jeweils unterschiedliche Rollen wahr. Während dem Personal-Controlling häufig eine Darstellung zugrunde liegt, die sich an Organisationseinheiten orientiert, ist die Sichtweise der Finanzsysteme oft am Prinzip der Konsolidierung oder Kostenverursachung ausgerichtet. Auch das berichtete Aggregationsniveau zwischen Finanz- und Personalkennzahlen kann voneinander abweichen, da zum Beispiel nicht jede Abteilung oder jedes Team über eine eigene Kostenstelle verfügt (vgl. *Pack/Schmuck* 2016, S. 10).

Häufig sind Personalkennzahlen aus unterschiedlichen Perspektiven zu betrachten (vgl. *Abb. 165*). Eine Sichtweise bezieht sich auf die Steuerungsstruktur die Organisationseinheiten des Unternehmens, sodass die HR-Informationen mit den Informationen aus anderen Funktionen verglichen werden können. Eine weitere Sichtweise muss aufgrund der gesetzlichen Anforderungen den legalen Einheiten und der Konzernstruktur folgen. Alle Mitarbeiter sind entsprechend zuzuordnen. Bei gesellschaftsübergreifend eingesetzten Mitarbeitern muss die Sicht auf das Einsatzgebiet eines Mitarbeiters sowie die Sicht auf das Anstellungsverhältnis ermöglicht werden. Ist die Projektarbeit von großer Bedeutung, bietet sich eine Betrachtung der Mitarbeiter im Projektkontext an. Um eine eindeutige und klare Überleitung zwischen den einzelnen Organisationsebenen und den unterschiedlichen Sichtweisen sicherstellen zu können, muss eine Konsolidierung durch eine einheitliche und gemeinsame Steuerungsstruktur möglich sein (vgl. *Pack/Schmuck* 2016, S. 10).

Die Integration von HR- und Finanzkennzahlen gestaltet sich dann einfacher, wenn die im Unternehmen eingesetzten operativen Systeme bereits innerhalb der jeweiligen Funktionen vereinheitlicht und standardisiert sind. Dies hat den Vorteil, dass die fachliche, integrierte Datenmodellierung auch durch die darunterliegende Systemarchitektur unterstützt wird. Falls dies nicht gegeben ist, werden regelmäßig aufwändige Überleitungsprozesse erforderlich. Es müssen dann nicht nur einheitliche Definitionen von Kennzahlen, sondern auch die technischen Voraussetzungen dafür geschaffen werden, dass im Berichtswesen alle Daten aus den verschiedenen Quellen fehlerfrei transformiert werden können.

Wie gezeigt wurde, können Darstellung und Granularität der Berichtseinheiten aus HR und Finanzen voneinander abweichen. Gerade im Zusammenhang mit HR-Daten muss darüber hinaus die Balance zwischen Granularität und Schutz

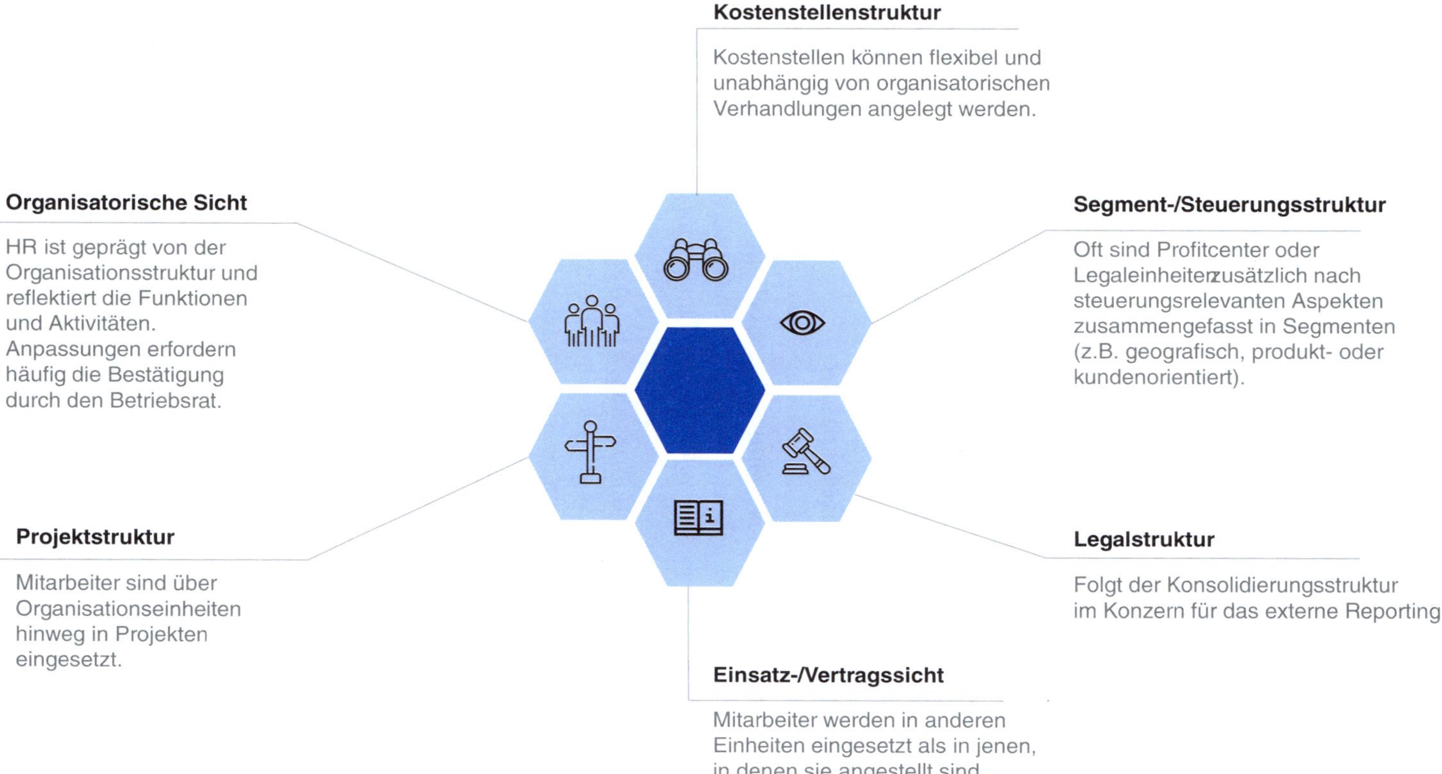

Abb. 165: Sichten eines integrierten Finanz- und Personal-Controlling (Deloitte Consulting GmbH).
Die Icons wurden erstellt von srip, Freepik und Darius Dan, heruntergeladen von www.flaticon.com.

der Daten gewährleistet werden (vgl. *Kapoor/Sherif* 2012, S. 1631). Daher ist es vielfach nicht effizient und auch gar nicht notwendig, eine vollständige Integration aller HR- und Finanzdaten für alle Ist- und Plandaten herbeizuführen. Derartige Vorhaben scheitern in der Praxis meist an ihrer inhaltlichen, prozessualen und technischen Komplexität. Außerdem sind sie zu teuer. Es bietet sich deshalb ein modularer Ansatz an, bei dem die Inhalte erst ab dem für die Steuerung notwendigen Detaillierungsniveau zusammengeführt werden. Davor müssen sie allerdings mithilfe übergreifend gültiger Definitionen und Strukturen harmonisiert werden. Die einheitlichen Begriffsdefinitionen stellen sicher, dass die ausgewählten Inhalte bis in die Quellen logisch überleitbar sind (vgl. *Pack* u. a. 2014, S. 569). Ein dergestalt integriertes und standardisiertes Reporting von HR-Informationen ermöglicht es, gemischte Kennzahlen auch für Empfänger außerhalb von HR und Finanzen bereitzustellen, beispielsweise für die Produktions- oder die Einsatzplanung. So erhalten die Entscheidungsträger in den einzelnen Funktionen unmittelbaren Zugriff auf Top-Kennzahlen und weiterführende HR-Informationen.

6.4.4 Datenschutz und Betriebsrat

Möchte man für den HR-Bereich eines Konzerns ein BI-System einführen, so ist zunächst zu klären, in welcher Form die Daten angeliefert werden sollen: als verdichtete Daten oder als Einzeldatensätze. Letztere mögen auf den ersten Blick verlockender erscheinen, da sie die Fehlersuche erleichtern, einen Drilldown ermöglichen und mehr Informationen beinhalten. Hierdurch ergeben sich mehr Möglichkeiten zur Aggregation und Kennzahlenberechnung, und die Analyse der Kennzahlen kann aus verschiedenen Perspektiven vorgenommen werden. Mit HR-Informationen wie beispielsweise Name, Anschrift, Geburtsdatum, Geschlecht, Vertragsstatus, Gehalt und Beschäftigungsart bewegt man sich jedoch im Bereich der personenbezogenen und/oder personenbeziehbaren Daten, die einem besonderen Schutz unterliegen. Oftmals lässt sich ein solcher Personenbezug nicht vermeiden. Es muss jedoch bei der Integration von HR- und Finanzinformationen technisch wie prozessual alles getan werden, um die Rückführbarkeit auf einzelne Personen – und somit die Möglichkeit der Leistungsbeurteilung – so weit wie möglich zu begrenzen bzw. gänzlich zu vermeiden. Hierbei sind sowohl der unternehmensinterne Datenschutz als auch der Betriebsrat in jeder Entwicklungsstufe einzubinden, d. h. von der Anbindung von Daten und Quellen über die Kennzahlenberechnung bis hin zur Berichtsbereitstellung (vgl. *Pack/ Schmuck* 2016, S. 12).

Die Erfüllung der Anforderungen von Datenschutz und Betriebsrat bei einem Integrationsprojekt ist so kritisch und aufwendig, dass in einem Einführungsprojekt hierfür eine explizite Rolle zu verankern ist (vgl. hierzu *Pack/Schmuck* 2016, S. 13 f.). Durch den Projektverantwortlichen für Datenschutz und Be-

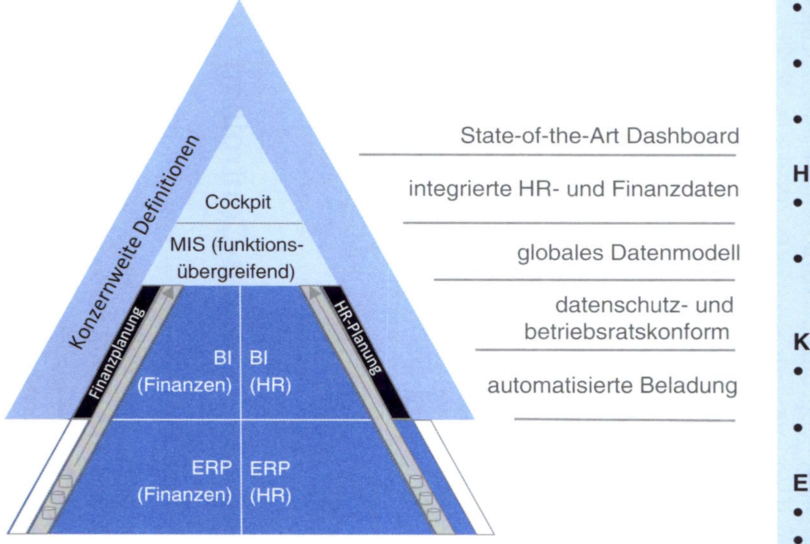

Funktionsübergreifendes MIS & Cockpit
- Integrierte Finanz- und HR-Ist und HR-Plan-Daten auf aggregiertem Niveau
- Managementgerechte Aufbereitung und Visualisierung in einer Cockpit-Lösung
- Informationen in einheitlicher Konzernstruktur

HR BI
- Granulare HR-Daten für das Ist-Reporting in den lokalen Strukturen für detaillierte Analysen
- Anonymisierung gemäß Anforderungen des Konzerns (Datenschutz und Betriebsrat)

Konzernweite Definitionen
- Harmonisierung der verschiedenen Systemkomponenten über inhaltliche Definitionen
- Basis für automatisierte Systempflege

ERP-Quellen
- Direktanbindung standardisierter ERP-Systeme
- Heterogene ERP-Systeme sind nur aggregiert an das MIS anzubinden (Komplexitätsreduktion)

Abb. 166: Best Practice-Architektur zur Integration von Finanz- und HR-Systemen (Deloitte Consulting GmbH)

triebsratsfragen werden alle neuen Inhalte sowie die anzuschließenden Quellen dokumentiert und mit dem Datenschutzbeauftragten des Unternehmens sowie dem Betriebsrat besprochen. Gegebenenfalls erforderliche Anpassungen werden vom Projektverantwortlichen an die Fachbereiche zurück kommuniziert. Dies eröffnet auch Gelegenheit, Notwendigkeit und Nutzen von Informationsanforderungen im Berichtswesen noch einmal kritisch zu hinterfragen, um die Datensparsamkeit zu gewährleisten. Erfahrungsgemäß entsteht insbesondere aufgrund von Anonymisierungs- und Schutzregeln im Berichtswesen ein zu hoher Detailgrad. Dieser ist weder zielführend noch nutzt er dem Steuerungszweck des Topmanagements. Nur ein Teil der Informationen sollte daher in den operativen Systemen umgesetzt werden, weniger häufig benötigte Inhalte und Analysen können im Quellsystem verbleiben. Die Einrichtung einer zentralen Projektverantwortung für Datenschutz- und Betriebsratsfragen ist für den Projekterfolg oft sehr bedeutsam, da so ein Vertrauensverhältnis zwischen Auftraggeber, Datenschutz und Betriebsrat geschaffen werden kann. Eine unzureichende Abklärung der Inhalte mit dem Betriebsrat birgt die Gefahr, dass dieser die Umsetzung von Inhalten im Reporting verhindert oder sogar einen Stopp der betroffenen Systeme veranlasst. Wie der Prozess der Integration von HR- und Finanzdaten am besten zu gestalten ist, ist jeweils unternehmensspezifisch festzulegen. Hierbei ist auf genügend zeitlichen Vorlauf zu achten. Ein Beispiel für einen dreistufigen Integrationsprozess enthält *Abb. 167*).

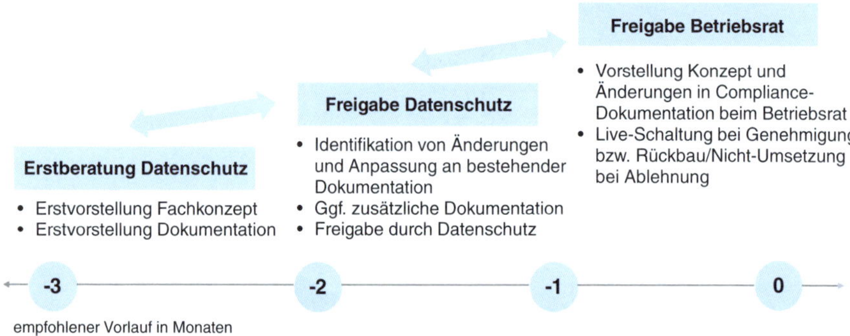

Abb. 167: Einbindung von Datenschutz und Betriebsrat (Deloitte Consulting GmbH)

6.5 Ablauf des Personal-Controlling

Der Ablauf des Personal-Controlling vollzieht sich grundsätzlich in sechs Controlling-Schritten (vgl. hierzu *Kiesel* 1987, S. 346 ff.). Für jeden dieser Schritte sind geeignete Instrumente bereitzustellen. *Abb. 168* enthält einen Überblick über die im Folgenden vorgestellten sechs Controlling-Schritte.

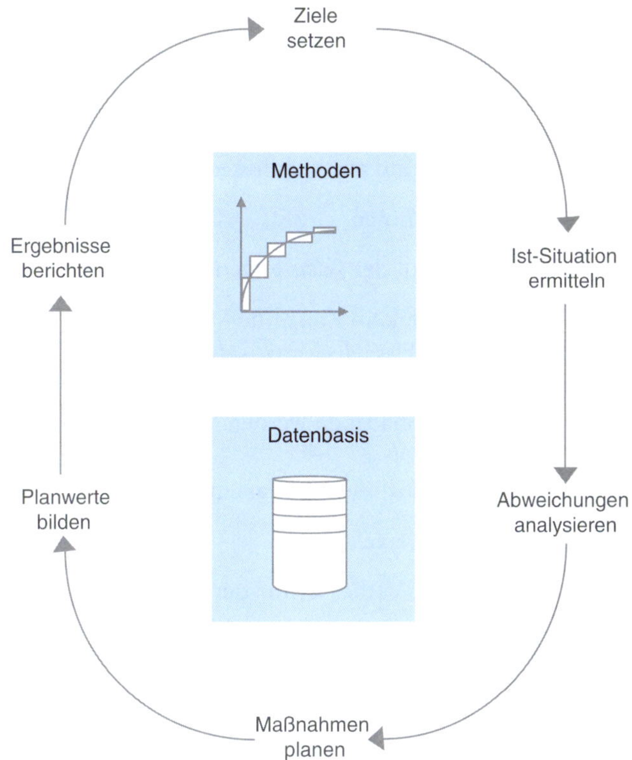

Abb. 168: Ablauf des Personal-Controlling (vgl. Kiesel 1987, S. 346)

1. Schritt: Ziele setzen

Damit Ziele als Controlling-Instrument ihre Wirkung entfalten können, müssen diese operational, realistisch und quantifizierbar sein. Zur vollständigen Beschreibung von Zielen ist die Angabe von

- Zielinhalt (Zielgröße und Zielrichtung),
- Zielausmaß (Zielpunkt und Toleranzbreite) sowie
- Zeitbezug (Zeitpunkt bzw. Zeitraum)

erforderlich.

2. Schritt: Ermittlung der Ist-Situation

Um die Ist-Situation der einzelnen Elemente des Personalwesens nachvollziehbar erfassen zu können, muss

- eine Festlegung der Messbereiche,
- eine Festlegung der relevanten Mess- und Kenngrößen sowie
- eine Festlegung der Messpunkte und -verfahren

erfolgen.

3. Schritt: Abweichungsanalyse

Abweichungen zwischen Plan- und Ist-Werten werden nur dann analysiert, wenn die vorgegebenen Toleranzbreiten überschritten werden. Hierbei sind die eigentlichen Ursachen für die Abweichungen aufzudecken. Ergebnis dieser Analyse sollten maßnahmen- und entscheidungsgerechte Informationen sein.

4. Schritt: Planung von Maßnahmen

Maßnahmenplanung erfolgt auf der Basis folgender Leitsätze:

- Keine Maßnahme ohne Ziel, kein Ziel ohne Maßnahme.
- Maßnahmen haben an den Ursachen anzusetzen.
- Es sind Maßnahmenschwerpunkte festzulegen.
- Zur Durchführung der Maßnahmen werden Verantwortliche benannt und Termine festgelegt.
- Maßnahmen sind bezüglich ihrer zu erwartenden Kosten zu bewerten.

5. Schritt: Bildung neuer Planwerte

Erst wenn die Maßnahmen zur Verbesserung der Ist-Situation greifen, sind die Planwerte zu verändern. Grundlage für die Festlegung der neuen Planwerte bilden hierbei die Wirkungen der durchgeführten Maßnahmen. Mithilfe von Zielvereinbarungen gilt es, diese neuen Planwerte abzusichern.

6. Schritt: Berichterstattung über die Ergebnisse

Abschließend erfolgen eine entscheidungsträgerorientierte Darstellung und Aufbereitung der Ergebnisse. Hierbei sind festzulegen:

- Zeitpunkt und Zeitraum,
- Detaillierungsgrad,
- Darstellungsform.

Der Bericht beinhaltet eine Dokumentation des Erreichungsgrades der vom Entscheidungsträger gesetzten Ziele und stellt zugleich die Grundlage für eine gegebenenfalls erforderliche Zieländerung dar. Hiermit schließt sich der Controlling-Regelkreis, der bei Bedarf erneut angestoßen wird (Dynamisierung des Controlling).

6.6 Grenzen der Anwendung von Kennzahlen

Obwohl sich Kennzahlen als wichtige Planungs- und Entscheidungsgrundlage erweisen können, ist zu berücksichtigen, dass sie mit einer Reihe von Problemen behaftet sein können, die ihre Anwendung einschränken oder sogar unmöglich machen. Dem eindeutigen Vorteil des Controlling mit Kennzahlen, nämlich die Möglichkeit zur Verdichtung großer, schwer überblickbarer Datenmengen zu wenigen aussagekräftigen Größen steht die Schwierigkeit gegenüber, aus der Menge der zur Verfügung stehenden Informationen das Optimum herauszuholen. Dies kann zu folgenden Problemen führen (vgl. *Merkle* 1982, S. 329 f.):

a) Erzeugung einer Kennzahleninflation
Es werden zu viele Kennzahlen gebildet, deren Aussagewert im Verhältnis zum Erstellungsaufwand letztlich zu gering ist bzw. schon von anderen Kennzahlen abgedeckt wird.

b) Fehler bei der Kennzahlenaufstellung
Die zur Bildung der Kennzahlen herangezogenen Basisdaten sind genau zu spezifizieren und exakt abzugrenzen. Um die Vergleichbarkeit von Kennwerten im Zeitverlauf zu gewährleisten, empfielt es sich, deren Aufstellung zu standardisieren. Falsches Zahlenmaterial kann ansonsten zu Fehlentscheidungen führen.

c) Mangelnde Konsistenz von Kennzahlen
Die Verwendung mehrerer Kennzahlen in einem Kennzahlensystem darf keinen Widerspruch auslösen. Es sollten nur solche Größen zueinander in Beziehung gesetzt werden, zwischen denen ein Zusammenhang besteht. Fehlende Konsistenz kann ansonsten zu gravierenden Entscheidungsfehlern führen.

d) Problem der Kennzahlenkontrolle (Beeinflussbarkeit)
Man unterscheidet zwischen direkt und indirekt kontrollierbaren Kennzahlen. Im erstgenannten Fall kann ein Soll-Wert durch die Wahl einer oder mehrerer Aktionsvariablen beeinflusst werden, während dies bei indirekt kontrollierbaren Kennzahlen nicht der Fall ist.

6.7 Erfolgsfaktoren des Personal-Controlling

Die zentralen Erfolgsfaktoren des Personal-Controlling liegen in

- relevanten, an der Personalstrategie ausgerichteten Inhalten,
- der richtigen, zur Gesamtorganisation und -kultur passenden organisatorischen Gestaltung,
- integrierten, systematischen, effizienten und zuverlässigen Prozessen sowie
- kompetenten Verantwortlichen für das Personal-Controlling, die von Adressaten und Entscheidern akzeptiert werden (vgl. *Abb. 169*).

Inhalte	• Kombination von Instrumenten und Maßnahmen zur Planung, Kontrolle und Steuerung • Orientierung an der Personalstrategie in den Maßnahmen und Kennzahlen • Relevanz der Inhalte aus Sicht der Adressaten (Fokussierung, Innovation) • Regelmäßige Überprüfung und Aktualisierung der Inhalte
Organi-sation	• Eigenständige Funktion innerhalb des Personalmanagements • Klare Verantwortlichkeit (inhaltlich und personell) • Umsetzung der Unternehmenswerte bzw. Passung zur Unternehmenskultur (Umfang, Form + Inhalt, Prozess)
Prozesse	• Anbindung an die relevanten Geschäftsprozesse (Personal, Rechnungswesen, Strategie/Planung) • Systematische Durchführung als eigenständiger Prozess • Aktives Einbinden der Personalmanager und Linien-Führungskräfte • Hohe Effizienz (Standardisierung, IT-Nutzung, schlanke Abläufe etc.) • Hohe Prozessqualität (Genauigkeit, Zuverlässigkeit, Treffsicherheit)
Verant-wortliche	• Kompetenz der Verantwortlichen (fachlich/methodisch, intellektuell/strategisch, sozial, persönlich) • Aktives Vermarkten im Personalbereich und in der Linie/persönliche Akzeptanz der Verantwortlichen bei Adressaten und Entscheidern

Abb. 169: Erfolgsfaktoren des Personal-Controlling (vgl. Wucknitz 2012, S. 16 f.)

Literaturverzeichnis

Ackermann, K.-F.: Risikomanagement im Personalbereich, *in: Ackermann, K.-F. (Hrsg.)*: Risikomanagement im Personalbereich. Reaktionen auf die Anforderungen des KonTrag, Wiesbaden 1999, S. 43–102

Ackermann, K.-F.: Das Balanced Scorecard-Konzept – Grundlagen und Bedeutung für die Unternehmenspraxis, in: *Ackermann, K.-F.* (Hrsg.): Balanced Scorecard für Personalmanagement und Personalführung, Wiesbaden 2000, S. 11–45

Ackermann, K.-F.: Anwendungsmöglichkeit der Balanced Scorecard im Personalbereich, in: *Ackermann, K.-F.* (Hrsg.): Balanced Scorecard für Personalmanagement und Personalführung, Wiesbaden 2000, S. 47–75

Ackermann, K.-F./Hofmann, M.: Systematische Arbeitszeitgestaltung: Handbuch für ein Planungskonzept, Köln 1988

Ackermann, K.-F./Maier, K.-D.: Stand und Entwicklungstendenzen der investitionstheoretischen Analyse einzelbetrieblicher Ausbildungsentscheidungen, in: BFuP 28 (1976) 4, S. 309–322

Ambler, T./Barrow, S.: The employer brand, in: Journal of Brand Management, 4(1996)3, S. 185–206

Arens, A. u. a.: Demographic Risk Management, in: Personalmagazin (2007)6, S. 72–74

Badura, B.: Sozialkapital. Grundlagen von Gesundheit und Unternehmenserfolg, Berlin u. a. 2008

Badura, B. u. a.: Die Vision einer gesunden Organisation, in: *Badura, B. u. a.* (Hrsg.): Betriebliche Gesundheitspolitik. Der Weg zur gesunden Organisation, 2. Aufl., Berlin, Heidelberg u. a. 2010, S. 31–39

Baumanns, R./Münch, E.: Erfolg durch Investitionen in das Sozialkapital – Ein Fallbeispiel, in: *Badura, B. u. a.* (Hrsg.): Betriebliche Gesundheitspolitik. Der Weg zur gesunden Organisation, 2. Aufl., Heidelberg u. a. 2010, S. 165–180

Baumgartner, B.: Die Controller-Konzeption. Theoretische Darstellung und praktische Anwendung, Bern, Stuttgart 1980

bayme/vbm (Hrsg.): Neue Organisationsformen von Arbeit. Studie, München 2013

bayme/vbm (Hrsg.): Demografie Management in der bayerischen M+E-Industrie, Leitfaden, München 2014

BCG/EAPM: Creating People Advantage. How to Tackle the Major HR Challenges During the Crisis and Beyond, 2009, Edition: Europe, o. O. 2009

BCG/WFPMA: Creating People Advantage. Bewältigung von HR-Herausforderungen weltweit bis 2015, o. O. 2008

Becker, F. G.: Personalfreisetzung – Begriff, Ursachen, Maßnahmen und Folgen, in: WISU 5/1988, S. 272–280

Beckerath, P. G. v.: Probleme einzelwirtschaftlicher Bildungsinvestionen, in: BFuP 28 (1976) 4, S. 323–333

Berens, W.: Benchmarking, in: *Bloech, J./Ihde, G. B.* (Hrsg.): Vahlens Großes Logistiklexikon, München 1997, S. 61–62

Berthel, J.: Personal-Management. Grundzüge für Konzeptionen betrieblicher Personalarbeit, Stuttgart 1979

Berthel, J./Franke, H.: Betriebliche Fortbildung in der Praxis: Entscheidungs- und Kontrollprozesse. Ergebnisse empirischer Untersuchungen, Arbeitsbericht, Siegen 1979

Best, O.: Trends im Personalmanagement und ihre Auswirkungen auf die Personalstrategie, Vortrag, Universität Münster, 8. Juni 2015

Biel, A.: Planung und Steuerung des Personalbestandes, in: Controller Magazin, 1982, S. 117–124

Bisani, F.: Wenn Mitarbeiter das Handtuch werfen. Die Fluktuation sollte besser geplant werden, in: Blick durch die Wirtschaft, 10. 1. 1985, S. 3

BITKOM (Hrsg.): Big Data im Praxiseinsatz – Szenarien, Beispiele, Effekte, Berlin 2012

Blakeslee, G. S. et al.: How Much is Turnover Costing You?, in: Personnel Journal, 1985, S. 98–103

Bleicher, K.: Span of Control, in: *Grochla, E.* (Hrsg.): HWO, Stuttgart 1973, Sp. 1531–1536

Brummet, R. L. u. a.: Human Resource Measurement – A Challenge for Accountants, in: The Accounting Review, April 1968, S. 217–224

Büchsenschuss, R. u. a.: Was ist gute Führung? EIn People Analytics Projekt der Nestlé Gruppe, www.peopleanalyticsblog.de, November 22, 2017

Bühner, R.: Mitarbeiter mit Kennzahlen führen: der Quantensprung zu mehr Leistung, 4. Aufl., Landsberg 2000

Bühner, R./Akitürk, D.: Die Mitarbeiter mit einer Scorecard führen, in: Harvard Business manager 22 (2000) 4, S. 44–53

Bula, R. J.: Absenteeism Control, *in:* Personnel Journal, 1984, S. 56–60

Bundesarbeitgeberverband Chemie (Hrsg.): Personalplanung im Betrieb, Wiesbaden 1986

Camp, R. C.: Benchmarking. The Search For Industry Best Practices That Lead to Superior Performance, Milwaukee 1989

Carius, H.-J./Heilig, L.: SAP Business Information Warehouse im Personalwesen der DG Bank, in: *SAP* (Hrsg.): my SAP Business Intelligence Kongress, Hamburg 2000, S. 1–51

Chamoni, P.: Business Intelligence: Strategie und Organisation, Vorlesungsunterlagen, Mercator School of Management, Sommersemester 2018, Duisburg 2018

Coenenberg, A. G./Fischer, T. M.: Prozeßkostenrechnung – Strategische Neuorientierung in der Kostenrechnung, in: DBW 51 (1991) 1, S. 21–38

Cox, T.H./Blake, S.: Managing Cultural Diversity: Implication for Organizational Competitiveness, in: Academy of Management Executive 5(1991)3, S. 45–56

Dass, P./Parker, B.: Strategies for Managing Human Resource Diversity: From Resistance to Learning, in: Academy of Management Executive 13(1999)2

Dearborn, J./Swanson, D.: The Data Driven Leader, Hoboken, New Jersey 2018

Desatnick, R. L./Bennett, M. L.: Human Resources Management in the Multinational Company, New York 1978

Deutsche Gesellschaft für Personalführung e. V.: Personalzusatzaufwand: System zur Inhaltsbestimmung und Gliederung. Freiburg 1980

DGfP (Hrsg.): Personalcontrolling in der Praxis, Stuttgart 2001

Doerr, J.: OKR. Objectives and Key results. Wie Sie Ziele, auf die es wirklich ankommt, entwickeln, messen und umsetzen, München 2018

Doetsch, H./Pulte, P.: Personal- und Sozialberichterstattung: Mehr Transparenz in der Personalstatistik, in: BWM 4/1986, S. 23–28

Domsch, M.E./Ladwig, D.H: Mitarbeiterbefragungen – Stand und Entwicklung, in: *Domsch, M.E./Ladwig,* D.H. (Hrsg.): Handbuch Mitarbeiterbefragung, 3. Aufl., Berlin, Heidelberg 2013, S. 11–55

Dowling, P. J./Welch, D.: International Human Resource Management in Australian Companies, Management Paper No. 13, Manash University, Clayton, Victoria, March 1988

Dreger, W.: Wieweit ist die „Leistung“ von Führungskräften bewertbar?, in: io-Management-Zeitschrift, 1985, S. 85–90

Drucker, P.F.: The Practice of Management, 17. Aufl., New York 1995

Dycke, A./Schulte, C.: Cafeteria-Systeme. Ziele. Gestaltungsformen, Beispiele und Aspekte der Implementierung, in: DBW 46 (1986) 5, S. 577–589

Eckardstein, D. v.: Kennzahlen im Personalbereich, in: WiSt 9/1982, S. 423–426

Eckardstein, D. v.: Entlohnung im Wandel. Zur veränderten Rolle industrieller Entlohnung in personalpolitischen Strategien, in: ZfbF, 38 (1986) 4, S. 255 ff.

Engelhardt, P./Möller, K.: OKRs – Objectives and Key Results. Kritische Analyse eines neuen Managementtrends, in: Controlling (2017)2, S. 30–37

Ernst&Young: Diversity Management. Anspruch und Wirklichkeit in der deutschen Unternehmenspraxis, Präsentation vom 26. November 2013, o.O., 2013

Euler, H. P./Fehse, E.: Der Mitarbeiter ist mehr als nur ein Produktionsfaktor – Was ist bei der Einführung neuer Arbeitsformen zu beachten?, in: *Bullinger, H.* (Hrsg.): Wettbewerbsfähige Arbeitssysteme. IAO-Arbeitstagung, 22.–23. November, Böblingen 1983, S. 357

Fabig-Grychtol, N.: HR Risk Management – Wie Personalrisiken besser erkannt, gesteuert und gemanagt werden können, in: *Baumgartner & Partner Management Consultants GmbH* (Hrsg.): Changeleaders special, Hamburg 2014

Feld, T. u. a.: Die nächste Generation von Unternehmensanwendungen. Entwicklung des Phänomens Big Data, in: ZfO 83(2014)6, S. 364–371

Fischer, R.: Personalkostenplanung: Wege und Methoden, in: Personal, 1977, S. 232–234

Fitz-Enz, J.: The Measurement Imperative, in: Personnel Journal, 1978, S. 193–195

Fitz-Enz, J.: Quantifying the Human Ressources Function, in: Personnel, 1980, S. 41–52

Fitz-Enz, J.: HR Measurement: Formulas for Success, in: Personnel Journal, 1985, S. 53–60

Flamholtz, E. G.: Which HR Accounting System fits your Organization, in: Personnel Journal, 1986, S. 75–81

Fölsing, A. u. a.: Kennzahlengestütztes Controlling des Employer Branding, in: Controlling 26(2014)1, S. 43–46

Fopp, L.: Mitarbeiter-Portfolio: Mehr als nur eine Gedankenspielerei, in: Personal, Mensch und Arbeit (1982) 8, S. 333–336

Franz, K.-P.: Prozeßkostenrechnung, in: *Schulte, C.* (Hrsg.): Lexikon des Controlling, München, Wien 1996, S. 630–633

Frerk, P. u. a.: Sozialeinrichtungen, betriebliche, in: *Gaugler, E.* (Hrsg.): HWP, Stuttgart 1975, Sp. 1812–1820

Freund, F. u. a.: Praxisorientierte Personalwirtschaftslehre, Stuttgart u. a. 1981

Friedl, G.: Controlling, Vorlesung an der TU München, Sommersemester 2009, München 2009

Fröhlich, W.: Personal-Controlling, in: Controller Magazin, 1981, S. 283–286

Gaugler, E. u. a.: Humanisierung der Arbeitswelt und Produktivität, 2. Aufl., Ludwigshafen 1977

Gaugler, E.: Personalbereich, Kontrolle und Revision, in: *Coenenberg, A. G./Wysocki, K. v.* (Hrsg.): HWRev, Stuttgart 1983, Sp. 1041–1051

Gaugler, E.: Kosten der Weiterbildung, in: *Göbel, U./Schlaffke, W.* (Hrsg.): Kongreß: Beruf und Weiterbildung, Köln 1987, S. 108–123

Gleich, R.: Das System des Performance Measurement. Theoretisches Grundkonzept, Entwicklungs- und Anwendungsstand, München 2001

Gmür, M.: Human Resource Management, Vorlesungsunterlagen, Herbstsemester 2016, Universität Fribourg, Fribourg 2016

Gmür, M. u. a.: Employer Branding. Schlüsselfunktion im strategischen Personalmarketing, Arbeitspapier, o.O., o. J.

Graf, S. u. a.: Steuerung von Konzernfunktionen. „Concept to BI“ am Beispiel HR, in: Conrolling 28(2016)11, S. 656–663

Grochla, E./Thom, N.: Das Betriebliche Vorschlagswesen als Führungs- und Personalentwicklungs-Instrument, in: ZfbF 32 (1980), S. 769–780

Grochla, E. u. a.: Erfolgsorientierte Materialwirtschaft durch Kennzahlen. Leitfaden zur Steuerung und Analyse der Materialwirtschaft, Baden-Baden 1983

Groenewald, H./Hünerberg, R.: Effizientes Konzept der Personalwerbung, in: Personalwirtschaft 6/1985, S. 230–234

Grünefeld, H.-G.: Kostenerfassung und Ansätze zur Ertragsbemessung betrieblicher Aus- und Weiterbildungsmaßnahmen, in: BFuP 28 (1976) 4, S. 334–345

Grünefeld, H.-G.: Personalkennzahlensystem: Planung, Kontrolle, Analyse von Personalaufwand und -daten, Wiesbaden 1981

Grünefeld, H.-G.: Steuerung und Kontrolle des Personalaufwandes, Wiesbaden 1983

Grünefeld, H.-G.: Steuerung und Überwachung des Weiterbildungsaufwandes, in: Personalwirtschaft 10/1984, S. 345–351

Grünefeld, H.-G.: Das Personalinformationssystem als Werkzeug der Personalberichterstattung, Teil 2: Systemgestaltung, in: Personalführung 8–9/1987, S. 622–626 (a)

Grünefeld, H.-G.: Das Personalinformationssystem als Werkzeug der Personalberichterstattung, Teil 4: Datensicherheit und Datenschutz, in: Personalführung 11–12/1987, S. 824–827 (b)

Gruppe, G.: Betriebswirtschaftliche Aspekte des Personalwesens, in: ZfbF 29 (1977), S. 715–728

Günther, H.-O.: Personalkapazitätsplanung und Arbeitszeitflexibilisierung, in: *Adam, D.* u. a. (Hrsg.): Integration und Flexibilität: Eine Herausforderung für die allgemeine Betriebswirtschaftslehre, Wiesbaden 1990, S. 303–334

Hackstein, R. u. a.: Personalbedarfsplanung, in: *Gaugler, E.* (Hrsg.): HWP, Stuttgart 1975, Sp. 1489–1497

Härzke, P.: Die nächste Stufe zünden, in: Personalmagazin (2017)4, S. 48–50

Hahn, D.: Hat sich das Konzept des Controllers in Unternehmungen der deutschen Industrie bewährt?, in: BFuP 30 (1978) 2, S. 101–128

Hahn, D.: Controlling, Stand und Entwicklungstendenzen: In Zukunft dezentral?, in: BWM (1988) 1, S. 18–21

Hall, T. E.: How to Estimate Employee Turnover Costs, in: Personnel, 1981, S. 43–52

Hansen, K.: Diversity, in: *Scholz, C.* (Hrsg.): Vahlens Großes Personallexikon, München 2009, S. 251–254 (a)

Hansen, K.: Diversity Management, in: *Scholz, C.* (Hrsg.): Vahlens Großes Personallexikon, München 2009, S. 254–256 (b)

Hauser, E.: Ergebnisbewertung im Personalwesen, Winterthur 1967

Hoy, R. D.: Expatriate Selection: Insuring Success and Avoiding Failure, in: Journal of International Business Studies, 5 (1974) I, S. 25–37

Heenan, D. A./Perlmutter, H. V.: Multinational Organization Development, Reading, Mass. 1979

Hemmer, E.: Bei den Personalzusatzkosten herrscht eine verwirrende Begriffsvielfalt, in: Blick durch die Wirtschaft vom 24. 1. 1986, S. 3

Hentze, J.: Personalwirtschaftslehre 1, 2. Aufl., Bern, Stuttgart 1981 (a)

Hentze, J.: Personalwirtschaftslehre 2, 2. Aufl., Bern, Stuttgart 1981 (b)

Hentze, J./Kammel, A.: Personalcontrolling, Bern, Stutgart, Wien 1993

Herzberg, F.: Work and the Nature of Man, Cleveland 1966

Heyde, K. u. a.: Krankheitsbedingte Fehlzeiten in der deutschen Wirtschaft im Jahr 2007, in: *Badura, B. u. a.* (Hrsg.): Fehlzeiten-Report 2008. Betriebliches Gesundheitsmanagement: Kosten und Nutzen, Heidelberg 2009, S. 205–435

Hilb, M.: Personalpolitik für multinationale Unternehmen, Zürich 1985

Hoppe, R.: Anforderungen an ein Personal-Kennzahlensystem, Vortragsunterlagen zur Management-Circle-Konferenz „Personal-Controlling“, 1. Juli 1998, Frankfurt/Main

Horváth, P.: Controlling, in: *Kosiol, E.* u.a. (Hrsg.): HWR, 2. Aufl., Stuttgart 1982, Sp. 364–374

Horváth, P.: Der Einsatz von Kennzahlen im Rahmen des Controlling, in: WiSt 7/1983, S. 349–354

Horváth, P.: Controlling, 2. Aufl., München 1986

Horváth, P./Mayer, R.: Prozeßkostenrechnung. Der neue Weg zu mehr Kostentransparenz und wirkungsvolleren Unternehmensstrategien, in: Controlling (1989) 4, S. 214–219

Horváth, P. u. a.: Einsatz der Balanced Scorecard bei der Strategieumsetzung im Betrieblichen Gesundheitsmanagement, in: *Badura, B. u. a.* (Hrsg.): Fehlzeiten-Report 2008. Betriebliches Gesundheitsmanagement: Kosten und Nutzen, Heidelberg 2009 (a), S. 127–138

Horváth, P. u. a.: Betriebliches Gesundheitsmanagement mit Hilfe der Balanced Scorecard, Forschungsbericht im Auftrag der Bundesanstalt für Arbeitsschutz und Arbeitsmedizin, Projekt F 2126, Dortmund u. a. 2009 (b)

Horvath, P.: Ökonomische Evaluation: Kosten und Nutzen von Leistungs- und Gesundheitsmanagement, Vortrag, 8. Dortmunder Personalforum, Dortmund, 21. September 2009 (c)

Hoss, G.: Personalcontrolling – funktionale, instrumentale und institutionale Aspekte, in: Personalwirtschaft 9/1988, S. 409–417

Institut der deutschen Wirtschaft: Deutschland in Zahlen, Köln 2018

Jäger, W./Petry, T.: Digital HR – Ein Überblick, in: *Petry, T./Jäger, W.* (Hrsg.): Digital HR. Smarte und agile Systeme, Prozesse und Strukturen im Personalmanagement, Freiburg u. a. 2018, S. 27–99

Jetter, W.: Performance Management: Zielvereinbarungen, Mitarbeitergespräche und leistungsabhängige Entlohnungssysteme, Stuttgart 2000

Kästner, U.: Planung und Kontrolle der Personalentwicklung. Dargestellt am Beispiel des Führungs-Förderungs-Programms der AUDI AG, München 1986

Kaplan, R. S./Norton, D. P.: Balanced Scorecard. Strategien erfolgreich umsetzen, Stuttgart 1997

Kapoor, B./Sherif, J.: Human Resources in an Enriched Environment of Business Intelligence, in: Kybernetes 41(2012)10, S. 1625–1637

Kiesel, J.: Produktions-Controlling. Führungsinstrument zur Erreichung der Unternehmensziele, in: *Scheer, A.-W.* (Hrsg.): Rechnungswesen und EDV. 8. Saarbrücker Arbeitstagung 1987, Heidelberg 1987, S. 341–368

Kitzmann, A./Zimmer, D.: Grundlagen der Personalentwicklung, Weil der Stadt 1982

Kleb, T./Schwedes, F.: Modernes Personalmarketing: Wege zum erfolgreichen Recruiting, in: Personal (2002)10, S. 6–10

Klein, R.: Der lange Weg zur frühen Rente, in: Manager Magazin, 14 (1984) 9, S. 146–151

Kobi, J.-M.: Personalrisikomanagement: Strategien zur Steigerung des People Value, 2. Aufl., Wiesbaden 2002

Kobi, J.-M.: Gegenlenken mit System, in: Personalmagazin (2012)5, S. 20–25

Koch, R.: Betriebliches Berichtswesen als Informations- und Steuerungsinstrument, Frankfurt am Main 1994

Kootz, J.: Kundenorientiertes Personalrecruiting – Eine empirische Untersuchung unter besonderer Berücksichtigung von Customer Experience Management, 2014

Kropp, W.: Personalbezogenes Rechnungswesen (pRw). Zum Informationssystem des sozialen Outputs im Betrieb, Königstein/Ts. 1979

Küpper, H.-U.: Controlling: Konzeption, Aufgaben, Instrumente, 5. Aufl., Stuttgart 2008

Kupsch, P. U.: Arbeitsproduktivität, in: *Gaugler, E.* (Hrsg.): HWP, Stuttgart 1975, Sp. 314–326

Laney, D.: 3D Data Management: Controlling Data Volume, Velocity, and Variety, Stamford 2001

Lang, H.: Human Resource Accounting, in: WiSt 1/1977, S. 33–35

Laudon, K.C. u. a.: Wirtschaftsinformatik. Eine Einführung, 3. Aufl., Hallbergmoos 2016

Laukamm, Th.: Strategisches Management von Human-Ressourcen, in: *Raffée, H./ Wiedmann, K.-P.* (Hrsg.): Strategisches Marketing, Stuttgart 1985, S. 243–282

Lebrenz, C.: Strategie und Personalmanagement. Konzepte und Instrumente zur Umsetzung im Unternehmen, Wiesbaden 2017

Leibfried, K. H. J./McNair, C. J.: Benchmarking. Von der Konkurrenz lernen, die Konkurrenz überholen, München 1995

Liebsch, D.: Controller-Leistung, in: Controller Magazin, 1986, S. 313–316

Lingenfelder, M./Thomas, U.: Personalcontrolling, in: Controller Magazin, 1986, S. 313–316 (a)

Lingenfelder, M./Thomas, U.: Personal-Controlling zur Verbesserung der Personalarbeit, in: Blick durch die Wirtschaft. Nr. 175, 12. 9. 1986, S. 3 (b)

Lingenfelder, M./Walz, H.: Outplacement, in: DBW 48 (1988) 1, S. 136–138

Linke, R.: Mitarbeiterbefragungen optimieren. Von der Befragung zum wirksamen Management-Instrument, Wiesbaden 2018

Littmann, H. E.: Controller, in: *Grochla, E./Wittmann, W.* (Hrsg.): HWB, Band I, 4. Aufl., Stuttgart 1974, Sp. 1084–1088

Mann, G./Pugell, B.: Die Problematik der traditionellen Personalkostenrechnung, in: DBW 45 (1985) 6, S. 657–661

Maslow, A. H.: Motivation and Personality, 2. Aufl., New York, Evaston, London 1970

Mataré, J.: Anwendung von Personalkennzahlen bei der Personalbemessung und Personalbedarfsplanung, in: *Seibt, D./Mülder, W.* (Hrsg.): Methoden- und computergestützte Personalplanung, Köln 1986, S. 199–235

Mayo, E.: The Social Problems of an Industrial Civilization, 5. Aufl., London 1968

Mendenhall, M./Oddon, G.: The Dimensions of Expatriate Acculturation: A Review, in: Academy of Management Review, 10 (1985), S. 39–47

Mentzel, W.: Unternehmenssicherung durch Personalentwicklung, 2. Aufl., Freiburg im Breisgau 1983

Merkle, E.: Betriebswirtschaftliche Formeln und Kennzahlen und deren betriebswirtschaftliche Relevanz, in: WiSt 7/1982, S. 325–330

Mertens, P. u. a.: Grundzüge der Wirtschaftsinformatik, 4. Aufl., Berlin u. a. 1996

Minchington, B.: Your Employer Brand – Attract, Engage, Torrensville 2006

Mönninghoff, M.: Die Mitarbeiterbefragung bei Bertelsmann – Instrument zur Stärkung der Unternehmenskultur, in: *Domsch, M.E./Ladwig, D.* (Hrsg.): Handbuch Mitarbeiterbefragung, 3. Aufl., Berlin, Heidelberg 2013, S. 377–401

Mülder, W./Schmitz, W.: Personalkennzahlen und Personalberichtswesen – Aufbau und Computerunterstützung, in: *Seibt, D./Mülder, W.* (Hrsg.): Methoden- und computergestützte Personalplanung, Köln 1986, S. 95–125

Negandhi, A. R./Baliga, B. R.: Quest for Survival and Growth, New York 1979

Nürnberg, V.: Mitarbeiterbefragungen. Ein effektives Instrument der Mitbestimmung, Freiburg 2017

Nussbaumer Knaflic, C.: Storytelling mit Daten. Die Grundlagen der effektiven Kommunikation und Visualisierung mit Daten, München 2017

Oechsler, W. A.: Auswirkungen neuer Formen der Arbeitsorganisation, in: ZfO, 48 (1979), S. 84

O'Donnell, L. u. a.: Human Capital Reporting: Should it be industry specific?, in: Asia Pacific Journal of Human Resources 47(2009), S. 358–373

Pack, M./Schmuck, V.: HR-Controlling funktioniert nur integriert, in: Controlling & Management Review (2016)2, S. 8–15

Pack, M. u. a.: Sicherstellung der Informationsqualität von Spitzenkennzahlen zur Vermeidung unternehmerischer Fehlentscheidungen – Ein unternehmensweiter Ansatz, in: Controlling 24(2014)10, S. 568–573

Paege, J.: Profitcenter-Controlling – Interne Revision (II), in: Personalführung 8–9/1987, S. 607–611

Papmehl, A.: Personal-Controlling: Human-Ressourcen effektiv entwickeln, Heidelberg 1999

Pausenberger, E.: Unternehmens- und Personalentwicklung durch Entsendung, in: Personalführung 11–12/1987, S. 852–856

Pausenberger, E./Noelle, G. F.: Entsendung von Führungskräften in ausländische Niederlassungen, in: ZfbF, 29 (1977), S. 346–366

Pedell, K. L.: Produktivität, in: *Schulte, C.* (Hrsg.): Lexikon des Controlling, München, Wien 1996, S. 610–614

Perlmutter, H. V.: The Tortuous Evolution of the Multinational Corporation, in: Columbia Journal of World Business, January–February 1969

Pfohl, H.-C.: Informationsfluß in der Logistikkette, in: *Pfohl, H.-C.* (Hrsg.): Informationsfluß in der Logistikkette: EDI-Prozeßgestaltung-Vernetzung, Berlin 1997, S. 1–45

Pfohl, H. C./Zettelmeyer, B.: Strategisches Controlling, in: ZfB, 1987, S. 145–175

Phillips, J.J./Schirmer, F.C.: Return on Investment in der Personalentwicklung, 2. Aufl., Berlin, Heidelberg 2008

Porter, M. E.: Competitive Advantage, New York 1985

Potthoff, E.: Personal-Controlling, in: RKW-Handbuch Führungstechnik und Organisation, 20. Lieferung, Berlin 1987, Nr. 5512, S. 1–15

Potthoff, E./Trescher, K.: Controlling in der Personalwirtschaft, Berlin, New York 1986

PricewaterhouseCoopers (Hrsg.): HR-Benchmarking. Kennzahlen der Personalwirtschaft, Deutschlandbericht 2000, Essen 2000

PricewaterhouseCoopers: Personalwirtschaftliche Herausforderungen in Zeiten der Finanz- und Wirtschaftskrise, München, 16. Juni 2009

REFA – Verband für Arbeitsstudien (Hrsg.): Methodenlehre des Arbeitsstudiums, Teil 2, Datenermittlung, München 1975

Reichart, L.: Kosten der Weiterbildung, in: *Göbel, U./Schlaffke, W.* (Hrsg.): Kongreß: Beruf und Weiterbildung, Köln 1987, S. 124–134

Reichmann, Th.: Controlling mit Kennzahlen, München 1985

Reindl, C./Krügl, S.: People Analytics in der Praxis. Mit Datenanalyse zu besseren Entscheidungen im Personalmanagement, Freiburg 2017

Robinson, R. D.: International Business Management: A Guide to Decision Making, 2nd edition, Hinsdale, Ill. 1978

Robock, S. H./Simmonds, K./Zwick, J.: International Business and Multinational Enterprise, Homewood. Ill. 1977

Roj, M.: Die Relevanz der Markenarchitektur für das Employer Branding, Wiesbaden 2013

Rose, N.: Employer Branding, in: Controlling & Management Review, Sonderheft 1, 2013, S. 60–67

Rüdenauer, M.: Erfolgskontrolle betrieblicher Weiterbildung, in: Personalführung 2/1987, S. 90–95

Sänger, E.: Benchmarking, in: *Schulte, C.* (Hrsg.): Lexikon des Controlling, München, Wien 1996, S. 62–65

Sattelberger, T./Strack, R.: Strategische Personalplanung, in: Personalmagazin (2009)6, S. 54–56

Scheffler, H. E.: Grundlagen des Controlling, in: WISU 8/1981, S. 382–386
Schlatter, D. u. a.: Predictive Analytics erfolgreich implementieren, in: Controlling 32(2020)1, S. 58–64
Schmidt, E. u. a.: How Google Works, New York 2014
Schneider, K.: Grundsätzliche Probleme einer langfristigen Personalbedarfsplanung, in: Controller Magazin, 1985, S. 265–274
Scholz, C.: Zehn Fragen und Antworten zum Human-Capital-Management, in: Personalwirtschaft 31(2004)5, S. 10–15
Scholz, C./Sattelberger, T.: Human Capital Reporting. HCR10 als Standard für eine transparente Personalberichterstattung, München 2012
Scholz, C. u. a.: Human Capital Management. Wege aus der Unverbindlichkeit, München 2004
Scholz, C. u. a.: Humankapitalisten und Humankapitalvernichter. Das Humankapital der DAX30-Unternehmen im Vergleich der Jahre 2005 und 2006, Saarbrücken, März 2008
Schott, G.: Kennzahlen. Instrument der Unternehmensführung, 4. Aufl., Stuttgart, Wiesbaden 1981
Schulte, C.: Personalstrategien für multinationale Unternehmen, in: ZfP 2 (1988) 3, S. 179–195
Schulte, C.: Die Holding als Instrument zur strategischen und strukturellen Neuausrichtung von Konzernen, in: *Schulte, C.* (Hrsg.): Holding-Strategien, Wiesbaden 1992, S. 17–58
Schulte, C.: Kennzahlengestütztes Weiterbildungs-Controlling als Voraussetzung für den Weiterbildungserfolg, in: *Landsberg, G. v./Weiß, R.* (Hrsg.): Bildungs-Controlling, 2. Aufl., Stuttgart 1995, S. 265–281
Sepehri, P.: Wahrnehmung von Diversity in international tätigen Unternehmen. Verständnis und ökonomische Relevanz, Diss., Potsdam 2001
Siegert, W.: Taschenbuch für Erfolgskontrolle der Personalarbeit mit Hilfe von Kennziffern, Heidelberg 1967
Siemens AG: Bildungsarbeit im Unternehmen, München 1981
Simon, H.: Management strategischer Wettbewerbsvorteile, in: *Simon, H.* (Hrsg.): Wettbewerbsvorteile und Wettbewerbsfähigkeit, Stuttgart 1988, S. 1–17
Smith, L.: The Hazards of Coming Home, in: Dum's Review, October 1975, S. 71–75
Smith, T.: HR Analytics: the What, Why and How..., CreateSpace Independent Publishing Platform 2013
Snell, S. u. a.: Establishing a Framework for Research in Strategic Human Resources Management: Merging resource theory and organizational learning, in: *Ferris, G.R.* (Hrsg.): Research in personnel human resource management, Greenwich 1996, S. 61–90
Spath, D. u.a.: Gesundheits- und leistungsförderliche Gestaltung geistiger Arbeit. Arbeitsgestaltung unter Einbeziehung menschlicher Eigenzeiten und Rhythmen, Berlin 2003
Spickschen, E.: Internes Unternehmertum und Recruiting von High-Potentials. Theoretische und empirische Untersuchung, Wiesbaden 2005
Sponheuer, B.: Employer Branding als Bestandteil einer ganzheitlichen Mitarbeiterführung, Wiesbaden 2010
Stächelin, W.: Betriebswirtschaftliche Kennzahlen zur Personalkostenplanung, in: Personal 4/1976, S. 137–141
Staehle, W. H.: Kennzahlen im Personal- und Sozialwesen, in: *Bierfelder, W.* (Hrsg.): Handwörterbuch des öffentlichen Dienstes. Das Personalwesen, Berlin 1976, Sp. 845–856

Staudt, E.: Betriebswirtschaftliche Beurteilung neuer Arbeitsstrukturen, in: ZfB, 1981, S. 871–891

Staudt, E. u. a.: Kennzahlen und Kennzahlensysteme, Berlin 1985

Steers, R. M./Rhodes, S. R.: Major influences on employee attendance: A process model, in: Journal of Applied Psychology 63 (1978), S. 391–407

Stein, V.: Der funktionale Beitrag einer Human Capital-Bewertung zur Identitätsbildung in Unternehmenskrisen, Beitrag auf dem Herbstworkshop 2004 der Kommission Personalwesen im Verband der Hochschullehrer für Betriebswirtschaft, o.O. 2004, S. 1–15

Steinmann, H. u. a.: Theorie und Praxis selbststeuernder Arbeitsgruppen, Köln 1976, S. 31

Stoklossa, V.: Berichtswesen, in: Controlling 21(2009)10, S. 535–537

Strack, R.: Workonomics: Wertorientierte Steuerung des Humankapitals, in: *Klinkhammer, H.* (Hrsg.): Personalstrategie. Personalmanagement als Business Partner, München 2002, S. 71–90

Strack, R./Villis, U.: Überschußverteilungsorientierte Human-Capital-Bewertung: Von der Kosten- zur Wertperspektive – Personalsteuerung mit Workonomics, in: *DGFP* e. V. (Hrsg.): Human Capital messen und steuern. Annäherungen an ein herausforderndes Thema, Band 82, Düsseldorf 2007, S. 80–85

Strack, R. u. a.: Wertsteigerung durch den Mitarbeiter, in: Personalwirtschaft (2003)12, S. 23–27

Streim, H.: Fluktuationskosten und ihre Ermittlung, in: ZfbF, 34 (1982) 2, S. 128–146

Thiele, A.: Untersuchung zur betriebsbezogenen Weiterbildung von Führungskräften, Diss., Köln 1982

Thiess, M. u.a..: Das Human-Ressourcen-Portfolio als Instrument der strategischen Personalplanung. Arbeitspapier Nr. 45 des Instituts für Marketing, Universität Mannheim, November 1986

Thom, N.: Vorschlagswesen, betriebliches, in: *Kern, W.* (Hrsg.): HWProd, Stuttgart 1979, Sp. 2223–2235

Thom, N.: Betriebliches Vorschlagswesen in: Handelsblatt, Nr. 141, 26. 7. 1983

Thomas, W./Hemmers, K.: Zeit- und Kapazitätsplanung in indirekten Bereichen, in: FB/IE, 30 (1981) 6, S. 433–439

Tonnesen, C. T.: Die HR-Balanced Scorecard als Ansatz eines modernen Personalcontrolling, in: *Ackermann, K.-F.* (Hrsg.): Balanced Scorecard für Personalmanagement und Personalführung, Wiesbaden 2000, S. 77–100

Trost, A.: Employer Branding, in: *Trost, A.* (Hrsg.): Employer Branding: Arbeitgeber positionieren und präsentieren, Köln 2009, S. 13–77

Smith, T.: HR Analytics: the What, Why and How…, CreateSpace Independent Publishing Platform 2013

Tung, R. L.: Selection and Training Procedures of U.S., European and Japanese Multinationals, in: California Management Review, 25 (1982) 1, S. 57–71

Ueberle, M./Greiner, W.: Kennzahlenentwicklung, in: *Badura, B. u. a.* (Hrsg.): Betriebliche Gesundheitspolitk. Der Weg zur gesunden Organisation, 2. Aufl., Heidelberg u. a. 2010, S. 253–261

Ulrich, D.: Human Resource Champions: The Next Agenda for Adding Value and Delivering Results, Boston 1996

Ulrich, D.: Intellectual Capital = Competence x Commitment, in: Sloan Management Review 39(1998)2, S. 15–26

VDMA (Hrsg.): VDMA-Kennzahlen als Führungshilfe der Unternehmensleitung, 2. Aufl., Frankfurt 1979

Verhoeven, T.: Die Theorie des Candidate Experience, in: *Verhoeven, T. (Hrsg.)*: Candidate Experience Ansätze für eine positiv erlebte Mitarbeitermarke im Bewerbungsprozess und darüber hinaus, Wiesbaden 2016, S. 7–15 (a)

Verhoeven, T: Die Candidate Journey und Touchpoints, *in: Verhoeven, T. (Hrsg.)*: Candidate Experience Ansätze für eine positiv erlebte Mitarbeitermarke im Bewerbungsprozess und darüber hinaus, Wiesbaden 2016, S. 33–43 (b)

Vogt, A.: Dispositionsgrundlagen von Personalkosten in Industriebetrieben. Diss. Bochum 1983

Vogt, A.: Personalkostenerfassung und -analyse für Planungs- und Kontrollzwecke, in: ZfbF, 36 (1984) 10, S. 861–877

Voigt, B.: Measures & Benchmarks. Komparatives Diversity-Measurement, Vortragsunterlagen für die Work-Group „Measures & Benchmarks", 3. Internationale Managing Diversity Konferenz, Potsdam 2001

Vollberg, K.: Zur Problematik der Flexibilität menschlicher Arbeit, Düsseldorf 1981

Wächter, H.: Einführung in das Personalwesen, Herne, Berlin 1979

Wäscher, D.: Management der gemeinkostentreibenden Faktoren am Beispiel eines Maschinenbau-Unternehmens, in: *Schulte, C.* (Hrsg.): Effektives Kostenmanagement. Methoden und Implementierung, Stuttgart 1992, S. 163–192

Wagner, H./Teuchert-Pankatz, C.: Personalpolitik, Arbeitspapier Nr. 12, Münster 1982

Waller, R.: Ist Effizienzsteigerung im Personalwesen überhaupt möglich?, in: io-Management-Zeitschrift, 1985, S. 469–473

Walsh, J.: Einführung eines strategischen Personal-Controllings, in: *Gesellschaft für Strategische Planung*, Frühjahrstagung 24./25. März 1988, München, o.S.

Walsh, J.: Instrumente und Verfahren des strategischen Personalmanagements, in: *FPM* (Hrsg.): Personal-Controlling – ökonomische Instrumente der Personalarbeit, Tagungsunterlagen, Zürich 1987, o.S.

Weber, J.: Logistik-Controlling. Leistungen, Prozeßkosten, Kennzahlen, 4. Aufl., Stuttgart 1995

Weber, J./Schäffer, U.: Balanced Scorecard & Controlling, 3. Aufl., Wiesbaden 2000

Weiermair, K.: Über die Bewertung des betrieblichen Personalkapitals, in: BFuP 28 (1976). S. 255–269

Weitzel, T. u. a.: Social Recruiting and Active Sourcing, Bamberg 2018

Welge, M. K.: Multinationale Unternehmen, Führung in, in: *Kieser, A./Reber, G./Wunderer, R.* (Hrsg.): HWFü, Stuttgart 1987, Sp. 1532–1542

Weller, J./Ebert, J: Der Engpass ist die größte Gefahr, in: Personalmagazin (2012)5, S. 16–18

Wickel-Kirsch, S./Petry, T.: People Analytics: Evolution oder Revolution, in: Personalführung (2019)11, S. 12–17

Wildemann, H.: Betriebswirtschaftliche Bewertung flexibler Arbeits- und Betriebszeiten, in: *Wildemann, H.* (Hrsg.): Zeitmanagement: Strategien zur Steigerung der Wettbewerbsfähigkeit, Frankfurt 1992, S. 123–143

Wilkening, O. S.: Bildungs-Controllinginstrumente zur Effizienzsteigerung der Personalentwicklung, in: *Riekhof, H.-C.* (Hrsg.): Strategien der Personalentwicklung. Wiesbaden 1986, S. 299–325

Windmöller, R.: Risiko der Fehleinschätzung von Risiken, Vortragsunterlagen, Schmalenbach-Tagung in Köln, 8. Mai 2003

Witt, F. J.: Controlling im Personalbereich, in: Controller Magazin, 1986, S. 239–241

Woods, J. G./Dillion, Th.: The Performance Review Approach to Improving Productivity, in: Personnel, 1985, S. 20–27

Wucknitz, U.D.: Handbuch Personalbewertung. Messgrößen – Anwendungsfelder – Fallstudien für das Human Capital Management, 2. Auflage, Stuttgart 2009

Wucknitz, U.D.: Personalcontrolling. Teilnehmer-Skript der Controller Akademie, Feldafing 2012

Wunderer, R.: Personalwerbung, in: *Gaugler, E.* (Hrsg.): HWP, Stuttgart 1975, Sp. 1689–1708

Wunderer, R.: Strategische Personalarbeit – arbeitslos?, in ZfO, 1984, S. 506–510

Wunderer, R./Jaritz, A.: Unternehmerisches Personalcontrolling: Evaluation der Wertschöpfung im Personalmanagement, Neuwied 1999

Wunderer, R./Sailer, M.: Personal-Controlling – eine vernachlässigte Aufgabe des Unternehmenscontrolling, in: Personalwirtschaft 8/1987, S. 321–327 (a)

Wunderer, R./Sailer, M.: Die Controlling-Funktion im Personalwesen (I), in: Personalführung 7/1987, S. 505–509 (b)

Wunderer, R./Sailer, M.: Instrumente und Verfahren des Personal-Controlling (II), in: Personalführung 8–9/1987, S. 600–606 (c)

Wunderer, R./Sailer, M.: Personal-Controlling in der Praxis – Entwicklungsstand, Erwartungen, Aufgaben, in: Personalwirtschaft 4/1988, S. 177–182

Zaugg, R.J.: Demografiemanagement. Perspektive eines nachhaltigen HRM, in: *Steiner, R./Ritz, A.* (Hrsg.): Personal führen und Organisationen gestalten, Bern u. a. 2012, S. 337–348

Zeira, Y.: Management Development in Ethnocentric Multinational Corporations, in: California Management Review, 18 (1976) 4, S. 34–42

Zeira, Y./Banai, M.: Present and Desired Methods of Selecting Expatriate Managers for International Assignments, in: Personnel Review, 13 (1984) 3, S. 29–35

Zelazny, G.: Wie aus Zahlen Bilder werden: Wirtschaftsdaten überzeugend präsentiert, Wiesbaden 1986

Zentralverband der Elektrotechnischen Industrie (Hrsg.): Personalzusatzaufwand, Frankfurt 1979

Sachverzeichnis